Franz Pfuff

Mathematik für Wirtschaftswissenschaftler 3

vieweg studium

Basiswissen

Diese Reihe wendet sich an den Studenten der mathematischen, naturwissenschaftlichen und technischen Fächer. Ihm – und auch dem Schüler der Sekundarstufe II – soll die Vorbereitung auf Vorlesungen und Prüfungen erleichtert und gleichzeitig ein Einblick in die Nachbarfächer geboten werden. Die Reihe wendet sich aber auch an den Mathematiker, Naturwissenschaftler und Ingenieur in der Praxis und an die Lehrer dieser Fächer.

Zu der Reihe gehören folgende Abteilungen:

Basiswissen, Grundkurs und Aufbaukurs, Mathematik, Physik, Chemie, Biologie

Franz Pfuff

Mathematik für Wirtschaftswissenschaftler 3

Klausur- und Übungsaufgaben

2., durchgesehene Auflage

Mit 88 Abbildungen

CIP-Kurztitelaufnahme der Deutschen Bibliothek

Pfuff, Franz:
Mathematik für Wirtschaftswissenschaftler /
Franz Pfuff. – Braunschweig; Wiesbaden: Vieweg
Teilw. mit Erscheinungsort Braunschweig

3. Klausur- und Übungsaufgaben. – 2., durchges.
Aufl. – 1984.
(Vieweg-Studium; 50: Basiswissen)
ISBN-13: 978-3-528-17250-3 e-ISBN-13: 978-3-322-85063-8
DOI: 10.1007/978-3-322-85063-8
NE: GT

Dr. rer. pol. Franz Pfuff ist Akademischer Rat an der Wirtschaftswissenschaftlichen Fakultät der Universität Regensburg

1. Auflage 1980
Nachdruck 1982
2., durchgesehene Auflage 1984

ISBN-13: 978-3-528-17250-3 (Paperback)

Inhaltsverzeichnis

Mathematik für Wirtschaftswissenschaftler

Band 1 Grundzüge der Analysis, Funktionen einer Variablen

Kapitel 1 Grundzüge der Analysis

Grundlagen der mathematischen Logik – Mengen – Abbildungen – Rechenregeln für reelle Zahlen – Ungleichungen und beschränkte Mengen – Folgen und Reihen – Differenzengleichungen und Finanzmathematik – Kombinatorik – Programmablaufpläne.

Kapitel 2 Funktionen einer Variablen

Grundlegende Begriffe – Einige in den Wirtschaftswissenschaften verwendete Arten von Funktionen – Grenzwerte von Funktionen und Stetigkeit – Die Ableitung einer Funktion – Die Berechnung von Ableitungen – Die Exponential- und Logarithmusfunktion – Wachstumsraten und Elastizitäten – Kurvendiskussion – Das bestimmte Integral – Das unbestimmte Integral – Differentialgleichungen und andere Anwendungen der Integralrechnung.

Band 2 Lineare Algebra, Funktionen mehrerer Variablen

Kapitel 3 Lineare Algebra

Grundlegende Begriffe aus der Matrizenrechnung – Rechenoperationen für Matrizen – Vektoren im n-dimensionalen Raum $\mathbb{R}^n$ – Lineare Gleichungssysteme – Determinanten – Die inverse Matrix – Punktmengen im $\mathbb{R}^n$ und lineare Programmierung.

Kapitel 4 Funktionen mehrerer Variablen

Grundlegende Begriffe – Wichtige ökonomische Funktionen mehrerer Variabler – Die partielle Ableitung – Das totale Differential – Extrema ohne Nebenbedingungen – Extrema unter Nebenbedingungen – Orthogonale Transformationen und Eigenwerte – Quadratische Formen und lineare Regressionsrechnung.

Vorwort

Das vorliegende Buch stellt eine Ergänzung zu meinen beiden Bänden Mathematik für Wirtschaftswissenschaftler (vieweg-Basiswissen, Bd. 38 und 39) dar. Es wird damit vielen Wünschen aus dem Leserkreis Rechnung getragen, die einen Mangel an geeigneten Mathematikaufgaben beklagen.

Zu jeder Aufgabe ist eine ausführliche Musterlösung angegeben. Dabei wird nicht in erster Linie Wert auf mathematische Eleganz gelegt. Es wird vielmehr ein Lösungsweg beschritten, der dem Niveau eines Studenten der Wirtschaftswissenschaften entspricht. Sämtliche Aufgaben können mit dem in Mathematik 1 und 2 behandelten Stoff gelöst werden.

Besonderer Wert wurde auf Funktionen von mehreren Variablen gelegt, die ja eine große Bedeutung für die Wirtschaftswissenschaften besitzen. Um dem Leser eine Vorstellung von der geometrischen Form solcher Funktionen zu ermöglichen, wurden zahlreiche Plotter-Zeichnungen aufgenommen.

Ich danke meinen früheren Mitarbeitern, Herrn Dipl.-Kfm. B. Feindor, Herrn Dipl.-Kfm. B. Greiner, Herrn Stud.-Ref. B. Nuß, Herrn Stud.-Ref. U. Schefter, Frl. Dipl.-Kfm. H. Ullmann sowie Frl. stud. rer. pol. G. Geier, Herrn Dipl.-Kfm. H. Popp und Herrn stud. math. H. Rehpenn, die mich mit wertvollen Hinweisen bei der Aufgabenstellung unterstützten bzw. die Lösungen durchkorrigiert haben. Nicht zuletzt gebührt mein Dank Frau E. Hofmann und Frau W. Büchl für die sorgfältige Niederschrift des Manuskripts sowie dem Vieweg-Verlag für die stets gute Zusammenarbeit.

Schließlich danke ich auch im voraus für Hinweise und kritische Bemerkungen, die mir aus dem Leserkreis zukommen.

Regensburg

Franz Pfuff

1. Logik

1. Stellen Sie fest, ob die folgenden Sätze Aussagen bilden! Ordnen Sie ihnen gegebenenfalls den Wahrheitswert w oder f zu!

   (a) Ein Tag hat 24 Stunden.
   (b) Jedes Jahr besitzt genau 365 Tage.
   (c) In Betonien gibt es Pomeronen und Zitanzen.
   (d) Sind die Aktienkurse zur Zeit günstig?
   (e) Die Erde ist eine Scheibe, um die sich die Sonne dreht.
   (f) Dieser Satz ist falsch!

2. Übersetzen Sie die folgenden Sätze in die aussagenlogische Symbolsprache:

   (a) Weder Maier noch Müller verkaufen ihre Aktien.
   (b) Der Himmel ist bewölkt, aber es regnet nicht.
   (c) Wenn die Sonne scheint, regnet es nicht, und wenn es regnet, scheint die Sonne nicht.
   (d) Ist x größer als 2 oder kleiner als -2, so ist x^2 größer als 4.

3. Widerlegen Sie die folgenden Behauptungen durch die Angabe eines Gegenbeispiels:

   (a) $x + y = 5 \Rightarrow x = 2 \wedge y = 3$,
   (b) $x^2 - y^2 = 0 \Rightarrow x = y$,
   (c) $(a+b)^3 = a^3 + 2a^2b + 2ab^2 + b^3$!

4. Stellen Sie fest, in welchen der folgenden Fälle p hinreichend für q, p notwendig für q oder p notwendig und hinreichend für q ist:

   (a) p : $x \in \mathbb{N}$ gerade Zahl
   q : $\frac{x}{2} \in \mathbb{N}$

(b) p : $\frac{x}{4} \in \mathbb{N}$
q : x ganze Zahl

(c) p : x kleiner als 1
q : x^2 kleiner als 1

(d) p : x,y positive Zahlen
q : xy positive Zahl

(e) p : $x^2 = 1$
q : $x = 1 \vee x = -1$

5. Stellen Sie fest, bei welchen der folgenden Sätze es sich um notwendige, hinreichende oder notwendig und hinreichende Bedingungen handelt:

(a) Ein Student, der lesen und schreiben kann, besteht die Mathematik-Klausur.
(b) Ein Student muß alle Klausuraufgaben richtig lösen, um die Klausur zu bestehen.
(c) Wenn ein Student mindestens die vorgeschriebene Punktzahl erreicht, hat er die Mathematik-Klausur bestanden.

6. Stellen Sie fest, für welche Wahrheitswerte von p,q jeweils die Aussage:

(a) $p \vee (\neg p \vee q)$
(b) $\neg p \wedge \neg q$
(c) $p \wedge \neg q$

wahr ist!

7. Angenommen, man weiß, daß

(a) $p \wedge (q \vee r)$ (f) und q,r(w) sind,

(b) $p \wedge q \Leftrightarrow r$(w) und q(w), r(f) ist.

Welchen Wahrheitswert besitzt jeweils p?

8. Stellen Sie für die folgenden Aussagen die Wahrheitstafeln auf:

   (a) $p \Rightarrow \neg p$,
   (b) $(p \Rightarrow q) \Leftrightarrow (\neg p \Rightarrow \neg q)$,
   (c) $(p \Rightarrow q) \Leftrightarrow (\neg q \Rightarrow \neg p)$,
   (d) $(\neg p \vee q) \Leftrightarrow (p \Rightarrow q)$!

9. Zeigen Sie, daß die alte Bauernregel "Kräht der Gockel auf dem Mist, so ändert sich das Wetter oder es bleibt wie es ist" immer wahr ist!

2. Mengen

1. Gegeben seien die Mengen A, B, C, D und M gemäß folgendem Venn-Diagramm:

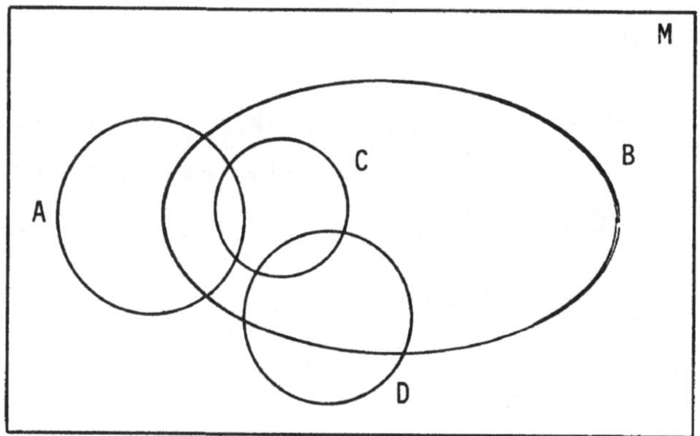

Zeichnen Sie für die Mengen

(a) $(A \cap B) \setminus C$

(b) $B \setminus (A \cup C \cup D)$

(c) $\overline{(D \cap C)}_B$

(d) $\overline{(B \setminus C)}_M$

je ein solches Venn-Diagramm, in dem Sie die verlangte Menge durch Schraffieren kennzeichnen!

2. Geben Sie die folgenden schraffierten Mengen an:

(a)

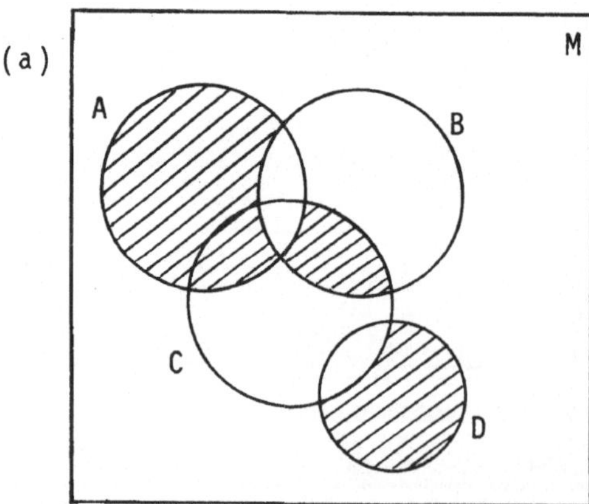

(b)

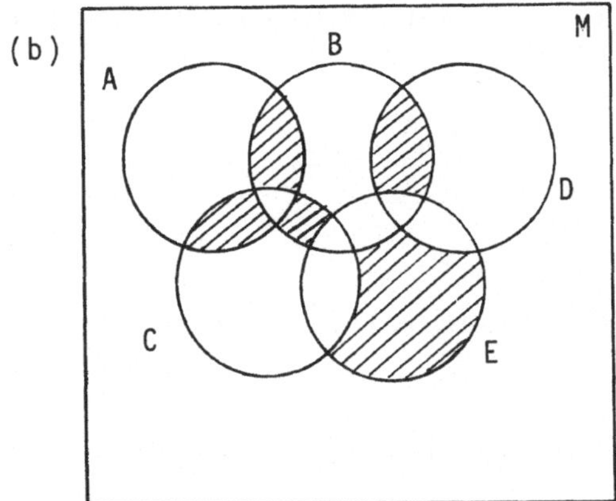

3. Gegeben seien die folgenden Mengen
$A = \{2,4,6,8,10\}$, $B = \{1,3,5,7,9\}$,
$C = \{0\}$, $D = \{0,1,2,...,10\}$.
Bilden Sie die folgenden Mengen:
$[(A\cap B)\cup \bar{C}_D] \setminus B$, $D \setminus (D\cap(A\cup B))$!
Welchen Wahrheitswert haben die folgenden Aussagen:
$C \subset B \subset D$, $\{0\} \in D$, $0 \in D$?

4. Gegeben seien die Mengen:
$A_1 = \{a \mid a \in \mathbb{R} \wedge a > 0\}$,
$A_2 = \{a \mid a \in \mathbb{R} \wedge a^2 < 1\}$,
$A_3 = \{a \mid a \in \mathbb{R} \wedge a^2 + a - 2 = 0\}$.
Welche der folgenden Aussagen ist wahr:
$A_2 \subset A_1$; $A_3 \subset A_2$, $A_1 \cap A_3 = \emptyset$, $\emptyset \subset A_3$?

5. Geben Sie je ein Beispiel dafür an, daß die folgenden Aussagen falsch sind:
(a) $\bar{A}_M \setminus \bar{B}_M = B \setminus \bar{A}_M$,
(b) $A \setminus (B\cap C) = (A\setminus B) \cup (B\cap C)$,
(c) $(A\cap B) \cup C = \bar{B}_M \cap C$,
(d) $\overline{(A\cap B)}_M = \bar{A}_M \cap \bar{B}_M$!
Dabei seien $A,B,C \subset M$.

6. Zeigen Sie die Gültigkeit folgender Rechenregeln für die Mengen $A, B \subset M$:

   (a) $(A \cup B) \cap (\bar{A}_M \cup \bar{B}_M) = (A \cap \bar{B}_M) \cup (\bar{A}_M \cap B)$,

   (b) $\overline{(\overline{(A \cap \bar{B}_M)}_M \cup \bar{B}_M)}_M = \emptyset$!

7. Bestimmen Sie die Mächtigkeit der folgenden Mengen:

   (a) Menge aller Vierecke,

   (b) Menge aller reellen Zahlen zwischen 0 und 1,

   (c) Menge aller Sterne im Weltall,

   (d) Menge aller reellwertigen Lösungen von $x^{10} = 1$,

   (e) Menge aller reellwertigen Lösungen von $ax^2 + bx + c = 0$,

   (f) Menge aller reellwertigen Lösungen von $x^2 = -1$!

8. Von 70 Wertpapierbesitzern besitzen 50 Aktien und 40 Pfandbriefe. Wieviele Personen besitzen sowohl Aktien als auch Pfandbriefe?

9. Von einer Gruppe von Personen besitzen
   60% ein Haus, 80% ein Auto und 20% sind Beamte.
   Davon sind
   40% Auto- und Hausbesitzer
   10% Autobesitzer und Beamte
   15% Hausbesitzer und Beamte.
   Wieviel % besitzen sowohl ein Haus als auch ein Auto und sind Beamte?

10. Gegeben seien die Mengen
    $A = \{3,4,5,\ldots,12\}$ und $B = \{3,5,7,\ldots,25\}$.
    (a) Wieviel Elemente besitzt die Produktmenge $A \times B$?
    (b) Für wieviel Elemente $(i,j) \in A \times B$ gilt:
        (α) $i \neq j$; (β) i größer als j; (γ) $i + j = 12$?
    (c) Sind die folgenden Aussagen wahr oder falsch:
        $(5,3) \in A \times B$, $(7,5) \in A \times B$, $(17,11) \in A \times B$?

11. Gegeben seien die Mengen $A = \{1,2\}$, $B = \{2,3\}$, $C = \{0\}$.
Bilden Sie die Produktmengen:
$A \times B$, $B \times A$, $A \times A$, $B \times B$, $A \times C$, $A \times C \times B$, $A \times A \times B$!
Ermitteln Sie die Mengen:
$(A{\times}B) \setminus (B{\times}A)$, $(B{\times}A) \cap (A{\times}C{\times}B)$, $(A{\times}C) \cup (A{\times}B)$!

12. In der folgenden Skizze ist die Produktmenge $X \times Y$ geometrisch veranschaulicht. Geben Sie dazu die Mengen X und Y an!

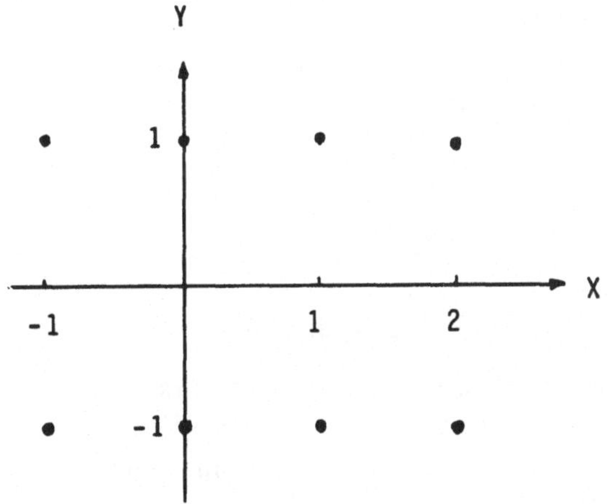

13. Stellen Sie die Mengen
$A = \{(x,x),(x,x-1),(x,x+1) \mid x \in \mathbb{R}\}$ und
$B = \{(x,-x) \mid x \in \mathbb{R}\}$ graphisch dar! Welche Punkte enthält $A \cap B$?

14. Gegeben seien die Mengen
$A = \{1,2\}$, $B = \{a,b\}$, $C = \{b,c\}$.
(a) Bestimmen Sie die Produktmengen
$(A{\times}B) \cup (A{\times}C)$ und $(A{\times}B) \cap (A{\times}C)$!
(b) Bestimmen Sie die Potenzmenge
$\mathcal{P}((A{\times}B) \cap (A{\times}C))$!

15. Geben Sie die folgenden Potenzmengen an:
$\mathcal{P}(\emptyset)$, $\mathcal{P}(\{a\})$, $\mathcal{P}(\{a,b\})$, $\mathcal{P}(\{a,b,c\})$!

3. Abbildungen

1. Handelt es sich bei den folgenden Zuordnungsvorschriften um Abbildungen:

   (a) $f : \mathbb{R} \to \mathbb{N},\ x \xrightarrow{f} x^2$

   (b) $g : \mathbb{R} \to \mathbb{R},\ x^2 \xrightarrow{g} x$.

2. Gegeben sei die Abbildung
   $f : \mathbb{R} \to \mathbb{R},\ f(x) = |3x-2|$.
   Bestimmen Sie die Mengen $f[\{2,-6,0\}]$ und $f^{-1}[\{-3,0,2,4\}]$!

3. Gegeben seien die Abbildungen:

   (a) $f : A \to \mathbb{R},\ f(x) = \dfrac{a - x}{b}$, $a,b > 0$

   (b) $f : A \to \mathbb{R},\ f(x) = \dfrac{a - x^2}{b}$, $a,b > 0$

   (c) $f : A \to \mathbb{R},\ f(x) = \dfrac{a}{x + b}$, $a > 0$.

   Bestimmen Sie jeweils den größtmöglichen Definitionsbereich A und die Bildmenge f[A]!
   (Achten Sie dabei auf Fallunterscheidungen!)

   Berechnen Sie jeweils die Mengen $f[C]$ und $f^{-1}[D]$ für
   $C = \{x \in \mathbb{R} \mid 0 < x < 1\}$ und
   $D = \{x \in \mathbb{R} \mid -1 \leq x \leq 1\}$!

4. Gegeben seien die Mengen $A = \{\Delta, \square, 0\}$, $B = \{?, !, \#, \$\}$ und $C = \{a,b,c,d\}$ sowie die Abbildungen

   $f : A \to B$ mit $\Delta \to ?$
   $\square \to !$
   $0 \to \#$

   $g : B \to C$ mit $! \to a$
   $\# \to b$
   $? \to b$
   $\$ \to b$

   Sind diese Abbildungen injektiv, surjektiv, bijektiv?
   Konstruieren Sie - falls möglich - die Abbildungen $g \circ f$ und $f \circ g$!

5. Gegeben seien die Mengen
   A = {Hans,Peter,Paul,Willi} und
   B = {Maria,Renate,Waltraud}
   von Vornamen sowie die Abbildung $f : A \to B$ gemäß

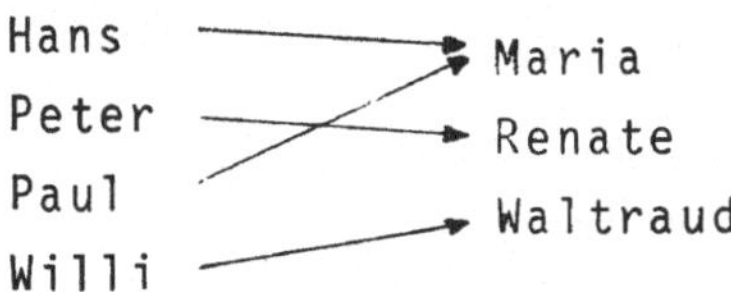

   Sei ferner $g : B \to \mathbb{N}$ eine Abbildung, die jedem Namen aus B die Anzahl seiner Konsonanten zuordnet.
   (a) Sind f, g injektiv, surjektiv, bijektiv?
   (b) Konstruieren Sie - falls möglich - die Abbildungen $f \circ g$ und $g \circ f$!
   (c) Berechnen Sie die Mengen f[{Hans,Paul}], f^{-1}[{Waltraud}], (gof)[{Willi}], $(gof)^{-1}$[{2,5}], g^{-1}[{4}], g[{Maria}]!

6. Sei A = {a,b,c} eine Menge und
   $$f : \mathcal{P}(A) \to \mathbb{N} \cup \{0\}$$
   eine Abbildung, die jedem $B \in \mathcal{P}(A)$ die Anzahl $|B|$ der Elemente von B (Mächtigkeit von B) zuordnet.
   Ist diese Abbildung injektiv, surjektiv, bijektiv?
   Bestimmen Sie die Menge $f^{-1}[\{0\}]$ und $f^{-1}[\{2\}]$!

7. Stellen Sie die folgenden Abbildungen graphisch dar und untersuchen Sie, ob sie injektiv, surjektiv, bijektiv sind:
   (a) $f : \mathbb{R} \to \mathbb{R}$, $f(x) = |x|$,
   (b) $f : \mathbb{R}_+ \to \mathbb{R}$, $f(x) = -|x|$,
   (c) $f : \mathbb{R}_+ \to \mathbb{R}_+$, $f(x) = |x|$,
   (d) $f : \mathbb{Z} \to \mathbb{R}$, $f(x) = |x|$!

8. Stellen Sie fest, ob die Abbildung
   $f : \mathbb{R}^2 \to \mathbb{R}$, $(x,y) \to f(x,y) = x + y$
   injektiv, surjektiv, bijektiv ist!

9. Gegeben seien die Mengen $A = \{a,b,c\}$, $B = \{1,2\}$ sowie die Abbildung $f : A \to A \times B$ gemäß

$$\begin{aligned} a &\xrightarrow{f} (a,1) \\ b &\longrightarrow (b,1) \\ c &\longrightarrow (c,1). \end{aligned}$$

(a) Ist f injektiv, surjektiv, bijektiv?

(b) Bestimmen Sie die Mengen $f[\{b,c\}]$, $f^{-1}[\{(a,1),(c,1)\}]$, $f^{-1}[\{(a,2)\}]$!

(c) Konstruieren Sie eine bijektive Abbildung

$$f : A \times B \to B \times A!$$

10. Gegeben seien die Abbildungen

$$f : \mathbb{R} \to \mathbb{R},\ f(x) = x|x|$$
$$g : \mathbb{R}_+ \to \mathbb{R},\ g(x) = 2x + 1.$$

(a) Skizzieren Sie die Abbildungen f und g!

(b) Stellen Sie fest, ob die Abbildungen f, g injektiv, surjektiv, bijektiv sind!

(c) Bilden Sie - falls möglich - die zusammengesetzten Abbildungen $l = g \circ f$ und $h = f \circ g$ und berechnen Sie die Urbildmenge $h^{-1}[\{-2,-1,0,1,2\}]$!

11. Gegeben seien die Abbildungen

$$f : \mathbb{R} \setminus \{-1\} \to \mathbb{R},\ f(x) = \frac{1}{|x+1|},$$

$$g : \mathbb{R}_+ \to \mathbb{R},\ g(x) = x^2 + x - 1.$$

(a) Berechnen Sie $f^{-1}[A]$ für $A = \{-3,-2,-\frac{3}{2},-\frac{1}{2},0,1,2\}$!

(b) Existiert die Umkehrabbildung f^{-1}?

(c) Ist f surjektiv?

(d) Bilden Sie $(g\circ f)(x)$ und begründen Sie, warum $(f\circ g)(x)$ nicht existiert!

12. Gegeben seien die Abbildungen

$f : D \to \mathbb{R},\ f(x) = \frac{x(x+1)}{|x|},$

$g : \mathbb{R} \to \mathbb{R},\ g(x) = x^2.$

(a) Bestimmen Sie den größtmöglichen Definitionsbereich D!

(b) Ist f injektiv, surjektiv, bijektiv?

(c) Bestimmen Sie $(g \circ f)(x)$!

(d) Existiert die Abbildung $(f \circ g)(x)$?

13. Gegeben seien die folgenden Abbildungen:

(a) $f : A \to B,\ f(x) = ax^2,\ a > 0,$

(b) $f : A \to B,\ f(x) = a + bx,\ b \neq 0,$

(c) $f : A \to B,\ f(x) = |x|,$

(d) $f : A \to B,\ f(x) = \frac{1}{x},$

(e) $f : A \to B,\ f(x) = (x+1)^2,$

(f) $f : A \to B,\ f(x) = \sqrt[n]{x-a}$, n gerade.

Bestimmen Sie die Mengen $A,B \subset \mathbb{R}$ möglichst so, daß für die Abbildungen (a) - (f) jeweils die Umkehrabbildung existiert!
Ermitteln Sie jeweils diese Umkehrabbildungen!

4. Summen und Produkte

1. Schreiben Sie mit Hilfe des Summenzeichens:

   (a) $1 + 1 + 4 + 27 + 256$,

   (b) $\frac{1}{4} + \frac{4}{9} + \frac{9}{16} + \frac{16}{25}$,

   (c) $2 + \frac{5}{2} + \frac{10}{3} + \frac{17}{4} + \frac{26}{5}$,

   (d) $\frac{1}{8} + \frac{1}{4} + \frac{1}{2} + 1 + 2 + 4 + 8$,

   (e) $-4n + 8n - 16n + 32n - 64n$,

   (f) $1 + 4 + 7 + 10 + \ldots + 100$,

   (g) $-\frac{1}{6} + \frac{1}{8} - \frac{1}{10} + \frac{1}{12} - \ldots - \frac{1}{90}$,

   (h) $-\frac{1}{5\cdot 6} + \frac{1}{7\cdot 8} - \frac{1}{9\cdot 10} + \ldots - \frac{1}{45\cdot 46}$!

2. Berechnen Sie die folgenden Summen:

   (a) $\sum_{i=1}^{n} i^2 - \sum_{i=2}^{n-1} i^2$,

   (b) $\sum_{i=1}^{2n} i - \sum_{i=1}^{n} i$,

   (c) $\sum_{i=-2}^{2} (a-bi)$,

   (d) $\sum_{i=0}^{4} 2^i - \sum_{i=0}^{4} i^2$,

   (e) $\sum_{i=0}^{n} x^i(1-x)^{n-i} - \sum_{i=0}^{n-1} x^{n-i}(1-x)^i$!

3. Bestimmen Sie jeweils die oberen und unteren Summationsgrenzen k und l, so daß gilt:

   (a) $\sum_{i=-5}^{10} a_{i-7} = \sum_{i=k}^{l} a_{i+3}$,

   (b) $\sum_{i=10}^{15} a_{i+2} = \sum_{i=k}^{l} a_{i+8}$,

(c) $\sum_{i=n}^{n+m} 2^{i+j} = \sum_{i=k}^{1} 2^{i-j}$,

(d) $\sum_{i=o}^{n} a_i = \sum_{i=k}^{1} a_{-i}$!

4. Untersuchen Sie, ob die folgenden Rechenregeln stimmen:

(a) $\left(\sum_{i=1}^{n} a_i\right) \cdot \left(\sum_{j=1}^{n} b_j\right) = \sum_{j=1}^{n} \sum_{i=1}^{n} a_i b_j$,

(b) $\sum_{i=1}^{n} a_i^2 = \left(\sum_{i=1}^{n} a_i\right)^2$,

(c) $\sum_{i=1}^{n} \frac{a_i}{i} = \frac{\sum_{i=1}^{n} a_i}{\sum_{i=1}^{n} i}$,

(d) $\sum_{i=1}^{n} (ca_i)^2 = c^2 \sum_{i=1}^{n} a_i^2$!

5. Zeigen Sie, daß jeweils gilt:

(a) $\sum_{i=1}^{n} (x_i - \bar{x}) = 0$,

(b) $\sum_{i=1}^{n} (x_i - \bar{x})^2 = \sum_{i=1}^{n} x_i^2 - n\bar{x}^2$!

Dabei ist $\bar{x} = \frac{1}{n} \sum_{i=1}^{n} x_i$.

6. Gegeben seien die folgenden Tabellen von Zahlen:

a_{ij}	j = 1	2	3
i = 1	6	9	7
2	2	5	0
3	4	8	3
4	0	3	7

b_{jk}	k = 1	2
j = 1	4	6
2	1	0
3	8	3

sowie die Variablen x_1, x_2, x_3 und y_1, y_2, y_3, y_4.
Berechnen Sie die Summen:

(a) $\sum_{j=1}^{3} a_{1j}b_{j2}$,

(b) $\sum_{j=1}^{3} a_{3j}x_j$ und $\sum_{i=1}^{4} a_{i2}y_i$,

(c) $\sum_{k=1}^{2} \sum_{j=1}^{3} (-1)^{j+k} b_{jk}$!

7. Gegeben sei die folgende Tabelle von Zahlen:

	a_{ij}	j = 1	2	3	4
	1	4	3	1	5
	2	6	2	4	2
i	3	5	1	3	3
	4	2	3		
	5		1		

Dabei sei n_j jeweils die Anzahl der Zahlen in jeder Spalte $(j = 1,\dots,4)$ und $N = \sum_{j=1}^{4} n_j$. Berechnen Sie die Summen:

(a) $T_1 = \frac{1}{4} \sum_{j=1}^{4} a_{3j}$, (b) $T_2 = \frac{1}{n_2} \sum_{i=1}^{n_2} a_{i2}$,

(c) $T_3 = \frac{1}{N} \sum_{j=1}^{4} \sum_{i=1}^{n_j} a_{ij}$,

(d) $T_4 = \frac{1}{n_2-1} \sum_{i=1}^{n_2} (a_{i2}-T_2)^2$,

(e) $T_5 = \frac{\sum_{j=1}^{4} \sum_{i=1}^{n_j} (a_{ij}-T_3)^2}{N-1}$,

(f) $T_6 = \sum_{j=1}^{4} \sum_{i=1}^{n_j} a_{ij}^2 - N(T_3)^2$!

8. Berechnen Sie die Doppelsummen:

(a) $\sum_{i=1}^{4} \sum_{j=1}^{3} (6i+3ij)$,

(b) $\sum_{i=0}^{3} \sum_{j=0}^{1} 2ij$!

9. Schreiben Sie als Doppelsumme:

   (a) $2 + 3 + 4 + 9 + 8 + 27 + 16 + 81$,

   (b) $1 + 3 + 6 + 10 + \ldots + 120$!

10. Gegeben seien die Zahlen

1	3	5	7	9
2	4	6	8	10
3	5	7	9	11
4	6	8	10	12
5	7	9	11	13.

   Stellen Sie mit Hilfe des Summenzeichens dar:

   (a) Die Summe der Elemente auf der Hauptdiagonalen!

   (b) Die Summe der Elemente oberhalb der Hauptdiagonalen!

   (c) Die Summe der Elemente von der zweiten bis zur vierten Zeile (Spalte)!

   (d) Die Summe aller Elemente!

11. Schreiben Sie mit Hilfe des Produktzeichens:

   (a) $1 \cdot \frac{1}{8} \cdot \frac{1}{27} \cdot \frac{1}{64} \cdot \frac{1}{125}$,

   (b) $7 \cdot 9 \cdot 11 \cdot \ldots \cdot 49$,

   (c) $1 \cdot (-2) \cdot 4 \cdot (-8) \cdot \ldots \cdot (-128)$,

   (d) $(1 - \frac{1}{3})(1 - \frac{1}{6})(1 - \frac{1}{10})(1 - \frac{1}{15})(1 - \frac{1}{21})$!

12. Welchen Wert hat das Produkt:

   (a) $\prod_{i=o}^{2000} (1-a^i)$ für $a > 0$,

   (b) $\prod_{i=2}^{10} (1 - \frac{1}{i})$,

   (c) $\prod_{i=1}^{n} a^{(-1)^i}$?

13. Für welche $n \in \mathbb{N}$ ist

(a) $\prod_{i=1}^{n} (-1)^i = \begin{cases} 1 \\ -1 \end{cases}$,

(b) $\prod_{i=1}^{n} (2^i - 2^{i-1}) = 64$?

14. Untersuchen Sie allgemein die Gültigkeit der folgenden Rechenregeln:

(a) $\prod_{i=1}^{n} c = c^n$,

(b) $\prod_{i=1}^{n} a_i b_i = \prod_{i=1}^{n} a_i \cdot \prod_{i=1}^{n} b_i$,

(c) $\prod_{i=1}^{n} (a_i + b_i) = \prod_{i=1}^{n} a_i \cdot \prod_{i=1}^{n} b_i$!

15. Vereinfachen Sie die folgenden Ausdrücke:

(a) $\frac{x^2-1}{\sqrt[4]{(x+1)^2}}$,

(b) $\sqrt[6]{(x-1)\cdot\sqrt[3]{(x^2-2x+1)^2}}$,

(c) $\frac{x^2 \cdot y^4}{a^2 \cdot b} \sqrt[p]{\frac{a^{p+1} b^{2p-1}}{x^{2p+1} y^{2p}}}$,

(d) $[3^3 \cdot \left(\frac{1}{2a}\right)^2 : \left(\frac{b^7}{a^3}\right)^3] \cdot 2^{14} \cdot \left(\frac{4}{a^4 b^6}\right)^{-2} \cdot \left(\frac{8a^9 b^3}{3}\right)^3$!

16. Lösen Sie die folgenden quadratischen Gleichungen:

(a) $x^2 - 4x + 3 = 0$,

(b) $\frac{2}{x^2} - \frac{1}{x} - 45 = 0$!

5. Ungleichungen und beschränkte Mengen

1. Bestimmen Sie für die folgenden Ungleichungen jeweils die Lösungsmenge und untersuchen Sie, ob diese beschränkt sind.

   (a) $x^3 > -8$,

   (b) $3x + 7 \geq -2x + 2$,

   (c) $2x^2 + x > 3$,

   (d) $\frac{2}{x-1} > \frac{1}{x}$,

   (e) $\frac{1}{1-x} + \frac{1}{1+x} < 2$,

   (f) $(2x-3)(x+1) \geq 0$,

   (g) $\frac{x+4}{x+2} > \frac{x-5}{x+4}$!

2. Bestimmen Sie für die folgenden Ungleichungen mit Parametern jeweils die Lösungsmenge:

   (a) $ax + 2b < -3ax - 2b$, $a \neq 0$,

   (b) $(x+a)^2 \leq 2$,

   (c) $\frac{x-a}{b-x} > 0$, $a < b$,

   (d) $\frac{a}{x-a} > \frac{1}{x}$, $a > 1$!

3. Zeigen Sie jeweils die Gültigkeit der folgenden Ungleichungen:

   (a) $1 + \frac{1}{\sqrt{2}} + \frac{1}{\sqrt{3}} > \sqrt{3}$,

   (b) $(1+a)^3 > 1 + 3a$ für $a > -3$ und $a \neq 0$,

   (c) $\frac{a+b}{2} > \sqrt{ab}$ für $a,b > 0$ und $a \neq b$!

4. Bestimmen Sie die folgenden Lösungsmengen:

   (a) $L = \{x \in \mathbb{R} \mid |2x| + \frac{x}{2} > 1\}$,

   (b) $L = \{x \in \mathbb{R} \mid |x^2-1| \leq 0\}$,

   (c) $L = \{x \in \mathbb{N} \mid |x-1| < |x^2-1|\}$,

(d) $L = \{x \in \mathbb{Z} \mid |x^2-2x+1| \geq 1\}$,

(e) $L = \{x \in \mathbb{Z} \mid \frac{|x-1|}{x-2} < 1\}$,

(f) $L = \{x \in \mathbb{R} \mid |x-|x+1|| < 1\}$!

5. Bestimmen Sie für die folgenden Ungleichungen mit Parametern jeweils die Lösungsmenge:

(a) $|ax+b| > 2,\ a,b > 0$,

(b) $|x^2-a| < 1,\ a > 1$,

(c) $\left|\frac{a}{x-b}\right| < 1,\ a < 0,\ b > 0$!

6. Untersuchen Sie, ob die folgenden Mengen beschränkt sind. Bestimmen Sie gegebenenfalls das Infimum, Sepremum, Minimum und Maximum dieser Mengen:

(a) $\mathbb{R}_-$,

(b) $\mathbb{N}$,

(c) $A = \{x \in \mathbb{R} \mid x - 2x+1 \neq 0\}$,

(d) $A = \{x \in \mathbb{R} \mid (x^2-1)(x-4)^2 = 0\}$,

(e) $A = \{\frac{1}{n^2} \mid n \in \mathbb{N}\}$,

(f) $A = \{x \in \mathbb{R} \mid x^2 < 3\}$,

(g) $A = \{x \in \mathbb{R} \mid x^2 \geq 4\}$,

(h) $A = \{n+(-n)^{n+1} \mid n \in \mathbb{N}\}$,

(i) $A = \{1-(-1)^{n+1} \cdot \frac{1}{2^n} \mid n \in \mathbb{N}\}$,

(k) $A = (-16,-6) \cup [6,12]$!

7. Untersuchen Sie, ob die folgenden Mengen beschränkt sind:

(a) A = {Maria, Heinz},

(b) A = { {1},{1,2},{1,3,4} },

(c) A = {|{1}|,|{1,2}|, |{1,3,4}|}!

8. Gegeben seien die Mengen

$A = \{1-\frac{1}{n} \mid n \in \mathbb{N}\}$,

$B = \{\frac{1}{n} \mid n \in \mathbb{Z} \setminus \{0\}\}$.

Bestimmen Sie für die Mengen $A, B, A \cup B, A \cap B$ jeweils das Infimum, Supremum, Minimum und Maximum!

9. Gegeben seien die Funktionen

$f: \mathbb{R} \to \mathbb{R}$, $f(x) = 2x$

$g: \mathbb{R} \to \mathbb{R}$, $g(x) = -x^2$

und die Mengen $A = (-2,1]$ sowie $B = \{-\frac{1}{n} \mid n \in \mathbb{N}\}$.

Untersuchen Sie die folgenden Bild- und Urbildmengen auf Beschränktheit sowie die Existenz von Infima, Suprema, Minima bzw. Maxima:

$f[A]$, $f^{-1}[A]$, $g[B]$, $g^{-1}[B]$!

10. Gegeben seien die Funktion $f(x) = \frac{2}{x}$ sowie die Mengen

$A = ([-1,1) \cup [2,\infty)) \setminus \{0\}$ und $B = \{1,-2,3,-4,\ldots\}$.

Berechnen Sie jeweils $f[A]$, $f^{-1}[A]$, $f[B]$, $f^{-1}[B]$

und stellen Sie fest, ob diese Mengen beschränkt sind bzw. ein Minimum, Maximum, Supremum und Infimum besitzen!

6. Folgen und Reihen

1. Bestimmen Sie - falls möglich - die Grenzwerte der Folgen

(a) $a_n = \frac{4n}{1-2n}$,

(b) $a_n = \frac{3n}{3n^2-1}$,

(c) $a_n = \frac{1-n^2}{2+n}$,

(d) $a_n = \frac{3n^3-4\sqrt{n}+1}{9n^3-2n^2-n}$,

(e) $a_n = \frac{\sqrt{n^2-n}}{n+1}$,

(f) $a_n = \frac{n^2-1}{2n+n\sqrt{n}} - \sqrt{n}$,

(g) $a_n = \frac{n^2(n+1)}{n^2+1} + n!$

2. Untersuchen Sie, ob die nachstehend aufgeführten Folgen konvergieren:

(a) $a_n = \frac{n^2}{2^{n-2}}$,

(b) $a_n = (1-\frac{1}{2})(1-\frac{1}{3})\cdot\ \ldots\ \cdot(1-\frac{1}{n})$, $(n \geq 2)$,

(c) $a_n = \frac{1}{10} + \frac{1}{100} + \ldots + \frac{1}{10^n}$!

3. Gegeben seien die rekursiv definierten Folgen:

(a) $a_{n+1} = a_n \frac{(n+1)^3}{n^3+n^2}$, $a_1 = \frac{1}{2}$;

(b) $a_{n+1} = ba_n$, $a_o=a$;

(c) $a_{n+1} = \frac{1}{a_n}$, $a_o=a$;

(d) $a_{n+1} = 2a_n+1$, $a_1 = 1$;

(e) $a_{n+1} = a_n+a$, $a_o = b$;

(f) $a_{n+1} = \frac{a_n + a_{n-1}}{2}$, $a_o = a, a_1 = b$.

Geben Sie jeweils ein allgemeines Glied a_n an und untersuchen Sie diese Folgen auf Konvergenz!

4. Berechnen Sie die folgenden Summen:

(a) $3 + 8 + 13 + \ldots + (5n-2)$,

(b) $1 + 2 + 4 + \ldots + 2^n$,

(c) $\sqrt{2} + 2 + 2\sqrt{2} + \ldots +32$!

5. Berechnen Sie die Summe aller geraden Zahlen zwischen 13 und 37!

6. Bei einer arithmetischen Reihe sei die Summe der ersten vier Glieder 14, die Summe der ersten acht Glieder -52. Geben Sie die ersten 10 Glieder an!

7. Gegeben sei eine arithmetische Reihe mit fünf Gliedern. Die Summe dieser Glieder sei -5, das Produkt sei 0. Geben Sie diese fünf Glieder an!

8. Gegeben seien die Folgenglieder $a_1 = 5$ und $a_{17} = 200$. Ergänzen Sie die fehlenden 15 Glieder so, daß sich eine geometrische Folge ergibt!
Geben Sie diese Folge an!

9. Gegeben sei eine geometrische Reihe mit dem Anfangsglied $\frac{1}{7}$, dem Quotienten 2 und der Summe 73. Wieviele Glieder besitzt diese Reihe?

10. Bei einer geometrischen Reihe sei die Summe des dritten und fünften Gliedes gleich 60, die Summe des zweiten und vierten Gliedes gleich 30. Berechnen Sie die Summe der ersten sechs Glieder dieser Reihe!

11. Berechnen Sie jeweils die Summe der unendlichen Reihen:

(a) $x^2 + x^5 + x^8 + \ldots$,

(b) $1 - \frac{1}{2} + \frac{1}{4} - \frac{1}{8} + \ldots$,

(c) $\frac{1}{\sqrt{3}} - \frac{1}{\sqrt{6}} + \frac{1}{2\sqrt{3}} - \frac{1}{2\sqrt{6}} + \ldots$,

(d) $(b+t^2)^{2a} + (b+t^2)^{3a} + (b+t^2)^{4a} + \ldots$,

(e) $0{,}1 - 0{,}1 + 0{,}1 - \ldots$!

12. Formen Sie die folgenden periodischen Dezimalzahlen in rationale Zahlen um:

(a) 0,111...,

(b) 3,1212...,

(c) 0,25333...!

7. Kombinatorik und Finanzmathematik

1. Berechnen Sie die folgenden Fakultäten:

(a) $\frac{(n+1)!}{2n}$ (b) $\frac{(n^2+1)!}{n^4-1}$ (c) $\frac{1}{(n+1)!} - \frac{1}{(n+2)!}$.

2. Für welche $n \in \mathbb{N}$ gilt:

(a) $\frac{(n+1)!}{(n-1)!} = 6$ (b) $(n-1)! = 0$.

3. Schreiben Sie mit Hilfe des Fakultätszeichens:

(a) $2 + 6 + 24 + 120$,

(b) $2 - 8 + 40 - 240$,

(c) $\frac{1}{2} + \frac{2}{4} + \frac{6}{8} + \frac{24}{16}$.

4. Berechnen Sie die folgenden Binomialkoeffizienten:

(a) $\binom{6}{2}$ (b) $\binom{9}{0}$ (c) $\binom{8}{8}$ (d) $\binom{6}{5}$

(e) $\binom{n+1}{n}$ (f) $\binom{2n+1}{2n-1}$ (g) $\binom{n-2}{n-5}$ (h) $\binom{n+1}{2}$

(i) $\binom{n-1}{3} - \binom{n-1}{4}$.

5. Zeigen Sie die Gültigkeit folgender Rechenregeln:

(a) $\binom{n}{n-k} = \binom{n}{k}$;

(b) $\frac{n}{k}\binom{n-1}{k-1} = \binom{n}{k}$;

(c) $\binom{n}{n} + \binom{n+1}{n} = \binom{n+2}{n+1}$.

6. Berechnen Sie mit Hilfe des Binomial-Satzes:

(a) $(1+x)^3-(1-x)^3$,

(b) $(1+x)^{20}+(1-x)^{20}$,

(c) $(2a+b)^5$,

(d) $(1-x^2)^3$.

7. Zeigen Sie, daß folgende Regeln gelten:

(a) $2^n = \sum_{k=0}^{n} \binom{n}{k}$;

(b) $0 = \sum_{k=0}^{n} \binom{n}{k}(-1)^k$.

8. Berechnen Sie mit Hilfe des Binomialsatzes:

(a) $(0{,}8)^4$ (b) $(1{,}1)^5$ (c) $(\sqrt{2}-\sqrt{3})^4$.

9. Herr Müller zahlt zu jedem Quartalsende eine Prämie von DM 100 an eine Versicherung. Welchen Betrag hätte er nach 12 Jahren zur Verfügung, wenn die Prämie alternativ zu einem Quartalszins von 1% angelegt worden wäre?

10. Herr Maier erwirbt eine Obligation in Höhe von DM 5000, die mit 4% verzinst wird. Wie hoch darf der Ausgabekurs höchstens sein, wenn eine mindestens 5%-ige effektive Verzinsung gewährleistet sein soll, falls die Obligation bereits nach einem Jahr zur Auslosung kommt?

11. Eine Maschine wird zu einem Preis von DM 10.000 beschafft. Am Ende jeden Jahres wird vom jeweiligen Buchwert eine Abschreibung mit einem konstanten Prozentsatz p vorgenommen. Wie groß ist der Abschreibungssatz, wenn am Ende des dritten Jahres noch ein Buchwert von DM 7.290 vorhanden ist?

12. Eine Anleihe von DM 100.000 soll zu 4% verzinst und innerhalb von 5 Jahren durch gleiche Beträge (Annuitäten) getilgt werden (nachschüssig). Berechnen Sie diese Beträge!

13. Ein Schenkungsvertrag, demzufolge jeweils zu Jahresbeginn 5 Jahre lang je DM 10.000 und in den folgenden 5 Jahren je DM 20.000 übereignet werden sollen, wird zu Beginn des ersten Jahres steuerlich erfaßt. Bemessungsgrundlage ist der Wert der Gesamtschenkung, bezogen auf diesen Termin. Wie hoch ist dieser Wert bei einem Zinssatz von 5%?

14. Welcher Betrag muß für eine jährliche Rente von DM 1.000 über 20 Jahre heute einbezahlt werden, wenn die Rente

(a) vorschüssig

(b) nachschüssig

ausbezahlt werden soll und mit einer 5%-igen Verzinsung gerechnet wird?

15. Ein Lohnempfänger läßt per Dauerauftrag zu jedem Monatsende DM 80 auf sein Sparbuch überweisen. Welchen Betrag weist das Sparbuch nach 7 Jahren bei 6%-iger Verzinsung auf?

8. Wichtige Eigenschaften von Funktionen einer Variablen

1. Untersuchen Sie, ob die folgenden Funktionen

(a) $f\colon \mathbb{R} \setminus \{-1\} \to \mathbb{R}$, $f(x) = \frac{x}{1+x}$

(b) $f\colon \mathbb{R} \to \mathbb{R}$, $f(x) = x^3 - 2x^2$

(c) $f\colon \mathbb{R} \to \mathbb{R}$, $f(x) = 2^x$

beschränkt, monoton fallend bzw. wachsend, injektiv, surjektiv, bijektiv sind!

2. Gegeben seien die Funktionen

(a) $f(x) = \begin{cases} k & \text{für } x \in (k,k+1],\ k \in \mathbb{N} \\ 0 & \text{sonst} \end{cases}$,

(b) $f(x) = (k-1)^2$ für $x \in [k,k+1)$, $k \in \mathbb{Z}$,

(c) $f(x) = x-k$ für $x \in (k,k+1]$, $k \in \mathbb{Z}$.

Stellen Sie fest, ob diese Funktionen monoton fallend oder steigend bzw. beschränkt sind.

3. Ermitteln Sie jeweils die Gleichung der Geraden, die durch

(a) die Punkte (2,2) und $(-1,\frac{1}{2})$ führt,

(b) die Punkte $(-\frac{3}{2},3)$ und (6,-2) führt,

(c) den Punkt (2,3) führt,

(d) den Punkt (-3,-1) führt und die Steigung 4 besitzt!

4. Ermitteln Sie jeweils die Gleichung der Parabel, die durch

(a) den Punkt (0,2) führt und die Nullstellen $x_{N1} = 1$ sowie $x_{N2} = -2$ besitzt,

(b) die Punkte (3,2) sowie (0,-1) führt und die Nullstelle $x_N = -1$ besitzt.

5. Berechnen Sie die folgenden Grenzwerte von Funktionen:

(a) $\lim\limits_{x \to 2} \frac{x^4 - x^2}{x^2}$,

(b) $\lim\limits_{x \to -1} \frac{x^2 - 1}{x+1}$,

(c) $\lim\limits_{x \to -2} \frac{x^2 + x - 2}{x^2 + 3x + 2}$,

(d) $\lim\limits_{x \to 0} \frac{|x|}{x}$,

(e) $\lim\limits_{x \to 0} 10^{\frac{1}{x}}$!

6. Ermitteln Sie die folgenden Grenzwerte:

(a) $\lim\limits_{x \to \pm\infty} \frac{x+1}{2x-4}$,

(b) $\lim\limits_{x \to \infty} \frac{ax+b}{cx+d}$,

(c) $\lim\limits_{x\to\pm\infty} \frac{x^2-x-1}{x+4}$,

(d) $\lim\limits_{x\to 1} \frac{x^2+2x+1}{x^2-1}$,

(e) $\lim\limits_{x\to 0} \frac{(2+x)^2-4}{x}$,

(f) $\lim\limits_{x\to 0} \frac{\sqrt{1+x}}{x}$,

(g) $\lim\limits_{x\to\infty} \frac{\sqrt{1+x}}{x}$!

7. Untersuchen Sie die folgenden Funktionen auf Stetigkeit:

(a) $f(x) = \left(\frac{x^3-2x-1}{x^2+1}\right)^5$,

(b) $f(x) = \sqrt[3]{x^2\sqrt{x+1}}$,

(c) $f(x) = \begin{cases} -2x & \text{für } x \geq -1 \\ x+3 & \text{für } x < -1 \end{cases}$!

8. Stellen Sie fest, an welchen Punkten die folgenden Funktionen unstetig sind:

(a) $f(x) = \frac{x^2-4}{x-2}$,

(b) $f(x) = \frac{x^2-3}{x-2}$,

(c) $f(x) = \frac{x^2-x}{|x|}$,

(d) $f(x) = x^2 - |x^2-1|$,

(e) $f(x) = \min \{\frac{1}{x}, x\}$!

9. Für welche Werte der Parameter a bzw. b sind die folgenden Funktionen stetig:

(a) $f(x) = \begin{cases} |x+2| & \text{für } x \leq 1 \\ \frac{2}{x+a} & \text{für } x > 1 \end{cases}$,

(b) $f(x) = \begin{cases} -2 & \text{für } x \leq -2 \\ bx & \text{für } -2 < x \leq 2 \\ 3 & \text{für } x > 2 \end{cases}$,

(c) $f(x) = \begin{cases} 2 & \text{für } x < -1 \\ b(x-a)^2 & \text{für } -1 \leq x < 5 \\ 8 & \text{für } x \geq 5 \end{cases}$?

10. Untersuchen Sie die folgenden Funktionen auf Differenzierbarkeit:

(a) $f(x) = |x-a|$,

(b) $f(x) = |x|^3$,

(c) $f(x) = |x^2-1|$,

(d) $f(x) = \sqrt{|x|}$!

11. (a) Gegeben sei die Funktion

$$f(x)=\begin{cases} 2x & \text{für } x \geq 1 \\ x^2-1 & \text{für } x < 1 \end{cases}.$$

Untersuchen Sie, ob f an der Stelle $x_0 = 1$ differenzierbar und stetig ist!

(b) Gegeben sei die Funktion

$$f(x) = \frac{ax}{a+|x|}, \quad a > 0.$$

Untersuchen Sie, ob f an der Stelle $x_0 = 0$ stetig ist und ob dort die 1. und 2. Ableitung existiert!

12. Lösen Sie die folgenden Gleichungen auf graphische Weise:

(a) $1+e^{-x} = e^{x-2}$,

(b) $\frac{1}{2}\cdot e^x-2 = \ln x$,

(c) $e^{\frac{1}{2}x} - x = 0$!

13. Zeigen Sie, daß die folgenden Gleichungen erfüllt sind:

(a) $\ln 14 + \ln\frac{27}{25} - \ln 18 + \frac{1}{3}\ln\frac{125}{8} - \ln\frac{21}{10} = 0$,

(b) $\ln(\sqrt{2+4x^2} - 2x) = \ln 2 - \ln(\sqrt{2+4x^2} + 2x)$!

14. Lösen Sie die folgenden Gleichungen nach y auf:

(a) $e^{-y} - e^{x-y} - e^{\frac{1}{x}} = 0, \quad (x > 0)$,

(b) $e^y - e^{x-y} - x = 0$,

(c) $\ln y - \ln(x^2-1) + \ln\frac{x-1}{y^2} = 0$,

(d) $\sqrt{e^{\ln y}} + \sqrt{xy} - \ln 2^x = 0$,

(e) $\frac{1}{2}\cdot\ln(y+4) + \ln\frac{e^3}{4} = e^{\ln 3} + \frac{1}{2}\cdot\ln(y+1)$!

9. Ableitungsregeln

1. Berechnen Sie für die folgenden Funktionen jeweils die Ableitung:

(a) $f(x) = x^3 - 4x^2 - \frac{1}{3}x + 2$,

(b) $f(x) = \sqrt[7]{x^5}$,

(c) $f(x) = (x^2 - 1)\,(4 + 2x)$,

(d) $f(x) = \dfrac{1}{4 - 9x^2}$,

(e) $f(x) = (2x^3 - x^2 + 1)^4$,

(f) $f(x) = x\sqrt{ax^2 - 1}$,

(g) $f(x) = \sqrt{x + \sqrt{x}}$,

(h) $f(x) = \dfrac{(x-b)^n - (x^2-a)^n}{x-a}$,

(i) $f(x) = \dfrac{3 - 2ax}{(ax^3-bx)^n}$!

2. Berechnen Sie für die folgenden Exponential- und Logarithmusfunktionen jeweils die Ableitung:

(a) $f(x) = e^{-ax}$,

(b) $f(x) = \ln\,(x^2 - x + 1)$,

(c) $f(x) = xe^{(ax)^2}$,

(d) $f(x) = \dfrac{1}{\sqrt{e^x}}$,

(e) $f(x) = \dfrac{e^x - e^{-x}}{e^x + e^{-x}}$,

(f) $f(x) = \dfrac{e^{ax}}{b-e^{-x}}$,

(g) $f(x) = \ln \frac{1}{\sqrt{1-x^3}}$,

(h) $f(x) = \frac{\ln x}{x}$,

(i) $f(x) = \ln \left(\frac{x-a}{x-b}\right)^2$,

(k) $f(x) = \frac{a}{x^2(\ln x)^3}$,

(l) $f(x) = \ln (x + \sqrt{x^2 - 1})$,

(m) $f(x) = \ln (\ln x)$!

3. Berechnen Sie die Ableitungen für folgende allgemeine Exponentialfunktionen:

(a) $f(x) = 2^x$,

(b) $f(x) = a^{x^2}$, $a > 0$,

(c) $f(x) = x4^{2-x}$!

4. Berechnen Sie für die folgenden Funktionen jeweils die Ableitung:

(a) $f(x) = \frac{\sqrt[3]{2x}}{x + 1}$, $(x > 0)$,

(b) $f(x) = \frac{\sqrt[5]{(ax+b)^2}}{x\sqrt{x^3+c}}$, $(x \neq -\frac{b}{a})$,

(c) $f(x) = \exp (x^{-x}), (x > 0)$,

(d) $f(x) = g_1(x) \cdot g_2(x) \cdot \ldots \cdot g_n(x)$ mit $g_i(x) \neq 0$!

Benützen Sie dazu die logarithmische Ableitung!

5. Gegeben seien die differenzierbaren Funktionen $g,h : \mathbb{R} \to \mathbb{R}$. Bilden Sie jeweils die 1. Ableitung von

(a) $f(x) = \exp\,[g(\frac{x}{3}) - 2h(x)]$,

(b) $f(x) = \exp\,[\frac{2xg(x)}{x^2+1}]$,

(c) $f(x) = g(\exp[h(x^2) - \ln h(x)])$,

(d) $f(x) = \ln\,(\ln g(x)), |g(x)| \neq 1$!

6. Seien $h,g: \mathbb{R} \to \mathbb{R}$ differenzierbare Funktionen mit

$f(x) = g(h(x^2) - \exp\,[\frac{\ln x}{\sqrt{x}}])$ und

$h(1) = 0,\ h'(1) = 1,\ g'(-1) = 5.$

Berechnen Sie $f'(1)$!

7. Geben Sie jeweils eine allgemeine Formel für die n - ten Ableitungen der folgenden Funktionen an:

(a) $f(x) = \sqrt{x}$,

(b) $f(x) = e^{ax}$,

(c) $f(x) = \frac{1+x}{1-x}$,

(d) $f(x) = x^2\,e^x$,

(e) $f(x) = \frac{x^2}{x-1}$!

10. Elastizitäten und Wachstumsraten

1. Berechnen Sie für die folgenden Funktionen jeweils die Elastizitäten:

   (a) $f(x) = x^2$,

   (b) $f(x) = \ln ax$,

   (c) $f(x) = xe^{-ax}$,

   (d) $f(x) = x^a e^{bx}$,

   (e) $f(x) = a^x \quad (a > 0)$!

2. Ermitteln Sie für die folgenden Funktionen jeweils die Elastizitäten und bestimmen Sie die Bereiche, in denen die Funktionen unelastisch, 1- elastisch bzw. elastisch sind:

   (a) $f(x) = e^{ax+b} \quad (a < 0)$,

   (b) $f(x) = \sqrt{1-x^2}$,

   (c) $f(x) = \dfrac{x}{x-1}$,

   (d) $f(x) = a - bx^2 \quad (a,b > 0)$,

   (e) $f(x) = \dfrac{ax}{bx-1} \quad (b > 0)$,

   (f) $f(x) = \sqrt{2x+a} \quad (a > 0)$!

3. Gegeben seien die differenzierbaren Funktionen f,g. Zeigen Sie, daß für die Elastizität der Summe f + g, des Produkts f · g und des Quotienten $\frac{f}{g}$ die folgenden Formeln gelten:

   (a) $\varepsilon_{f+g}(x) = \dfrac{f(x)\varepsilon_f(x) + g(x)\varepsilon_g(x)}{f(x) + g(x)}$,

   (b) $\varepsilon_{f \cdot g}(x) = \varepsilon_f(x) + \varepsilon_g(x)$,

(c) $\varepsilon_{\frac{f}{g}}(x) = \varepsilon_f(x) - \varepsilon_g(x)$!

4. Berechnen Sie für die folgenden Funktionen jeweils die Wachstumsrate:

   (a) $f(t) = \exp(\exp(-\frac{1}{t^2}))$,

   (b) $f(t) = \ln \frac{t}{t-1}$,

   (c) $f(t) = g(e^{2t})$,

   (d) $f(t) = \ln g(t)$,

   (e) $f(t) = h(g(t))$!

11. Kurvendiskussionen

1. Bestimmen Sie jeweils Nullstellen und Extremwerte von folgenden Funktionen:

   (a) $f(x) = x^2 - x - 6$,

   (b) $f(x) = -x^2 + 2a^2x$,

   (c) $f(x) = (x-1)^2(x+1)$,

   (d) $f(x) = x^3 - 3x^2 + 6x$,

   (e) $f(x) = e^{-x} - e^{-2x}$,

   (f) $f(x) = be^{-(x-a)^2}$, $b \neq 0$!

2. Bestimmen Sie für die Funktion
   $f : D \to \mathbb{R}$, $f(x) = x^3 - ax$, $a > 0$:
   (a) Definitionsbereich und Nullstellen,
   (b) das Verhalten für $x \to \pm\infty$,
   (c) Extremwerte und Wendepunkte,
   (d) das Monotonie- und Krümmungsverhalten!

   Fertigen Sie für $a = 3$ eine Zeichnung von f an!

3. Gegeben sei die Funktion
   $$f : D \to \mathbb{R},\ f(x) = \frac{3x - 1}{(1-x)^3}.$$
   (a) Bestimmen Sie Definitionsbereich und Nullstellen von f!
   (b) Geben Sie die Asymptoten von f an!
   (c) Bestimmen Sie die Extremwerte und Wendepunkte von f!
   (d) Untersuchen Sie die Funktion f auf Monotonie und Krümmungsverhalten!
   (e) Skizzieren Sie den Graph von f!

4. Gegeben sei die Funktion
   $$f : D \to \mathbb{R},\ f(x) = \frac{2x^2}{2 + x^2}.$$

(a) Bestimmen Sie Definitionsbereich und Nullstellen von f!
(b) Bestimmen Sie die Polstellen und untersuchen Sie das Verhalten von f für $x \to \pm \infty$!
(c) Wo besitzt die Funktion f Extremstellen und Wendepunkte?
(d) Ist f beschränkt?
(e) Untersuchen Sie das Monotonie- und Krümmungsverhalten von f!
(f) Fertigen Sie eine Zeichnung dieser Funktion an!

5. Gegeben sei die Funktion

$$f : D \to \mathbb{R},\ f(x) = \frac{e^{ax}}{e^{ax} - 1},\ a \neq 0.$$

(a) Bestimmen Sie den mathematisch größtmöglichen Definitionsbereich D!
(b) Untersuchen Sie, ob der Graph der Funktion f Nullstellen, lokale Extrema und Wendepunkte besitzt!
(c) Untersuchen Sie, ob f den Funktionswert 1 annehmen kann, d.h. bestimmen Sie $f^{-1}[\{1\}]$!
(d) Untersuchen Sie f auf Monotonie- und Krümmungsverhalten! Welche Fallunterscheidungen bzgl. a sind dabei jeweils zu treffen?
(e) Untersuchen Sie jeweils für die Fälle $a > 0$ und $a < 0$ das Verhalten von f, wenn $x \to +\infty$ und $x \to -\infty$ strebt!
(f) Bestimmen Sie ebenso für die Fälle $a > 0$ und $a < 0$ die rechts- und linksseitigen Grenzwerte an der Stelle $x_0 = 0$!
(g) Skizzieren Sie unter Zuhilfenahme der Ergebnisse (a) - (f) den Graphen der Funktion f jeweils für $a = +1$ und $a = -1$!

6. Gegeben sei die Funktion

$$f : D \to \mathbb{R},\ f(x) = [\ln(1-x)]^2 - 1.$$

(a) Bestimmen Sie den mathematischen größtmöglichen Definitionsbereich D!
(b) Welches Verhalten zeigt f an den Grenzen des Definitionsbereichs?

(c) Bestimmen Sie die Nullstellen von f!

(d) Ermitteln Sie die lokalen Extrema und Wendepunkte von f!

(e) Untersuchen Sie f auf Beschränktheit, Monotonie und Krümmungsverhalten!

(f) Skizzieren Sie den Graph der Funktion f!

12. Integralrechnung

1. Berechnen Sie die folgenden unbestimmten Integrale:

(a) $\int x^5 dx$,

(b) $\int (ax^2 + bx + c)dx$,

(c) $\int x^2 \sqrt[3]{x}\, dx$,

(d) $\int \frac{a}{\sqrt[4]{x^3}}\, dx$,

(e) $\int \sqrt{x\sqrt{x}}\, dx$,

(f) $\int be^{-ax} dx$,

(g) $\int \frac{f'(x)}{f(x)} dx$!

2. Berechnen Sie die folgenden bestimmten Integrale:

(a) $\int\limits_{-2}^{2} x^3 dx$,

(b) $\int\limits_{0}^{-1} (3x^3 - x^2 + \frac{x}{2} - 2)\, dx$,

(c) $\int\limits_{0}^{-1} (x^2-1)x^3 dx$,

(d) $\int\limits_{-1}^{1} \sqrt{a} dx$,

(e) $\int\limits_{1}^{\frac{1}{2}} \frac{(x+1)(x-2)}{x^4}\, dx$,

(f) $\int\limits_{0}^{2} \frac{(2-x)^2}{\sqrt{x}}\, dx$,

(g) $\int\limits_{0}^{-1} e^{-4x} dx$,

(h) $\int_{-2}^{3} |x-1|\, dx$,

(i) $\int_{-3}^{3} |x^2-4|\, dx$,

(k) $\int_{\frac{1}{2}}^{\frac{3}{2}} \frac{1}{2x+1}\, dx$,

(l) $\int_{\frac{(a-1)^2}{b}}^{\frac{(a+1)^2}{b}} \frac{1}{bx-a^2}\, dx$,

(m) $\int_{0}^{1} 2^{-x} dx$,

(n) $\int_{-4}^{4} \min\{x,x^2\} dx$,

(o) $\int_{-3}^{3} \max\{1,|x|-1\}\, dx$!

3. Berechnen Sie die folgenden Integrale mit Hilfe der Substitutionsregel:

(a) $\int_{-2}^{0} \frac{6x^2}{2x^3-1}\, dx$,

(b) $\int_{-2}^{-5} \frac{1}{(1-x)\sqrt{1-x}}\, dx$,

(c) $\int_{0}^{\sqrt{2\frac{b}{a}}} x(ax^2-b)^n dx$,

(d) $\int_{4}^{25} \frac{2(\sqrt{x}-4)^3}{\sqrt{x}}\, dx$,

(e) $\int_a^b h^n(x)h'(x)dx$!

4. Berechnen Sie die folgenden Integrale durch partielle Integration:

(a) $\int_{e^2}^{1} \frac{\ln x}{x} dx$,

(b) $\int_{e^1}^{e^2} x(\ln x)^2 dx$,

(c) $\int_0^{-\frac{b}{a}} x e^{ax+b} dx$,

(d) $\int_a^b x^n e^x dx$!

5. Berechnen Sie die folgenden Integrale:

(a) $\int_0^1 \frac{3x^2-4x+1}{x^3-2x^2+x+1} dx$,

(b) $\int_0^1 \frac{2ax+b}{ax^2+bx+c} dx$,

(c) $\int_2^3 \frac{x}{1-x^2} dx$,

(d) $\int_2^3 \frac{x+1}{x-1} dx$,

(e) $\int_0^{\ln 2} \frac{4-e^x}{4+e^x} dx$,

(f) $\int_{\sqrt{5}}^{\sqrt{4+e^2}} x\ln(x^2-4)dx$!

6. Berechnen Sie die folgenden uneigentlichen Integrale:

(a) $\int_1^\infty \frac{1}{x^4}\,dx$,

(b) $\int_0^1 \frac{1}{x^4}\,dx$,

(c) $\int_1^\infty \frac{x^2+2}{x^4}\,dx$,

(d) $\int_0^3 \frac{1}{\sqrt{|x-1|}}\,dx$,

(e) $\int_0^1 \frac{1}{\sqrt[n]{x^m}}\,dx \quad (n \neq m)$,

(f) $\int_{-1}^1 \frac{1}{x^2}\,dx$,

(g) $\int_0^2 \frac{x}{\sqrt{4-x^2}}\,dx$!

7. Gegeben seien die Funktionen

(a)
$$f(x) = \begin{cases} 0 & \text{für } x < -2 \\ \frac{1}{2} + \frac{1}{4}x & \text{für } -2 \leq x < 0 \\ \frac{1}{2} - \frac{1}{4}x & \text{für } 0 \leq x < 2 \\ 0 & \text{für } x \geq 2 \end{cases}$$

(b)
$$f(x) = \begin{cases} \frac{1}{4}e^{x+1} & \text{für } x < -1 \\ \frac{1}{4} & \text{für } -1 \leq x < 1 \\ \frac{1}{4}e^{-x+1} & \text{für } x > 1. \end{cases}$$

(1) Skizzieren Sie den Verlauf von f(x) und zeigen Sie , daß f(x) jeweils eine Wahrscheinlichkeitsdichte darstellt!

(2) Berechnen Sie jeweils die Verteilungsfunktion

$$F(y) = \int_{-\infty}^{y} f(x)dx$$

und skizzieren Sie diese!

(3) **Ermitteln Sie jeweils** den Erwartungswert

$$\int_{-\infty}^{+\infty} xf(x)dx!$$

8. **Berechnen Sie für** die folgenden Funktionen jeweils die Verteilungsfunktion:

(a) $f(x) = \begin{cases} \frac{1}{b-a} & \text{für } a \leq x \leq b \\ 0 & \text{sonst} \end{cases}$,

(b) $f(x) = \begin{cases} \frac{\lambda}{2\sqrt{x}} e^{-\lambda\sqrt{x}} & \text{für } x > 0 \\ 0 & \text{für } x \leq 0 \end{cases}$!

9. (a) Zeigen Sie, daß die Funktion

$$G(p) = \int_0^\infty x^{p-1} e^{-x} dx \qquad (p > 0)$$

die Relation $G(p+1) = pG(p)$ erfüllt!

(b) Berechnen Sie das bestimmte Integral

$$\int_{-\frac{1}{a}}^{\frac{1}{a}} \frac{(x+\frac{1}{a})^2}{1+(x+\frac{1}{a})^3} dx \text{ für } a > 0,$$

(c) Gegeben sei die Funktion

$$f(x) = \begin{cases} 2x\sqrt{1+x^2} & \text{für } -1 \leq x \leq 0 \\ 2x & \text{für } x > 0 \end{cases}$$

Bestimmen Sie die obere Integrationsgrenze a mit a > 0 so, daß

$$\int_{-1}^{a} f(x)dx = \frac{2}{3}!$$

13. Rechenoperationen für Matrizen

1. Gegeben sei die Matrix

$$\underline{A} = \begin{pmatrix} 2 & -3 & -5 & 0 \\ -1 & 4 & 5 & 7 \\ 3 & -8 & -2 & 1 \end{pmatrix}.$$

Berechnen Sie die Summen

$$\sum_{i=1}^{3} a_{i2} \text{ und } \sum_{j=1}^{4} a_{3j} \text{ von } \underline{A}$$

sowie

$$\sum_{j=1}^{3} a_{2j} \text{ und } \sum_{i=1}^{4} a_{i1} \text{ von } \underline{A}'!$$

2. Gegeben sei die Matrix $\underline{A} = ||a_{ij}||_{(m\times n)}$ mit $a_{ij} = i^2 - j^2$.

(a) Bestimmen Sie die Matrizen $\underline{A}_1 = ||a_{ij}||_{(4\times 2)}$ und $\underline{A}_2 = ||a_{ij}||_{(3\times 3)}$!

(b) Berechnen Sie die Summen $\sum_{j=1}^{n} \sum_{i=1}^{m} a_{ij}$ für beide Matrizen!

(c) Welche der beiden Matrizen ist symmetrisch?

3. Berechnen Sie für die folgenden Vektoren und Matrizen

$$\underline{a} = (-2,0,1),\ \underline{b} = \begin{pmatrix} 1 \\ 3 \\ 0 \end{pmatrix},\ \underline{A} = \begin{pmatrix} 2 & 1 \\ -1 & 3 \\ 4 & 0 \end{pmatrix},\ \underline{B} = \begin{pmatrix} 0 & 1 \\ 1 & -2 \\ -2 & 3 \end{pmatrix}$$

die Summen

$\underline{a} - \underline{b}'$, $\underline{a} + \underline{b}$, $2\underline{a}' - \underline{b}$, $\underline{b} + \underline{A}$, $\underline{A} + 3\underline{B}$, $\underline{A} + \underline{B}'$,

soweit dies möglich ist!

4. Gegeben seien die Vektoren und Matrizen

$$\underline{a} = \begin{pmatrix} 1 \\ 2 \\ 1 \end{pmatrix},\ \underline{b}' = (1,-2,1,0),\ \underline{x} = \begin{pmatrix} x_1 \\ x_2 \\ x_3 \end{pmatrix},$$

$$\underline{A} = \begin{pmatrix} 4 & 3 & 0 \\ 1 & -1 & 1 \\ 0 & 1 & 3 \end{pmatrix},\ \underline{B} = \begin{pmatrix} 1 & 0 \\ 0 & 0 \\ 3 & 2 \end{pmatrix}.$$

Berechnen Sie, soweit möglich, die Produkte

$\underline{a}\underline{b}'$, $\underline{b}'\underline{a}$, $\underline{a}'\underline{x}$, $\underline{x}'\underline{A}\underline{x}$, $\underline{B}'\underline{x}$, $\underline{A}\underline{B}$, $\underline{A}\underline{B}'$, $\underline{B}'\underline{A}'$, $\underline{B}'\underline{A}$!

5. Berechnen Sie die Matrizenprodukte:

(a) $\begin{pmatrix} 5 & -3 & -2 \\ 0 & 1 & 1 \\ 0 & 2 & 0 \end{pmatrix}\begin{pmatrix} -2 & 0 & -1 \\ -4 & 5 & 0 \\ 1 & -5 & 3 \end{pmatrix}$,

(b) $\begin{pmatrix} 2 & 0 & -3 & 5 \\ 1 & 2 & 2 & -4 \\ 4 & 7 & -1 & -2 \end{pmatrix}\begin{pmatrix} 5 & -3 \\ -2 & 8 \\ 4 & -1 \\ 2 & 0 \end{pmatrix}$!

6. Gegeben seien die folgenden Vektoren und Matrizen:

$$\underline{a} = \begin{pmatrix} 0 \\ 1 \\ 2 \end{pmatrix}, \quad \underline{b} = \begin{pmatrix} -2 \\ 1 \\ 2 \\ 0 \end{pmatrix}, \quad \underline{A} = \begin{pmatrix} 2 & 3 & 1 \\ -3 & 10 & 0 \\ 4 & 0 & -3 \end{pmatrix}, \quad \underline{B} = \begin{pmatrix} 3 & 2 & -1 & 0 \\ 0 & 1 & -2 & 1 \\ 1 & 0 & -3 & 4 \end{pmatrix}.$$

Berechnen Sie den Ausdruck:

$$\underline{a}'\underline{A}'\underline{B}\underline{b} - \underline{a}'\underline{A}\underline{B}\underline{b}!$$

7. Zeigen Sie, daß für zwei $(n \times n)$-Matrizen $\underline{A}$ und $\underline{B}$ im allgemeinen nicht gilt:

$$\underline{A} \cdot \underline{B} = \underline{B} \cdot \underline{A}!$$

Geben Sie Matrizen an, für die diese Rechenregel gilt!

8. (a) Zeigen Sie, daß für die $(m \times n)$-Matrix $\underline{A}$ und die $(n \times r)$-Matrix $\underline{B}$ gilt:

$$(\underline{A} \cdot \underline{B})' = \underline{B}' \cdot \underline{A}'!$$

(b) Zeigen Sie, daß für die $(n \times n)$-Matrizen $\underline{A}_1, \ldots, \underline{A}_n$ gilt:

$$(\underline{A}_1 \cdot \underline{A}_2 \cdot \ldots \cdot \underline{A}_n)' = \underline{A}_n' \cdot \underline{A}_{n-1}' \cdot \ldots \cdot \underline{A}_1'!$$

9. Gegeben sei die Matrix $\underline{A} = ||a_{ij}||_{(n \times n)}$ mit $0 \leq a_{ij} \leq 1$ für alle $i,j = 1,\ldots,n$ und $\sum_{j=1}^{n} a_{ij} = 1$ (Zeilensumme gleich 1) für $i = 1,\ldots,n$.

Man bezeichnet eine solche Matrix auch als stochastisch.

(a) Zeigen Sie, daß das Produkt von zwei stochastischen (2×2)-Matrizen wieder stochastisch ist!

(b) Gegeben sei die stochastische Matrix

$$\underline{A} = \begin{pmatrix} \frac{1}{2} & \frac{1}{2} \\ \frac{3}{4} & \frac{1}{4} \end{pmatrix}$$

und der Vektor $\underline{x} = (a,b)$ mit $a + b = 1$.
Berechnen Sie a und b, wenn gilt:

$$\underline{x}\underline{A} = \underline{x}!$$

10. Gegeben sei die Matrix $\underline{B} = \begin{pmatrix} 0 & 5 \\ -6 & 0 \end{pmatrix}$.
Berechnen Sie den Vektor $\underline{x}$ aus der Gleichung

$$\underline{B}\underline{x} = \underline{x}!$$

11. Gegeben seien die Matrizen

$$\underline{A} = \begin{pmatrix} 1 & 3 \\ 7 & 2 \\ 2 & 0 \end{pmatrix} \text{ und } \underline{B} = \begin{pmatrix} 1 & b_{12} \\ 7 & b_{22} \\ b_{31} & 0 \end{pmatrix}.$$

Für welche $b_{12}, b_{22}, b_{31} \in \mathbb{R}$ gilt:

(a) $\underline{A} \leq \underline{B}$,

(b) $\underline{A} < \underline{B}$,

(c) $\underline{A} = \underline{B}$,

(d) $\underline{A} \neq \underline{B}$?

12. Ein Betrieb stellt aus vier Rohstoffen fünf Halbprodukte her, aus denen dann drei Endprodukte gefertigt werden. Der Materialfluß ist dabei aus folgenden Tabellen zu entnehmen:

	H_1	H_2	H_3	H_4	H_5
R_1	1	2	1	0	1
R_2	1	0	4	2	0
R_3	3	1	1	0	0
R_4	0	2	0	1	2

	E_1	E_2	E_3
H_1	2	0	1
H_2	1	1	2
H_3	0	3	1
H_4	1	0	4
H_5	0	1	0

	E_1	E_2
R_2	1	3
R_4	2	1

(a) Wie lautet die Gesamtverbrauchsmatrix?

(b) Wieviel Rohstoffe sind nötig, damit 50 ME von E_1, 200 ME von E_2 und 100 ME von E_3 hergestellt werden können?

13. Gegeben sei die symmetrische (n×n)-Matrix $\underline{A}$.

(a) Zeigen Sie, daß für zwei Vektoren $\underline{x}$, $\underline{y}$ mit

$$\underline{A}\underline{x} = 2\underline{x} \text{ und } \underline{A}\underline{y} = \underline{y}$$

stets gilt: $\underline{x}'\underline{y} = 0$!

(b) Zeigen Sie, daß die Matrix $\underline{A} \cdot \underline{A}'$ symmetrisch ist!

14. Gegeben sei die (n×n)-Matrix $\underline{A}$ und der Spaltenvektor $\underline{x} \in \mathbb{R}^n$.

(a) Zeigen Sie, daß die Matrix

$$\lambda(\underline{A}+\underline{A}') \text{ mit } \lambda \in \mathbb{R}$$

symmetrisch ist!

(b) Zeigen Sie, daß gilt:

$$\underline{x}'\underline{A}\underline{x} = \underline{x}'\underline{A}'\underline{x}!$$

14. Vektoren im $\mathbb{R}^n$

1. Gegeben seien die Vektoren

$$\underline{a} = \begin{pmatrix} 2 \\ 3 \end{pmatrix}, \quad \underline{b} = \begin{pmatrix} -4 \\ 2 \end{pmatrix}, \quad \underline{c} = \begin{pmatrix} 4 \\ -2 \end{pmatrix}, \quad \underline{d} = \begin{pmatrix} 1 \\ 2 \end{pmatrix}.$$

Berechnen Sie auf graphische Weise die Vektoren

$\underline{a} + \underline{b}$, $\underline{a} + \underline{c}$, $2d$, $-\frac{3}{2}\underline{d}$, $2\underline{d} - \frac{1}{2}b$!

2. Untersuchen Sie die Vektoren

$$\underline{a} = \begin{pmatrix} -1 \\ -1 \\ 2 \end{pmatrix}, \quad \underline{b} = \begin{pmatrix} -1 \\ 2 \\ -1 \end{pmatrix}, \quad \underline{c} = \begin{pmatrix} 2 \\ -3 \\ 2 \end{pmatrix}$$

auf lineare Abhängigkeit!
Läßt sich $\underline{a}$ als Linearkombination von $\underline{b}$, $\underline{c}$ darstellen?

3. Für welche $x \in \mathbb{R}$ sind die Vektoren

$$\underline{a} = \begin{pmatrix} -1 \\ 1 \\ x \end{pmatrix}, \quad \underline{b} = \begin{pmatrix} x \\ 0 \\ -2 \end{pmatrix}, \quad \underline{c} = \begin{pmatrix} 1 \\ 2 \\ 1 \end{pmatrix}$$

linear abhängig?
Stellen Sie $\underline{c}$ als Linearkombination von $\underline{a}$ und $\underline{b}$ dar!

4. Gegeben seien die Vektoren $\underline{a} = (3,5,0)'$ und $\underline{b} = (-1,2,2)'$. Zeigen Sie, daß jeweils die Vektoren $\underline{a}$, $\underline{b}$ sowie $\underline{a}, \lambda\underline{b}$ und $\underline{a}, \underline{b} + \lambda\underline{a}$ mit $\lambda \neq 0$ linear unabhängig sind!

5. Formen Sie folgende Systeme von Vektoren durch Weglassen bzw. Hinzufügen geeigneter Vektoren so um, daß jeweils eine Basis im $\mathbb{R}^3$ entsteht:

(a) $\begin{pmatrix} 3 \\ 0 \\ 0 \end{pmatrix}, \begin{pmatrix} 0 \\ 2 \\ 1 \end{pmatrix}, \begin{pmatrix} 1 \\ -1 \\ 0 \end{pmatrix}, \begin{pmatrix} 0 \\ 0 \\ 4 \end{pmatrix},$

(b) $\begin{pmatrix} 2 \\ 1 \\ 0 \end{pmatrix}, \begin{pmatrix} 0 \\ 0 \\ -1 \end{pmatrix},$

(c) $\begin{pmatrix} 1 \\ 2 \\ 0 \end{pmatrix}, \begin{pmatrix} 0 \\ 1 \\ -1 \end{pmatrix}, \begin{pmatrix} 0 \\ -1 \\ 1 \end{pmatrix}$!

Stellen Sie den Vektor (3,-2,5)' jeweils als Linearkombination dieser drei Basen dar!

6. Bestimmen Sie den Rang folgender Matrizen:

$$\underline{A}_1 = \begin{pmatrix} -6 & 12 \\ 23 & -38 \end{pmatrix}, \quad \underline{A}_2 = \begin{pmatrix} 2 & 5 \\ 0 & 0 \end{pmatrix}, \quad \underline{A}_3 = \begin{pmatrix} 0 & 0 \\ 0 & 0 \end{pmatrix}, \quad \underline{A}_4 = \begin{pmatrix} 0 & 1 \\ -2 & 3 \end{pmatrix},$$

$$\underline{A}_5 = \begin{pmatrix} -3 & 2 & 1 \\ -4 & 0 & -2 \end{pmatrix},$$

$$\underline{A}_6 = \begin{pmatrix} 0 & 0 \\ 0 & 0 \\ 2 & 1 \\ 4 & -3 \end{pmatrix}, \quad \underline{A}_7 = \begin{pmatrix} 1 & 2 & 3 \\ 4 & 5 & 6 \\ 7 & 8 & 9 \end{pmatrix}, \quad \underline{A}_8 = \begin{pmatrix} 2 & 1 & 6 \\ 3 & 0 & 5 \\ 2 & 3 & 1 \end{pmatrix},$$

$$\underline{A}_9 = \begin{pmatrix} 0 & 3 & -6 & 0 & 3 \\ 0 & 0 & 1 & 0 & 2 \\ 0 & 1 & 1 & 1 & 2 \end{pmatrix}, \quad \underline{A}_{10} = \begin{pmatrix} 1 & -1 & 2 & 1 & 3 \\ -2 & 2 & 0 & 4 & -6 \\ -1 & 1 & 2 & 5 & -3 \\ 0 & 1 & 3 & -5 & 1 \end{pmatrix}!$$

7. Für welche $x \in \mathbb{R}$ ist $r(\underline{A}) = 3$, $r(\underline{B}) = 2$ und $r(\underline{C}) = 3$:

$$\underline{A} = \begin{pmatrix} 2 & 1 & -2x \\ -1 & 0 & 2x \\ 2 & -1 & -x \end{pmatrix}, \quad \underline{B} = \begin{pmatrix} 2 & -4 & -2 \\ 2 & 1 & 0 \\ x & -2x & -x \end{pmatrix}, \quad \underline{C} = \begin{pmatrix} 1 & x & 0 \\ x & 2 & x \\ 0 & x & x \end{pmatrix}?$$

8. Gegeben seien die Vektoren

(a) $\begin{pmatrix} 1 \\ 3 \\ -2 \\ 1 \\ 4 \end{pmatrix}, \begin{pmatrix} 0 \\ -2 \\ 1 \\ 3 \\ 0 \end{pmatrix}, \begin{pmatrix} 2 \\ 4 \\ -3 \\ 5 \\ 8 \end{pmatrix}, \begin{pmatrix} -3 \\ -13 \\ 8 \\ 3 \\ -12 \end{pmatrix};$

(b) (1,-2,3), (-1,3,5), (0,4,-2);

(c) $\begin{pmatrix} 1 \\ 2 \\ -1 \end{pmatrix}, \begin{pmatrix} 2 \\ 4 \\ a \end{pmatrix}.$

Bestimmen Sie für (a) - (c) jeweils die Anzahl der linear unabhängigen Vektoren!

9. Zeigen Sie, daß für eine $(m \times n)$-Matrix $\underline{A}$ gilt:

(a) $r(\underline{A}) \leq \min\{m,n\}$,

(b) $r(\underline{A}) = r(\underline{A}')$!

15. Lineare Gleichungssysteme

1. Welche der folgenden Gleichungssysteme sind linear:

(a)
$$\begin{aligned} 2x_1 - 3x_2 &= -(x_1+x_3) \\ 2x_3 - x_1 &= \tfrac{1}{2}(x_2+x_3), \end{aligned}$$

(b)
$$\begin{aligned} 5x_1 - x_2 &= -x_1 + 2 \\ x_1 - 3 &= \sqrt{x_2}\,\sqrt{x_2}, \end{aligned}$$

(c)
$$\begin{aligned} 2\,\frac{x_1}{x_2} - x_1^2 - 4 + x_2^3 &= 1 \\ x_2^2 - x_2 - 8x_1x_3 &= 0, \end{aligned}$$

(d) $e^{x_1+2x_2} = 3$?

2. Bestimmen Sie die Lösungen der homogenen linearen Gleichungssysteme:

(a)
$$\begin{aligned} 2x_1 - 2x_2 + 4x_3 \phantom{{}+ 8x_4} &= 0 \\ 3x_1 - 3x_2 + 2x_3 + 8x_4 &= 0 \\ -x_1 + x_2 - 6x_3 + 3x_4 &= 0 \\ 2x_3 - 4x_4 &= 0, \end{aligned}$$

(b)
$$\begin{aligned} -x_1 + x_2 - 2x_3 &= 0 \\ 2x_1 - 4x_2 + 3x_3 &= 0 \\ 5x_1 + 3x_2 - 2x_3 &= 0, \end{aligned}$$

(c)
$$\begin{aligned} 2x_1 - x_2 \phantom{{}+ x_3} + 3x_4 + 4x_5 &= 0 \\ -4x_1 + 2x_2 + x_3 - x_4 - 2x_5 &- 0! \end{aligned}$$

3. Gegeben seien die Gleichungssysteme

(a)
$$\begin{aligned} x_1 - 2x_2 &= 2 \\ 3x_1 - 5x_2 &= 3 \end{aligned}$$

(b)
$$\begin{aligned} x_1 - 2x_2 &= 2 \\ 3x_1 - 5x_2 &= 3 \\ -2x_1 + 3x_2 &= 0 \end{aligned}$$

(c)
$$\begin{aligned} x_1 - 2x_2 &= 2 \\ 3x_1 - 5x_2 &= 3 \\ -2x_1 + 3x_2 &= -1 \end{aligned}$$

(d)
$$\begin{aligned} x_1 - 2x_2 + 4x_3 + x_4 &= 2 \\ -x_1 + 2x_2 - 4x_3 - x_4 &= -2 \end{aligned}$$

(e)
$$\begin{aligned} x_1 - 2x_2 + 4x_3 + x_4 &= 2 \\ -2x_1 + 4x_2 - 8x_3 + x_4 &= -4. \end{aligned}$$

Stellen Sie die Gleichungssysteme (a) - (e) in der Form $\underline{A}\underline{x} = \underline{b}$ dar und ermitteln Sie jeweils die Lösungen dieser Gleichungssysteme!

4. Untersuchen Sie, ob die folgenden inhomogenen linearen Gleichungssysteme lösbar sind und bestimmen Sie gegebenenfalls die Lösungen:

(a)
$$\begin{aligned} x_1 + x_2 + x_3 &= 3 \\ 2x_1 + 2x_2 + x_3 &= 4 \\ x_1 + x_2 - x_3 &= 0, \end{aligned}$$

(b)
$$\begin{aligned} x_1 + 2x_2 + 4x_3 + 7x_4 &= 6 \\ 2x_1 + 4x_2 + 6x_3 + 8x_4 &= 10 \\ x_1 + 2x_2 - 5x_4 &= 2 \\ x_1 + 2x_2 + 2x_3 + x_4 &= 4! \end{aligned}$$

5. Gegeben seien die Gleichungen

$$\begin{aligned} &(I) & x_1 + 2x_2 + 3x_4 &= 0 \\ &(II) & -2x_1 + x_2 - x_3 + x_4 &= 3 \\ &(III) & 4x_1 + 3x_2 + x_3 + 5x_4 &= -2. \end{aligned}$$

(a) Bestimmen Sie die Lösungen dieses Gleichungssystems!

(b) Welche Lösungen erhält man, wenn man die Gleichung (III) wegläßt?

(c) Fügen Sie zu Gleichung (I) und (II) zwei neue Gleichungen hinzu, so daß eine eindeutige Lösung existiert!

6. Gegeben sei das Gleichungssystem

$$\begin{aligned} a^2x_1 + a^4x_2 + a^6x_3 &= a \\ a^4x_1 + a^6x_2 + a^8x_3 &= \frac{1}{a} \\ a^6x_1 + a^8x_2 + a^{10}x_3 &= \frac{1}{a^3} \end{aligned}$$

mit $a \neq 0$.

(a) Für welche Werte von a existiert eine Lösung dieses Gleichungssystems?

(b) Bestimmen Sie für die entsprechenden Werte von a die Lösungen dieses Gleichungssystems!

7. Für welche $a \in \mathbb{R}$ besitzt das Gleichungssystem

$$\begin{aligned} 2x_1 + ax_2 + x_3 &= 0 \\ -2x_1 + (4-2a)x_2 + (a-5)x_3 &= 0 \\ 4x_1 + (3a-4)x_2 + 2x_3 &= 0 \end{aligned}$$

zwei linear unabhängige Lösungen?
Bestimmen Sie diese Lösungen!

8. Für welche Werte der Parameter $a,b \in \mathbb{R}$ besitzt das Gleichungssystem

$$\begin{aligned} x_1 - 2x_2 + x_3 &= 2a - b \\ 2x_1 - x_3 &= b \\ 3x_1 - 6x_2 + 3x_3 &= (a-2+b)(2b-4a) \end{aligned}$$

eine Lösung?

9. Gegeben seien die Gleichungssysteme

$$\begin{aligned} 3x_2 &= y_1 \\ 2x_1 + 2x_2 &= y_2 \\ x_1 &= y_3 \\ -3x_1 + 2x_2 &= y_4 \end{aligned} \quad \text{und} \quad \begin{aligned} y_1 - 2y_2 + 3y_3 &= 1 \\ 7y_1 - 3y_2 - 4y_4 &= -2. \end{aligned}$$

Bestimmen Sie daraus die Lösung $\underline{x}$!

16. Determinanten

1. Berechnen Sie die folgenden Determinanten:

(a) $\det\begin{pmatrix}1 & 2\\ 3 & 4\end{pmatrix}$,

(b) $\det\begin{pmatrix}3 & 2 & 0\\ 1 & -1 & 3\\ 2 & 2 & 5\end{pmatrix}$,

(c) $\det\begin{pmatrix}2 & 3 & -1\\ 0 & -1 & 1\\ 0 & 2 & -4\end{pmatrix}$,

(d) $\det\begin{pmatrix}1 & 4 & 0 & 2\\ 3 & 0 & -1 & 0\\ 2 & 4 & 0 & -3\\ 0 & -2 & 1 & 0\end{pmatrix}$,

(e) $\det\begin{pmatrix}4 & 13 & -21 & -30\\ 0 & 2 & 45 & -61\\ 0 & 0 & -1 & 105\\ 0 & 0 & 0 & -2\end{pmatrix}$,

(f) $\det\begin{pmatrix}-2 & 0 & -2 & 0\\ 1 & 5 & 6 & 1\\ 3 & 1 & 4 & 3\\ 4 & 2 & 6 & -1\end{pmatrix}$!

2. Gegeben seien die Vektoren

$$\underline{a}_1 = \begin{pmatrix}1\\ 0\\ -2\end{pmatrix},\quad \underline{a}_2 = \begin{pmatrix}0\\ 3\\ 1\end{pmatrix},\quad \underline{a}_3 = \begin{pmatrix}-1\\ 2\\ 1\end{pmatrix},\quad \underline{a}_4 = \begin{pmatrix}3\\ -2\\ 0\end{pmatrix},\quad \lambda \in \mathbb{R}.$$

Verifizieren Sie für diese Vektoren die Gültigkeit folgender Determinantenregeln:

(a) $\det(\underline{a}_1, \underline{a}_2, \underline{a}_3) = \det\begin{pmatrix}\underline{a}_1'\\ \underline{a}_2'\\ \underline{a}_3'\end{pmatrix} = \det(\underline{a}_1, \underline{a}_2 + \lambda\underline{a}_1, \underline{a}_3) =$

$= -\det(\underline{a}_1, \underline{a}_3, \underline{a}_2)$;

(b) $\det(\underline{a}_1, \underline{a}_2, \underline{a}_1) = 0$;

(c) $\lambda \det(\underline{a}_1, \underline{a}_2, \underline{a}_3) = \det(\underline{a}_1, \underline{a}_2, \lambda\underline{a}_3)$,

$\lambda^3 \det(\underline{a}_1, \underline{a}_2, \underline{a}_3) = \det(\lambda\underline{a}_1, \lambda\underline{a}_2, \lambda\underline{a}_3)$;

(d) $\det(\underline{a}_1, \underline{a}_2, \underline{a}_3) + \det(\underline{a}_4, \underline{a}_2, \underline{a}_3) = \det(\underline{a}_1 + \underline{a}_4, \underline{a}_2, \underline{a}_3)$!

3. Für welche Werte von x,y,z wird die folgende Determinante gleich 0:

$$\det \begin{pmatrix} 1 & 1 & 1 \\ x & y & z \\ x^2 & y^2 & z^2 \end{pmatrix} \; ?$$

4. Für welche $x \in \mathbb{R}$ gilt:

(a) $\det \begin{pmatrix} -x & 2 & -1 \\ -1 & 3x & x \\ 1 & -2 & 0 \end{pmatrix} = 0$;

(b) $\det \begin{pmatrix} e^{-x} & 3e^x & e^x \\ e^x & 4 & 2 \\ 0 & 3 & 2 \end{pmatrix} = 0$?

5. Zeigen Sie die Gültigkeit folgender Formeln:

(a) $\begin{vmatrix} \begin{vmatrix} a & e \\ c & g \end{vmatrix} & \begin{vmatrix} b & e \\ d & g \end{vmatrix} \\ \begin{vmatrix} a & f \\ c & h \end{vmatrix} & \begin{vmatrix} b & f \\ d & h \end{vmatrix} \end{vmatrix} = \begin{vmatrix} a & b \\ c & d \end{vmatrix} \cdot \begin{vmatrix} e & f \\ g & h \end{vmatrix}$;

(b) $\begin{vmatrix} a & b & 0 & 0 \\ c & d & 0 & 0 \\ 0 & 0 & e & f \\ 0 & 0 & g & h \end{vmatrix} = \begin{vmatrix} a & b \\ c & d \end{vmatrix} \cdot \begin{vmatrix} e & f \\ g & h \end{vmatrix}$!

6. Zeigen Sie, daß für die (nxn)-Matrizen $\underline{A}$, $\underline{B}$ gilt:

(a) $\det \underline{A}^{-1} = \frac{1}{\det \underline{A}}$;

(b) $\det \underline{A}^n = (\det \underline{A})^n$;

(c) $\det(\underline{A}^{-1} \underline{B} \underline{A}) = \det \underline{B}$;

(d) $[\det(\underline{A} + \underline{B})]^2 \neq (\det \underline{A} + \det \underline{B})^2$!

7. Bestimmen Sie - falls möglich - mit Hilfe der Cramerschen Regel die Lösung folgender Gleichungssysteme:

(a) $2x_1 + x_2 = 3$
$-x_1 + 4x_2 = 2$

(b) $-3x_1 + 6x_2 = 5$
$x_1 - 2x_2 = -7$

(c) $x_1 + 3x_2 = 0$
$2x_1 + x_2 = 0$

(d) $ax_1 + a^2x_2 = a^3-1$
$bx_1 + b^2x_2 = b^3-1$!

8. Lösen Sie die folgenden linearen Gleichungssysteme unter Benützung der Cramerschen Regel:

(a) $x_1 + 2x_3 = 4$, $x_2 = -3x_1$, $-x_2-2x_3 = 2$;

(b) $x_1 + x_2 - x_3 = a^2$
$x_1 - x_2 + x_3 = b - 1$
$-x_1 + x_2 + x_3 = -c^2$;

(c) $x_2 - c + x_3 = 0$
$x_1 + bx_2 + bx_3 = ax_2$
$x_1 + ax_2 + ax_3 = ac-bx_3$!

9. Das Modell eines Marktes für zwei Güter werde durch folgende Gleichungen beschrieben:

$\alpha_1P_1 + \alpha_2P_2 + \gamma = 0$
$\beta_1P_1 + \beta_2P_2 + \delta = 0$.

Dabei seien P_1, P_2 die Preise für diese zwei Güter und α_1, α_2, β_1, β_2, γ, δ Konstante.

Bestimmen Sie mit Hilfe der Cramerschen Regel den Gleichgewichtspunkt $(\overline{P}_1, \overline{P}_2)$ (d.h. den Schnittpunkt der beiden Geraden)! Welche Bedingungen müssen die Konstanten erfüllen, damit eine Lösung existiert?

17. Inverse Matrizen

1. Berechnen Sie - falls möglich - die Inversen für folgende Matrizen:

(a) $\underline{A} = \begin{pmatrix} 3 & 2 \\ 2 & 1 \end{pmatrix}$,

(b) $\underline{A} = \begin{pmatrix} 1 & 0 & -2 \\ -1 & 2 & 2 \\ 0 & 4 & 2 \end{pmatrix}$,

(c) $\underline{A} = \begin{pmatrix} -2 & 1 & 3 \\ 3 & 2 & -1 \\ 4 & 5 & 1 \end{pmatrix}$,

(d) $\underline{A} = \begin{pmatrix} a_{11} & & & 0 \\ & a_{22} & & \\ & & \ddots & \\ 0 & & & a_{nn} \end{pmatrix}$,

(e) $\underline{A} = \begin{pmatrix} 1 & 0 & 0 \\ 0 & -5 & 0 \\ 0 & 0 & 0 \end{pmatrix}$,

(f) $\underline{A} = \begin{pmatrix} 2 & 4 & 0 & 1 \\ -3 & 5 & 2 & 3 \\ 1 & 0 & 0 & -1 \end{pmatrix}$!

2. Berechnen Sie mit Hilfe von Determinanten die Inverse zu folgenden Matrizen:

(a) $\underline{A} = \begin{pmatrix} 7 & -3 \\ 10 & 5 \end{pmatrix}$,

(b) $\underline{A} = \begin{pmatrix} 2 & 6 & -5 \\ 0 & 3 & -4 \\ 4 & -1 & 2 \end{pmatrix}$,

(c) $\underline{A} = \begin{pmatrix} 2 & 8 & 1 \\ 0 & -4 & 9 \\ 0 & 0 & -3 \end{pmatrix}$!

3. Gegeben seien die Matrizen:

(a) $\underline{A} = \begin{pmatrix} 0 & P & 0 \\ q & 0 & p \\ 0 & q & 0 \end{pmatrix}$,

(b) $\underline{B} = \begin{pmatrix} 1-a-b & 0 & 0 \\ a & 1-a-b & 0 \\ 0 & a & 1-a-b \end{pmatrix}$.

Berechnen Sie die inversen Matrizen

$(\underline{E} - \underline{A})^{-1}$ und $(\underline{E} - \underline{B})^{-1}$!

4. Es seien $\underline{A}$, $\underline{B}$, $\underline{C}$ und $\underline{X}$ (nxn)-Matrizen, wobei $\underline{A}$, $\underline{B}$, $\underline{C}$ nichtsingulär sind.

Lösen Sie die folgenden Gleichungen nach $\underline{X}$ auf:

(a) $\underline{A}\ \underline{X} = \underline{B}$,

(b) $\underline{A}\ \underline{X}\ \underline{B} = \underline{C}\ \underline{B}$,

(c) $\underline{X}\ \underline{A} = (\underline{B} + \underline{C})$,

(d) $\underline{A}\ (\underline{X} + \underline{B}) = \underline{BX}$,

(e) $\underline{X} \cdot \begin{pmatrix} 3 & 4 \\ 1 & 2 \end{pmatrix} = \begin{pmatrix} 2 & 1 \\ 0 & 4 \end{pmatrix}$,

(f) $\begin{pmatrix} 1 & 2 \\ 1 & 0 \end{pmatrix} - \underline{X} \begin{pmatrix} 1 & 1 \\ 1 & 0 \end{pmatrix} + \begin{pmatrix} 1 & 2 \\ 1 & 0 \end{pmatrix} \underline{X} = \begin{pmatrix} 0 & 3 \\ 1 & 1 \end{pmatrix}$!

5. Gegeben seien die Matrizen

$\underline{B} = \begin{pmatrix} 2 & 0 & 0 & 0 \\ 0 & 4 & 0 & 0 \\ 0 & 0 & 2 & 0 \\ 0 & 0 & 0 & 1 \end{pmatrix}$ und $\underline{X} = \begin{pmatrix} -1 & 2 & 0 & -1 \\ -1 & -1 & -1 & -1 \end{pmatrix}$.

Berechnen Sie die Matrix

$\underline{Y} = (\underline{XX}')^{-1}\ \underline{XBX}'\ (\underline{X}\ \underline{X}')^{-1}$!

6. Gegeben sei die Matrix

$$\underline{A} = \begin{pmatrix} 1 & 1 \\ 1 & 2 \\ 1 & 1 \\ 1 & 3 \end{pmatrix}.$$

Berechnen Sie die Matrix $\underline{B} = \underline{E} - \underline{A}(\underline{A}'\underline{A})^{-1}\underline{A}'$!

7. Gegeben sei die Matrix

$$\underline{A} = \begin{pmatrix} 2 & 1 & 0 \\ -1 & 0 & 2 \\ 0 & -2 & 4 \end{pmatrix}.$$

Lösen Sie das Gleichungssystem

$$(\underline{E} - \underline{A})\ \underline{x} = \underline{b}$$

(mit $\underline{b} \in \mathbb{R}^3$ beliebig) durch Bildung der inversen Matrix !

8. Beweisen Sie die folgende Rechenregel:

Aus $(\underline{E} + \underline{A} + \underline{A}^2 + \ldots + \underline{A}^{n-1}) = (\underline{E} - \underline{A})^{-1}$ folgt: $\underline{A}^n = \underline{0}$.

9. Zeigen Sie die Gültigkeit folgender Regeln:

(a) $(\underline{A} \cdot \underline{B})^{-1} = \underline{B}^{-1} \cdot \underline{A}^{-1}$;

(b) $(\underline{A}')^{-1} = (\underline{A}^{-1})'$;

(c) $(\underline{A}^{-1})^{-1} = \underline{A}$!

18. Punktmengen im R^n und Lineare Programmierung

1. Stellen Sie die folgenden Mengen graphisch dar und untersuchen Sie, ob sie konvex und beschränkt sind:

(a) $M_1 = \{(x_1,x_2) \in \mathbb{R}^2 \mid x_2 e^{-x_1} < 1 \wedge x_2 > 0\}$,

(b) $M_2 = \{(x_1, x_2) \in \mathbb{R}^2 \mid x_2 e^{-x_1} > 1\}$,

(c) $M_3 = \{(x_1, x_2) \in \mathbb{R}^2 \mid x_2 e^{-x_1} > 0\}$,

(d) $M_4 = \{(x_1, x_2) \in \mathbb{R}^2 \mid x_2 \leq 2-x_1 \wedge x_2 \geq -1 -x_1 \wedge x_2 \leq e^{x_1} \wedge$
$\wedge\, x_2 \geq -e^{-x_1}\}$,

(e) $M_5 = \{(x_1, x_2) \in \mathbb{R}^2 \mid x_2 - \frac{1}{2}x_1^2 \geq 0 \wedge 2x_1 - 3x_2 + 6 \geq 0\}$!

2. Skizzieren Sie die folgenden Mengen:

$A = \{(x_1, x_2) \in \mathbb{Z} \times \mathbb{N} \mid x_2 \geq \frac{1}{2}x_1 \wedge x_2 \leq 3 - \frac{1}{3}x^2\}$,

$B = \{(x_1, x_2) \in \mathbb{Z} \times \mathbb{Z} \mid x_2 \geq \frac{1}{x_1^2}\}$,

$C = \{(x_1, x_2) \in \mathbb{N} \times \mathbb{Z} \mid x_2 \leq \frac{1}{4}(x_1-2)^3\}$!

Stellen Sie fest, ob diese Mengen konvex bzw. beschränkt sind!

3. Gegeben seien die folgenden Eckpunkte von Intervallen:

$\underline{a} = \begin{pmatrix}1\\1\end{pmatrix}$, $\underline{b} = \begin{pmatrix}4\\3\end{pmatrix}$, $\underline{c} = \begin{pmatrix}3\\2\end{pmatrix}$, $\underline{d} = \begin{pmatrix}6\\4\end{pmatrix}$, $\underline{e} = \begin{pmatrix}-\infty\\0\end{pmatrix}$, $\underline{f} = \begin{pmatrix}2\\\infty\end{pmatrix}$.

Bestimmen Sie die folgenden Mengen auf graphische Weise:

(a) $[\underline{a},\underline{b}] \cap [\underline{c},\underline{d}]$,

(b) $[\underline{a},\underline{b}) \cup (\underline{c},\underline{d}]$,

(c) $[\underline{a},\underline{b}] \setminus (\underline{c},\underline{d})$,

(d) $\overline{[\underline{a},\underline{d}]}_{\mathbb{R}^2_+}$,

(e) $\overline{(\underline{a},\underline{d})}_{\mathbb{N} \times \mathbb{N}}$,

(f) $(\underline{e},\underline{f}) \cap [\underline{a},\underline{\infty})$!

4. Lösen Sie die folgenden LP-Probleme sowohl für den Fall, daß $(x_1,x_2) \in \mathbb{R}^2$ und für den Fall, daß x_1,x_2 ganzzahlig sind:

(a) $z = -x_1 + x_2 \rightarrow \max$ bzw.

$z = -x_1 + x_2 \rightarrow \min$

unter den Nebenbedingungen

$2x_1 + x_2 \geq 2$

$-x_1 - x_2 \geq -4$

$x_1,x_2 \geq 0.$

(b) $z = x_1 \rightarrow \min$ bzw.

$z = x_1 \rightarrow \max$

unter den Nebenbedingungen

$-2x_1 + 2x_2 \leq 4$

$-x_1 + x_2 \geq -1$

$x_1 - x_2 \leq 2$

$x_1,x_2 \geq 0.$

(c) $z = -x_1 + x_2 \rightarrow \min$

unter den Nebenbedingungen

$$\begin{aligned} -x_1 + 2x_2 &\geq 2 \\ -3x_1 + x_2 &\geq -8 \\ x_1, x_2 &\geq 0. \end{aligned}$$

(d) $z = x_1 + x_2 \rightarrow \max$

unter den Nebenbedingungen

$$\begin{aligned} -2x_1 + 8x_2 &\leq 8 \\ \tfrac{4}{5}x_1 + x_2 &\geq 4 \\ 2x_1 - x_2 &\leq 0 \\ x_1, x_2 &\geq 0. \end{aligned}$$

(e) $z = x_1 + x_2 \rightarrow \max$

unter den Nebenbedingungen

$$\begin{aligned} \tfrac{6}{7}x_1 + x_2 &\geq 3 \\ x_1 &\leq \tfrac{7}{2} \\ -x_1 + x_2 &= 1 \\ x_1, x_2 &\geq 0. \end{aligned}$$

(f) $z = x_1 + x_2 \rightarrow \max$ bzw.

$z = x_1 + x_2 \rightarrow \min$

unter den Nebenbedingungen

$$\begin{aligned} x_1 - 2x_2 &\geq -4 \\ 2x_1 + 2x_2 &\geq 4 \\ x_1 &\leq \tfrac{11}{2} \\ x_1, x_2 &\geq 0. \end{aligned}$$

5. In einem Betrieb werden zwei Produkte G_1 und G_2 erzeugt. Der Gewinn pro Stück beträgt beim ersten Produkt DM 1,20 und beim zweiten Produkt DM 1,80.
Zur Fertigung dieser Produkte stehen die Maschinen M_1 und M_2 zur Verfügung. Auf M_1 kann man pro Tag 15 Stück von G_1 oder 30 Stück von G_2 bzw. eine entsprechende Kombination von G_1 und G_2 herstellen. Auf M_2 kann man 20 Stück von G_1 oder 20 Stück von G_2 oder eine entsprechende Kombination von G_1 und G_2 herstellen.
In der Montageabteilung A kann man pro Tag 13 Stück von G_1 montieren, in der Montageabteilung B 16 Stück von G_2.
Wieviel Stücke von G_1 und G_2 muß der Betrieb herstellen, wenn er maximalen Gewinn erzielen will?

6. Ein Tankstellenbesitzer kauft von einem Großhändler Normal- und Superbenzin. Dabei seien die Mindestabnahmemenge, die maximale Lagerkapazität sowie der Ein- und Verkaufspreis pro l gemäß folgender Tabelle gegeben:

	Normalbenzin	Superbenzin
Mindestabnahmemenge (l)	1.500	1.000
max. Lagerkapazität (l)	11.000	8.000
Einkaufspreis pro l (DM)	0,60	0,70
Verkaufspreis pro l (DM)	0,90	0,95

Der Anteil von Normalbenzin an der Gesamteinkaufsmenge soll höchstens 75 % betragen. Insgesamt können nur DM 8.000 zum Einkauf ausgegeben werden.
Wieviel l soll der Tankstellenbesitzer von jeder Benzinsorte bestellen, damit der Gewinn maximal wird?

7. Eine Firma hat bei der Kontrolle ihrer Produktion 5 höher- und 9 minderqualifizierte Kontrolleure zur Verfügung. Die höherqualifizierten Kontrolleure prüfen pro Stunde 30 Stück mit einer Genauigkeit von 97 %, die minderqualifizierten prüfen 15 Stück mit einer Genauigkeit von 92 %. Die Kosten für jedes nichterkannte fehlerhafte Stück betragen für den Betrieb DM 20,-.
Wieviel Kontrolleure jeder Art soll die Firma einsetzen, um die Ausgaben möglichst gering zu halten, wenn das höherqualifizierte Personal DM 12.-, das minderqualifizierte Personal dagegen DM 8.- pro Stunde verdient und wenn jede Woche (40 Stunden) mindestens 4.800 Stück hergestellt werden?

8. Eine Versicherung hat ein Budget K zur Verfügung und will damit n verschiedene Wertpapiere $W_1, \ldots, W_n$ kaufen.
Dabei seien $W_1, \ldots, W_k$ Dividendenpapiere und $W_{k+1}, \ldots, W_n$ festverzinsliche Wertpapiere. Der geschätzte jährliche Ertrag der einzelnen Wertpapiere betrage $c_1, \ldots, c_n$ und der Kurswert $p_1, \ldots, p_n$.
Es sind nun die Stückzahlen $x_1, \ldots, x_n$ der zu kaufenden Wertpapiere zu ermitteln, so daß der Ertrag maximal wird. Dabei soll der Anteil jedes Wertpapiers am Gesamtbudget K jeweils zwischen 5 % und 10 % liegen und der Anteil der festverzinslichen Wertpapiere mindestens die Hälfte des Gesamtbudgets K betragen.
Stellen Sie dazu ein lineares Programm auf!

9. Für welche Werte der Parameter a_i, b_i, c_i, $(i = 1,2)$ gilt:
$A = \{(x_1, x_2) \in \mathbb{R}^2 \mid a_1x_1 + b_1x_2 < c_1 \wedge a_2x_1 + b_2x_2 < c_2\} = \mathbb{R}^2$?

19. Grundlegende Eigenschaften von Funktionen mehrerer Variablen

1. Gegeben sei die Funktion

   $f: D \to \mathbb{R}, \; f(x,y) = \sqrt{1-xy}$

   mit $D \subset \mathbb{R}^2$.

   (a) Bestimmen Sie den mathematisch größtmöglichen Definitionsbereich D und skizzieren Sie diesen! Untersuchen Sie, ob D beschränkt oder konvex ist!

   (b) Skizzieren Sie die Höhenlinien von f zu den Abständen $z_0 = 0, 1, 2$!

   (c) Bestimmen Sie die Bildmenge f[D]! Untersuchen Sie, ob die Funktion f beschränkt ist!

   (d) Untersuchen Sie das Monotonieverhalten der Funktion f bzgl. x und y!

   (e) Untersuchen Sie, ob f linear oder homogen ist!

2. Gegeben seien die Funktionen

   (a) $f : D \to \mathbb{R}, \; f(x,y) = \left|\frac{x}{y}\right| ; \; z_0 = 2.$

   (b) $f : D \to \mathbb{R}, \; f(x,y) = \min\,[x, 1+y]; \; z_0 = 1, 2 .$

   (c) $f : D \to \mathbb{R}, \; f(x,y) = \min\,[x^2, y] ; \; z_0 = 0, 1, 2.$

   (d) $f : D \to \mathbb{R}, \; f(x,y) = \frac{1}{|x+y|} ; \; z_0 = 1, 2.$

   (e) $f : D \to \mathbb{R}, \; f(x,y) = x^2 - y^2; \; z_0 = 0, 1.$

   (f) $f : D \to \mathbb{R}, \; f(x,y) = e^{x^2+y^2}; \; z_0 = 0, 1, 4.$

   (1) Bestimmen Sie jeweils den größtmöglichen Definitionsbereich!

   (2) Zeichnen Sie jeweils die Höhenlinien für die angegebenen Werte von z_0!

   (3) Untersuchen Sie die Funktionen auf Beschränktheit, Homogenität und Linearität!

3. Untersuchen Sie die Funktionen

(a) $f : D \to \mathbb{R}$, $f(x,y) = \frac{x^2+y^2}{x^2-y^2}$

(b) $f : D \to \mathbb{R}$, $f(x,y) = \frac{x^2-y^2}{x^2+y^2}$

auf Beschränktheit, Homogenität und Linearität!

4. Untersuchen Sie, ob die Funktionen

(a) $f(x_1, \ldots, x_n) = \sum_{i=1}^{n} \alpha_i x_i$,

(b) $f(x,y) = \sqrt[5]{\frac{x^4 y^3}{x^2+y^2}}$,

(c) $f(x_1,x_2,x_3) = \sqrt{x_1+x_2+x_3}$,

(d) $f(v_1, \ldots, v_n) = v_1^{\alpha_1} \cdot \ldots \cdot v_n^{\alpha_n}$,

(e) $f(x_1, \ldots, x_n) = \frac{\sum_{i=1}^{n} x_i}{\sum_{i=1}^{n} x_i^2}$,

(f) $f(x_1,x_2) = ax_1^{\alpha}x_2^{1-\alpha}+bx_1^{\beta}x_2^{1-\beta}$,

(g) $f(x,y) = x^y$,

homogen oder linear sind!

5. Bestimmen Sie zu den folgenden vom Grad r homogenen Funktionen jeweils eine Funktion g, so daß die Beziehung $f(x,y) = y^r \cdot g(\frac{x}{y})$ gilt:

(a) $f(x,y) = \sqrt{xy}$,

(b) $f(x,y) = x^{\alpha} y^{\beta}$,

(c) $f(x,y) = \frac{x^2+y^2}{x+y}$!

6. Gegeben seien die Funktionen

(a) $g(x) = x^3-x^2+4$,

(b) $g(x) = \sqrt[n]{x^n-1}$,

(c) $g(x) = \ln x^2$,

(d) $g(x) = \dfrac{x}{x^2+2x+1}$,

(e) $g(x) = \dfrac{1}{x^\alpha}$.

Konstruieren Sie jeweils eine linear homogene Funktion!

7. Seien f,g homogene Funktionen.

Untersuchen Sie, wann die Funktion

(a) $f + g$,

(b) $f \cdot g$

homogen ist!

8. Gegeben seien die Funktionen

(a) $z = f(x_1,x_2) = x_1 e^{-x_2}$: $z = f(2,x_2), z = f(x_1, \frac{1}{2})$.

(b) $z = f(x_1,x_2) = x_1 \ln(x_1+x_2)$: $z = f(1,x_2)$, $z = f(x_1,2)$.

Skizzieren Sie jeweils die angegebenen Vertikalschnitte!

20. Partielle Ableitungen

1. Berechnen Sie für die folgenden Funktionen jeweils die partiellen Ableitungen erster Ordnung:

   (a) $f(x_1,x_2) = x_1^3 + x_1^2\, x_2 + x_2^4 - 6x_1x_2$,

   (b) $f(x,y) = \frac{1}{xy^2} + \frac{x^2}{y}$,

   (c) $f(x,y,z) = (x^2 - y^2)^a\, (y^2 - z^2)^b$,

   (d) $f(x,y) = x^y$,

   (e) $f(x,y) = \ln \frac{x}{x-y}$,

   (f) $f(x,y) = \ln \frac{1}{\sqrt{x^2+y^2}}$,

   (g) $f(x_1,x_2,x_3) = \frac{3x_1^2+x_2x_3}{x_3^3}$!

2. Berechnen Sie für die folgenden Funktionen jeweils den Gradienten und die Hessesche Matrix:

   (a) $f(x,y,z) = e^{xyz}$,

   (b) $f(x_1,x_2) = a(x_1^2 - bx_2^2)^2$,

   (c) $f(x,y,z) = x^2yz^5$,

   (d) $f(x_1,\dots,x_n) = \sum_{i=1}^{n-1} x_i^2 x_{i+1}^2$!

3. Berechnen Sie jeweils den Gradienten für die folgenden Funktionen:

(a) $f(x,y,z) = \frac{x}{y+z}$,

(b) $f(v_1,\ldots,v_n) = \sqrt[\alpha]{v_1^{\alpha}+\ldots+v_n^{\alpha}}$,

(c) $f(v_1,\ldots,v_n) = (v_1 \cdot v_2 \cdot \ldots \cdot v_n)^m$,

(d) $f(x_1,\ldots,x_n) = \sum_{i=1}^{n} x_i^2 \, e^{\sum_{i=1}^{n} x_i^2}$!

4. Untersuchen Sie mit Hilfe der partiellen Ableitung die folgenden Funktionen auf Monotonie bzgl. x bzw. y:

(a) $f(x,y) = \frac{x}{y}$,

(b) $f(x,y) = \frac{x}{y} \ln x$,

(c) $f(x,y) = e^{x^3+2xy+y^2}$,

(d) $f(x,y) = ax^2 + bxy \; (a,b > 0)$,

(e) $f(x,y) = \frac{x+y}{1-xy}$!

5. Geben Sie jeweils eine allgemeine Formel für die folgenden Ableitungen an:

(a) $\frac{\partial^{n+m} f}{\partial x_1^n \, \partial x_2^m}$ für $f(x_1,x_2) = (x_1 + x_2) \, e^{x_1+x_2}$,

(b) $\frac{\partial^n f}{\partial x_1^n}$ und $\frac{\partial^n f}{\partial x_2^n}$ für $(x_1+x_2) \, e^{x_1-x_2}$!

6. Berechnen Sie für die folgenden Produktionsfunktionen jeweils die partiellen Elastizitäten ε_{f,v_i}:

(a) $f(v_1,v_2) = \sqrt{-av_1^2 + 2bv_1v_2 - cv_2^2}$,

(b) $f(v_1,v_2) = av_1^{\alpha}v_2^{\beta}$!

7. Stellen Sie jeweils eine Gleichung der Tangentialebene an die folgenden Funktionen auf:

(a) $f(x,y) = x^2y^3$ im Punkt $(x_0,y_0) = (1, -1)$,

(b) $f(x_1,x_2) = 3x_1^2 - 2x_1x_2 + 4x_1^3\, e^{3x_1}$ im Punkt $(x_{1o},x_{2o}) = (\frac{1}{2},1)$,

(c) $f(x_1,\ldots,x_n) = \sum\limits_{i=1}^{n} x_i^2$ im Punkt $\underline{x}_0 = (x_{1o},\ldots,x_{no}) = (2,\ldots,2)$!

8. Gegeben seien die Funktionen

(a) $f(x_1,x_2,x_3) = \sqrt[4]{x_1^3 + x_2^3 + x_3^3}$,

(b) $f(x_1,x_2) = \dfrac{1}{x_1^a+x_2^a}$ mit $x_1^a + x_2^a \neq 0$.

Bestätigen Sie für diese Funktionen die Regeln:

$x_1f_{x_1}(\underline{x}) +\ldots+ x_nf_{x_n}(\underline{x}) = r\, f(\underline{x})$ und

$\varepsilon_{f,x_1}(\underline{x}) +\ldots+ \varepsilon_{f,x_n}(\underline{x}) = r$!

Dabei bezeichne r den Homogenitätsgrad.

21. Totales Differential und implizite Funktionen

1. Berechnen Sie für die folgenden Funktionen jeweils das totale Differential:

(a) $f(x,y,z) = xyz$,

(b) $f(x_1,x_2) = e^{x_1^2 x_2^3}$,

(c) $f(x_1,x_2) = (x_1^a - x_2^b)^n$,

(d) $f(x_1,\ldots,x_n) = \dfrac{\ln(\sum_{i=1}^{n} x_i^2)}{\sum_{i=1}^{n} x_i^2} \quad (\underline{x} \neq \underline{0})$,

(e) $f(x,y,z) = z^{xy}$ für $z \neq 0$!

2. Berechnen Sie für die folgenden Funktionen jeweils mit Hilfe des totalen Differentials die Funktionsdifferenz df beim Übergang vom Punkt $\underline{x}_0$ zu Punkt $\underline{x}_1$:

(a) $f(x_1,x_2) = \sqrt{x_1}\, x_2^2$,
$\underline{x}_0 = (1,1)$, $\underline{x}_1 = (\frac{1}{4}, \frac{1}{2})$;

(b) $f(x_1,x_2) = x_1^2 - 2x_1x_2 + \frac{1}{2} x_2^2 + 4x_1 - 2x_2 + 1$,
$\underline{x}_0 = (2,3)$, $\underline{x}_1 = (2,4)$;
$\underline{x}_0 = (2,3)$, $\underline{x}_1 = (3,4)$;

(c) $f(x_1,x_2,x_3) = x_1^2 + x_1x_2 + x_2^2 + x_2x_3 + x_3^2 + x_1x_3$,
$\underline{x}_0 = (1,2,1)$, $\underline{x}_1 = (2,1,2)$;

(d) $f(v_1,\ldots,v_n) = (v_1 \cdot \ldots \cdot v_n)^a$ (n gerade, $a > 0$),
$\underline{x}_0 = (1,\ldots,1)$, $\underline{x}_1 = (1,2,1,2,\ldots,1,2)$!

Stellen Sie diesem Näherungswert jeweils die exakte Funktionsdifferenz $\Delta f = f(\underline{x}_1) - f(\underline{x}_0)$ gegenüber!

3. Geben Sie eine Bedingung an, unter der das totale Differential der Produktionsfunktion

$x : D \to \mathbb{R}, \; x = x(v_1,v_2) = a v_1^{\alpha} v_2^{1-\alpha}$

mit $D = \mathbb{R}_+^2 \setminus \{(v_1,v_2) \in \mathbb{R}^2 \mid v_1 = 0 \text{ oder } v_2 = 0\}$ für $a > 0$ und $0 < \alpha < 1$ stets positiv ist!

4. Gegeben seien die Funktionen

(a) $f(x_1,x_2) = \sqrt{x_1 x_2}$ mit $x_1(t) = at, \; x_2(t) = t^2$;

(b) $f(x_1,x_2) = e^{x_1} + \sqrt[3]{x_2}$ mit $x_1(t) = \ln t, \; x_2(t) = (t^2+1)^3$;

(c) $f(x_1,x_2,x_3) = \dfrac{1}{\sqrt{x_1^2+x_2^2+x_3^2}}$ mit

$x_1(t) = e^{-t}, \; x_2(t) = e^{-2t}, \; x_3(t) = e^{-3t}$.

Bilden Sie jeweils die Ableitung der Funktion $h(t) = f(x_1(t),\ldots,x_n(t))$!

5. Gegeben seien die Funktionen

(a) $f(x_1,x_2) = -x_1 + 3x_2$ mit

$x_1(\underline{u}) = u_1^2 + u_2^2 + u_3^2, \qquad x_2(\underline{u}) = u_1 u_2 + u_3$;

(b) $f(x_1,x_2,x_3) = \dfrac{x_3^2}{x_1} e^{-2x_2}$ mit

$x_1(\underline{u}) = au_1, \; x_2(\underline{u}) = bu_2, \; x_3(\underline{u}) = cu_3 - du_2$;

(c) $f(x_1,x_2) = x_1 x_2$ mit

$x_1(\underline{u}) = \sum_{i=1}^{n} a_i u_i^2, \; x_2(\underline{u}) = \sum_{i=1}^{n} b_i \sqrt{u_i}$;

(d) $f(x) = \ln x$ mit $x(\underline{u}) = \sqrt{u_1 + u_2}$;

(e) $f(x)$ mit $x(\underline{u}) = u_1 u_2$;

(f) $f(x)$ mit $x(\underline{u}) = \sum_{i=1}^{n} u_i^2$.

Bilden Sie sämtliche partiellen Ableitungen der Funktion $h(\underline{u}) = f(x_1(\underline{u}),\ldots,x_n(\underline{u}))$!

6. Gegeben sei die Funktion $f(x,y)$ mit $y = y(x)$ und stetigen partiellen Ableitungen zweiter Ordnung.
Berechnen Sie

(a) die Ableitung der Funktion

$h(x) = f(x,y(x))$,

(b) die Ableitung der Funktion

$k(x) = \frac{dy}{dx}(x,y(x)) = -\frac{f_x(x,y(x))}{f_y(x,y(x))}$!

7. Gegeben seien die folgenden implizit definierten Funktionen

(a) $f(x,y) = x^3y + xy - x + 1 = 0$,

(b) $f(x,y) = \ln x(1+y) + (x+1)^2 = 0$,

(c) $f(x,y) = e^{xy} + y - x = 0$,

(d) $f(x,y) = x^y - y^x = 0$,

(e) $f(x,y) = ax^{\alpha}y^{\beta} - c = 0 \, (\alpha,\beta > 0)$.

Lösen Sie diese Funktionen - falls möglich - nach y auf und bestimmen Sie die Ableitung $\frac{dy}{dx}$ durch

(1) direkte Differentiation von $y(x)$,

(2) implizite Differentiation von $f(x,y) = 0$!

8. Ermitteln Sie die Nullstellen der Ableitung $\frac{dy}{dx}$ für die folgenden Funktionen:

(a) $f(x,y) = (x-a)^2 + (y-b)^2 - r^2 = 0$,

(b) $f(x,y) = x^3+y^3 - axy = 0 \quad (a \neq 0)$,

(c) $f(x,y) = (ax-by)^2 = 0 \quad (a,b \neq 0)$,

(d) $f(x,y) = ye^x - xy^2 = 0$,

(e) $f(x,y) = x^2 + (y^2-a)x + 2a^2 = 0 \ (a > 0)$!

9. Berechnen Sie für die folgenden Funktionen jeweils die zweite Ableitung $\frac{d^2y}{dx^2}$:

(a) $f(x,y) = 2x^3 + y^2 - 3 = 0$;

(b) $f(x,y) = x^2y^3 = 0$!

10. Gegeben seien die Produktionsfunktionen $x : \mathbb{R}_+^2 \to \mathbb{R}$ mit

(a) $x = x(v_1,v_2) = v_1v_2^2$,

(b) $x = x(v_1,v_2) = v_1(v_2 + 2)$,

(c) $x = x(v_1,v_2) = \frac{v_1v_2}{v_1+v_2}$, $(v_1,v_2 > 0)$!

(1) Ermitteln Sie jeweils die Isoquante $v_2 = v_2(v_1)$ zum Niveau $c = 4$!

(2) Ermitteln Sie mit Hilfe der impliziten Differentiation jeweils die Ableitung $\frac{dv_2}{dv_1}$! An welchen Stellen hat die Isoquante die Steigung -1?

(3) Ermitteln Sie mit Hilfe der impliziten Differentiation die Elastizität der Isoquante $v_2(v_1)$!

(4) Überprüfen Sie die in (2) und (3) erhaltenen Ergebnisse, indem Sie die Funktion $v_2(v_1)$ direkt ableiten!

22. Extrema ohne Nebenbedingungen

1. Gegeben seien die folgenden Funktionen:

(a) $f(x_1,x_2) = x_1^2 + \frac{1}{2}x_2^2 - x_1x_2 - x_1 + 2x_2 + 7$,

(b) $f(x,y) = (x-y)^2$,

(c) $f(x,y) = 4x^4 - 2x^2 - \frac{1}{2}y^4 - 2y^2 + 4xy + 23$,

(d) $f(x_1,x_2) = x_1^2 - x_2^2 - x_1x_2 + 5x_1 + 5x_2$,

(e) $f(x,y) = -x^3 - y^2 + 3x + 4y + 9$,

(f) $f(x,y) = \sqrt{1-xy}$.

Bestimmen Sie jeweils die stationären Punkte und untersuchen Sie, ob dort Maxima, Minima oder Sattelpunkte vorliegen!

2. Ermitteln Sie für die folgenden Funktionen jeweils die Menge S der stationären Punkte:

(a) $f(x_1,x_2) = (x_1^2 + x_2^2)e^{-(x_1^2+x_2^2)}$,

(b) $f(x,y,z) = x^2y^2 + x^2z^2 + y^2z^2$!

3. Untersuchen Sie, für welche Werte der Parameter die folgenden Funktionen ein Extremum besitzen:

(a) $f(x_1,x_2) = ax_1^2 - 2bx_1x_2 + cx_2^2$, $(a,b \neq 0)$,

(b) $f(x,y) = -x^3 + 6axy - y^3$, $(a \neq 0)$,

(c) $f(x,y) = -x^2 - y^2 + axy - bx - cy + 75, (a \neq \pm 2)$,

(d) $f(x,y) = ax^2y^3 - \frac{1}{3}x^3y^3 - \frac{1}{2}x^2y^4$!

4. Bestimmen Sie die Extrema für die folgenden Funktionen:

(a) $f(x,y,z) = x^2 + y^2 + z^2 - 2axz + 2byz - x - y$,

(b) $f(x_1,\dots,x_n) = \sum_{i=1}^{n} (b_i x_i - a_i)^2, \; (b_i \neq 0)$!

23. Extrema unter Nebenbedingungen

1. Ermitteln Sie mit Hilfe der Lagrange-Methode die möglichen Extremwerte der folgenden Funktionen unter den jeweils angegebenen Nebenbedingungen (NB):

   (a) $f(x,y) = xy$, NB: $x + y = 4$;

   (b) $f(x,y) = xy$, NB: $x^2 + y^2 = 4$;

   (c) $f(x,y) = e^{x^2+y^2}$, NB: $y - x = 1$;

   (d) $f(x,y) = xy^2 + 4$, NB: $x - 2y = 2$;

   (e) $f(x,y,z) = ax^2 + by^2 + cz^2$, NB: $x + y + z = 3$, $(a,b,c > 0)$;

   (f) $f(x,y) = ax + by$, NB: $x^2 + y^2 = 1$, $(a,b \neq 0)$!

2. Untersuchen Sie mit Hilfe der hinreichenden Bedingung, ob bei den in Aufgabe 1 ermittelten Punkten ein Maximum oder Minimum vorliegt!

3. Bestimmen Sie mit Hilfe der Variablensubstitution die Extremwerte der folgenden Funktionen:

   (a) $f(x,y) = -2x^2 - y^2 + xy$
   unter der Nebenbedingung $y = ax$;

   (b) $f(x,y) = 10x^2 - y^3 + 2xy - y^2 + \frac{13}{2}x + y$
   unter der Nebenbedingung $y = 2x + 1$!

4. Bestimmen Sie jeweils unter Berücksichtigung der beiden angegebenen Nebenbedingungen die möglichen Extremwerte der folgenden Funktionen:

   (a) $f(x,y,z) = x^2 + y^2 + z^2$
   unter den Nebenbedingungen
   $x^2 + y^2 + z^2 = 3$
   $2x + 2y + 2z = 6$;

(b) $f(x,y,z) = xyz$

unter den Nebenbedingungen

$x^2 + y^2 = a \ (a > 0)$

$y + z = 0$;

(c) $f(\underline{x}) = \sum_{i=1}^{n} x_i^2$

unter den Nebenbedingungen

$\sum_{i=1}^{n} x_i = 1$

$\sum_{i=1}^{n} i x_i = 0$!

5. Gegeben seien die Funktionen

(a) $f(x,y,z) = \sqrt{x} + \sqrt{y} + \sqrt{z}$

NB : $x + y + z = 3a$;

(b) $f(\underline{x}) = \sum_{i=1}^{n} x_i^3$ für $\underline{x} > \underline{0}$

NB : $\sum_{i=1}^{n} x_i^2 = a \ (a > 0)$;

(c) $f(x,y) = x + y$

NB : $\frac{a}{x} + \frac{b}{y} = 1 \quad (a,b > 0)$.

Ermitteln Sie die möglichen Extremwerte dieser Funktionen unter den jeweils angegebenen Nebenbedingungen!

6. Die Wertschätzungen eines Verbrauchers für die Güter G_1 und G_2 werden beschrieben durch die Nutzenfunktion

$f : \mathbb{R}^2_+ \to \mathbb{R}, \ f(\underline{x}) = x_1^\alpha x_2^\beta, \ (\alpha,\beta > 0)$.

Wieviel muß der Verbraucher von den beiden Gütern kaufen, um seinen Nutzen zu maximieren, wenn er ein Budget E dafür ausgibt und die Preise pro ME der beiden Güter p_1 und p_2 betragen?

7. Ein Betrieb verkauft von den Gütern G_1 und G_2 die Mengen x_1 und x_2. Die Gewinnfunktion habe die Form

$$G = G(x_1,x_2) = -x_1^2 - 2x_1x_2 - x_2^2 + 10x_1 + 20x_2.$$

Bestimmen Sie die Mengenkombinationen (x_1,x_2), für die der Gewinn maximal werden kann, wenn die Produktion gemäß der Nebenbedingung

$$ax_1 + bx_2 = c$$

mit $a \neq b$ beschränkt ist.

1. Logik

1. (a) Aussage: w; (b) Aussage: f;
   (c) keine Aussage, da die Subjekte nicht definiert sind;
   (d) keine Aussage (Frage); (e) Aussage: f;
   (f) keine Aussage, da nicht bekannt ist, welcher Satz gemeint ist.

2. (a) p: Maier verkauft seine Aktien; q: Müller verkauft seine Aktien $\Big\}\ \neg p \wedge \neg q$

   (b) p: Der Himmel ist bewölkt; q: es regnet $\Big\}\ p \wedge \neg q$

   (c) p: Die Sonne scheint; q: es regnet $\Big\}\ (p \Rightarrow \neg q) \wedge (q \Rightarrow \neg p)$

   (d) p: x ist größer als 2; q: x ist kleiner als -2; r: x^2 ist größer als 4 $\Big\}\ p \vee q \Rightarrow r$

3. (a) $x = 0,\ y = 5$; (b) $x = -y$;
   (c) für $a = 1,\ b = 2$ ist $(1+2)^3 = 27 \neq 1 + 4 + 8 + 8 = 21$.

4. (a) p notwendig und hinreichend für q : $(p \Leftrightarrow q)$
   (b) p hinreichend für q und q notwendig für p $(p \Rightarrow q)$
   (c) q hinreichend für p und p notwendig für q $(q \Rightarrow p)$
   (d) p hinreichend für q und q notwendig für p $(p \Rightarrow q)$
   (e) p notwendig und hinreichend für q : $(p \Leftrightarrow q)$.

5. (a) notwendig; (b) hinreichend;
   (c) notwendig und hinreichend.

6. (a)

p	q	$\neg p$	$\neg q$	$\neg p \vee q$	$p \vee (\neg p \vee q)$	$\neg p \wedge \neg q$	$p \wedge \neg q$
w	w	f	f	w	w	f	f
w	f	f	w	f	w	f	w
f	w	w	f	w	w	f	f
f	f	w	w	w	w	w	f
					(a)	(b)	(c)

7. (a) Wegen $q \vee r$ (w) und $p \wedge (q \vee r)$ (f) gilt: p (f)

   (b) Wegen $p \wedge q \Leftrightarrow r$ (w) und r (f) ist $p \wedge q$ (f). Da q (w) ist, ist deshalb p (f).

8. 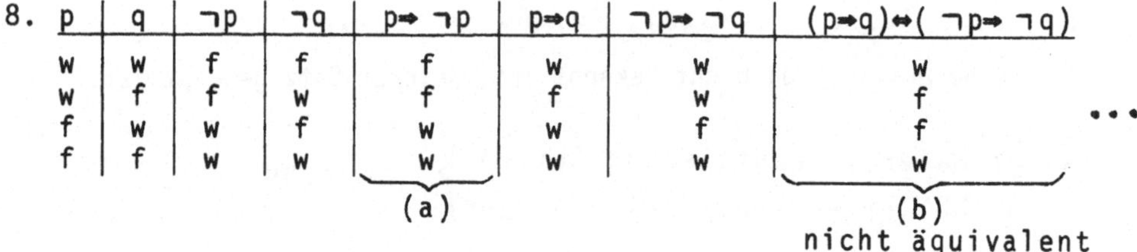

p	q	$\neg p$	$\neg q$	$p \Rightarrow \neg p$	$p \Rightarrow q$	$\neg p \Rightarrow \neg q$	$(p \Rightarrow q) \Leftrightarrow (\neg p \Rightarrow \neg q)$
w	w	f	f	f	w	w	w
w	f	f	w	f	f	w	f
f	w	w	f	w	w	f	f
f	f	w	w	w	w	w	w
				(a)			(b) nicht äquivalent

...

$\neg q \Rightarrow \neg p$	$(p \Rightarrow q) \Leftrightarrow (\neg q \Rightarrow \neg p)$	$\neg p \vee q$	$(\neg p \vee q) \Leftrightarrow (p \Rightarrow q)$
w	w	w	w
f	w	f	w
w	w	w	w
w	w	w	w
	(c) äquivalent		(d) äquivalent

9. p: "Der Gockel kräht auf dem Mist."
   q: "Das Wetter ändert sich."
   ¬q: "Das Wetter bleibt wie es ist."

   } $p \Rightarrow (q \vee \neg q)$

p	q	$\neg q$	$q \vee \neg q$	$p \Rightarrow (q \vee \neg q)$
w	w	f	w	w
w	f	w	w	w
f	w	f	w	w
f	f	w	w	w

2. Mengen

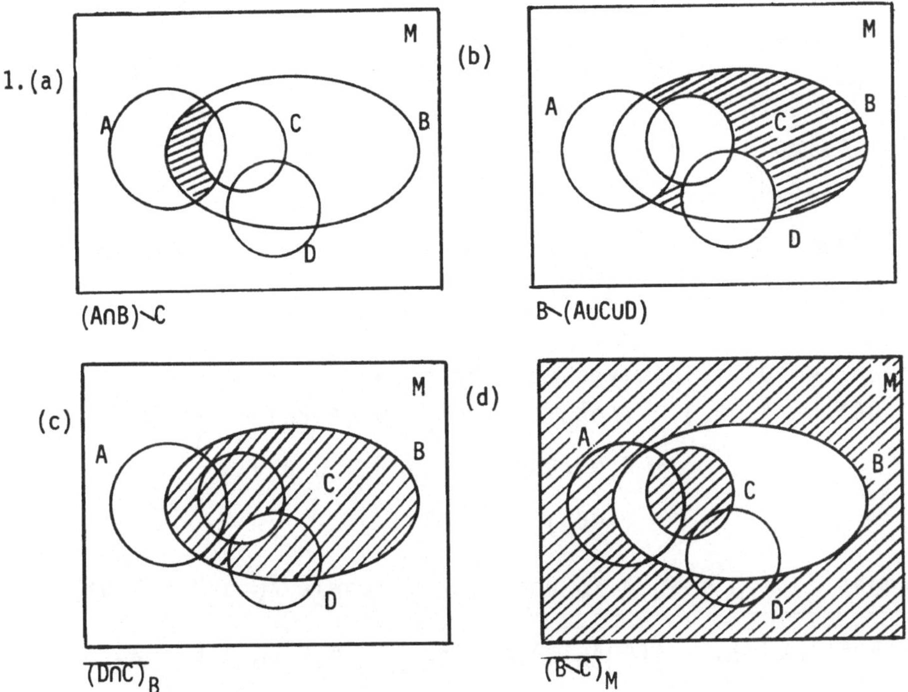

2. (a) $(A \setminus B) \cup [(B \cap C) \setminus (A \cap B)] \cup (D \setminus C)$

   (b) $[(A \cap B) \setminus C] \cup [(A \cap C) \setminus B] \cup [(B \cap C) \setminus (A \cup E)] \cup [E \setminus (C \cup B \cup D) \cup$
   $\cup [(B \cap D) \setminus E]$.

3. $[(A \cap B) \cup \bar{C}_D] \setminus B = [\emptyset \cup \{1,2,\ldots,10\}] \setminus \{1,3,5,7,9\} = \{2,4,6,8,10\}$.

   $D \setminus (D \cap (A \cup B)) = \{0,1,2,\ldots,10\} \setminus (\{0,1,2,\ldots,10\} \cap \{1,2,\ldots,10\})$
   $= \{0,1,2,\ldots,10\} \setminus \{1,2,\ldots,10\} = \{0\}$.

   $C \subset B$ (f), $B \subset D$ (w) $\Rightarrow C \subset B \subset D$ (f); $\{0\} \in D$ (f); $0 \in D$ (w).

4. $A_1 = \{a \in \mathbb{R} \mid a > 0\}$; $A_2 = \{a \in \mathbb{R} \mid -1 < a < 1\}$; $A_3 = \{-2,1\}$.

   $A_2 \subset A_1$ (f) $\qquad A_3 \subset A_2$ (f)
   $A_1 \cap A_3 = \{1\} \neq \emptyset$ (f) $\qquad \emptyset \subset A_3$ (w).

5. (a) Bei $A = B = M \neq \emptyset$ gilt wegen $\bar{A}_M = \bar{B}_M = \emptyset$:

   $\bar{A}_M \setminus \bar{B}_M = \emptyset$ und $B \setminus \bar{A}_M = B \setminus \emptyset = B \neq \emptyset$.

   (b) Bei $A = B \neq \emptyset$, $B \cap C = \emptyset$ und $A,B,C \neq \emptyset$ gilt:

   $A \setminus (B \cap C) = A \setminus \emptyset = A$ und $(A \setminus B) \cup (B \cap C) = \emptyset \cup \emptyset = \emptyset$.

(c) Bei $A = B \neq \emptyset$ und $B \cap C = \emptyset$ gilt:
$(A \cap B) \cup C = A \cup C$ und $\bar{B}_M \cap C = C$.

(d) Bei $A \subset B$, $A \neq B$ gilt wegen $\bar{B}_M \subset \bar{A}_M$:
$\overline{(A \cap B)}_M = \bar{A}_M$ und $\bar{A}_M \cap \bar{B}_M = \bar{B}_M$.
Ist beispielsweise $A = \{2\}$, $B = \{1,2\}$ und $M = \{1,2,3\}$, so gilt:
$\overline{(A \cap B)}_M = \overline{\{2\}}_M = \{1,3\}$ sowie
$\bar{A}_M \cap \bar{B}_M = \{1,3\} \cap \{3\} = \{3\}$.

6. (a) Nach dem Distributivgesetz für Mengen gilt:

$$(A \cup B) \cap (\bar{A}_M \cup \bar{B}_M) = (A \cap \bar{A}_M) \cup (B \cap \bar{A}_M) \cup (A \cap \bar{B}_M) \cup (B \cap \bar{B}_M) =$$
$$= \emptyset \cup (B \cap \bar{A}_M) \cup (A \cap \bar{B}_M) \cup \emptyset =$$
$$= (A \cap \bar{B}_M) \cup (\bar{A}_M \cap B).$$

(b) Wegen $\overline{(X \cup Y)}_M = \bar{X}_M \cap \bar{Y}_M$ und $\overline{(\bar{X}_M)}_M = X$ sowie $\bar{X}_M \cap X = \emptyset$ gilt:

$$\overline{((A \cap \bar{B}_M)_M \cup \bar{B}_M)}_M = \overline{((A \cap \bar{B}_M)_M)}_M \cap \overline{(\bar{B}_M)}_M = A \cap \bar{B}_M \cap B = \emptyset.$$

7. (a) Unendlich (b) Unendlich (c) nicht bekannt
(d) 2 (da $x^{10} = 1$ für $x = 1$ bzw. $x = -1$)

(e) 0 bei $a,b = 0$, $c \neq 0$ oder $b^2 - 4ac < 0$,
1 bei $a = 0$, $b \neq 0$, c beliebig oder $b^2 - 4ac = 0$,
2 bei $b^2 - 4ac > 0$ und $a \neq 0$,
unendlich bei $a = b = c = 0$.

(f) 0 (es gibt keine reelle Zahl x mit $x^2 = -1$).

8. $|A|$ = Anzahl der Aktienbesitzer
$|P|$ = Anzahl der Pfandbriefbesitzer
Sei $|A \cap P| = x$. Dann gilt:
$|A \cup P| = (|A|-x) + (|P|-x) + x$
$70 = (50-x) + (40-x) + x$
$x = 20$ besitzen sowohl Aktien als auch Pfandbriefe.

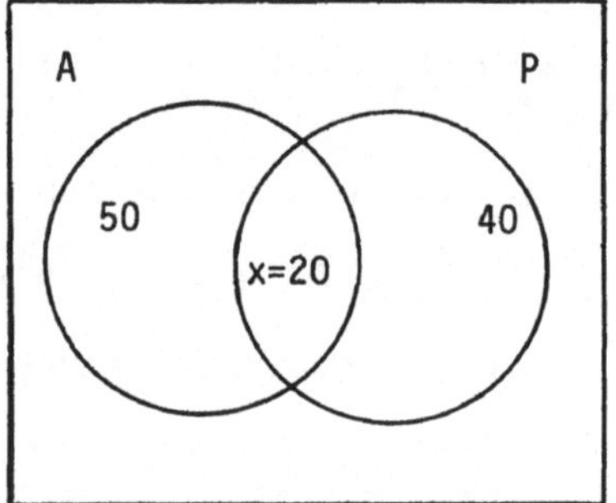

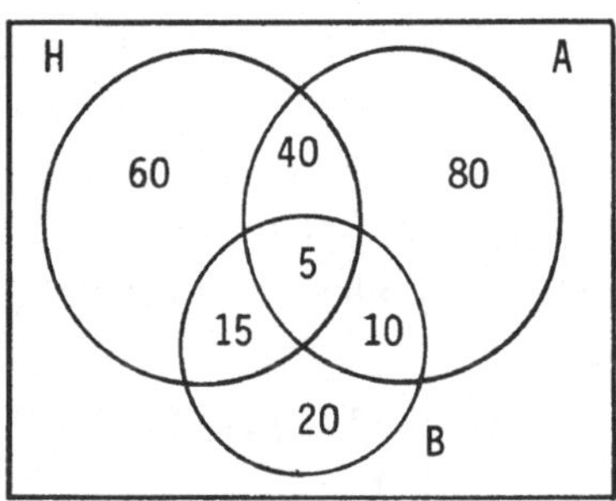

9. $|H|$ = Anzahl der Hausbesitzer
$|A|$ = Anzahl der Autobesitzer
$|B|$ = Anzahl der Beamten
Sei $|H \cup A \cup B| = 100$.
Dann gilt:

$$|H \cup A \cup B| = |H| + |A| + |B| - |H \cap B| - |H \cap A| - |B \cap A| + |H \cap A \cap B|$$
$$100 = 60 + 80 + 20 - 15 - 40 - 10 + |H \cap A \cap B|$$

$\Rightarrow |H \cap A \cap B| = 5$.
5% besitzen sowohl ein Haus als auch ein Auto und sind Beamte.

10. (a) $A \times B = \{(3,3),(3,5),\ldots,(3,25),$
$(4,3),(4,5),\ldots,(4,25),$
$(5,3),(5,5),\ldots,(5,25),$
$\vdots$
$(12,3),(12,5),\ldots,(12,25)\}$

$|A \times B| = 10 \cdot 12 = 120$.

(b) (α) $H = A \times B \setminus \{(3,3),(5,5),\ldots,(11,11)\}$
$|H| = 120 - 5 = 115$.

(β) $K = \{(4,3),(5,3),(6,3),(6,5),\ldots,(12,3),\ldots,(12,11)\}$
$|K| = 25$.

(γ) $L = \{(3,9),(5,7),(7,5),(9,3)\}$
$|L| = 4$.

(c) $(5,3) \in A \times B$, $(7,5) \in A \times B$, $(17,11) \notin A \times B$.

11. $A \times B = \{(1,2),(1,3),(2,2),(2,3)\}$
$B \times A = \{(2,1),(2,2),(3,1),(3,2)\}$
$A \times A = \{(1,1),(1,2),(2,1),(2,2)\}$
$B \times B = \{(2,2),(2,3),(3,2),(3,3)\}$
$A \times C = \{(1,0),(2,0)\}$
$A \times C \times B = \{(1,0,2),(1,0,3),(2,0,2),(2,0,3)\}$

$A \times A \times B = \{(1,1,2),(1,1,3),(1,2,2),(1,2,3),$
$(2,1,2),(2,1,3),(2,2,2),(2,2,3)\}.$

$(A\times B) \setminus (B\times A) = \{(1,2),(1,3),(2,3)\}$

$(B\times A) \cap (A\times C\times B) = \emptyset$

$(A\times C) \cup (A\times B) = \{(1,0),(2,0),(1,2),(1,3),(2,2),(2,3)\}.$

12. $X \times Y = \{(-1,1),(-1,-1),(0,1),(0,-1),(1,1),(1,-1),(2,1),(2,-1)\}$
$X = \{-1,0,1,2\}$, $Y = \{1,-1\}$.

13.

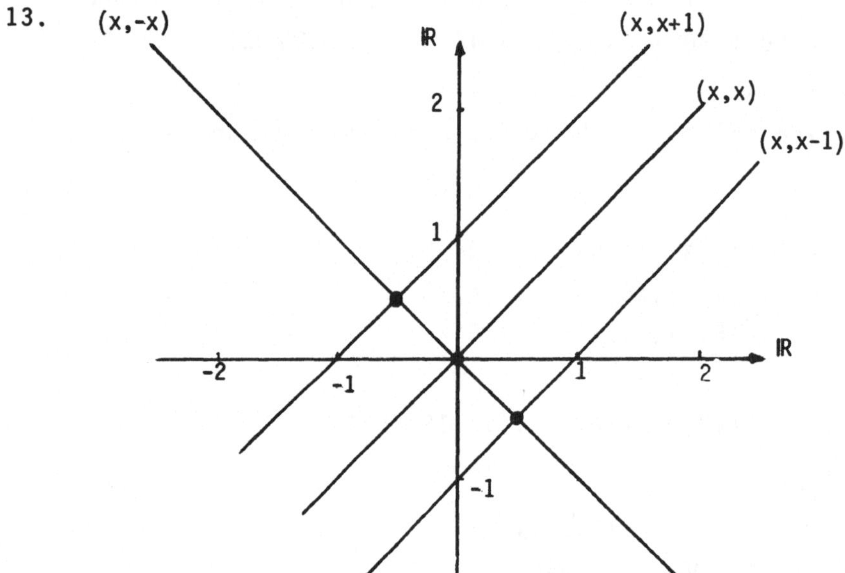

$A \cap B = \{(-\frac{1}{2}, \frac{1}{2}),(0,0),(\frac{1}{2}, -\frac{1}{2})\}.$

14. (a) $A \times B = \{(1,a),(2,a),(1,b),(2,b)\}$
$A \times C = \{(1,b),(1,c),(2,b),(2,c)\}$
$(A\times B) \cup (A\times C) = \{(1,a),(2,a),(1,b),(2,b),(1,c),(2,c)\}$
$(A\times B) \cap (A\times C) = \{(1,b),(2,b)\}.$

(b) $\mathcal{P}((A\times B)\cap(A\times C)) = \mathcal{P}(\{(1,b),(2,b)\}) =$
$= \{\emptyset,\{(1,b)\},\{(2,b)\},\{(1,b),(2,b)\}\}.$

15. $\mathcal{P}(\emptyset) = \{\emptyset\}$

$\mathcal{P}(\{a\}) = \{\emptyset,\{a\}\}$

$\mathcal{P}(\{a,b\}) = \{\emptyset,\{a\},\{b\},\{a,b\}\}$

$\mathcal{P}(\{a,b,c\}) = \{\emptyset,\{a\},\{b\},\{c\},\{a,b\},\{a,c\},\{b,c\},\{a,b,c\}\}.$

3. Abbildungen

1. (a) $f : \mathbb{R} \to \mathbb{N},\ x \xrightarrow{f} x^2$ ist keine Abbildung, da durch diese Vorschrift beispielsweise dem Argument $x = \frac{1}{2}$ kein Bildpunkt aus $\mathbb{N}$ zugeordnet wird.

   (b) $g : \mathbb{R} \to \mathbb{R},\ x^2 \xrightarrow{g} x$ ist keine Abbildung, da durch diese Vorschrift beispielsweise dem Argument $x^2 = 1$ die zwei Bildpunkte ± 1 zugeordnet werden.

2. $f[\{2,-6,0\}] = \{4,20,2\}$

   $f^{-1}[\{-3,0,2,4\}] = \{\frac{2}{3},0,\frac{4}{3},2,-\frac{2}{3}\}$ wegen

   $|3x-2| = -3$ für kein $x \in \mathbb{R}$

   $|3x-2| = 0$ für $x = \frac{2}{3}$

   $|3x-2| = 2$ für $x = 0$ bzw. $x = \frac{4}{3}$

   $|3x-2| = 4$ für $x = 2$ bzw. $x = -\frac{2}{3}$.

3. (a) $A = \mathbb{R},\ f[A] = \mathbb{R}$,

   $f[C] = \{x \in \mathbb{R} \mid \frac{a-1}{b} < x < \frac{a}{b}\}$,

   $f^{-1}[D] = \{x \in \mathbb{R} \mid a - b \leq x \leq a + b\}$,

   wegen $\frac{a-x}{b} = 1$ für $x = a - b$ und $\frac{a-x}{b} = -1$ für $x = a + b$.

   (b) ~~$A = \mathbb{R}$,~~ $f[A] = \{x \in \mathbb{R} \mid x \leq \frac{a}{b}\}$,

   $f[C] = \{x \in \mathbb{R} \mid \frac{a-1}{b} < x < \frac{a}{b}\}$,

   Zur Bestimmung der Urbildmenge $f^{-1}[D]$ unterscheiden wir:

   1. Fall: $a \geq b$:

   Wegen $\frac{a-x^2}{b} = 1 \Rightarrow a-x^2 = b \Rightarrow x^2 = a-b \geq 0 \Rightarrow$

   $\Rightarrow x = \pm\sqrt{a-b}$ gilt:

   $f(x) \leq 1$ für $x \leq -\sqrt{a-b}$ oder $x \geq \sqrt{a-b}$.

   Wegen $\frac{a-x^2}{b} = -1 \Rightarrow a-x^2 = -b \Rightarrow x^2 = a + b \geq 0 \Rightarrow$

   $\Rightarrow x = \pm\sqrt{a+b}$ gilt:

   $f(x) \geq -1$ für $-\sqrt{a+b} \leq x \leq \sqrt{a+b}$.

Wir erhalten somit:

$f^{-1}[D] = \{x \in \mathbb{R} \mid -\sqrt{a+b} \leq x \leq -\sqrt{a-b} \vee \sqrt{a-b} \leq x \leq \sqrt{a+b}\}$.

<u>2. Fall:</u> a < b:

Wegen $\frac{a-x^2}{b} = 1 \Rightarrow x^2 = a-b < 0$ für kein x ist f(x) < 1 für alle $x \in \mathbb{R}$. Wir erhalten somit:

$f^{-1}[D] = \{x \in \mathbb{R} \mid -\sqrt{a+b} \leq x \leq \sqrt{a+b}\}$

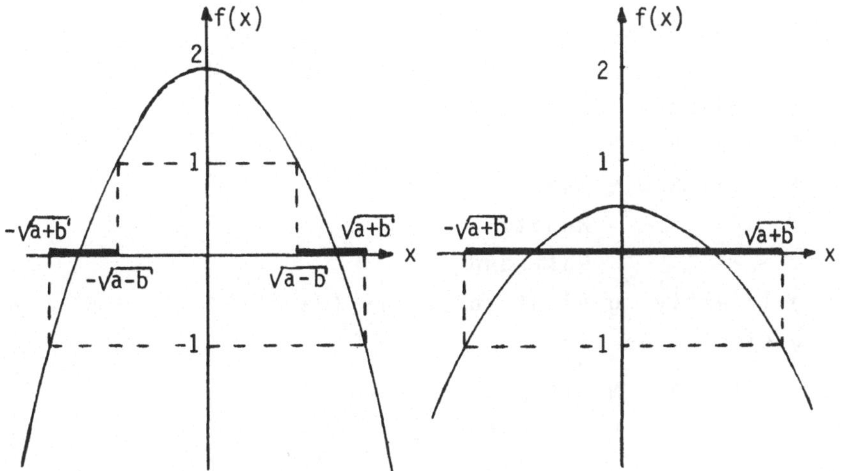

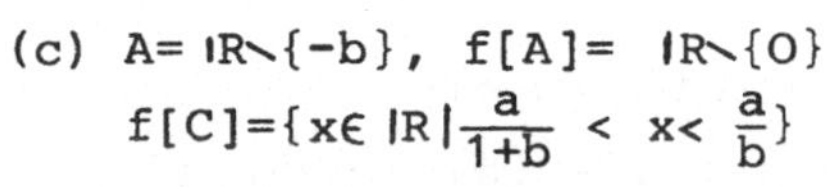

(c) $A = \mathbb{R} \setminus \{-b\}$, $f[A] = \mathbb{R} \setminus \{0\}$

$f[C] = \{x \in \mathbb{R} \mid \frac{a}{1+b} < x < \frac{a}{b}\}$

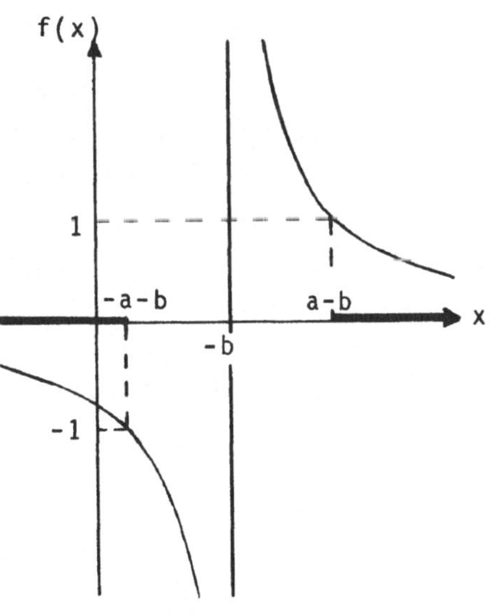

Zur Bestimmung von $f^{-1}[D]$ unterscheiden wir:

<u>1. Fall:</u> $x + b > 0 \Rightarrow x > -b$

$\frac{a}{x+b} \leq 1 \Rightarrow a \leq x+b \Rightarrow x \geq a-b$

<u>2. Fall:</u> $x + b < 0 \Rightarrow x < -b$

$\frac{a}{x+b} \geq -1 \Rightarrow a \leq -x-b \Rightarrow x \leq -a-b$

Es ist also:

$f^{-1}[D] = \{x \in \mathbb{R} \mid x \leq -a-b \vee x \geq a-b\}$.

4. f injektiv, f nicht surjektiv (da $f[A] = \{?,!,\#\} \neq B$),
f nicht bijektiv.
g nicht injektiv (da $\# \neq ?$, aber $g(\#) = g(?) = b$),
g nicht surjektiv (da $g[B] = \{a,b\} \neq C$),
g nicht bijektiv.
$g \circ f : A \to C$ mit $\Delta \to b$
$\square \to a$
$0 \to b$.
$f \circ g$ existiert nicht, da $g[B] = \{a,b\} \not\subset A = \{\Delta,\square,0\}$.

5. (a) f nicht injektiv (da Hans $\neq$ Paul, aber
f(Hans) = f(Paul) = Maria)
f surjektiv (da $f[A] = B$)
f nicht bijektiv
$g : B \to \mathbb{N}$ mit Maria $\to 2$
Renate $\to 3$
Waltraud $\to 5$.
g injektiv, g nicht surjektiv (da $g[B] = \{2,3,5\} \neq \mathbb{N}$),
g nicht bijektiv.

(b) $g \circ f : A \to \mathbb{N}$ mit Hans $\to$ 2
Peter $\to$ 3
Paul $\to$ 2
Willi $\to$ 5.
$f \circ g$ existiert nicht, da $g[B] = \{2,3,5\} \not\subset A$.

(c) f[{Hans,Paul}] ={Maria}, f^{-1}[{Waltraud}] = {Willi},
(gof)[{Willi}] = {5}, $(gof)^{-1}$[{2,5}] = {Hans,Paul, Willi},
g^{-1}[{4}] = $\emptyset$, g[{Maria}] = {2}.

6. $\mathcal{P}(A) = \{\emptyset,\{a\},\{b\},\{c\},\{a,b\},\{a,c\},\{b,c\},\{a,b,c\}\}$
$\emptyset \xrightarrow{f} 0$
{a}, {b}, {c} $\to 1$
{a,b}, {a,c}, {b,c} $\to 2$
{a,b,c} $\to 3$

f nicht injektiv (da $\{a\} \neq \{b\}$, aber $f(\{a\}) = f(\{b\}) = 1$)
f nicht surjektiv (da $f[\mathcal{P}(A)] = \{0,1,2,3\} \neq \mathbb{N}$)
f nicht bijektiv
$f^{-1}[\{0\}] = \{\emptyset\}$, $f^{-1}[\{2\}] = \{\{a,b\},\{a,c\},\{b,c\}\}$.

7. (a) $f(x) = |x|$

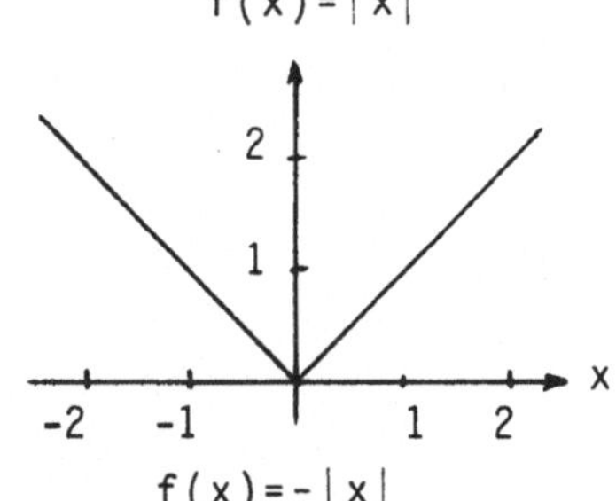

f nicht injektiv
(da $-1 \neq 1$, aber $f(-1) = f(1) = 1$)
f nicht surjektiv
(da $f[\mathbb{R}] = \mathbb{R}_+ \neq \mathbb{R}$)
f nicht bijektiv.

(b) $f(x) = -|x|$

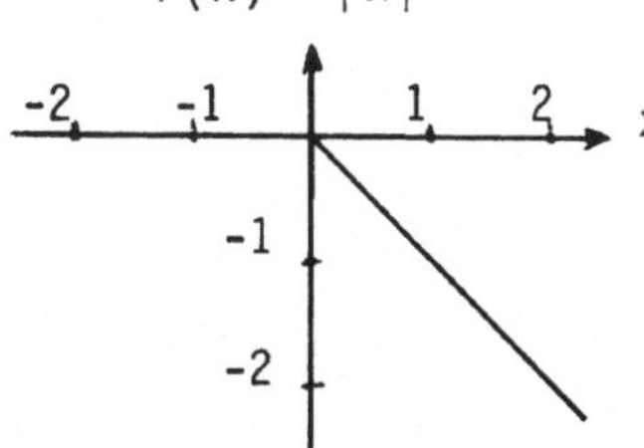

f injektiv
(da für $x_1 \neq x_2$ gilt:
$f(x_1) = -|x_1| \neq -|x_2| = f(x_2)$)
f nicht surjektiv
(da $f[\mathbb{R}_+] = \mathbb{R}_- \neq \mathbb{R}$)
f nicht bijektiv.

(c) $f(x) = |x|$

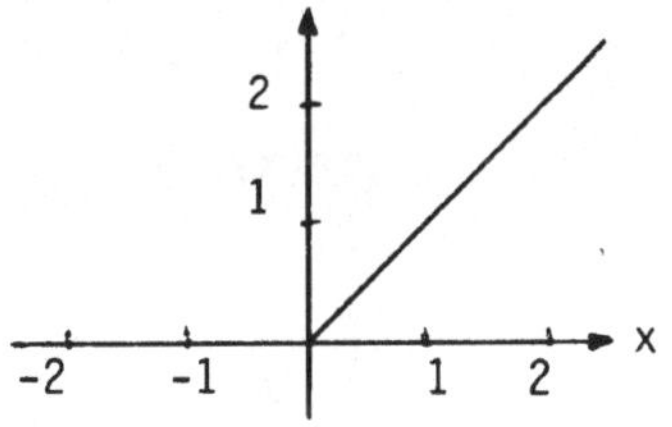

f injektiv (siehe (b))
f surjektiv
(da $f[\mathbb{R}_+] = \mathbb{R}_+$)
f bijektiv.

(d) $f(x) = |x|$

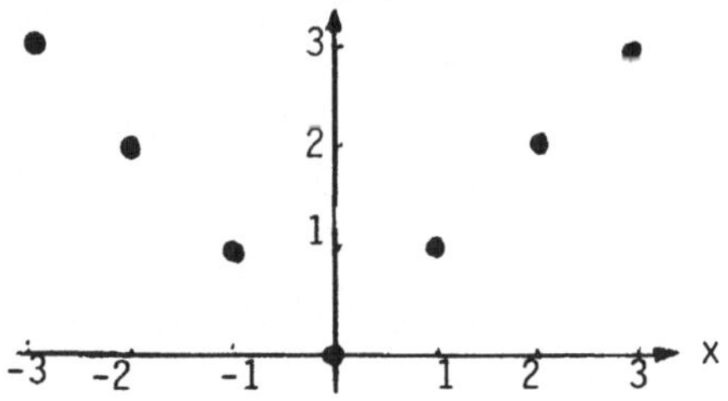

f nicht injektiv (siehe (a))
f nicht surjektiv
(da $f[\mathbb{Z}] = \mathbb{N} \cup \{0\} \neq \mathbb{R}$)
f nicht bijektiv.

8. f nicht injektiv (da für (1,2), (2,1) $\in \mathbb{R}^2$ gilt:
$(1,2) \neq (2,1)$, aber $f(1,2) = f(2,1) = 3$)
f surjektiv (da $f[\mathbb{R}^2] = \mathbb{R}$)
f nicht bijektiv.

9. (a) f injektiv
f nicht surjektiv (da $f[A] = \{(a,1),(b,1),(c,1)\} \neq A \times B$.
f nicht bijektiv.

(b) $f[\{b,c\}] = \{(b,1),(c,1)\}$
$f^{-1}[\{(a,1),\ (c,1)\}] = \{a,c\}$, $f^{-1}[\{(a,2\}] = \emptyset$.

(c) $f : A \times B \to B \times A$ mit
$(a,1) \to (1,a)$
$(a,2) \to (2,a)$
$(b,1) \to (1,b)$
$(b,2) \to (2,b)$
$(c,1) \to (1,c)$
$(c,2) \to (2,c)$
ist bijektiv.

10. (a) $f(x) = x|x| = \begin{cases} x^2 & \text{für } x \geq 0 \\ -x^2 & \text{für } x < 0 \end{cases}$ $\qquad g(x) = 2x + 1$

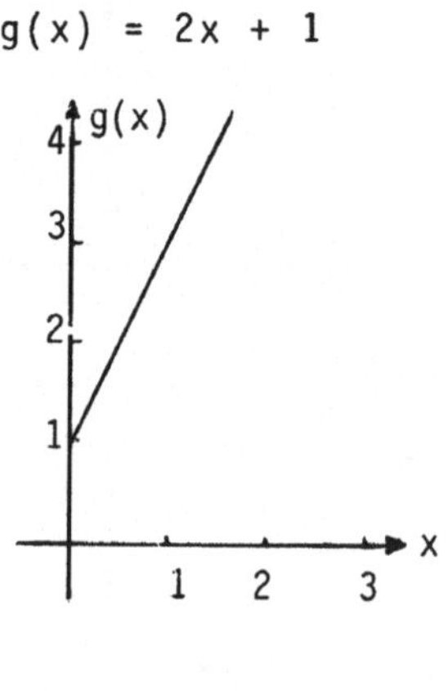

(b) f injektiv (da für $x_1 \neq x_2$ gilt: $f(x_1)=x_1|x_1| \neq x_2|x_2|=f(x_2)$)
f surjektiv (da $f[\mathbb{R}] = \mathbb{R}$)
f bijektiv.
g injektiv (da für $x_1 \neq x_2$ gilt: $f(x_1)=2x_1+1 \neq 2x_2+1=f(x_2)$)
g nicht surjektiv, da $g[\mathbb{R}_+] = \{x \in \mathbb{R} \mid x \geq 1\}$
g nicht bijektiv.

(c) $1 = g \circ f$ existiert nicht, da $f[\mathbb{R}] = \mathbb{R} \not\subset \mathbb{R}_+$.

Für die zusammengesetzte Abbildung $h = f \circ g$ gilt:

$h: D \to \mathbb{R}$ mit dem Definitionsbereich $D = \mathbb{R}_+$.

$$h(x) = (f \circ g)(x) = f(g(x)) = f(2x+1) =$$
$$= (2x+1)|2x+1| = (2x+1)^2 \text{ wegen } x \in \mathbb{R}_+.$$

$h^{-1}[\{-2,-1,0,1,2\}] = \{0, -\frac{1}{2} + \frac{\sqrt{2}}{2}\}$ wegen

$(2x+1)^2 \geq 0$ für alle $x \in \mathbb{R}$,

$(2x+1)^2 = 0$ für $x_1 = -\frac{1}{2} \notin D$,

$(2x+1)^2 = 1$ bzw. $4x^2+4x = 0$ für $x_2 = 0 \in D$, $x_3 = -1 \notin D$,

$(2x+1)^2 = 2$ bzw. $4x^2 + 4x - 1 = 0$ für $x_4 = -\frac{1}{2} + \frac{\sqrt{2}}{2} \in D$,

$x_5 = -\frac{1}{2} - \frac{\sqrt{2}}{2} \notin D$.

11. (a)

$$f(x) = \frac{1}{|x+1|} = \begin{cases} \frac{1}{x+1} & \text{für } x > -1 \\ -\frac{1}{x+1} & \text{für } x < -1 \end{cases}$$

$f^{-1}[\{-3,-2,-\frac{3}{2},-\frac{1}{2},0,1,2\}] = \{0,-2,-\frac{1}{2},-\frac{3}{2}\}$ wegen

$\frac{1}{|x+1|} > 0$ für alle $x \in \mathbb{R}$ bzw.

$\frac{1}{x+1} = 1$ für $x = 0$ und $-\frac{1}{x+1} = 1$ für $x = -2$,

$\frac{1}{x+1} = 2$ für $x = -\frac{1}{2}$ und $-\frac{1}{x+1} = 2$ für $x = -\frac{3}{2}$.

(b) f ist nicht injektiv, da für $0 \neq -2$ gilt: $f(0) = f(-2) = 1$)
Es existiert deshalb keine Umkehrabbildung f^{-1}.

(c) f ist nicht surjektiv, da $f[\mathbb{R}\setminus\{-1\}] = \mathbb{R}_+\setminus\{0\}$.

(d) $(g\circ f)(x) = g(f(x)) = g(\frac{1}{|x+1|}) = \frac{1}{(x+1)^2} + \frac{1}{|x+1|} - 1.$

f o g existiert nicht, da $g[\mathbb{R}_+] = \{x\in\mathbb{R} \mid x \geq -1\} \not\subset \mathbb{R} \setminus \{-1\}$.

12. (a)

$$f(x) = \frac{x(x+1)}{|x|} = \begin{cases} (x+1) & \text{für } x > 0 \\ -(x+1) & \text{für } x < 0 \end{cases}$$

(b)

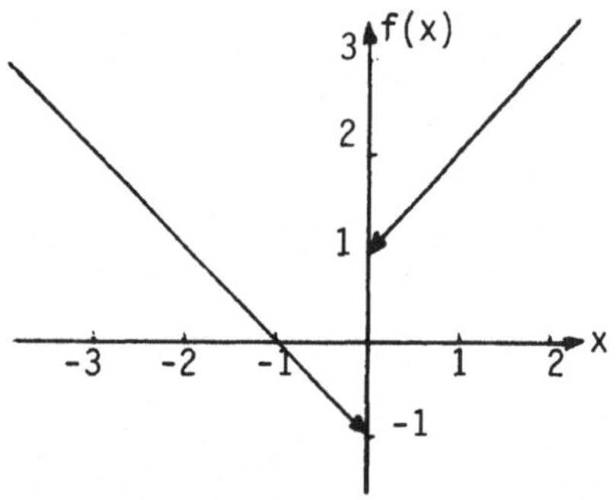

f nicht injektiv
(da für $2 \neq -4$ gilt:
$f(2) = f(-4) = 3$)
f nicht surjektiv
(da $f[\mathbb{R}\setminus\{0\}] = \{x\in\mathbb{R} \mid x > -1\} \neq \mathbb{R}$
f nicht bijektiv.

(c) $(g\circ f)(x) = g(f(x)) = g(\frac{x(x+1)}{|x|}) = (x+1)^2.$

(d) f o g existiert nicht, da $g[\mathbb{R}] = \mathbb{R}_+ \not\subset D = \mathbb{R}\setminus\{0\}$.

13. (a) Für $A = \mathbb{R}_+$, $B = \mathbb{R}_+$ gilt:

$y = ax^2 \Rightarrow x = \sqrt{\frac{y}{a}} : y = f^{-1}(x) = \sqrt{\frac{x}{a}}$.

Für $A = \mathbb{R}_-$, $B = \mathbb{R}_+$ gilt:

$y = ax^2 \Rightarrow x = -\sqrt{\frac{y}{a}} : y = f^{-1}(x) = -\sqrt{\frac{x}{a}}$.

(b) $A = \mathbb{R}$, $B = \mathbb{R}$

$y = a + bx \Rightarrow x = \frac{y-a}{b} : y = f^{-1}(x) = \frac{x-a}{b}$.

(c) Für $A = \mathbb{R}_+$, $B = \mathbb{R}_+$ gilt:

$y = x : y = f^{-1}(x) = x$.

Für $A = \mathbb{R}_-$, $B = \mathbb{R}_+$ gilt:

$y = -x : y = f^{-1}(x) = -x$.

(d) $A = \mathbb{R} \setminus \{0\}$, $B = \mathbb{R} \setminus \{0\}$

$y = \frac{1}{x} \Rightarrow x = \frac{1}{y} : y = f^{-1}(x) = \frac{1}{x}$.

(e) $A = \{x \in \mathbb{R} \mid x \geq -1\}$, $B = \mathbb{R}_+$

$y = (x+1)^2 \Rightarrow x = \sqrt{y}-1 : y = f^{-1}(x) = \sqrt{x} - 1.$

(f) $A = \{x \in \mathbb{R} \mid x \geq a\}$, $B = \mathbb{R}_+$

$y = \sqrt[n]{x-a} \Rightarrow x = y^n + a : y = f^{-1}(x) = x^n + a.$

4. Summen und Produkte

1. (a) $1+\sum_{i=1}^{4} i^i$ (b) $\sum_{i=1}^{4} \frac{i^2}{(i+1)^2}$ (c) $\sum_{i=1}^{5} \frac{1+i^2}{i}$

(d) $\sum_{i=-3}^{3} 2^i$ (e) $n\sum_{i=2}^{6} (-1)^{i+1}2^i$ (f) $\sum_{i=0}^{33} (1+3i)$

(g) $\sum_{i=3}^{45} (-1)^i \frac{1}{2i}$ (h) $\sum_{i=3}^{23} (-1)^i \cdot \frac{1}{(2i-1)2i}$.

2. (a) $\sum_{i=1}^{n} i^2 - \sum_{i=2}^{n-1} i^2 = (1+4+\ldots+(n-1)^2+n^2) - (4+\ldots+(n-1)^2) =$
$= 1 + n^2.$

(b) $\sum_{i=1}^{2n} i - \sum_{i=1}^{n} i = \sum_{i=1}^{n} i + \sum_{i=n+1}^{2n} i - \sum_{i=1}^{n} i = \sum_{i=n+1}^{2n} i.$

(c) $\sum_{i=-2}^{2} (a-bi) = (a+2b) + (a+b) + a + (a-b) + (a-2b) = 5a.$

(d) $\sum_{i=0}^{4} 2^i - \sum_{i=1}^{4} i^2 = (1+2+4+8+16) - (1+4+9+16) = 1.$

(e) $\sum_{i=0}^{n} x^i(1-x)^{n-i} - \sum_{i=0}^{n-1} x^{n-i}(1-x)^i =$

$= (1-x)^n + x(1-x)^{n-1} + x^2(1-x)^{n-2} +\ldots+ x^{n-1}(1-x) + x^n -$

$- x^n - x^{n-1}(1-x) -\ldots- x^2(1-x)^{n-2} - x(1-x)^{n-1} =$

$= (1-x)^n.$

3. (a) $\sum_{i=-5}^{10} a_{i-7} = a_{-12} + a_{-11} +\ldots+ a_3 = \sum_{i=k}^{l} a_{i+3} = \sum_{i=-15}^{0} a_{i+3}.$

Wegen $a_{k+3} = a_{-12}$ und $a_{l+3} = a_3$ gilt nämlich: $k = -15$, $l = 0$.

(b) $\sum_{i=10}^{15} a_{i+2} = a_{12} +\ldots+ a_{17} = \sum_{i=k}^{l} a_{i+8} = \sum_{i=4}^{9} a_{i+8}$

$a_{k+8} = a_{12}$ und $a_{l+8} = a_{17} \Rightarrow k = 4$ und $l = 9$.

(c) $\sum_{i=n}^{n+m} 2^{i+j} = 2^{n+j} + \ldots + 2^{n+m+j} = \sum_{i=k}^{l} 2^{i-j} = \sum_{i=n+2j}^{n+m+2j} 2^{i-j}$

$2^{k-j} = 2^{n+j}$ und $2^{l-j} = 2^{n+m+j} \Rightarrow k = n + 2j$ und $l = n+m+2j$.

(d) $\sum_{i=o}^{n} a_i = a_o + a_1 + \ldots + a_n = \sum_{i=-n}^{o} a_{-i}$.

4. (a) $\left(\sum_{i=1}^{n} a_i\right) \cdot \left(\sum_{j=1}^{n} b_j\right) = (a_1 + \ldots + a_n) \cdot (b_1 + \ldots + b_n) =$

$= (a_1 b_1 + \ldots + a_1 b_n) + (a_2 b_1 + \ldots + a_2 b_n) + \ldots + (a_n b_1 + \ldots + a_n b_n) =$

$= \sum_{j=1}^{n} a_1 b_j + \sum_{j=1}^{n} a_2 b_j + \ldots + \sum_{j=1}^{n} a_n b_j = \sum_{i=1}^{n} \sum_{j=1}^{n} a_i b_j$.

(b) $\sum_{i=1}^{n} a_i^2 = a_1^2 + \ldots + a_n^2$

$\left(\sum_{i=1}^{n} a_i\right)^2 = (a_1 + \ldots + a_n)(a_1 + \ldots + a_n) =$

$(a_1^2 + \ldots + a_n^2) + (a_1 a_2 + \ldots + a_1 a_n) + \ldots + (a_n a_1 + \ldots + a_n a_{n-1})$

Die Rechenregel (b) ist also falsch.

(c) $\sum_{i=1}^{n} \frac{a_i}{i} = \frac{a_1}{1} + \frac{a_2}{2} + \ldots + \frac{a_n}{n}$

$\frac{\sum_{i=1}^{n} a_i}{\sum_{i=1}^{n} i} = \frac{a_1}{1+\ldots+n} + \frac{a_2}{1+\ldots+n} + \ldots + \frac{a_n}{1+\ldots+n}$.

Die Rechenregel (c) ist also falsch.

(d) $\sum_{i=1}^{n} (ca_i)^2 = (ca_1)^2 + \ldots + (ca_n)^2 = c^2(a_1^2 + \ldots + a_n^2) = c^2 \cdot \sum_{i=1}^{n} a_i^2$.

5. (a) Wegen $\bar{x} = \frac{1}{n} \sum_{i=1}^{n} x_i$ gilt: $\sum_{i=1}^{n} x_i = n\bar{x}$ (*)

$\sum_{i=1}^{n} (x_i - \bar{x}) = \sum_{i=1}^{n} x_i - \sum_{i=1}^{n} \bar{x} = \sum_{i=1}^{n} x_i - n\bar{x} \underset{(*)}{=} n\bar{x} - n\bar{x} = 0.$

(b) $\sum_{i=1}^{n} (x_i - \bar{x})^2 = \sum_{i=1}^{n} (x_i^2 - 2x_i\bar{x} + \bar{x}^2) = \sum_{i=1}^{n} x_i^2 - 2\bar{x} \sum_{i=1}^{n} x_i + \sum_{i=1}^{n} \bar{x}^2 =$

$\underset{(*)}{=} \sum_{i=1}^{n} x_i^2 - 2\bar{x}n\bar{x} + n\bar{x}^2 = \sum_{i=1}^{n} x_i^2 - n\bar{x}^2$.

6. (a) $\sum_{j=1}^{3} a_{1j} b_{j2} = 6 \cdot 6 + 9 \cdot 0 + 7 \cdot 3 = 57.$

(b) $\sum_{j=1}^{3} a_{3j} x_j = 4x_1 + 8x_2 + 3x_3$

$\sum_{i=1}^{4} a_{i2} y_i = 9y_1 + 5y_2 + 8y_3 + 3y_4$

(c) $\sum_{k=1}^{2} \sum_{j=1}^{3} (-1)^{j+k} b_{jk} = (4-1+8) + (-6+0-3) = 2.$

7. $n_1 = 4,\ n_2 = 5,\ n_3 = 3,\ n_4 = 3,\ N = 15.$

(a) $T_1 = \frac{1}{4} \sum_{j=1}^{4} a_{3j} = \frac{1}{4}(5+1+3+3) = 3$

(b) $T_2 = \frac{1}{5} \sum_{i=1}^{5} a_{i2} = \frac{1}{5}(3+2+1+3+1) = 2$

(c) $T_3 = \frac{1}{15} \sum_{j=1}^{4} \sum_{i=1}^{nj} a_{ij} = \frac{1}{15}[(4+6+5+2)+(3+2+1+3+1)+$

$+(1+4+3)+(5+2+3)] = 3$

(d) $T_4 = \frac{1}{4} \sum_{i=1}^{5} (a_{i2}-2)^2 = \frac{1}{4}[(3-2)^2+(2-2)^2+(1-2)^2+(3-2)^2+(1-2)^2]$

$= \frac{1}{4}[1+0+1+1+1] = 1$

(e) $T_5 = \frac{\sum_{j=1}^{4} \sum_{i=1}^{nj} (a_{ij}-3)^2}{14} = \frac{1}{14}[(4-3)^2+(6-3)^2+(5-3)^2+(2-3)^2+$

$+(3-3)^2+(2-3)^2+(1-3)^2+(3-3)^2+(1-3)^2+(1-3)^2+(4-3)^2+(3-3)^2+$

$+(5-3)^2+(2-3)^2+(3-3)^2] =$

$= \frac{1}{14}[1+9+4+1+1+4+4+4+1+4+1] = \frac{34}{14}$

(f) $T_6 = \sum_{j=1}^{4} \sum_{i=1}^{nj} a_{ij}^2 - 15 \cdot 9 = 4^2 + 6^2 + 5^2 + 2^2 + 3^2 + 2^2 +$

$+ 1^2 + 3^2 + 1^2 + 1^2 + 4^2 + 3^2 +$

$+ 5^2 + 2^2 + 3^2 - 15 \cdot 9 = 34.$

8. (a) $\sum_{i=1}^{4} \sum_{j=1}^{3} (6i+3ij) = [(6+3)+(6+6)+(6+9)+(12+6)+(12+12)+$

$+(12+18)+(18+9)+(18+18)+(18+27)+ (24+12)+(24+24)+(24+36)]=360$

(b) $\sum_{i=o}^{3} \sum_{j=o}^{1} 2ij = (0+0) + (0+2) + (0+4) + (0+6) = 12.$

9. (a) $2 + 3 + 4 + 9 + 8 + 27 + 16 + 81 =$

$= (2^1+3^1) + (2^2+3^2) + (2^3+3^3) + (2^4+3^4) = \sum_{i=1}^{4} \sum_{j=2}^{3} j^i.$

(b) $\underset{1}{\overset{1}{\shortparallel}} + \underset{(1+2)}{\overset{3}{\shortparallel}} + \underset{(1+2+3)}{\overset{6}{\shortparallel}} + \underset{(1+2+3+4)}{\overset{10}{\shortparallel}} + \ldots + \underset{(1+2+\ldots+15)}{\overset{120}{\shortparallel}} =$

$= \sum_{j=1}^{15} \sum_{i=1}^{j} i = \underset{(j=1)}{1} + \underset{(j=2)}{(1+2)} + \ldots + \underset{(j=15)}{(1+2+\ldots+15)}.$

10. Allgemein gilt für das folgende Schema von Zahlen:

$$\begin{matrix} a_{11} & a_{12} & \cdots & a_{1n} \\ a_{21} & a_{22} & \cdots & a_{2n} \\ \vdots & & \ddots & \vdots \\ a_{n1} & a_{n2} & \cdots & a_{nn}. \end{matrix}$$

$\sum_{i=1}^{n} a_{ii}$ = Summe der Elemente auf der Hauptdiagonalen

$\sum_{i=1}^{n-1} \sum_{j=i+1}^{n} a_{ij}$ = Summe der Elemente oberhalb der Hauptdiagonalen

$\sum_{i=2}^{4} \sum_{j=1}^{n} a_{ij}$ = Summe der Elemente von Zeile 2 bis 4

$\sum_{i=1}^{n} \sum_{j=2}^{4} a_{ij}$ = Summe der Elemente von Spalte 2 bis 4

$\sum_{i=1}^{n} \sum_{j=1}^{n} a_{ij}$ = Summe aller Elemente.

Speziell ist für das Schema

$$\begin{matrix} 1 & 3 & 5 & 7 & 9 \\ 2 & 4 & 6 & 8 & 10 \\ 3 & 5 & 7 & 9 & 11 \\ 4 & 6 & 8 & 10 & 12 \\ 5 & 7 & 9 & 11 & 13 \end{matrix}$$

$a_{ij} = i + 2j - 2$ mit $i = 1,\ldots,5$ und $j = 1,\ldots,5.$

(a) $\sum_{i=1}^{5} a_{ii} = \sum_{i=1}^{5} (3i-2) = 1 + 4 + 7 + 10 + 13 = 35.$

(b) $\sum_{i=1}^{4} \sum_{j=i+1}^{5} a_{ij} = \sum_{i=1}^{4} \sum_{j=i+1}^{5} (i+2j-2) = 3 + 5 + 7 + 9 + 6 + 8 + 10 + 9 + 11 + 12 = 80.$

(c) $\sum_{i=2}^{4} \sum_{j=1}^{5} a_{ij} = \sum_{i=2}^{4} \sum_{j=1}^{5} (i+2j-2) = 2 + 4 + 6 + 8 + 10 + 3 + 5 + 7 + 9 + 11 + 4 + 6 + 8 + 10 + 12 = 105.$

$\sum_{i=1}^{5} \sum_{j=2}^{4} a_{ij} = \sum_{i=1}^{5} \sum_{j=2}^{4} (i+2j-2) = 3 + 5 + 7 + 4 + 6 + 8 + 5 + 7 + 9 + 6 + 8 + 10 + 7 + 9 + 11 = 105.$

(d) $\sum_{i=1}^{5} \sum_{j=1}^{5} a_{ij} = \sum_{i=1}^{5} \sum_{j=1}^{5} (i+2j-2) = 175.$

11. (a) $\prod_{i=1}^{5} \frac{1}{i^3}$ (b) $\prod_{i=3}^{24} (2i+1)$

(c) $\prod_{i=0}^{7} (-1)^i 2^i$ (d) $\prod_{i=2}^{6} \left(1 - \frac{1}{\frac{i(i+1)}{2}}\right) = \prod_{i=2}^{6} \left(1 - \frac{2}{i(i+1)}\right).$

12. (a) $\prod_{i=0}^{2000} (1-a^i) = (1-a^0)(1-a)(1-a^2) \cdot \ldots \cdot (1-a^{2000}) = 0$

wegen $a^0 = 1$.

(b) $\prod_{i=2}^{10} \left(1 - \frac{1}{i}\right) = \frac{1}{2} \cdot \frac{2}{3} \cdot \frac{3}{4} \cdot \frac{4}{5} \cdot \frac{5}{6} \cdot \frac{6}{7} \cdot \frac{7}{8} \cdot \frac{8}{9} \cdot \frac{9}{10} = \frac{1}{10}.$

(c) $\prod_{i=1}^{n} a^{(-1)^i} = a^{-1} \cdot a \cdot a^{-1} \cdot a \cdot \ldots \cdot a^{(-1)^n} = \begin{cases} 1 & \text{für } n \text{ gerade} \\ \frac{1}{a} & \text{für } n \text{ ungerade} \end{cases}$

13. (a) $\prod_{i=1}^{n} (-1)^i = (-1)\cdot 1\cdot(-1)\cdot 1\cdot(-1)\cdot 1\cdot(-1)\cdot 1\cdot \ldots \cdot(-1)^n$

$(n = 1,2,3,4,5,6,7,8,\ldots)$

Es gilt deshalb:

$\prod_{i=1}^{n} (-1)^i = \begin{cases} 1 & \text{für } n = 3,4,7,8,\ldots \\ -1 & \text{für } n = 1,2,5,6,\ldots \end{cases}.$

(b) $\prod_{i=1}^{n} (2^i - 2^{i-1}) = 64$ für $n = 4$ wegen

$$\prod_{i=1}^{4} (2^i - 2^{i-1}) = \prod_{i=1}^{4} 2^{i-1}(2-1) = \prod_{i=1}^{4} 2^{i-1} = 1 \cdot 2 \cdot 4 \cdot 8 = 64.$$

14. (a) $\prod_{i=1}^{n} c = \underbrace{(c \cdot c \cdot \ldots \cdot c)}_{n\text{-mal}} = c^n$

(b) $\prod_{i=1}^{n} a_i b_i = a_1 b_1 a_2 b_2 \cdot \ldots \cdot a_n b_n =$

$$= (a_1 a_2 \cdot \ldots \cdot a_n)(b_1 b_2 \cdot \ldots \cdot b_n) = \prod_{i=1}^{n} a_i \cdot \prod_{i=1}^{n} b_i.$$

(c) $\prod_{i=1}^{n} (a_i + b_i) = (a_1+b_1)(a_2+b_2) \cdot \ldots \cdot (a_n+b_n) =$

$$= a_1 a_2 \cdot \ldots \cdot a_n + b_1 a_2 \cdot \ldots \cdot a_n + \ldots$$

$$\neq (a_1 a_2 \cdot \ldots \cdot a_n)(b_1 b_2 \cdot \ldots \cdot b_n).$$

Die Regel (c) ist also falsch.

15 (a) $\dfrac{x^2 - 1}{\sqrt[4]{(x+1)^2}} = (x-1)(x+1)(x+1)^{-\frac{2}{4}} = (x-1)(x+1)^{\frac{1}{2}} = (x-1)\sqrt{x+1}.$

(b) $\sqrt[6]{(x-1)\sqrt[3]{(x^2-2x+1)^2}} = \left[(x-1)(x^2-2x+1)^{\frac{2}{3}}\right]^{\frac{1}{6}} =$

$$= \left[(x-1)(x-1)^{\frac{2}{3}\cdot 2}\right]^{\frac{1}{6}} = (x-1)^{\frac{2}{9}+\frac{1}{6}} = \sqrt[18]{(x-1)^7}.$$

(c) $\dfrac{x^2\ y^4}{a^2\ b} \cdot \sqrt[p]{\dfrac{a^{p+1} b^{2p-1}}{x^{2p+1} y^{2p}}} = x^2 y^4 a^{-2} b^{-1} a^{\frac{p+1}{p}} b^{\frac{2p-1}{p}} x^{-\frac{2p+1}{p}} y^{-\frac{2p}{p}} =$

$$= x^{-\frac{1}{p}} \cdot y^2 \cdot a^{\frac{-(p-1)}{p}} \cdot b^{\frac{p-1}{p}} = y^2 \cdot \sqrt[p]{\frac{b^{p-1}}{x a^{p-1}}}.$$

(d) $\left[3^3 \cdot \left(\dfrac{1}{2a}\right)^2 : \left(\dfrac{b^7}{a^3}\right)^3\right] \cdot 2^{14} \cdot \left(\dfrac{4}{a^4 b^6}\right)^{-2} \cdot \left(\dfrac{8a^9b^3}{3}\right)^3 =$

$$= 3^3 2^{-2} a^{-2} a^9 b^{-21} 2^{14} a^8 b^{12} 4^{-2} 8^3 a^{27} b^9 3^{-3} =$$

$$= a^{42} 2^{12} \cdot 2^{-4} \cdot 2^9 = a^{42} 2^{17}.$$

16. (a) $x^2 - 4x + 3 = 0$

$$x_{1,2} = \frac{4 \pm \sqrt{16-12}}{2} = \frac{4 \pm 2}{2} \Rightarrow x_1 = 3,\ x_2 = 1.$$

(b) Aus $\frac{2}{x^2} - \frac{1}{x} - 45 = 0$ ergibt sich durch Multiplikation mit x^2 $(x \neq 0)$:

$$-45x^2 - x + 2 = 0$$

$$x_{1,2} = \frac{1 \pm \sqrt{1+360}}{-90} = \frac{1 \pm \sqrt{361}}{-90} = \frac{1 \pm 19}{-90} \Rightarrow$$

$$\Rightarrow x_1 = -\frac{2}{9},\ x_2 = \frac{1}{5}.$$

5. Ungleichungen und beschränkte Mengen

1. (a) $x^3 > -8$:

   Wegen $x^3 = -8$ für $x = -2$ erhalten wir die Lösungsmenge $L = \{x \in \mathbb{R} \mid x > -2\} = (-2,\infty)$.

   (b) $3x + 7 \geq -2x + 2$:

   Addition von $-7 + 2x$ ergibt: $5x \geq -5$

   Multiplikation mit $\frac{1}{5}$ ergibt: $x \geq -1$

   Lösungsmenge $L = \{x \in \mathbb{R} \mid x \geq -1\} = [-1,\infty)$.

   (c) $2x^2 + x > 3$:

   Hieraus ergibt sich $2x^2 + x - 3 > 0$.

   Als Lösungen der quadratischen Gleichung $2x^2 + x - 3 = 0$ erhalten wir:

$$x_{1,2} = \frac{-1 \pm \sqrt{1+24}}{4} = \frac{-1 \pm 5}{4} \Rightarrow x_1 = -\frac{3}{2},\ x_2 = 1.$$

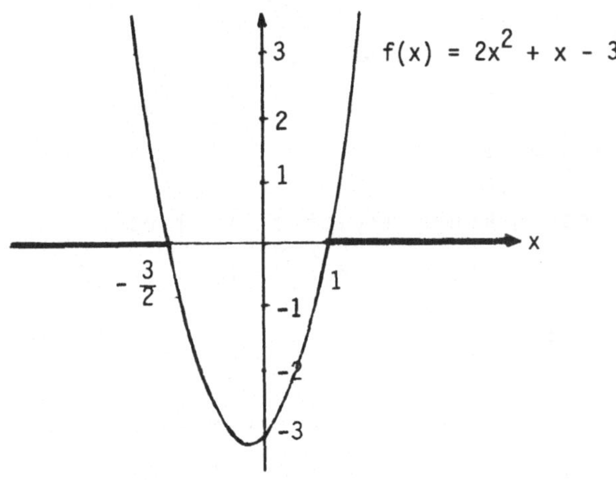

Wir überprüfen jetzt für je einen Punkt aus den Bereichen $(-\infty, -\frac{3}{2})$, $(-\frac{3}{2}, 1)$ und $(1,\infty)$, ob die Ungleichung erfüllt ist.

$x = 0 \Rightarrow 0 > 3$ Widerspruch!

$x = -2 \Rightarrow 8 - 2 > 3$ Ungleichung erfüllt

$x = 2 \Rightarrow 8 + 2 > 3$ Ungleichung erfüllt

Die Lösungsmenge hat also die Form:

$L = \{x \in \mathbb{R} \mid -\infty < x < -\frac{3}{2} \vee 1 < x < \infty\} = (-\infty,-\frac{3}{2}) \cup (1,\infty)$.

(d) $\frac{2}{x-1} > \frac{1}{x}$:

Durch Multiplikation mit x(x-1) verschwindet der Nenner. Wir unterscheiden dabei:

1. Fall: $\left.\begin{array}{l} \left.\begin{array}{r} x > 0 \\ x-1 > 0 \end{array}\right\} \Rightarrow x > 1 \\ \frac{2}{x-1} > \frac{1}{x} \Rightarrow 2x > x-1 \Rightarrow x > -1 \end{array}\right\} L_1 = (1,\infty)$

2. Fall: $\left.\begin{array}{r} x < 0 \\ x-1 > 0 \end{array}\right\} \Rightarrow \left.\begin{array}{r} x < 0 \\ x > 1 \end{array}\right\} L_2 = \emptyset$

Widerspruch!

3. Fall: $\left.\begin{array}{l} \left.\begin{array}{r} x > 0 \\ x-1 < 0 \end{array}\right\} \Rightarrow 0<x<1 \\ \frac{2}{x-1} > \frac{1}{x} \Rightarrow 2x < x-1 \Rightarrow x < -1 \end{array}\right\} L_3 = \emptyset$

Widerspruch zu $0 < x < 1$

4. Fall: $\left.\begin{array}{l} \left.\begin{array}{r} x < 0 \\ x-1 < 0 \end{array}\right\} \Rightarrow x < 0 \\ \frac{2}{x-1} > \frac{1}{x} \Rightarrow 2x > x-1 \Rightarrow x > -1 \end{array}\right\} L_4 = (-1,0)$

Als Lösungsmenge ergibt sich also:

$$L = L_1 \cup L_2 \cup L_3 \cup L_4 = (-1,0) \cup (1,\infty).$$

(e) $\frac{1}{1-x} + \frac{1}{1+x} < 2$:

Wir bilden zunächst einen gemeinsamen Nenner:

$$\frac{1 + x + 1 - x}{(1-x)(1+x)} = \frac{2}{1 - x^2} < 2 \Rightarrow \frac{1}{1 - x^2} < 1.$$

Bei Multiplikation mit $1 - x^2$ verschwindet der Nenner. Wir unterscheiden dabei:

1. Fall: $1 - x^2 > 0 \Rightarrow x^2 < 1 \Rightarrow -1 < x < 1$

$\frac{1}{1-x^2} < 1 \Rightarrow 1 < 1 - x^2 \Rightarrow x^2 < 0.$

Da $x^2 < 0$ für kein $x \in \mathbb{R}$ erfüllt ist, gilt: $L_1 = \emptyset$.

2. Fall: $1 - x^2 < 0 \Rightarrow x^2 > 1 \Rightarrow x < -1 \vee x > 1$

$\frac{1}{1-x^2} < 1 \Rightarrow 1 > 1 - x^2 \Rightarrow x^2 > 0.$

Da $x^2 > 0$ für alle $x \in \mathbb{R}$ erfüllt ist, gilt:

$L_2 = (-\infty,-1) \cup (1,\infty)$.

Lösungsmenge: $L = L_1 \cup L_2 = (-\infty,-1) \cup (1,\infty)$.

(f) $(2x-3)(x+1) \geq 0$:

Der Ausdruck $(2x-3)(x+1)$ ist nur positiv, falls beide Faktoren gleichzeitig positiv oder negativ sind. Wir unterscheiden also:

1. Fall: $\left.\begin{array}{l} 2x - 3 \geq 0 \Rightarrow x \geq \frac{3}{2} \\ x + 1 \geq 0 \Rightarrow x \geq -1 \end{array}\right\} \Rightarrow x \geq \frac{3}{2}$

2. Fall: $\left.\begin{array}{l} 2x - 3 \leq 0 \Rightarrow x \leq \frac{3}{2} \\ x + 1 \leq 0 \Rightarrow x \leq -1 \end{array}\right\} \Rightarrow x \leq -1$

Die Lösungsmenge hat dann die Form:

$$L = L_1 \cup L_2 = (-\infty,-1] \cup [\tfrac{3}{2},\infty).$$

(g) $\frac{x + 4}{x + 2} > \frac{x - 5}{x + 4}$.

Durch Multiplikation mit $(x+2)(x+4)$ verschwindet der Nenner. Wir unterscheiden dabei:

1. Fall: $\left.\begin{array}{l} x + 2 > 0 \\ x + 4 > 0 \end{array}\right\} \Rightarrow x > -2$

$\frac{x + 4}{x + 2} > \frac{x - 5}{x + 4} \Rightarrow (x+4)^2 > (x-5)(x+2) \Rightarrow$

$\Rightarrow x^2 + 8x + 16 > x^2 - 3x - 10 \Rightarrow 11x > -26$

$\Rightarrow x > -\frac{26}{11}$.

Es ist also $L_1 = (-2,\infty)$.

2. Fall: $\left.\begin{array}{l} x + 2 < 0 \\ x + 4 > 0 \end{array}\right\} \Rightarrow -4 < x < -2$

$\frac{x+4}{x+2} > \frac{x-5}{x+4} \Rightarrow (x+4)^2 < (x-5)(x+2) \Rightarrow x < -\frac{26}{11}$.

Es ist also $L_2 = (-4,-\frac{26}{11})$.

3. Fall: $\left.\begin{array}{l} x + 2 > 0 \\ x + 4 < 0 \end{array}\right\} \Rightarrow \begin{cases} x > -2 \\ x < -4 \end{cases}$ Widerspruch!

Es ist also $L_3 = \emptyset$.

4. Fall: $\left.\begin{array}{l} x + 2 < 0 \\ x + 4 < 0 \end{array}\right\} \Rightarrow x < -4$

$\frac{x+4}{x+2} > \frac{x-5}{x+4} \Rightarrow (x+4)^2 > (x-5)(x+2) \Rightarrow x > -\frac{26}{11}$.

Widerspruch zu $x < -4$!

Es ist also $L_4 = \emptyset$.

Als Lösungsmenge erhalten wir somit:

$L = L_1 \cup L_2 \cup L_3 \cup L_4 = (-4,-\frac{26}{11}) \cup (-2,\infty)$.

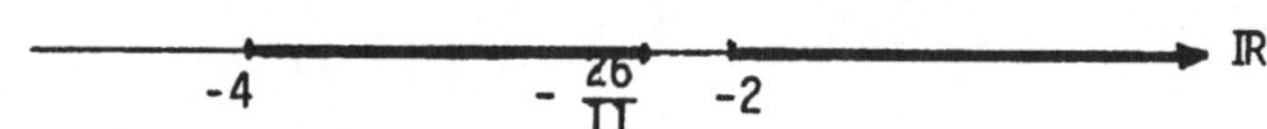

2. (a) $ax + 2b < -3ax - 2b,\ a \neq 0$:

Addition von $3ax - 2b$ ergibt: $4ax < -4b$

Multiplikation mit $\frac{1}{4a}$ ergibt: $\begin{cases} x < -\frac{b}{a} & \text{für } a > 0 \\ x > -\frac{b}{a} & \text{für } a < 0 \end{cases}$

Die Lösungsmenge hat deshalb die Form:

$$L = \begin{cases} (-\infty,-\frac{b}{a}) & \text{für } a > 0 \\ (-\frac{b}{a},\infty) & \text{für } a < 0. \end{cases}$$

(b) $(x+a)^2 \leq 2$:

Es ergibt sich daraus die Ungleichung $x^2 + 2ax + a^2 - 2 \leq 0$.

Als Lösungen der quadratischen Gleichung

$x^2 + 2ax + a^2 - 2 = 0$ erhalten wir:

$$x_{1,2} = \frac{-2a \pm \sqrt{4a^2-4(a^2-2)}}{2} = \frac{-2a \pm \sqrt{8}}{2} \Rightarrow$$

$\Rightarrow x_1 = -a - \sqrt{2}$, $x_2 = -a + \sqrt{2}$.

Zu untersuchen sind nun die Bereiche

$(-\infty,-a-\sqrt{2}]$, $[-a-\sqrt{2},-a+\sqrt{2}]$, $[-a+\sqrt{2},\infty)$.

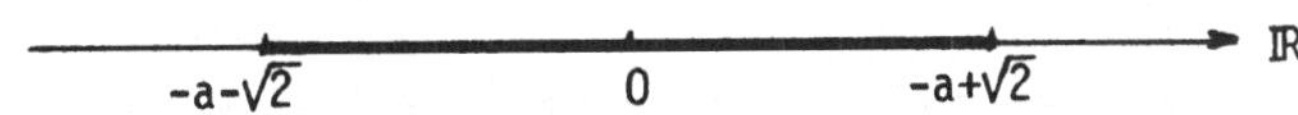

Es gilt nun für

$x = -a$: $0 \leq 2$ Ungleichung erfüllt!

$x = -a - 2$: $(-a-2+a)^2 = 4 \leq 2$ Widerspruch!

$x = -a + 2$: $(-a+2+a)^2 = 4 \leq 2$ Widerspruch!

Die Lösung hat somit die Form:

$$L = [-a-\sqrt{2},-a+\sqrt{2}].$$

(c) $\frac{x-a}{b-x} > 0$, $a < b$:

Wir multiplizieren mit $b - x$ und unterscheiden dabei:

$$\left.\begin{array}{l} \underline{\text{1. Fall}}: b - x > 0 \Rightarrow x < b \\ \frac{x-a}{b-x} > 0 \Rightarrow x - a > 0 \Rightarrow x > a \end{array}\right\} L_1 = (a,b)$$

$$\left.\begin{array}{l} \underline{\text{2. Fall}}: b - x < 0 \Rightarrow x > b \\ \frac{x-a}{b-x} > 0 \Rightarrow x - a < 0 \Rightarrow x < a \end{array}\right\} L_2 = \emptyset$$

Widerspruch wegen $a < b$!

Als Lösungsmenge erhalten wir daher: $L = (a,b)$.

(d) $\frac{a}{x-a} > \frac{1}{x}$, $a > 1$:

Wir multiplizieren mit $x(x-a)$ und unterscheiden dabei:

<u>1. Fall:</u> $\left.\begin{array}{r} x > 0 \\ x - a > 0 \end{array}\right\} \Rightarrow x > a$

$$\frac{a}{x-a} > \frac{1}{x} \Rightarrow ax > x - a \Rightarrow ax - x > -a \Rightarrow x(a-1) > -a$$
$$\Rightarrow x > -\frac{a}{a-1}.$$

Wegen $-\frac{a}{a-1} < a$ gilt dann: $L_1 = (a,\infty)$

<u>2. Fall:</u> $\left.\begin{array}{r} x < 0 \\ x - a > 0 \end{array}\right\} \Rightarrow a < x < 0.$

Widerspruch wegen $a > 1$; es gilt also: $L_2 = \emptyset$.

<u>3. Fall:</u> $\left.\begin{array}{r} x > 0 \\ x - a < 0 \end{array}\right\} \Rightarrow 0 < x < a$

$$\frac{a}{x-a} > \frac{1}{x} \Rightarrow ax < x - a \Rightarrow ax - x < -a \Rightarrow x < -\frac{a}{a-1}.$$

Wegen $-\frac{a}{a-1} < 0$ Widerspruch zu $0 < x < a$; es gilt also $L_3 = \emptyset$.

<u>4. Fall:</u> $\left.\begin{array}{r} x < 0 \\ x - a < 0 \end{array}\right\} \Rightarrow x < 0$

$$\frac{a}{x-a} > \frac{1}{x} \Rightarrow ax > x - a \Rightarrow x > -\frac{a}{a-1}.$$

Es gilt also $(-\frac{a}{a-1}, 0)$.

Die Lösungsmenge hat somit die Form:

$$L = L_1 \cup L_2 \cup L_3 \cup L_4 = (-\frac{a}{a-1}, 0) \cup (a,\infty).$$

3. (a) $1 + \frac{1}{\sqrt{2}} + \frac{1}{\sqrt{3}} > \sqrt{3}$

Multiplikation mit $\sqrt{3}$ ergibt: $\sqrt{3} + \frac{\sqrt{3}}{\sqrt{2}} + \frac{\sqrt{3}}{\sqrt{3}} > 1$

Diese Ungleichung ist richtig wegen $\sqrt{3} > 1$, $\frac{\sqrt{3}}{\sqrt{2}} > 1$ und $\frac{\sqrt{3}}{\sqrt{3}} = 1$.

(b) $(1+a)^3 > 1 + 3a$:

Ausmultiplizieren ergibt:

$1 + 3a + 3a^2 + a^3 > 1 + 3a \Rightarrow 3a^2 + a^3 > 0.$

Für $a \neq 0$ folgt daraus: $3 + a > 0 \Rightarrow a > -3$.

(c) $\frac{a+b}{2} > \sqrt{ab}$ für $a,b > 0$ und $a \neq b$:

Durch Quadrieren erhalten wir die Ungleichung:

$$\frac{(a+b)^2}{4} > ab \Rightarrow (a+b)^2 > 4ab \Rightarrow a^2 + 2ab + b^2 - 4ab > 0$$
$$\Rightarrow a^2 - 2ab + b^2 = (a-b)^2 > 0.$$

Diese Ungleichung ist erfüllt für $a,b > 0$ und $a \neq b$.
Die Ungleichung ist falsch für $a,b \leq 0$. Für $a = -2$, $b = -1$ gilt nämlich:

$\frac{-2-1}{2} = -\frac{3}{2} > \sqrt{(-2)\cdot(-1)} = \sqrt{2}$ Widerspruch!

4. (a) $|2x| + \frac{x}{2} > 1$:

Wir lösen bei dieser Ungleichung das Betragszeichen auf und unterscheiden dabei:

$\underline{\text{1. Fall}}$: $2x \geq 0 \Rightarrow x \geq 0$
$|2x| + \frac{x}{2} = 2x + \frac{x}{2} > 1 \Rightarrow \frac{5}{2}x > 1 \Rightarrow x > \frac{2}{5}$ $\Big\}$ $L_1 = (\frac{2}{5},\infty)$

$\underline{\text{2. Fall}}$: $2x < 0 \Rightarrow x < 0$
$|2x| + \frac{x}{2} = -2x + \frac{x}{2} > 1 \Rightarrow -\frac{3}{2}x > 1 \Rightarrow x < -\frac{2}{3}$ $\Big\}$ $L_2 = (-\infty,-\frac{2}{3})$

Die Lösungsmenge hat also die Form:

$L = L_1 \cup L_2 = (-\infty,-\frac{2}{3}) \cup (\frac{2}{5},\infty).$

(b) $|x^2-1| \leq 0$:

Wegen $|x^2-1| \geq 0$ für alle $x \in \mathbb{R}$ braucht nur die Gleichung $|x^2-1| = 0$ gelöst werden.
Es ist also $L = \{-1,1\}$.

(c) $|x-1| < |x^2-1|$:

1. Fall: Für $x > 1$ ist $x - 1 > 0$ und $x^2 - 1 > 0$.
Man erhält dann:
$|x-1| < |x^2-1| \Rightarrow x - 1 < x^2 - 1 = (x-1)(x+1) \Rightarrow$

$\Rightarrow 1 < x + 1 \Rightarrow x > 0.$

Es ist also $L_1 = (1,\infty)$.

2. Fall: Für $-1 < x < 1$ ist $x - 1 < 0$ und $x^2 - 1 < 0$.
Man erhält dann:
$|x-1| < |x^2-1| \Rightarrow -(x-1) < -(x^2-1) = -(x-1)(x+1) \Rightarrow$

$\Rightarrow 1 < x + 1$ (wegen $-(x-1) > 0$) $\Rightarrow x > 0$.

Es ist also $L_2 = (0,1)$.

3. Fall: Für $x < -1$ ist $(x-1) < 0$ und $x^2 - 1 > 0$.
Man erhält dann:
$|x-1| < |x^2-1| \Rightarrow -(x-1) < x^2 - 1 = (x-1)(x+1) \Rightarrow$

$\Rightarrow -1 > x + 1$ (wegen $(x-1) < 0$) $\Rightarrow x < -2$.

Es ist also $L_3 = (-\infty,-2)$.
Die Lösungsmenge hat somit die Form:
$L = \{x \in \mathbb{N} \mid |x-1| < |x^2-1|\} = [(-\infty,-2) \cup (0,1) \cup (1,\infty)]$

$\cap\, \mathbb{N} = \{2,3,4,\ldots\}.$

(d) $|x^2-2x+1| \geq 1$:

$|x^2-2x+1| = |(x-1)^2| = (x-1)^2 \geq 1 \Rightarrow x^2 - 2x + 1 \geq 1 \Rightarrow$

$\Rightarrow x^2 - 2x \geq 0 \Rightarrow x(x-2) \geq 0$

Dies ist erfüllt für

$\left.\begin{array}{l} x \geq 0 \\ x-2 \geq 0 \end{array}\right\} \Rightarrow x \geq 2$ und $\left.\begin{array}{l} x \leq 0 \\ x-2 \leq 0 \end{array}\right\} \Rightarrow x \leq 0$

Als Lösungsmenge erhalten wir somit

$L = \{x \in \mathbb{Z} \mid |x^2-2x+1| \geq 1\} = ((-\infty,0] \cup [2,\infty)) \cap \mathbb{Z} = \mathbb{Z} \setminus \{1\}.$

(e) $\frac{|x-1|}{x-2} < 1;\ x \in \mathbb{Z}$

Wegen $|x-1| \geq 0$ für alle $x \in \mathbb{R}$ ist $\frac{|x-1|}{x-2} < 1$ für

(a) $x - 2 < 0 \Rightarrow x < 2$, d.h. also $L_1 = (-\infty,2) \cap \mathbb{Z}$

(b) $|x-1| < x - 2$:

<u>1. Fall</u>: $x - 1 \geq 0 \Rightarrow x \geq 1$

$|x-1| = x - 1 < x - 2 \Rightarrow -1 < -2$ $\Big\}$ $L_2 = \emptyset$.

Widerspruch!

<u>2. Fall</u>: $x - 1 < 0 \Rightarrow x < 1$

$|x-1| = -x + 1 < x - 2 \Rightarrow 2x > 3 \Rightarrow x > \frac{3}{2}$ $\Big\}$ $L_3 = \emptyset$.

Als Lösungsmenge erhalten wir somit:

$L = \{x \in \mathbb{Z} \mid \frac{|x-1|}{x-2} < 1\} = (-\infty,2) \cap \mathbb{Z} = \{\ldots,-1,0,1\}$.

(f) $|x-|x+1|| < 1$:

Bei Auflösung der inneren Betragszeichen unterscheiden wir:

<u>1. Fall</u>: $x + 1 \geq 0 \Rightarrow x \geq -1$

Es gilt dann: $|x-|x+1|| = |x-x-1| = 1 < 1$ $\Big\}$ $L_1 = \emptyset$

Widerspruch!

<u>2. Fall</u>: $x + 1 < 0 \Rightarrow x < -1$

Es gilt dann: $|x-|x+1|| = |x+x+1| = |2x+1| < 1$

<u>Fall 2a</u>: $2x + 1 \geq 0 \Rightarrow x \geq -\frac{1}{2}$

$|2x+1| = 2x + 1 < 1 \Rightarrow x < 0$ $\Big\}$ $L_2 = [-\frac{1}{2},0)$

<u>Fall 2b</u>: $2x + 1 < 0 \Rightarrow x < -\frac{1}{2}$

$|2x+1| = -2x - 1 < 1 \Rightarrow 2x > -2 \Rightarrow x > -1$ $\Big\}$ $L_3 = (-1,-\frac{1}{2})$

$L_2 \cup L_3 = (-1,0)$ steht aber im Widerspruch zu $x < -1$!

Als Lösungsmenge erhalten wir somit: $L = \emptyset$.

5. (a) $|ax+b| > 2,\ a,b > 0$:

<u>1. Fall</u>: $ax + b \geq 0 \Rightarrow x \geq -\frac{b}{a}$

$|ax+b| = ax + b > 2 \Rightarrow x > \frac{2-b}{a}$ $\Bigg\}$ $L_1 = (\frac{2-b}{a},\infty)$

<u>2. Fall</u>: $ax + b < 0 \Rightarrow x < -\frac{b}{a}$

$|ax+b| = -ax - b > 2 \Rightarrow x < -\frac{2+b}{a}$ $\Bigg\}$ $L_2 = (-\infty,\frac{-2-b}{a})$

Die Lösungsmenge hat dann die Form:

$L = L_1 \cup L_2 = (-\infty,\frac{-2-b}{a}) \cup (\frac{2-b}{a},\infty)$.

(b) $|x^2-a| < 1,\ a > 1$:

<u>1. Fall</u>: $x^2 - a \geq 0 \Rightarrow x^2 \geq a \Rightarrow x \leq -\sqrt{a} \vee x \geq \sqrt{a}$.

$|x^2-a| = x^2 - a < 1 \Rightarrow x^2 < 1 + a \Rightarrow -\sqrt{1+a} < x < \sqrt{1+a}$.

Es gilt also $L_1 = (-\sqrt{a+1},-\sqrt{a}] \cup [\sqrt{a},\sqrt{a+1})$.

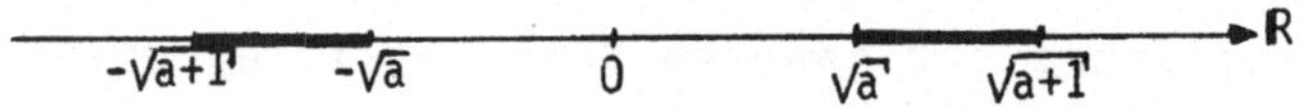

$-\sqrt{a+1}$ $-\sqrt{a}$ 0 $\sqrt{a}$ $\sqrt{a+1}$ $\mathbb{R}$

<u>2. Fall</u>: $x^2 - a < 0 \Rightarrow x^2 < a \Rightarrow -\sqrt{a} < x < \sqrt{a}$.

$|x^2-a| = -x^2 + a < 1 \Rightarrow x^2 > a - 1 \Rightarrow x < -\sqrt{a-1} \vee x > \sqrt{a-1}$.

Es gilt also $L_2 = (-\sqrt{a}, -\sqrt{a-1}) \cup (\sqrt{a-1}, \sqrt{a})$.

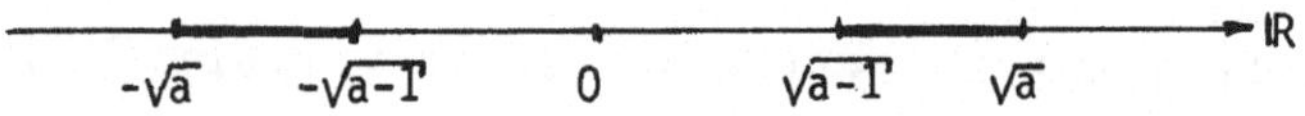

$-\sqrt{a}$ $-\sqrt{a-1}$ 0 $\sqrt{a-1}$ $\sqrt{a}$ $\mathbb{R}$

Als Lösungsmenge erhalten wir somit:

$L = L_1 \cup L_2 = (-\sqrt{a+1},-\sqrt{a-1}) \cup (\sqrt{a-1},\sqrt{a+1})$.

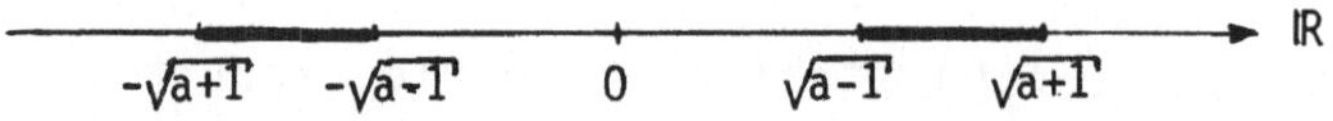

$-\sqrt{a+1}$ $-\sqrt{a-1}$ 0 $\sqrt{a-1}$ $\sqrt{a+1}$ $\mathbb{R}$

(c) $\left|\frac{a}{x-b}\right| < 1$, $a < 0$, $b > 0$:

1. Fall: Wegen $a < 0$ ist $\frac{a}{x-b} > 0$ für $x - b < 0 \Rightarrow x < b$.
$\left|\frac{a}{x-b}\right| = \frac{a}{x-b} < 1 \Rightarrow a > x - b$ (wegen $x-b<0$) $\Rightarrow x < a + b$.
Wir erhalten dann: $L_1 = (-\infty, a+b)$.

2. Fall: $\frac{a}{x-b} < 0$ für $x - b > 0 \Rightarrow x > b$.
$\left|\frac{a}{x-b}\right| = -\frac{a}{x-b} < 1 \Rightarrow -a < x - b$ (wegen $x-b>0$) $\Rightarrow x > b - a$.
Wir erhalten dann: $L_2 = (b-a, \infty)$.

Als Lösungsmenge ergibt sich somit:

$L = L_1 \cup L_2 = (-\infty, a+b) \cup (b-a, \infty)$.

6. (a) $\mathbb{R}_- = (-\infty, 0]$ ist nach oben beschränkt.

$\sup \mathbb{R}_- = \max \mathbb{R}_- = 0$ (da $0 \in \mathbb{R}_-$).

(b) $\mathbb{N} = \{1,2,3,...\}$ ist nach unten beschränkt.

$\inf \mathbb{N} = \min \mathbb{N} = 1$.

(c) $A = \{x \in \mathbb{R} \mid x - 2x + 1 \neq 0\} = \mathbb{R} \setminus \{1\}$ ist nicht beschränkt.

$\inf A$ bzw. $\sup A$ existieren nicht.

(d) $A = \{x \in \mathbb{R} \mid (x^2-1)(x-4)^2 = 0\} = \{1, -1, 4\}$ ist beschränkt.

$\inf A = \min A = -1$, $\sup A = \max A = 4$.

(e) $A = \{\frac{1}{n^2} \mid n \in \mathbb{N}\} = \{1, \frac{1}{4}, \frac{1}{9}, ...\}$ ist beschränkt.

$\inf A = 0$, $\min A$ existiert nicht; $\sup A = \max A = 1$.

(f) $A = \{x \in \mathbb{R} \mid x^2 < 3\} = (-\sqrt{3}, \sqrt{3})$ ist beschränkt.

$\inf A = -\sqrt{3}$, $\min A$ existiert nicht,

$\sup A = \sqrt{3}$, $\max A$ existiert nicht.

(g) $A = \{x \in \mathbb{R} \mid x^2 \geq 4\} = (-\infty, -2] \cup [2, \infty)$ ist nicht beschränkt.

$\inf A$ bzw. $\sup A$ existieren nicht.

(h) $A = \{n + (-n)^{n+1} \mid n \in \mathbb{N}\} = \{2, -6, 84, -1020, \ldots\}$

ist nicht beschränkt, inf A bzw. sup A existieren nicht.

(i) $A = \{1-(-1)^{n+1} \cdot \frac{1}{2^n} \mid n \in \mathbb{N}\} = \{\frac{1}{2}, \frac{5}{4}, \frac{7}{8}, \frac{17}{16}, \ldots\}$

$\inf A = \frac{1}{2} = \min A$, $\sup A = \frac{5}{4} = \max A$.

(k) $A = (-16, -6) \cup [6,12]$ ist beschränkt.

$\inf A = -16$, min A existiert nicht, da $-16 \notin A$,

$\sup A = 12 = \max A$.

7. (a) Bei der Menge $A = \{\text{Maria, Heinz}\} \not\subset \mathbb{R}$ sind die Elemente Maria und Heinz bzgl. der "$\leq$"-Relation nicht vergleichbar. Es existiert also weder ein kleinstes noch ein größtes Element; die Menge A ist nicht beschränkt.

(b) $A = \{\{1\},\{1,2\},\{1,3,4\}\} \not\subset \mathbb{R}$ ist bzgl. der "$\leq$"-Relation nicht geordnet, also nicht beschränkt.

(c) $A = \{|\{1\}|, |\{1,2\}|, |\{1,3,4\}|\} = \{1, 2, 3\} \subset \mathbb{R}$ ist beschränkt.

8. $A = \{1 - \frac{1}{n} \mid n \in \mathbb{N}\} = \{0, \frac{1}{2}, \frac{2}{3}, \frac{3}{4}, \frac{4}{5}, \ldots\}$,

$B = \{\frac{1}{n} \mid n \in \mathbb{Z} \setminus \{0\}\} = \{1, \frac{1}{2}, \frac{1}{3}, \frac{1}{4}, \ldots, -\frac{1}{4}, -\frac{1}{3}, -\frac{1}{2}, -1\}$,

$A \cup B = \{1, \ldots, \frac{4}{5}, \frac{3}{4}, \frac{2}{3}, \frac{1}{2}, \frac{1}{3}, \frac{1}{4}, \ldots, -\frac{1}{4}, -\frac{1}{3}, -\frac{1}{2}, -1\}$

$A \cap B = \{\frac{1}{2}\}$.

$\inf A = \min A = 0$; $\sup A = 1$, max A existiert nicht;

$\inf B = \min B = -1$; $\sup B = \max B = 1$;

$\inf(A \cup B) = \min(A \cup B) = -1$, $\sup(A \cup B) = \max(A \cup B) = 1$;

$\inf(A \cap B) = \min(A \cap B) = \sup(A \cap B) = \max(A \cap B) = \frac{1}{2}$.

9. $f(x) = 2x$, $A = (-2,1]$:
$f[A] = (-4,2]$ ist beschränkt, $\sup f[A] = \max f[A] = 2$,
$\inf f[A] = -4$, $\min f[A]$ existiert nicht.

$f^{-1}[A] = (-1, \frac{1}{2}]$ ist beschränkt, $\sup f^{-1}[A] = \max f^{-1}[A] = \frac{1}{2}$,
$\inf f^{-1}[A] = -1$, $\min f^{-1}[A]$ existiert nicht.

$g(x) = -x^2$, $B = \{-\frac{1}{n} | n \in \mathbb{N}\}$:
$g[B] = \{-1, -\frac{1}{4}, -\frac{1}{9}, \ldots\}$ ist beschränkt, $\inf g[B] = \min g[B] = -1$,
$\sup g[B] = 0$, $\max g[B]$ existiert nicht.

$g^{-1}[B] = \{\pm 1, \pm\frac{1}{\sqrt{2}}, \pm\frac{1}{\sqrt{3}}, \ldots\}$ ist beschränkt,
$\sup g^{-1}[B] = \max g^{-1}[B] = 1$, $\inf g^{-1}[B] = \min g^{-1}[B] = -1$.

10. $f(x) = \frac{2}{x}$, $A = ([-1,1) \cup [2,\infty)) \setminus \{0\}$:
$f[A] = (-\infty,-2] \cup (0,1] \cup (2,\infty)$ ist nicht beschränkt,
$\inf f[A]$ bzw. $\sup f[A]$ existieren nicht.

$f^{-1}[A] = (-\infty,-2] \cup (0,1] \cup (2,\infty)$ ist nicht beschränkt (s.o.).

$f(x) = \frac{2}{x}$, $B = \{1,-2,3,-4,\ldots\}$:
$f[B] = \{2,-1,\frac{2}{3},-\frac{1}{2},\ldots\}$ ist beschränkt, $\sup f[B] = \max f[B] = 2$,
$\inf f[B] = \min f[B] = -1$.

$f^{-1}[B] = \{2,-1,\frac{2}{3},-\frac{1}{2},\ldots\}$ ist beschränkt (s.o.).

6. Folgen und Reihen

1.(a) $\lim\limits_{n\to\infty} \frac{4n}{1-2n} = \lim\limits_{n\to\infty} \frac{4n}{1-2n} \cdot \frac{\frac{1}{n}}{\frac{1}{n}} = \lim\limits_{n\to\infty} \frac{4}{\frac{1}{n}-2} = -2,$

(b) $\lim\limits_{n\to\infty} \frac{3n}{3n^2-1} = \lim\limits_{n\to\infty} \frac{\frac{3}{n}}{3-\frac{1}{n^2}} = 0,$

(c) $\lim\limits_{n\to\infty} \frac{1-n^2}{2+n} = \lim\limits_{n\to\infty} \frac{\frac{1}{n} - n}{\frac{2}{n} + 1} = \lim\limits_{n\to\infty} - n = - \infty.$

(d) $\lim\limits_{n\to\infty} \frac{3n^3-4\sqrt{n}+1}{9n^3-2n^2-n} \cdot \frac{n^{-3}}{n^{-3}} = \lim\limits_{n\to\infty} \frac{3-n^{-\frac{5}{2}}+n^{-3}}{9-2n^{-1}-n^{-2}} =$

$= \lim\limits_{n\to\infty} \frac{3-\frac{1}{\sqrt{n^5}}+\frac{1}{n^3}}{9-\frac{2}{n}-\frac{1}{n^2}} = \frac{1}{3},$

(e) $\lim\limits_{n\to\infty} \frac{\sqrt{n^2-n}}{n+1} = \lim\limits_{n\to\infty} \sqrt{\frac{n^2-n}{(n+1)^2}} = \lim\limits_{n\to\infty} \sqrt{\frac{n^2-n}{n^2+2n+1}} = 1$

wegen $\lim\limits_{n\to\infty} \frac{n^2-n}{n^2+2n+1} = \lim\limits_{n\to\infty} \frac{1+\frac{1}{n}}{1+\frac{2}{n}+\frac{1}{n^2}} = 1,$

(f) $\lim\limits_{n\to\infty} \frac{n^2-1}{2n+n\sqrt{n}} - \sqrt{n} = \lim\limits_{n\to\infty} \frac{n^2-1-2n\sqrt{n}-n^2}{2n+n\sqrt{n}} = \lim\limits_{n\to\infty} \frac{-1-2n\sqrt{n}}{2n+n\sqrt{n}} =$

$= \lim\limits_{n\to\infty} \frac{-\frac{1}{n\sqrt{n}} - 2}{\frac{2}{\sqrt{n}}+1} = -2.$

(g) $\lim\limits_{n\to\infty} \frac{n^2(n+1)}{n^2+1} + n = \lim\limits_{n\to\infty} \frac{n^3+n^2+n^3+n}{n^2+1} = \lim\limits_{n\to\infty} \frac{2n+1+\frac{1}{n}}{1+\frac{1}{n^2}} = \infty$

2. (a) $a_n = \frac{n^2}{2^{n-2}}$ ist streng monoton fallend wegen

$$a_n > a_{n+1} \Leftrightarrow \frac{n^2}{2^{n-2}} > \frac{(n+1)^2}{2^{n-1}} = \frac{(n+1)^2}{2^{n-2}2}$$

$$\Leftrightarrow 2n^2 > n^2 + 2n + 1$$

$$\Leftrightarrow n^2 - 2n - 1 > 0 \quad \text{für } n \geq 3.$$

$(a_n)_{n\in\mathbb{N}}$ ist nach unten beschränkt, untere Schranke 0.
Die Folge ist deshalb konvergent.

(b) $a_n = (1-\frac{1}{2})(1-\frac{1}{3})\cdot\ldots\cdot(1-\frac{1}{n})$ ist streng monoton fallend wegen $(1-\frac{1}{n}) < 1$ für alle $n\in\mathbb{N}$. Da außerdem $a_n \geq 0$ ist für jedes $n \in \mathbb{N}$ konvergiert die Folge.

Man erhält dieses Ergebnis natürlich auch dadurch, daß man für jede Klammer einen gemeinsamen Nenner bildet und dann kürzt:

$$a_n = (1 - \tfrac{1}{2}) \cdot (1 - \tfrac{1}{3})\cdot\ldots\cdot(1 - \tfrac{1}{n-1}) \cdot (1 - \tfrac{1}{n}) =$$

$$= \frac{1}{2} \cdot \frac{2}{3} \cdot\ldots\cdot \frac{n-2}{n-1} \cdot \frac{n-1}{n} = \frac{1}{n} \to 0.$$

(c) $a_n = \frac{1}{10} + \frac{1}{100} + \ldots + \frac{1}{10^n}$ ist streng monoton wachsend wegen $\frac{1}{10^n} > 0$ für alle $n\in\mathbb{N}$.

$(a_n)_{n\in\mathbb{N}}$ ist nach oben beschränkt, obere Schranke $\frac{1}{9}$ wegen $\frac{1}{9} = 0{,}111\ldots$

Die Folge ist deshalb konvergent.

3. (a) $a_{n+1} = a_n \frac{(n+1)^3}{n^3+n^2}$, $a_1 = \frac{1}{2}$:

$$a_2 = a_1 \cdot \frac{2^3}{1^3+1^2} = \frac{1}{2}\cdot\frac{8}{2} = \frac{4}{2},$$

$$a_3 = a_2 \cdot \frac{3^3}{2^3+2^2} = 2\cdot\frac{27}{12} = \frac{27}{6} = \frac{9}{2}$$

$$a_4 = a_3 \frac{4^3}{3^3+3^2} = \frac{27}{6} \cdot \frac{64}{27+9} = \frac{27\cdot 64}{6\cdot 36} = \frac{16}{2},\ldots$$

$$a_n = \frac{n^2}{2} \to \infty \text{ (divergente Folge).}$$

(b) $a_{n+1} = ba_n,\ a_o = a$:

$$a_1 = ba_o = ba,\ a_2 = ba_1 = b^2a,\ a_3 = ba_2 = b^3a,\ldots$$

$$a_n = b^n a = \begin{cases} a \text{ für } b = 1,\ n \to \infty \\ 0 \text{ für } |b| < 1,\ n \to \infty \end{cases}$$

Für $|b| > 1$ und $b = -1$ ist die Folge divergent.

(c) $a_{n+1} = \frac{1}{a_n},\ a_o = a$:

$$a_1 = \frac{1}{a_o} = \frac{1}{a},\ a_2 = \frac{1}{a_1} = a,\ a_3 = \frac{1}{a_2} = \frac{1}{a},\ldots$$

$$a_n = a^{(-1)^n} \to 1 \text{ für } a = \pm 1$$

$(a_n)_{n\in\mathbb{N}} = (a,\frac{1}{a},a,\frac{1}{a},a,\ldots)$ ist divergent für $a \neq \pm 1$.

(d) $a_{n+1} = 2a_n + 1,\ a_1 = 1$:

$$a_2 = 2a_1 + 1 = 2 + 1 = 3 = 4 - 1,$$

$$a_3 = 2a_2 + 1 = 6 + 1 = 7 = 8 - 1,$$

$$a_4 = 2a_3 + 1 = 14 + 1 = 15 = 16 - 1,$$

$$\vdots$$

$$a_n = 2^n - 1 \to \infty \text{ für } n \to \infty.$$

(e) $a_{n+1} = a_n + a,\ a_o = b$:

$$a_1 = a_o + a = b + a,\ a_2 = a_1 + a = b + 2a,\ a_3 = a_2 + a = b + 3a,\ldots$$

$$a_n = b + na \to \pm\infty \text{ für } a \neq 0.$$

(f) $a_{n+1} = \frac{a_{n-1}+a_{n-2}}{2}$, $a_0 = a$, $a_1 = b$:

$a_2 = \frac{1}{2}(a_1+a_0) = \frac{1}{2}(a+b)$,

$a_3 = \frac{1}{2}(a_2+a_1) = \frac{1}{2}[\frac{1}{2}(a+b)+b] = \frac{1}{4}(a+3b)$,

$a_4 = \frac{1}{2}(a_3+a_2) = \frac{1}{2}[\frac{1}{4}(a+3b)+\frac{1}{2}(a+b)] = \frac{1}{8}(3a+5b)$,

$a_5 = \frac{1}{2}(a_4+a_3) = \frac{1}{2}[\frac{1}{8}(3a+5b)+\frac{1}{4}(a+3b)] = \frac{1}{16}(5a+11b)$,

$\vdots$

$a_n = \frac{a}{3}(1+\frac{(-1)^n}{2^{n-1}}) + \frac{2b}{3}(1+\frac{(-1)^{n+1}}{2^n}) \to \frac{a}{3} + \frac{2b}{3}$.

4. (a) $3 + 8 + 13 + \ldots + (5n-2) = s_n$:

arithmetische Reihe mit $a = 3$, $d = 5$

$\Rightarrow s_n = \frac{n}{2}[6+(n-1)5] = \frac{n}{2}(1+5n)$.

(b) $1 + 2 + 4 + \ldots + 2^n = s_{n+1}$:

geometrische Reihe mit $a = 1$, $q = 2$

$\Rightarrow s_{n+1} = \frac{1-2^{n+1}}{1-2} = -(1-2^{n+1}) = 2^{n+1} - 1$.

(c) $\sqrt{2} + 2 + 2\sqrt{2} + \ldots + 32 = s_n$:

geometrische Reihe mit $a = \sqrt{2}$, $q = \sqrt{2}$

Wegen $32 = 2^5 = ((\sqrt{2})^2)^5 = (\sqrt{2})^{10}$ ist $n=10$

$\Rightarrow s_{10} = \sqrt{2}\,\frac{1-(\sqrt{2})^{10}}{1-\sqrt{2}} = \sqrt{2}\,\frac{1-32}{1-\sqrt{2}} = \frac{31\sqrt{2}}{\sqrt{2}-1}$.

5. $14 + 16 + \ldots + 36 = s_n$:

arithmetische Folge mit $a = 14$, $d = 2$, $n = \frac{37-13}{2} = 12$

$\Rightarrow s_{12} = \frac{12}{2}[28+11\cdot 2] = \frac{12}{2}\cdot 50 = 300.$

6. $s_4 = \frac{4}{2}[2a+(4-1)d] = 4a + 6d = 14 \quad (I)$

$s_8 = \frac{8}{2}[2a+(8-1)d] = 8a + 28d = -52 \quad (II)$

$\Rightarrow -16d = 80$ — $2(I)-(II)$

$\Rightarrow d = -5,\ a = 11.$

$(a_n)_{n=1}^{10} = (11,6,1,-4,-9,-14,-19,-24,-29,-34).$

7. $s_5 = a_1 + a_2 + a_3 + a_4 + a_5 = -5$:

Wählt man $a_3 = x$, so ist $a_1 = x-2d$, $a_2 = x-d$, $a_4 = x+d$, $a_5 = x+2d$ und es gilt:

$s_5 = (x-2d) + (x-d) + x + (x+d) + (x+2d) = 5x = -5 \Rightarrow x = -1.$

Wir bestimmen nun d aus der Gleichung:

$(x-2d)(x-d)x(x+d)(x+2d) = 0$

Für $x = -1$ erhalten wir:

$d_1 = 1,\ d_2 = -1,\ d_3 = \frac{1}{2},\ d_4 = -\frac{1}{2}.$

Es ergeben sich deshalb die Folgen:

$(a_n)_{n=1}^{5} = (-3,-2,-1,0,1)$ für $d_1 = 1$,

$(a_n)_{n=1}^{5} = (1,0,-1,-2,-3)$ für $d_2 = -1$,

$(a_n)_{n=1}^{5} = (-2,-\frac{3}{2},-1,-\frac{1}{2},0)$ für $d_3 = \frac{1}{2}$,

$(a_n)_{n=1}^{5} = (0,-\frac{1}{2},-1,-\frac{3}{2},-2)$ für $d_4 = -\frac{1}{2}$.

8. $a_1 = 5,\ a_2,\ a_3,\ \ldots,\ a_{16},\quad a_{17}$

$$\begin{array}{ccccc} a_1 & a_2 & a_3 & a_{16} & a_{17} \\ \downarrow & \downarrow & \downarrow & \downarrow & \downarrow \\ a & aq & aq^2 & aq^{15} & aq^{16} \end{array}$$

Es ist also $a = 5$ und $aq^{16} = 5q^{16} = 200 \Rightarrow q = (40)^{\frac{1}{16}}$.

Wir erhalten so die geometrische Folge:

$$(a_n)_{n=1}^{17} = (5, 5\cdot 40^{\frac{1}{16}}, 5\cdot 40^{\frac{2}{16}}, \ldots, 5\cdot 40^{\frac{15}{16}}, 5\cdot 40^{\frac{16}{16}} = 200).$$

9. $a = \frac{1}{7},\ q = 2,\ s_n = 73.$

$$s_n = a\cdot\frac{1-q^n}{1-q} = \frac{1}{7}\cdot\frac{1-2^n}{1-2} = \frac{1}{7}(2^n-1) = 73 \Rightarrow 2^n - 1 = 511 \Rightarrow 2^n = 512.$$

Wegen $2^9 = 512$ besitzt dann die Reihe n=9 Glieder.

10.
$$\left.\begin{array}{l} a_3 + a_5 = aq^2 + aq^4 = 60 \Rightarrow aq^2(1+q^2) = 60 \Rightarrow 1 + q^2 = \dfrac{60}{aq^2} \\[2ex] a_2 + a_4 = aq + aq^3 = 30 \Rightarrow aq\cdot(1+q^2) = 30 \Rightarrow 1 + q^2 = \dfrac{30}{aq} \end{array}\right\} \Rightarrow$$

$$\Rightarrow \frac{60}{aq^2} = \frac{30}{aq} \Rightarrow \frac{2}{q} = 1 \Rightarrow q = 2.$$

Ferner gilt: $a = \dfrac{30}{q+q^3} = \dfrac{30}{2+8} = 3.$

$$s_6 = a\,\frac{1-q^6}{1-q} = 3\,\frac{1-2^6}{1-2} = 3(2^6-1) = 3(64-1) = 189.$$

11. (a) $x^2 + x^5 + x^8 + x^{11} + \ldots = s$:

Wegen $a = x^2$ und $q = x^3$ gilt:

$$s = a\cdot\frac{1}{1-q} = \frac{x^2}{1-x^3} \quad \text{für } |x| < 1.$$

(b) $1 - \frac{1}{2} + \frac{1}{4} - \frac{1}{8} + \ldots = s$:

Wegen $a = 1$ und $q = -\frac{1}{2}$ gilt:

$$s = \frac{1}{1-(-\frac{1}{2})} = \frac{1}{\frac{3}{2}} = \frac{2}{3}.$$

(c) $\frac{1}{\sqrt{3}} - \frac{1}{\sqrt{6}} + \frac{1}{2\sqrt{3}} - \frac{1}{2\sqrt{6}} + \ldots = s$:

Wegen $a = \frac{1}{\sqrt{3}}$ und $q = -\frac{1}{\sqrt{2}}$ gilt:

$$s = \frac{1}{\sqrt{3}}\,\frac{1}{(1+\frac{1}{\sqrt{2}})} = \frac{1}{\sqrt{3}} \cdot \frac{\sqrt{2}}{\sqrt{2}+1}$$

(d) $(b+t^2)^{2a} + (b+t^2)^{3a} + (b+t^2)^{4a} + \ldots = a$:

Wegen $a = (b+t^2)^{2a}$ und $q = (b+t^2)^a$ gilt:

$$s = \frac{(b+t^2)^{2a}}{1-(b+t^2)^a} \quad \text{für } |(b+t^2)^a| < 1.$$

(e) $0{,}1 - 0{,}1 + 0{,}1 - \ldots = s$:

Hierbei ist $q = -1$, die Reihe besitzt also keinen Summenwert. Je nachdem, welche Klammern gesetzt werden, erhalten wir:

$$\left.\begin{array}{l} 0{,}1 - (0{,}1-0{,}1) - (0{,}1-0{,}1) - \ldots = 0{,}1 \\ (0{,}1-0{,}1) + (0{,}1-0{,}1) + (0{,}1-0{,}1) + \ldots = 0 \end{array}\right\} \text{divergente Reihe.}$$

12. (a) $0{,}111\ldots = \frac{1}{10} + \frac{1}{100} + \frac{1}{1000} + \ldots = s$:

Es ist $a = \frac{1}{10}$, $q = \frac{1}{10} \Rightarrow s = \frac{1}{10} \cdot \frac{1}{1-\frac{1}{10}} = \frac{1}{10} \cdot \frac{1}{\frac{9}{10}} = \frac{1}{9}$.

(b) $3{,}1212\ \ldots = 3 + \frac{12}{100} + \frac{12}{10000} + \ldots = s$:

Es ist $a = \frac{12}{100}$, $q = \frac{1}{100} \Rightarrow$

$$s = 3 + \frac{12}{100} \cdot \frac{1}{1-\frac{1}{100}} = 3 + \frac{12}{100} \cdot \frac{100}{99} = 3 + \frac{12}{99} = 3\,\frac{12}{99}.$$

(c) $0{,}25333\ldots = \frac{25}{100} + \frac{3}{1000} + \frac{3}{10000} + \ldots = s$:

Es ist $a = \frac{3}{1000}$, $q = \frac{1}{10} \Rightarrow$

$$s = \frac{25}{100} + \frac{3}{1000} \cdot \frac{1}{1-\frac{1}{10}} = \frac{25}{100} + \frac{3}{1000} \cdot \frac{10}{9} = \frac{25}{100} + \frac{1}{300} = \frac{76}{300}.$$

7. Kombinatorik und Finanzmathematik

1. (a) $\frac{(n+1)!}{2n} = \frac{(n+1)n(n-1)!}{2n} = \frac{(n+1)(n-1)!}{2}$;

(b) $\frac{(n^2+1)!}{n^4-1} = \frac{(n^2+1)n^2(n^2-1)(n^2-2)!}{(n^2-1)(n^2+1)} = n^2(n^2-2)!$;

(c) $\frac{1}{(n+1)!} - \frac{1}{(n+2)!} = \frac{(n+2)!-(n+1)!}{(n+1)!(n+2)!} = \frac{(n+1)![(n+2)-1]}{(n+1)!(n+2)!} = \frac{n+1}{(n+2)!} = \frac{1}{(n+2)n!}$.

2. (a) $\frac{(n+1)!}{(n-1)!} = \frac{(n+1)n(n-1)!}{(n-1)!} = n^2 + n = 6.$

Aus der quadratischen Gleichung $n^2+n-6 = 0$ ergibt sich:

$n_{1,2} = \frac{-1\pm\sqrt{1+24}}{2} = \frac{-1\pm5}{2} \Rightarrow n_1 = 2,\ n_2 = -3.$

Wegen $n_2 = -3 \notin \mathbb{N}$ ist die Gleichung nur für $n_1 = 2$ erfüllt.

(b) $(n-1)! = 0$ ist für kein $n \in \mathbb{N}$ erfüllt, da $0! = 1,\ 1! = 1, \ldots, n! > 1$.

3. (a) $2 + 6 + 24 + 120 = 2! + 3! + 4! + 5! = \sum_{i=2}^{5} i!$;

(b) $2 - 8 + 40 - 240 = \frac{6}{3} - \frac{24}{3} + \frac{120}{3} - \frac{720}{3} = \frac{3!}{3} - \frac{4!}{3} + \frac{5!}{3} - \frac{6!}{3} =$

$= \sum_{i=3}^{6} (-1)^{i+1} \frac{i!}{3}$;

(c) $\frac{1}{2} + \frac{2}{4} + \frac{6}{8} + \frac{24}{16} = \frac{1!}{2^1} + \frac{2!}{2^2} + \frac{3!}{2^3} + \frac{4!}{2^4} = \sum_{i=1}^{4} \frac{i!}{2^i}$.

4. (a) $\binom{6}{2} = \frac{6!}{2!4!} = \frac{6\cdot5\cdot4!}{2\cdot4!} = 15;$

(b) $\binom{9}{0} = \frac{9!}{0!9!} = 1;$

(c) $\binom{8}{8} = \frac{8!}{8!0!} = 1;$

(d) $\binom{6}{5} = \frac{6!}{5!\cdot1!} = \frac{6\cdot5!}{5!} = 6;$

(e) $\binom{n+1}{n} = \frac{(n+1)!}{n!\cdot1!} = \frac{(n+1)n!}{n!} = n+1;$

(f) $\binom{2n+1}{2n-1} = \frac{(2n+1)!}{(2n-1)!2!} = \frac{(2n+1)2n(2n-1)!}{(2n-1)!\cdot2} = (2n+1)n;$

(g) $\binom{n-2}{n-5} = \frac{(n-2)!}{(n-5)!3!} = \frac{(n-2)(n-3)(n-4)(n-5)!}{(n-5)!\cdot2\cdot3} = \frac{(n-2)(n-3)(n-4)}{6};$

(h) $\binom{n+1}{2} = \frac{(n+1)!}{2!(n-1)!} = \frac{(n+1)n(n-1)!}{2\cdot(n-1)!} = \frac{n(n+1)}{2};$

(i) $\binom{n-1}{3} - \binom{n-1}{4} = \frac{(n-1)!}{3!(n-4)!} - \frac{(n-1)!}{4!(n-5)!} = (n-1)!\left[\frac{1}{3!(n-4)!} - \frac{1}{4!(n-5)!}\right] =$

$$= \frac{(n-1)!}{3!(n-4)!4!(n-5)!}[4!(n-5)!-3!(n-4)!] =$$

$$= \frac{(n-1)!3!(n-5)!}{3!(n-4)!4!(n-5)!}[4-(n-4)] =$$

$$= \frac{(n-1)!}{4!(n-4)!}\cdot(8-n).$$

5. (a) $\binom{n}{n-k} = \frac{n!}{(n-k)!(n-n+k)!} = \frac{n!}{(n-k)!k!} = \binom{n}{k};$

(b) $\frac{n}{k}\binom{n-1}{k-1} = \frac{n(n-1)!}{k(k-1)!(n-k)!} = \frac{n!}{k!(n-k)!} = \binom{n}{k};$

(wegen $n(n-1)!=n!$)

(c) $\binom{n}{n} + \binom{n+1}{n} = \frac{n!}{n!0!} + \frac{(n+1)!}{n!1!} = \frac{n!}{n!} + \frac{(n+1)n!}{n!} = 1 + (n+1) = n+2$

$\binom{n+2}{n+1} = \frac{(n+2)!}{(n+1)!1!} = n+2.$

6. (a) $(1+x)^3 - (1-x)^3 =$

$$= \binom{3}{0}x^3 + \binom{3}{1}x^2 + \binom{3}{2}x + \binom{3}{3} - \left[\binom{3}{0}(-x)^3 + \binom{3}{1}(-x)^2 + \binom{3}{2}(-x)^1 + \binom{3}{3}(-x)^0\right] =$$

$$= x^3 + 3x^2 + 3x + 1 + x^3 - 3x^2 + 3x - 1 = 2x^3 + 6x;$$

(b) $(1+x)^{20} + (1-x)^{20} =$

$$= \binom{20}{0}x^{20} + \binom{20}{1}x^{19} + \binom{20}{2}x^{18} + \ldots + \binom{20}{19}x^1 + \binom{20}{20}x^0 +$$

$$+ \binom{20}{0}(-x)^{20} + \binom{20}{1}(-x)^{19} + \binom{20}{2}(-x)^{18} + \ldots + \binom{20}{19}(-x)^1 + \binom{20}{20}(-x)^0 =$$

$$= 2\binom{20}{0}x^{20} + 2\binom{20}{2}x^{18} + \ldots + 2\binom{20}{20} =$$

$$= 2\sum_{k=0}^{10}\binom{20}{2k}x^{20-2k};$$

(c) $(2a+b)^5 = \binom{5}{0}(2a)^0b^5 + \binom{5}{1}(2a)^1b^4 + \binom{5}{2}(2a)^2b^3 + \binom{5}{3}(2a)^3b^2 +$

$$+ \binom{5}{4}(2a)^4b^1 + \binom{5}{5}(2a)^5b^0 =$$

$$= b^5 + 10ab^4 + 40a^2b^3 + 80a^3b^2 + 80a^4b + 32a^5;$$

(d) $(1-x^2)^3 = (-x^2)^3 + 3(-x^2)^2 + 3(-x^2)^1 + (-x^2)^0 = -x^6 + 3x^4 - 3x^2 + 1.$

7. (a) $2^n = (1+1)^n = \sum_{k=0}^{n}\binom{n}{k}1^k1^{n-k} = \binom{n}{0} + \binom{n}{1} + \ldots + \binom{n}{n} = \sum_{k=0}^{n}\binom{n}{k};$

(b) $0 = (1-1)^n = \sum_{k=0}^{n}\binom{n}{k}(-1)^k1^{n-k} = \binom{n}{0} - \binom{n}{1} + \binom{n}{2} - \ldots + (-1)^n\binom{n}{n} =$

$$= \sum_{k=0}^{n}\binom{n}{k}(-1)^k.$$

8. (a) $(0{,}8)^4 = (1-\frac{2}{10})^4 = \binom{4}{0}(-\frac{2}{10})^4 + \binom{4}{1}(-\frac{2}{10})^3 + \binom{4}{2}(-\frac{2}{10})^2 + \binom{4}{3}(-\frac{2}{10})^1 + \binom{4}{4}(-\frac{2}{10})^0$

$= \frac{16}{10000} - 4\cdot\frac{8}{1000} + 6\cdot\frac{4}{100} - 4\cdot\frac{2}{10} + 1 =$

$= 0.0016 - 0{,}032 + 0{,}24 - 0{,}8 + 1 = 0{,}4096;$

(b) $(1{,}1)^5 = (1+\frac{1}{10})^5 =$

$= \binom{5}{0}(\frac{1}{10})^5 + \binom{5}{1}(\frac{1}{10})^4 + \binom{5}{2}(\frac{1}{10})^3 + \binom{5}{3}(\frac{1}{10})^2 + \binom{5}{4}(\frac{1}{10})^1 + \binom{5}{5}(\frac{1}{10})^0 =$

$= 0{,}00001 + 5\cdot 0{,}0001 + 10\cdot 0{,}001 + 10\cdot 0{,}01 + 5\cdot 0{,}1 + 1 =$

$= 1{,}61051;$

(c) $(\sqrt{2}-\sqrt{3})^4 = \binom{4}{0}(\sqrt{2})^0(-\sqrt{3})^4 + \binom{4}{1}(\sqrt{2})^1(-\sqrt{3})^3 + \binom{4}{2}(\sqrt{2})^2(-\sqrt{3})^2 +$

$+ \binom{4}{3}(\sqrt{2})^3(-\sqrt{3})^1 + \binom{4}{4}(\sqrt{2})^4(-\sqrt{3})^0 =$

$= 9 - 4\sqrt{2}\cdot 3\sqrt{3} + 6\cdot 2\cdot 3 - 4\cdot 2\sqrt{2}\sqrt{3} + 4 =$

$= 49 - 20\sqrt{6}.$

9. $K_n = \frac{(1+p)^n-1}{p}E$:

Es ist $E = 100$ und $p = 0{,}01$. Da die Zinsen am Ende jeden Quartals bezahlt werden, ist $n = 12\cdot 4 = 48$ und wir erhalten:

$K_{48} = \frac{(1{,}01)^{48}-1}{0{,}01}100 = \frac{1{,}612226}{0{,}01}100 = 6.122{,}26.$

10. Für die Obligation in Höhe von 5.000 ergibt sich bei $p=0{,}04$ nach dem ersten Jahr der Wert

$K_1 = 1{,}04\cdot 5000 = 5.200.$

Nimmt man eine Effektivverzinsung von $p = 0{,}05$ an, so erhalten wir den Ausgabekurs K_o gemäß der Formel:

$$K_1 = (1+p)K_o \Rightarrow K_o = \frac{K_1}{1+p} = \frac{5.200}{1{,}05} = 4.952{,}38.$$

11. Der Buchwert nach $n=3$ Jahren beträgt $K_3 = 7.290$, der Anschaffungswert $K_o = 10.000$. Aus der Formel $K_n = (1+p)^n K_o$ erhalten wir dann:

$$(1+p)^n = \frac{K_n}{K_o} \Rightarrow 1+p = \sqrt[n]{\frac{K_n}{K_o}} \Rightarrow p = \sqrt[n]{\frac{K_n}{K_o}} - 1 = \sqrt[3]{\frac{7.290}{10.000}} - 1 = -0{,}1.$$

Der Abschreibungssatz beträgt also 10%.

12. Die Tilgungsrate (Annuität) berechnet sich bei nachschüssiger Zahlungsweise nach der Formel

$$E = -\frac{(1+p)^n p}{(1+p)^n - 1} K_o.$$

Bei $K_o = 100.000$, $p = 0{,}04$ und $n = 5$ ergibt sich dann:

$$E = -\frac{(1{,}04)^5 0{,}04}{(1{,}04)^5 - 1} \cdot 100.000 = -22.462{,}71.$$

13. Der Barwert der Schenkung ergibt sich als Summe des Barwerts B_1 für die ersten Zahlungen von $E_1 = 10.000$, die $n_1 = 5$ Jahre geleistet werden und des Barwerts B_2 für die Zahlungen von $E_2 = 20.000$, die die zweiten $n_2 = 5$ Jahre erfolgen. Wir erhalten also bei $p = 0{,}05$:

$$B_1 = -K_o = \frac{(1+p)^{n_1}-1}{(1+p)^{n_1-1}\cdot p} E_1 = \frac{(1,05)^5-1}{(1,05)^4\cdot 0,05} \cdot 10.000 = 45.459,51.$$

$$B_2 = -K_o = \frac{(1+p)^{n_2}-1}{(1+p)^{n_2-1}\cdot p} E_2 \frac{1}{(1+p)^{n_1}} = \frac{(1,05)^5-1}{(1,05)^4\cdot 0,05} \cdot 20.000 \cdot \frac{1}{(1,05)^5} =$$

$$= 71.237,42.$$

Wir haben dabei den Barwert B_2 auf den Beginn des ersten Jahres bezogen, d.h. mit $\frac{1}{(1,05)^5}$ multipliziert. Insgesamt erhalten wir:

$$B = B_1 + B_2 = 116.696,93.$$

14. (a) Bei vorschüssiger Zahlungsweise berechnet sich der Barwert einer Rente nach der Formel

$$B = -K_o = \frac{(1+p)^n-1}{(1+p)^{n-1}\cdot p} E.$$

Wegen $p = 0,05$, $n = 20$ und $E = 1.000$ gilt dann:

$$B = -K_o = \frac{(1,05)^{20}-1}{(1,05)^{19}\cdot 0,05} \cdot 1000 = 13.085,32.$$

(b) Bei nachschüssiger Zahlungsweise gilt die Formel

$$B = -K_o = \frac{(1+p)^n-1}{(1+p)^n\cdot p} \cdot E = - \frac{(1,05)^{20}-1}{(1,05)^{20}\cdot 0,05} \cdot 1000 = 12.462,21.$$

15. Da jeden Monat ein Betrag von E = 80 einbezahlt wird und p = 0,06 pro Jahr beträgt, erhalten wir den Betrag E*, der während eines Jahres angespart wurde inklusive Zinsen, d.h. die Jahresrente, gemäß

$$E^* = 80(1+\frac{11}{12}\cdot 0{,}06) + 80(1+\frac{10}{12}\cdot 0{,}06) + \ldots + 80(1+\frac{1}{12}\cdot 0{,}06) + 80 =$$

$$= 12\cdot 80 + 80\cdot 0{,}06\cdot\frac{1}{12}(\underbrace{1+2+\ldots+11}_{66}) =$$

$$= 960 + 26{,}4 = 986{,}4.$$

Aus der Formel $K_n = \frac{(1+p)^n-1}{p} E^*$ erhalten wir dann:

$$K_7 = \frac{(1{,}06)^7-1}{0{,}06} 986{,}4 = 8.279{,}68.$$

8. Wichtige Eigenschaften von Funktionen einer Variablen

1.(a)

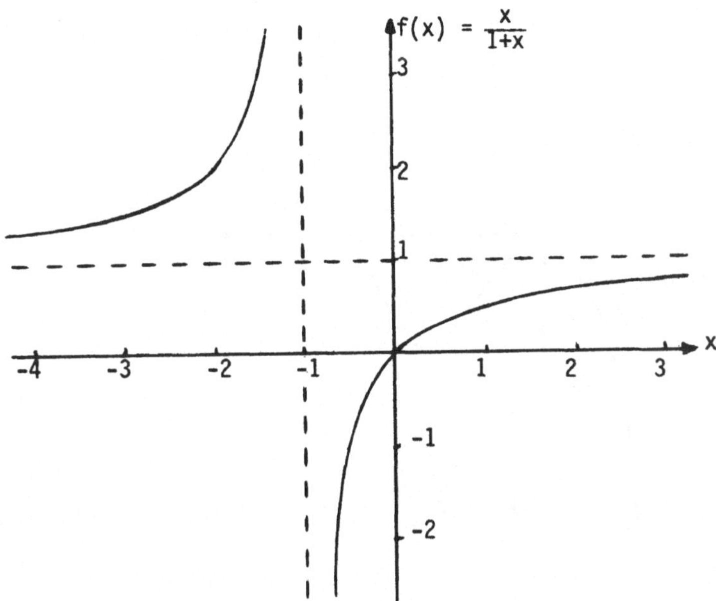

f ist nicht beschränkt, da $f[\mathbb{R} \setminus \{-1\}] = \mathbb{R} \setminus \{1\}$.

f ist in $\mathbb{R} \setminus \{-1\}$ nicht monoton fallend bzw. steigend, da gilt:

$0 < 1 \Rightarrow f(0) = 0 < f(1) = \frac{1}{2}$

$-3 < 0 \Rightarrow f(-3) = \frac{3}{2} > f(0) = 0.$

f ist aber in $(-\infty, -1)$ und $(-1, \infty)$ jeweils streng monoton wachsend.

f ist nicht surjektiv wegen $f[\mathbb{R} \setminus \{-1\}] = \mathbb{R} \setminus \{1\} \neq \mathbb{R}$.

f ist injektiv, da aus $x_1 \neq x_2$ folgt:

$$f(x_1) = \frac{x_1}{1 + x_1} \neq \frac{x_2}{1 + x_2} = f(x_2) .$$

Es gilt nämlich $x_1(1 + x_2) \neq x_2(1 + x_1) \Leftrightarrow x_1 + x_1x_2 \neq x_2 + x_1x_2 \Leftrightarrow$
$\Leftrightarrow x_1 \neq x_2$.

f ist also nicht bijektiv.

(b)

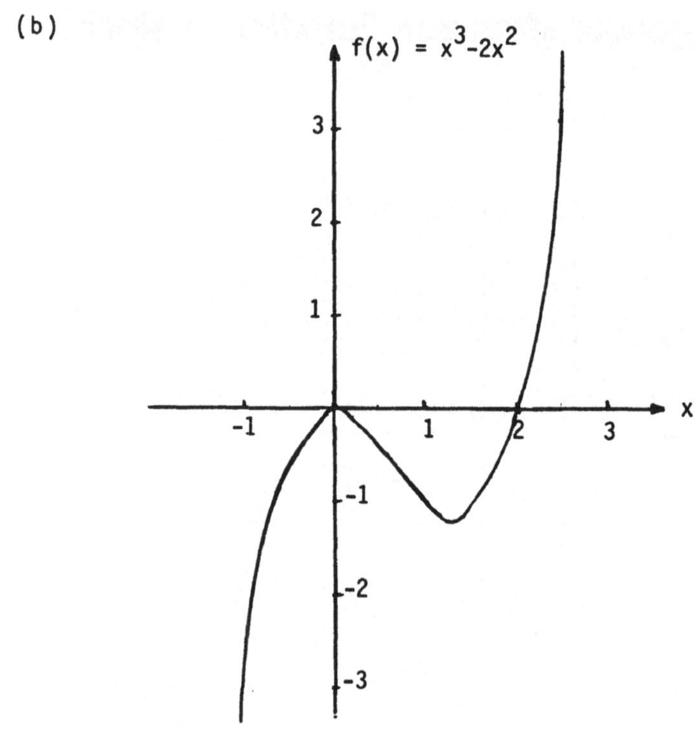

f ist nicht beschränkt wegen $f[\mathbb{R}] = \mathbb{R}$.

f ist in $\mathbb{R}$ weder monoton wachsend noch fallend, da gilt:

$$-1 < 2 \Rightarrow f(-1) = -3 < f(2) = 0$$
$$0 < 1 \Rightarrow f(0) = 0 > f(1) = -1.$$

f ist aber in $(-\infty, 0)$ und $(\frac{4}{3}, \infty)$ streng monoton wachsend sowie in $(0, \frac{4}{3})$ streng monoton fallend.

f ist surjektiv wegen $f[\mathbb{R}] = \mathbb{R}$.

f ist nicht injektiv, da für $0 \neq 2$ gilt: $f(0) = f(2) = 0$.

f ist also nicht bijektiv.

(c)

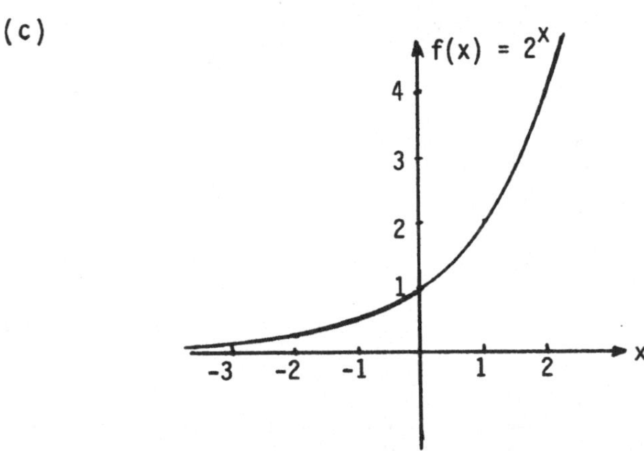

f ist nicht beschränkt wegen $f[\mathbb{R}] = \mathbb{R}_+ \setminus \{0\}$.

f ist streng monoton wachsend in $\mathbb{R}$, da für $x_1 < x_2$ gilt: $2^{x_1} < 2^{x_2}$.

f ist nicht surjektiv wegen $f[\mathbb{R}] = \mathbb{R}_+ \setminus \{0\} \neq \mathbb{R}$.

f ist injektiv wegen $2^{x_1} \neq 2^{x_2}$ für $x_1 \neq x_2$.

f ist also nicht bijektiv.

2. (a) $f(x) = \begin{cases} k & \text{für } x \in (k,k+1], k \in \mathbb{N} \\ 0 & \text{sonst} \end{cases}$

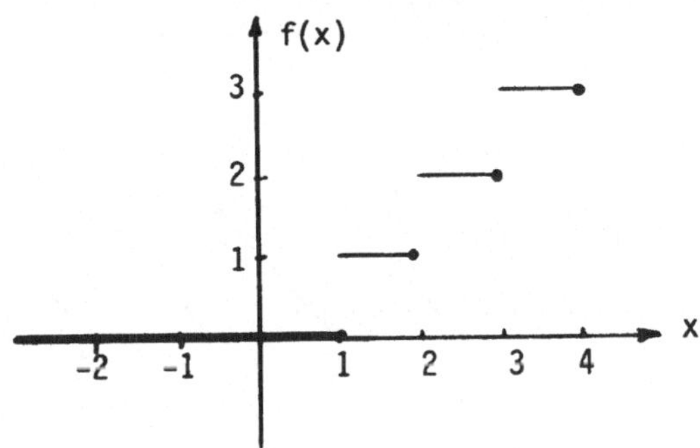

f ist nicht beschränkt wegen $f[\mathbb{R}] = \{0,1,2,3,\ldots\} = \mathbb{N} \cup \{0\}$.

f ist monoton wachsend wegen $f(x_1) \leq f(x_2)$ für $x_1 < x_2$.

(b) $f(x) = (k-1)^2$ für $x \in [k,k+1)$, $k \in \mathbb{Z}$.

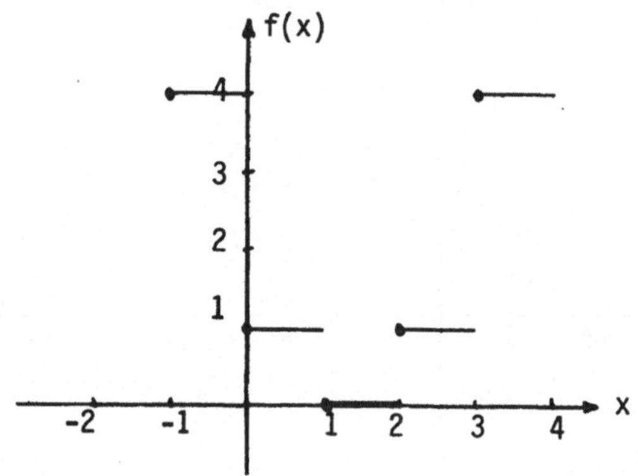

f ist nicht beschränkt wegen $f[\mathbb{R}] = \{0,1,4,...\}$.
f ist nicht monoton fallend bzw. wachsend, da gilt:

$1 < 2 \Rightarrow f(1) = 0 < f(2) = 1.$
$0 < 1 \Rightarrow f(0) = 1 > f(1) = 0.$

(c) $f(x) = x - k$ für $x \in (k,k+1]$, $k \in \mathbb{Z}$

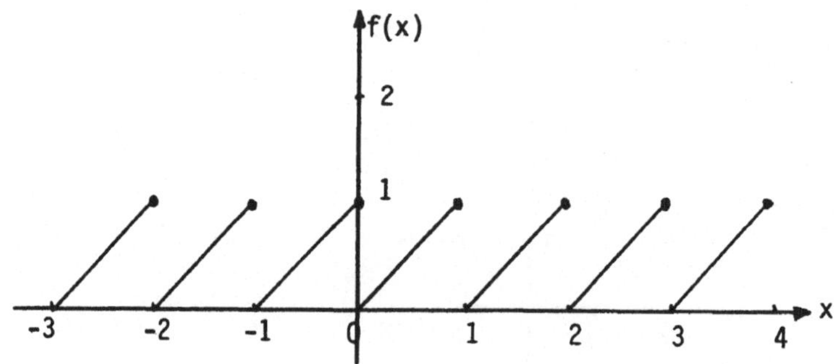

f ist beschränkt wegen $f[\mathbb{R}] = (0,1]$.
f ist weder monoton wachsend noch fallend, da gilt:
$\frac{1}{2} < 1 \Rightarrow f(\frac{1}{2}) = \frac{1}{2} < f(1) = 1$

$1 < \frac{3}{2} \Rightarrow f(1) = 1 > f(\frac{3}{2}) = \frac{1}{2}$.

3.(a) Die Gerade $y = a + bx$ führt durch die Punkte $(x,y) = (2,2)$ und $(-1,\frac{1}{2})$. Zu lösen sind also die Gleichungen:

$$\left.\begin{array}{l} a + 2b = 2 \text{(I)} \\ a - b = \frac{1}{2} \text{(II)} \end{array}\right\} \underset{\text{(I)-(II)}}{\Rightarrow} 3b = \frac{3}{2} \Rightarrow b = \frac{1}{2}, \; a = 1.$$

Die Gerade hat also die Form $y = 1 + \frac{1}{2}x$.

(b) $(x,y) = (-\frac{3}{2},3)$ und $(6, -2)$:

$$\left.\begin{array}{l} a - \frac{3}{2}b = 3 \text{ (I)} \\ a + 6b = -2 \text{(II)} \end{array}\right\} \underset{\text{(I)-(II)}}{\Rightarrow} -\frac{15}{2}b = 5 \Rightarrow b = -\frac{2}{3}, \; a = 2.$$

Die Gerade hat also die Form $y = 2 - \frac{2}{3}x$.

(c) Die Gerade $y = a + bx$ geht durch den Punkt $(x,y) = (2,3)$ und hat die beliebige Steigung b. Wir erhalten somit

$a + 2b = 3 \Rightarrow a = 3 - 2b$

und die Gerade hat dann die Form

$y = 3 - 2b + bx = 3 + b(x-2)$.

(d) $(x,y) = (-3, -1)$, $b = 4$:

Den Koeffizienten a erhalten wir hierbei aus der Gleichung

$a - 3\cdot 4 = -1 \Rightarrow a = 11$.

Die Gerade hat also die Form $y = 11 + 4x$.

4.(a) Die Parabel $y = ax^2 + bx + c$ geht durch den Punkt $(x,y) = (0,2)$ und besitzt die Nullstellen $x_{N1} = 1$ sowie $x_{N2} = -2$, geht also auch durch die Punkte $(x,y) = (1,0)$ bzw. $(-2,0)$.

Zu lösen sind deshalb die Gleichungen

$$\left.\begin{array}{r} a + b + c = 0 \\ 4a - 2b + c = 0 \\ c = 2 \end{array}\right\} \Rightarrow \left.\begin{array}{r} a + b + 2 = 0 \text{ (I)} \\ 4a - 2b + 2 = 0 \text{ (II)} \end{array}\right\} \underset{\text{(II) - 4(I)}}{\Rightarrow}$$

$\Rightarrow -6b - 6 = 0 \Rightarrow b = -1, \; a = -1, \; c = 2.$

Die Parabel hat also die Form $y = -x^2 - x + 2$.

(b) $(x,y) = (3,2)$ bzw. $(0, -1)$, Nullstelle $x_N = -1$:

$$\left.\begin{aligned} 9a + 3b + c &= 2 \\ c &= -1 \\ a - b + c &= 0 \end{aligned}\right\} \Rightarrow \left.\begin{aligned} 9a + 3b - 1 &= 2 \\ a - b - 1 &= 0 \end{aligned}\right\} \Rightarrow \left.\begin{aligned} 9a + 3b &= 3 \text{ (I)} \\ a - b &= 1 \text{ (II)} \end{aligned}\right\}$$

$$\Rightarrow \underset{3(II)+(I)}{12a = 6} \Rightarrow a = \frac{1}{2},\ b = -\frac{1}{2},\ c = -1 .$$

Die Parabel hat also die Form $y = \frac{1}{2}x^2 - \frac{1}{2}x - 1$.

5.(a) $\lim\limits_{x \to 2} \dfrac{x^4 - x^2}{x^2} = \lim\limits_{x \to 2} x^2 - 1.$

Für die Berechnung des rechtsseitigen Grenzwerts benützen wir die Folge $x_n = 2 + \frac{1}{n} \xrightarrow[n \to \infty]{} x_0 = 2$ und für die Berechnung des linksseitigen Grenzwerts die Folge $x_n = 2 - \frac{1}{n} \xrightarrow[n \to \infty]{} x_0 = 2$.

$$x_n = 2 + \frac{1}{n}:\ f_r(2) = \lim_{n \to \infty} \left(2 + \frac{1}{n}\right)^2 - 1 = \lim_{n \to \infty} 4 + \frac{4}{n} + \frac{1}{n^2} - 1 = 3$$

$$x_n = 2 - \frac{1}{n}:\ f_l(2) = \lim_{n \to \infty} \left(2 - \frac{1}{n}\right)^2 - 1 = \lim_{n \to \infty} 4 - \frac{4}{n} + \frac{1}{n^2} - 1 = 3.$$

Es ist also $\lim\limits_{x \to 2} \dfrac{x^4 - x^2}{x^2} = 3$.

(b) $\lim\limits_{x \to -1} \dfrac{x^2 - 1}{x + 1} = \lim\limits_{x \to -1} \dfrac{(x-1)(x+1)}{x+1} = \lim\limits_{x \to -1} x-1$.

$$x_n = -1 + \frac{1}{n} :\ f_r(-1) = \lim_{n \to \infty} -1 + \frac{1}{n} - 1 = -2$$

$$x_n = -1 - \frac{1}{n} :\ f_l(-1) = \lim_{n \to \infty} -1 - \frac{1}{n} - 1 = -2.$$

Es ist also $\lim\limits_{x \to -1} \dfrac{x^2 - 1}{x + 1} = -2$.

(c) $\lim\limits_{x \to -2} \dfrac{x^2 + x - 2}{x^2 + 3x + 2} = \lim\limits_{x \to -2} \dfrac{(x-1)(x+2)}{(x+1)(x+2)} = \lim\limits_{x \to -2} \dfrac{x-1}{x+1}$.

$$x_n = -2 + \frac{1}{n} :\ f_r(-2) = \lim_{n \to \infty} \frac{-2 + \frac{1}{n} - 1}{-2 + \frac{1}{n} + 1} = \lim_{n \to \infty} \frac{\frac{1}{n} - 3}{\frac{1}{n} - 1} = 3$$

$$x_n = -2 - \frac{1}{n} : f_l(-2) = \lim_{n \to \infty} \frac{-2 - \frac{1}{n} - 1}{-2 - \frac{1}{n} + 1} = \lim_{n \to \infty} \frac{-\frac{1}{n} - 3}{-\frac{1}{n} - 1} = 3.$$

Es ist also $\lim_{x \to -2} \frac{x^2 + x - 2}{x^2 + 3x + 2} = 3.$

(d) $f(x) = \frac{|x|}{x} = \begin{cases} 1 & \text{für } x > 0 \\ -1 & \text{für } x < 0 \end{cases}$

$$x_n = \frac{1}{n} : f_r(0) = \lim_{n \to \infty} 1 = 1$$

$$x_n = -\frac{1}{n} : f_l(0) = \lim_{n \to \infty} -1 = -1.$$

$\lim_{x \to 0} \frac{|x|}{x}$ existiert also nicht.

(e) $f(x) = 10^{\frac{1}{x}}$ für $x \neq 0$

$$x_n = \frac{1}{n} : f_r(0) = \lim_{n \to \infty} 10^n = \infty$$

$$x_n = -\frac{1}{n} : f_l(0) = \lim_{n \to \infty} 10^{-n} = \lim_{n \to \infty} \frac{1}{10^n} = 0.$$

$\lim_{x \to 0} 10^{\frac{1}{x}}$ existiert also nicht.

6.(a) Zur Berechnung von $\lim_{x \to \infty} f(x)$ benützen wir die Folge $x_n = n \to \infty$ und zur Berechnung von $\lim_{x \to -\infty} f(x)$ die Folge $x_n = -n \to -\infty$.

$$\lim_{x \to +\infty} \frac{x + 1}{2x - 4} = \lim_{n \to \infty} \frac{n + 1}{2n - 4} = \lim_{n \to \infty} \frac{1 + \frac{1}{n}}{2 - \frac{4}{n}} = \frac{1}{2}$$

$$\lim_{x \to -\infty} \frac{x + 1}{2x - 4} = \lim_{n \to \infty} \frac{-n + 1}{-2n - 4} = \lim_{n \to \infty} \frac{-1 + \frac{1}{n}}{-2 - \frac{4}{n}} = \frac{1}{2}.$$

(b) $\lim\limits_{x \to \infty} \frac{ax + b}{cx + d} = \lim\limits_{n \to \infty} \frac{an + b}{cn + d} = \lim\limits_{n \to \infty} \frac{a + \frac{b}{n}}{c + \frac{d}{n}} = \frac{a}{c}$.

(c) $\lim\limits_{x \to +\infty} \frac{x^2 - x - 1}{x + 4} = \lim\limits_{n \to \infty} \frac{n^2 - n - 1}{n + 4} = \infty$

$\lim\limits_{x \to -\infty} \frac{x^2 - x - 1}{x + 4} = \lim\limits_{n \to \infty} \frac{n^2 + n - 1}{- n + 4} = -\infty.$

(d) $\lim\limits_{x \to 1} \frac{x^2 + 2x + 1}{x^2 - 1} = \lim\limits_{x \to 1} \frac{(x+1)^2}{(x-1)(x+1)} = \lim\limits_{x \to 1} \frac{x+1}{x-1}$.

$x_n = 1 + \frac{1}{n}: f_r(1) = \lim\limits_{n \to \infty} \frac{1 + \frac{1}{n} + 1}{1 + \frac{1}{n} - 1} = \lim\limits_{n \to \infty} \frac{2 + \frac{1}{n}}{\frac{1}{n}} =$

$= \lim\limits_{n \to \infty} 2n + 1 = \infty.$

$x_n = 1 - \frac{1}{n}: f_l(1) = \lim\limits_{n \to \infty} \frac{1 - \frac{1}{n} + 1}{1 - \frac{1}{n} - 1} = \lim\limits_{n \to \infty} \frac{2 - \frac{1}{n}}{- \frac{1}{n}} =$

$= \lim\limits_{n \to \infty} -2n + 1 = - \infty.$

(e) $\lim\limits_{x \to 0} \frac{(2+x)^2 - 4}{x} = \lim\limits_{x \to 0} \frac{4 + 4x + x^2 - 4}{x} = \lim\limits_{x \to 0} \frac{4x + x^2}{x} =$

$= \lim\limits_{x \to 0} 4 + x$.

$$\left.\begin{array}{l} x_n = \frac{1}{n} : f_r(0) = \lim\limits_{n \to \infty} 4 + \frac{1}{n} = 4 \\ x_n = \frac{1}{n} : f_l(0) = \lim\limits_{n \to \infty} 4 - \frac{1}{n} = 4 \end{array}\right\} \Rightarrow \lim\limits_{x \to 0} \frac{(2+x)^2 - 4}{x} = 4 .$$

(f) $\lim\limits_{x \to 0} \dfrac{\sqrt{1 + x}}{x}$:

$$x_n = \frac{1}{n} : f_r(0) = \lim_{n \to \infty} \frac{\sqrt{1 + \frac{1}{n}}}{\frac{1}{n}} = \infty$$

$$x_n = -\frac{1}{n} : f_l(0) = \lim_{n \to \infty} \frac{\sqrt{1 - \frac{1}{n}}}{-\frac{1}{n}} = -\infty .$$

(g) $\lim\limits_{x \to \infty} \dfrac{\sqrt{1 + x}}{x} = \lim\limits_{n \to \infty} \sqrt{\dfrac{1 + n}{n}} = 0$.

7.(a) $g(x) = x^3 - 2x - 1$ und $h(x) = x^2 + 1$ sind stetig (Summen stetiger Funktionen).

$k(x) = \dfrac{g(x)}{h(x)} = \dfrac{x^3 - 2x - 1}{x^2 + 1}$ ist stetig.

(Quotient stetiger Funktionen).

$f(x) = (k(x))^5 = \left(\dfrac{x^3 - 2x - 1}{x^2 + 1}\right)^5$ ist stetig.

(Funktion stetiger Funktionen).

(b) $f(x) = \sqrt[3]{x^2 \sqrt{x + 1}}$ ist für $x \geq -1$ stetig, da es sich um eine aus stetigen Funktionen zusammengesetzte Funktion handelt.

(c) $f(x) = \begin{cases} -2x & \text{für } x \geq -1 \\ x + 3 & \text{für } x < -1 \end{cases}$

ist stetig für alle $x \neq -1$.
f ist auch stetig für $x = -1$ wegen

$$f_l(-1) = \lim_{x \to -1} x + 3 = \lim_{n \to \infty} -1 - \frac{1}{n} + 3 = 2 \text{ und}$$

$$f_r(-1) = \lim_{x \to -1} -2x = \lim_{n \to \infty} -2(-1 + \frac{1}{n}) = 2 \text{ sowie}$$

$$f_l(-1) = f_r(-1) = f(-1) = 2.$$

8.(a) $f(x) = \frac{x^2 - 4}{x - 2}$ ist nicht definiert für $x = 2$ und damit bei $x = 2$ nicht stetig.

Wegen $f(x) = \frac{(x-2)(x+2)}{x - 2} = x + 2$ und $\lim_{x \to 2} f(x) = 4$ wird diese Funktion jedoch stetig für alle $x \in \mathbb{R}$, falls man $f(2) = 4$ setzt (behebbare Unstetigkeitsstelle).

(b) $f(x) = \frac{x^2 - 3}{x - 2}$ ist nicht definiert für $x = 2$.

Wegen $f_r(2) = \lim_{n \to \infty} \frac{(2 + \frac{1}{n})^2 - 3}{2 + \frac{1}{n} - 2} = \lim_{n \to \infty} n(2 + \frac{1}{n})^2 - 3n = \infty$

läßt sich keine stetige Ergänzung vornehmen.

(c) $f(x) = \dfrac{x^2 - x}{|x|} = \begin{cases} \dfrac{x(x-1)}{x} & \text{für } x > 0 \\ -\dfrac{x(x-1)}{x} & \text{für } x < 0 \end{cases} = \begin{cases} x - 1 & \text{für } x > 0 \\ -x + 1 & \text{für } x < 0 \end{cases}$.

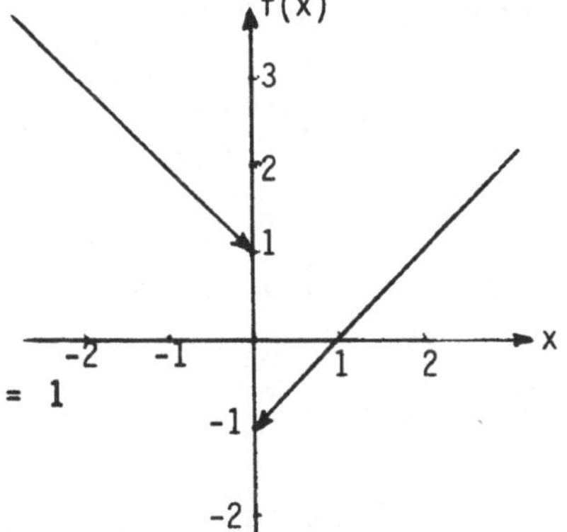

f ist stetig für alle $x \neq 0$. Wegen

$$f_r(0) = \lim_{\substack{x \to 0 \\ x > 0}} f(x) = \lim_{n \to \infty} \frac{1}{n} - 1 = -1$$

und

$$f_l(0) = \lim_{\substack{x \to 0 \\ x < 0}} f(x) = \lim_{n \to \infty} -(-\frac{1}{n}) + 1 = 1$$

ist f unstetig in $x_0 = 0$.

(d) $f(x) = x^2 - |x^2 - 1| =$

$$= \begin{cases} x^2 - x^2 + 1 & \text{für } |x| \geq 1 \\ x^2 + x^2 - 1 & \text{für } |x| \leq 1 \end{cases} =$$

$$= \begin{cases} 1 & \text{für } |x| \geq 1 \\ 2x^2 - 1 & \text{für } |x| \leq 1 \end{cases} .$$

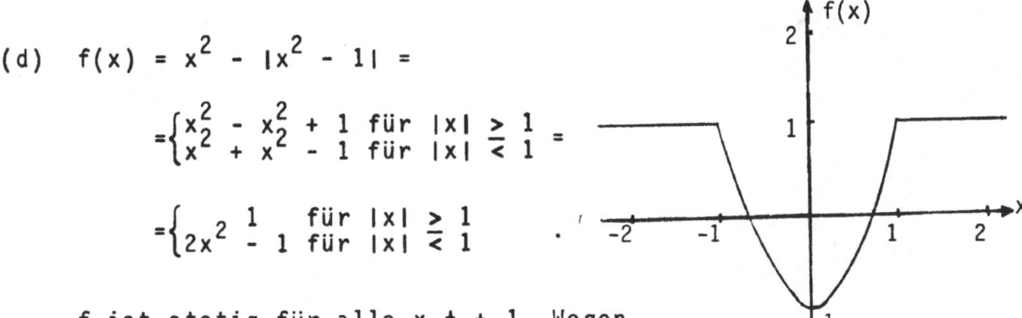

f ist stetig für alle $x \neq \pm 1$. Wegen

$$f_r(1) = \lim_{\substack{x \to 1 \\ x > 1}} f(x) = \lim_{n \to \infty} 1 = 1 \text{ und}$$

$$f_l(1) = \lim_{\substack{x \to 1 \\ x < 1}} f(x) = \lim_{n \to \infty} 2(1 - \frac{1}{n})^2 - 1 =$$

$$= \lim_{n \to \infty} 2 - \frac{4}{n} + \frac{2}{n^2} - 1 = 1$$

sowie $f(1) = 1$ ist f stetig in $x_0 = 1$.
Analoges gilt für $x_0' = -1$.

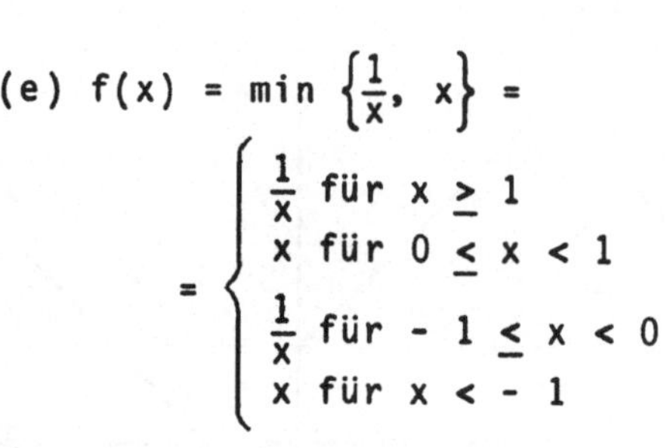

(e) $f(x) = \min\left\{\frac{1}{x}, x\right\} = \begin{cases} \frac{1}{x} & \text{für } x \geq 1 \\ x & \text{für } 0 \leq x < 1 \\ \frac{1}{x} & \text{für } -1 \leq x < 0 \\ x & \text{für } x < -1 \end{cases}$

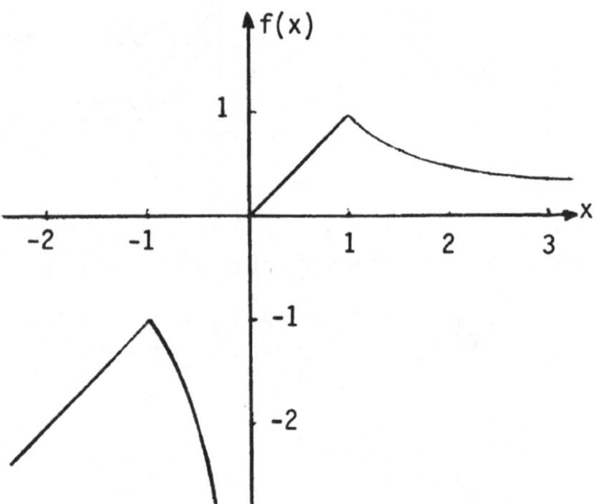

f ist unstetig für $x_0 = 0$ wegen

$$f_r(0) = \lim_{\substack{x \to 0 \\ x > 0}} x = 0 \text{ und } f_l(0) = \lim_{\substack{x \to 0 \\ x < 0}} \frac{1}{x} = \lim_{n \to \infty} \frac{1}{\left(-\frac{1}{n}\right)} = -\infty.$$

9.(a) $f(x) = \begin{cases} |x + 2| & \text{für } x \leq 1 \\ \frac{2}{x + a} & \text{für } x > 1 \end{cases}$

f ist stetig an der Stelle $x_0 = 1$ falls gilt:
$f_l(1) = f_r(1) = f(1)$.
Wir erhalten somit:

$$\left.\begin{array}{l} f_l(1) = |1 + 2| = 3 \\ f_r(1) = \frac{2}{1 + a} \end{array}\right\} \Rightarrow 3 = \frac{2}{1 + a} \Rightarrow 3 + 3a = 2 \Rightarrow a = -\frac{1}{3}.$$

Die Funktion ist also stetig in $\mathbb{R}$ für $a = -\frac{1}{3}$.

(b) $f(x) = \begin{cases} -2 & \text{für } x \leq -2 \\ bx & \text{für } -2 < x \leq 2 \\ 3 & \text{für } x > 2 \end{cases}$

f ist stetig in $x_0 = -2$ und $x_1 = 2$, falls gilt:

$$\left.\begin{array}{l} f(-2) = -2 = -2b \Rightarrow b = 1 \\ f(2) = 3 = 2b \Rightarrow b = \frac{3}{2} \end{array}\right\} \text{Widerspruch!}$$

Es gibt also kein $b \in \mathbb{R}$, so daß f in $\mathbb{R}$ stetig ist.

(c) $f(x) = \begin{cases} 2 & \text{für } x < -1 \\ b(x-a)^2 & \text{für } -1 \leq x < 5 \\ 8 & \text{für } x \geq 5 \end{cases}$

f ist stetig in $x_0 = -1$ und $x_1 = 5$, falls gilt:

$$\left.\begin{array}{l} f(-1) = 2 = b(-1-a)^2 \Rightarrow b = \frac{2}{(-1-a)^2} \\ f(5) = 8 = b(5-a)^2 \Rightarrow b = \frac{8}{(5-a)^2} \end{array}\right\} \Rightarrow \frac{2}{(-1-a)^2} = \frac{8}{(5-a)^2}$$

$$\Rightarrow 25 - 10a + a^2 = 4 + 8a + 4a^2 \Rightarrow 3a^2 + 18a - 21 = 0$$

$$\Rightarrow a_{1,2} = \frac{-18 \pm \sqrt{324 + 252}}{6} = \frac{-18 \pm \sqrt{576}}{6} = \frac{-18 \pm 24}{6} .$$

Wir erhalten somit die Lösungen

$a = 1,\ b = \frac{1}{2}$ und $a = -7,\ b = \frac{1}{18}$.

f ist also stetig in $\mathbb{R}$ für die beiden Fälle

$f(x) = \begin{cases} 2 & \text{für } x < -1 \\ \frac{1}{2}(x-1)^2 & \text{für } -1 \leq x < 5 \\ 8 & \text{für } x \geq 5 \end{cases}$ sowie

$f(x) = \begin{cases} 2 & \text{für } x < -1 \\ \frac{1}{18}(x+7)^2 & \text{für } -1 \leq x < 5 \\ 8 & \text{für } x \geq 5 \end{cases}$

10.(a) $f(x) = |x - a| = \begin{cases} x - a & \text{für } x \geq a \\ -x + a & \text{für } x < a \end{cases}$

ist nicht differenzierbar an der Stelle $x_0 = a$.
Wir zeigen dies, indem wir die rechts- und die linksseitige Ableitung von f in $x_0 = a$ bilden:

$$\left.\begin{aligned} f'_r(a) &= \lim_{\substack{x \to a \\ x > a}} \frac{f(x) - f(a)}{x - a} = \lim_{x \to a} \frac{x - a}{x - a} = 1 \\ f'_l(a) &= \lim_{\substack{x \to a \\ x < a}} \frac{f(x) - f(a)}{x - a} = \lim_{x \to a} \frac{-x + a}{x - a} = -1 \end{aligned}\right\} \Rightarrow f'_r(a) \neq f'_l(a) .$$

(b) $f(x) = |x|^3 = \begin{cases} x^3 & \text{für } x \geq 0 \\ -x^3 & \text{für } x < 0 \end{cases}$

ist differenzierbar für alle $x \in \mathbb{R} \setminus \{0\}$.
Die Funktion ist auch differenzierbar für $x_0 = 0$ wegen:

$$f'_r(0) = \lim_{\substack{x \to 0 \\ x > 0}} \frac{f(x) - f(0)}{x - 0} = \lim_{n \to \infty} \frac{(\frac{1}{n})^3}{\frac{1}{n}} = \lim_{n \to \infty} \frac{1}{n^2} = 0$$

und

$$f'_l(0) = \lim_{\substack{x \to 0 \\ x < 0}} \frac{f(x) - f(0)}{x - 0} = \lim_{n \to \infty} \frac{(-\frac{1}{n})^3}{-\frac{1}{n}} = \lim_{n \to \infty} \frac{1}{n^2} = 0 .$$

(c) $f(x) = |x^2 - 1| =$

$$= \begin{cases} x^2 - 1 & \text{für } |x| \geq 1 \\ -x^2 + 1 & \text{für } |x| < 1 \end{cases}$$

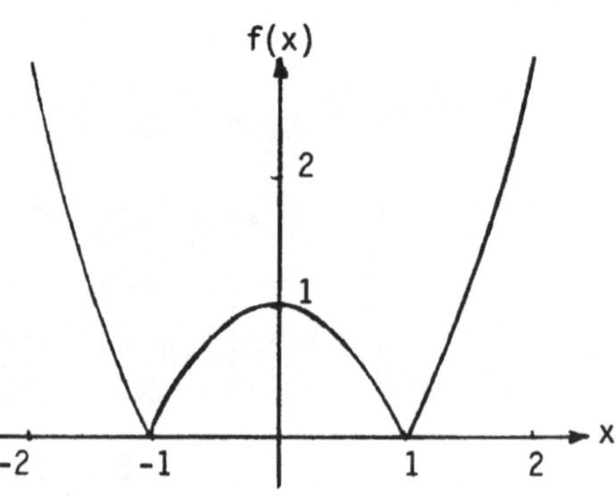

f ist nicht differenzierbar für $x_0 = 1$ und $x_1 = -1$.
Es gilt nämlich:

$$f_r'(1) = \lim_{n \to \infty} \frac{f(1 + \frac{1}{n}) - f(1)}{1 + \frac{1}{n} - 1} = \lim_{n \to \infty} n[(1 + \frac{1}{n})^2 - 1] =$$

$$= \lim_{n \to \infty} n[1 + \frac{2}{n} + \frac{1}{n^2} - 1] = \lim_{n \to \infty} 2 + \frac{1}{n} = 2 \text{ und}$$

$$f_l'(1) = \lim_{n \to \infty} \frac{f(1 - \frac{1}{n}) - f(1)}{1 - \frac{1}{n} - 1} = \lim_{n \to \infty} - n[-(1 - \frac{1}{n})^2 + 1] =$$

$$= \lim_{n \to \infty} - n[-1 + \frac{2}{n} - \frac{1}{n^2} + 1] = \lim_{n \to \infty} - 2 + \frac{1}{n} = - 2.$$

Ferner ist $f_r'(-1) = -2$ und $f_l'(-1) = 2$.

(d) $f(x) = \sqrt{|x|} = \begin{cases} \sqrt{x} & \text{für } x \geq 0 \\ \sqrt{-x} & \text{für } x < 0 \end{cases}$

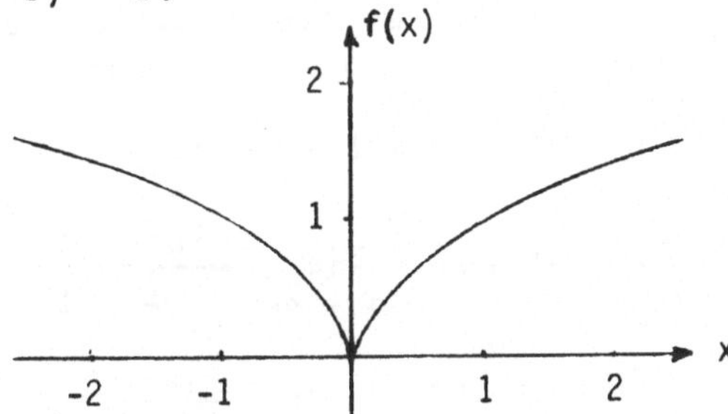

f ist nicht differenzierbar für $x_0 = 0$ wegen

$$f_r'(0) = \lim_{n \to \infty} \frac{f(\frac{1}{n}) - f(0)}{\frac{1}{n}} = \lim_{n \to \infty} n\sqrt{\frac{1}{n}} = \lim_{n \to \infty} \sqrt{n} = \infty \quad \text{und}$$

$$f_l'(0) = \lim_{n \to \infty} \frac{f(- \frac{1}{n}) - f(0)}{- \frac{1}{n}} = \lim_{n \to \infty} - n\sqrt{\frac{1}{n}} = \lim_{n \to \infty} -\sqrt{n} = - \infty .$$

11.(a) $f(x) = \begin{cases} 2x & \text{für } x \geq 1 \\ x^2 - 1 & \text{für } x < 1 \end{cases}$

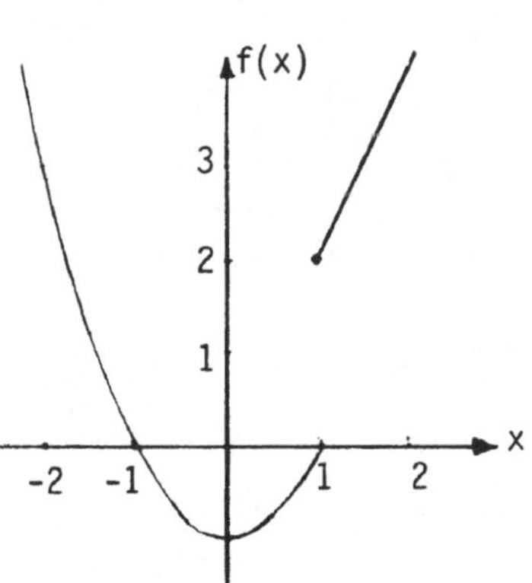

f ist nicht stetig in $x_0 = 1$ wegen $f_r(1) = 2$ und $f_l(1) = 0$. f ist deshalb auch nicht differenzierbar für $x_0 = 1$.

Bildet man die Ableitung $f'(x) = \begin{cases} f_1'(x) = 2 & \text{für } x \geq 1 \\ f_2'(x) = 2x & \text{"} \quad x < 1 \end{cases}$

so ist $f_1'(1) = f_2'(1) = 2$, obwohl die Funktion in $x_0 = 1$ nicht differenzierbar ist. Mit Hilfe dieser Methode läßt sich also im allgemeinen nicht zeigen, daß eine Funktion differenzierbar ist.

(b) $$f(x) = \frac{ax}{a + |x|} = \begin{cases} \dfrac{ax}{a + x} & \text{für } x \geq 0 \\ \dfrac{ax}{a - x} & \text{für } x < 0 \end{cases}$$

f ist stetig in $x_0 = 0$ wegen $f(0) = 0$ sowie

$$f_r(0) = \lim_{n \to \infty} \frac{a \cdot \frac{1}{n}}{a + \frac{1}{n}} = 0 \text{ und } f_l(0) = \lim_{n \to \infty} \frac{a(-\frac{1}{n})}{a + \frac{1}{n}} = 0 .$$

f ist differenzierbar in $x_0 = 0$ wegen

$$f_r'(0) = \lim_{n \to \infty} \frac{f(\frac{1}{n}) - f(0)}{\frac{1}{n} - 0} = \lim_{n \to \infty} n \cdot \frac{a \cdot \frac{1}{n}}{a + \frac{1}{n}} =$$

$$= \lim_{n \to \infty} \frac{a}{a + \frac{1}{n}} = 1 \quad \text{und}$$

$$f_l'(0) = \lim_{n \to \infty} \frac{f(-\frac{1}{n}) - f(0)}{-\frac{1}{n} - 0} = \lim_{n \to \infty} - n \cdot \frac{a(-\frac{1}{n})}{a + \frac{1}{n}} =$$

$$= \lim_{n \to \infty} \frac{a}{a + \frac{1}{n}} = 1 .$$

Durch Anwendung der Quotientenregel ergibt sich:

$$f'(x) = \begin{cases} \dfrac{a^2}{(a + x)^2} & \text{für } x \geq 0 \\ \dfrac{a^2}{(a - x)^2} & \text{für } x < 0 \end{cases}$$

$f'(x)$ ist nicht differenzierbar in $x_0 = 0$ wegen

$$f_r''(0) = \lim_{n \to \infty} \frac{f'(\frac{1}{n}) - f'(0)}{\frac{1}{n} - 0} = \lim_{n \to \infty} n\left[\frac{a^2}{(a + \frac{1}{n})^2} - 1\right] =$$

$$= \lim_{n \to \infty} \frac{na^2 - na^2 - 2a - \frac{1}{n}}{a^2 + \frac{2a}{n} + \frac{1}{n^2}} = - \frac{2}{a} \quad \text{und}$$

$$f_1''(0) = \lim_{n \to \infty} \frac{f'(-\frac{1}{n}) - f'(0)}{-\frac{1}{n} - 0} = \lim_{n \to \infty} - n[\frac{a^2}{(a+\frac{1}{n})^2} - 1] =$$

$$= \lim_{n \to \infty} \frac{-na^2 + na^2 + 2a + \frac{1}{n}}{a^2 + \frac{2a}{n} + \frac{1}{n^2}} = \frac{2}{a} .$$

12.(a) $1 + e^{-x} = e^{x-2}$.
Die Lösung x^* dieser Gleichung ist der Schnittpunkt der Bildkurven $y = 1 + e^{-x}$ und $y = e^{x-2}$.

(b) $\frac{1}{2} \cdot e^x - 2 = \ln x$.
Als Schnittpunkte der Bildkurven $y = \frac{1}{2} \cdot e^x - 2$ und $y = \ln x$ erhalten wir die Lösungen x_1^* und x_2^* .

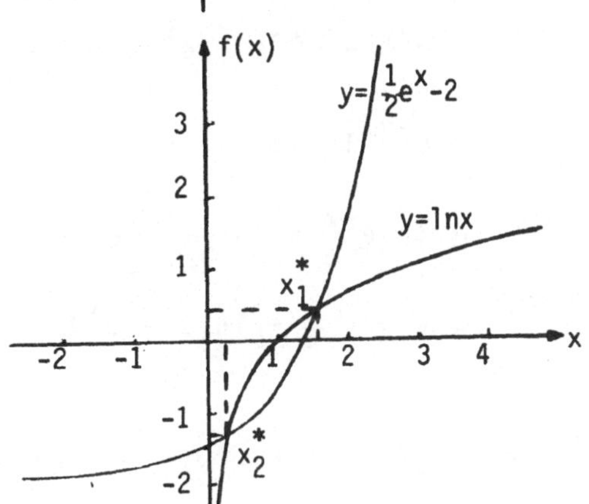

(c) $e^{\frac{1}{2} \cdot x} - x = 0$.
Die Bildkurven $y = e^{\frac{1}{2}x}$ und $y = x$ besitzen keinen Schnittpunkt; es existiert also keine Lösung.

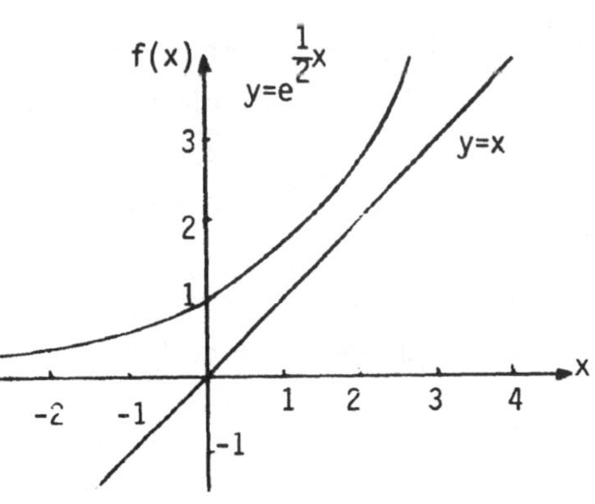

13.(a) $\ln 14 + \ln\frac{27}{25} - \ln 18 + \frac{1}{3}\ln\frac{125}{8} - \ln\frac{21}{10} =$

$= \ln 2\cdot 7 + \ln\frac{3^3}{5^2} - \ln 3^2\cdot 2 + \frac{1}{3}\ln\frac{5^3}{2^3} - \ln\frac{3\cdot 7}{2\cdot 5} =$

$= \ln 2 + \ln 7 + 3\ln 3 - 2\ln 5 - 2\ln 3 - \ln 2 + \ln 5 - \ln 2$

$- \ln 3 - \ln 7 + \ln 2 + \ln 5 = 0$.

(b) $\ln(\sqrt{2 + 4x^2} - 2x) = \ln 2 - \ln(\sqrt{2 + 4x^2} + 2x) \Leftrightarrow$

$\ln(\sqrt{2 + 4x^2} - 2x) + \ln(\sqrt{2 + 4x^2} + 2x) = \ln 2 \Leftrightarrow$

$\ln\ [(\sqrt{2 + 4x^2} - 2x)(\sqrt{2 + 4x^2} + 2x)] = \ln 2 \Leftrightarrow$

$\ln(2 + 4x^2 - 4x^2) = \ln 2$.

14.(a) $e^{-y} - e^{x-y} - e^{\frac{1}{x}} = 0 \Rightarrow e^{-y} - e^x e^{-y} - e^{\frac{1}{x}} = 0$

$\Rightarrow e^{-y}(1 - e^x) = e^{\frac{1}{x}} \quad \Rightarrow e^{-y} = \dfrac{e^{\frac{1}{x}}}{1 - e^x}$

$\Rightarrow \ln e^{-y} = \ln \dfrac{e^{\frac{1}{x}}}{1 - e^x} \quad \Rightarrow -y = \ln e^{1/x} - \ln(1 - e^x)$

$\Rightarrow y = -\frac{1}{x} + \ln(1 - e^x)$.

(b) $e^y - e^{x-y} - x = 0 \Rightarrow e^y - e^x e^{-y} - x = 0 \Rightarrow$

$e^{2y} - xe^y - e^x = 0$.

Dieser Ausdruck stellt eine quadratische Gleichung mit der Unbekannten e^y dar. Als Lösung ergibt sich:

$e^y = \dfrac{x \pm \sqrt{x^2 + 4e^x}}{2} \Rightarrow y = \ln(\dfrac{x + \sqrt{x^2 + 4e^x}}{2})$.

Da $\ln x$ nur für $x > 0$ definiert ist, stellt $\dfrac{x - \sqrt{x^2 + 4e^x}}{2}$ keine Lösung dar.

(c) $\ln y - \ln(x^2 - 1) + \ln \frac{x - 1}{y^2} = 0 \Rightarrow$

$\Rightarrow \ln y - \ln(x^2 - 1) + \ln(x - 1) - \ln y^2 = 0 \Rightarrow$

$\Rightarrow \ln y(1 - 2) = \ln(x^2 - 1) - \ln(x - 1) \Rightarrow$

$\Rightarrow -\ln y = \ln \frac{x^2 - 1}{x - 1} = \ln(x + 1) \Rightarrow$

$\Rightarrow e^{-\ln y} = e^{\ln(x + 1)} \Rightarrow \frac{1}{y} = x + 1 \Rightarrow$

$\Rightarrow y = \frac{1}{x + 1}$.

(d) $\sqrt{e^{\ln y}} + \sqrt{xy} - \ln 2^x = 0 \Rightarrow (e^{\ln y})^{\frac{1}{2}} + x^{\frac{1}{2}} \cdot y^{\frac{1}{2}} = x \ln 2 \Rightarrow$

$\Rightarrow y^{\frac{1}{2}} + x^{\frac{1}{2}} \cdot y^{\frac{1}{2}} = x \cdot \ln 2 \Rightarrow \sqrt{y}(1 + \sqrt{x}) = x \cdot \ln 2 \Rightarrow$

$\Rightarrow y = \frac{x^2(\ln 2)^2}{(1 + \sqrt{x})^2}$.

(e) $\frac{1}{2} \cdot \ln(y+4) + \ln \frac{e^3}{4} = e^{\ln 3} + \frac{1}{2} \cdot \ln(y+1) \Rightarrow$

$\Rightarrow \frac{1}{2} \cdot \ln(y+4) - \frac{1}{2} \ln(y+1) = 3 - \ln e^3 + \ln 4 \Rightarrow$

$\Rightarrow \ln\sqrt{\frac{y+4}{y+1}} = 3 - 3 + \ln 4 \Rightarrow \sqrt{\frac{y+4}{y+1}} = 4 \Rightarrow$

$\Rightarrow \frac{y+4}{y+1} = 16 \qquad \Rightarrow y + 4 = 16\,y + 16 \Rightarrow$

$\Rightarrow 15y = -12 \qquad \Rightarrow y = -\frac{12}{15} = -\frac{4}{5}$.

9. Ableitungsregeln

1. (a) $f(x) = x^3 - 4x^2 - \frac{1}{3}x + 2$

$f'(x) = 3x^2 - 8x - \frac{1}{3}$;

(b) $f(x) = \sqrt[7]{x^5} = x^{\frac{5}{7}}$

$f'(x) = \frac{5}{7}x^{\frac{5}{7}-1} = \frac{5}{7}x^{-\frac{2}{7}} = \frac{5}{7}\cdot\frac{1}{\sqrt[7]{x^2}}$;

(c) $f(x) = (x^2-1)(4+2x)$

Produktregel:

$f'(x) = 2x(4+2x) + (x^2-1)2 = 8x + 4x^2 + 2x^2 - 2 = 6x^2 + 8x - 2$;

(d) $f(x) = \frac{1}{4-9x^2}$

Quotientenregel:

$f'(x) = \frac{0\cdot(4-9x^2)-(-18x)}{(4-9x^2)^2} = \frac{18x}{(4-9x^2)^2}$;

(e) $f(x) = (2x^3 - x^2 + 1)^4$

Kettenregel auf $g(x) = 2x^3 - x^2 + 1$:

$f'(x) = 4(2x^3 - x^2 + 1)^3\cdot(6x^2 - 2x)$;

(f) $f(x) = x\sqrt{ax^2-1} = x(ax^2-1)^{\frac{1}{2}}$

Produktregel, Kettenregel auf $g(x) = (ax^2-1)$:

$f'(x) = (ax^2-1)^{\frac{1}{2}} + \frac{1}{2}x(ax^2-1)^{-\frac{1}{2}}\,2ax = \sqrt{ax^2-1} + \frac{ax^2}{\sqrt{ax^2-1}} = \frac{2ax^2-1}{\sqrt{ax^2-1}}$;

(g) $f(x) = \sqrt{x+\sqrt{x}} = (x+x^{\frac{1}{2}})^{\frac{1}{2}}$

Kettenregel auf $g(x) = (x+x^{\frac{1}{2}})$:

$f'(x) = \frac{1}{2}(x+x^{\frac{1}{2}})^{-\frac{1}{2}}\cdot(1+\frac{1}{2}x^{-\frac{1}{2}}) = \frac{1+\frac{1}{2\sqrt{x}}}{2\sqrt{x+\sqrt{x}}}$;

(h) $f(x) = \frac{(x-b)^n - (x^2-a)^n}{x - a}$

Quotientenregel, Kettenregel auf $g_1(x) = (x-b)$, $g_2(x) = (x^2-a)$:

$$f'(x) = \frac{1}{(x-a)^2}\left([n(x-b)^{n-1} - n(x^2-a)^{n-1}2x](x-a) - (x-b)^n + (x^2-a)^n\right);$$

(i) $f(x) = \frac{3 - 2ax}{(ax^3-bx)^n} = (3-2ax)(ax^3-bx)^{-n}$

Produktregel, Kettenregel auf $g(x) = (ax^3-bx)$:

$$f'(x) = (-2a)(ax^3-bx)^{-n} + (-n)(3-2ax)(ax^3-bx)^{-n-1}(3ax^2-b) =$$

$$= (ax^3-bx)^{-n}[-2a - n(3-2ax)(ax^3-bx)^{-1}(3ax^2-b)] .$$

2. (a) $f(x) = e^{-ax}$

Kettenregel auf $g(x) = -ax$:

$$f'(x) = e^{-ax} \cdot (-a) ;$$

(b) $f(x) = \ln(x^2-x+1)$

Kettenregel auf $g(x) = (x^2-x+1)$:

$$f'(x) = \frac{2x-1}{x^2-x+1};$$

(c) $f(x) = xe^{(ax)^2}$

Produktregel, Kettenregel auf $g(h(x)) = (ax)^2$:

$$f'(x) = e^{(ax)^2} + xe^{(ax)^2} \cdot 2(ax)a = e^{(ax)^2} \cdot (1+2a^2x^2);$$

(d) $f(x) = \frac{1}{\sqrt{e^x}} = (e^x)^{-\frac{1}{2}} = e^{-\frac{x}{2}}$

Kettenregel:

$$f'(x) = -\frac{1}{2}e^{-\frac{x}{2}} = -\frac{1}{2\sqrt{e^x}};$$

(e) $f(x) = \frac{e^x-e^{-x}}{e^x+e^{-x}}$

Quotientenregel, Kettenregel auf $g(x) = -x$:

$$f'(x) = \frac{(e^x+e^{-x})(e^x+e^{-x}) - (e^x-e^{-x})(e^x-e^{-x})}{(e^x+e^{-x})^2} =$$

$$= \frac{1}{(e^x+e^{-x})^2}\,[e^{2x}+2e^0+e^{-2x}-e^{2x}+2e^0-e^{-2x}] = \frac{4}{(e^x+e^{-x})^2}\ ;$$

(f) $f(x) = \frac{e^{ax}}{b-e^{-x}} = e^{ax}(b-e^{-x})^{-1}$

Produktregel, Kettenregel auf $g_1(x) = ax$, $g_2(x) = b-e^{-x}$:

$$f'(x) = ae^{ax}(b-e^{-x})^{-1} - e^{ax}(b-e^{-x})^{-2}e^{-x} = \frac{abe^{ax} - ae^{ax-x} - e^{ax-x}}{(b - e^{-x})^2}\ .$$

(g) $f(x) = \ln\frac{1}{\sqrt{1-x^3}} = \ln 1 - \ln\sqrt{1-x^3} = -\frac{1}{2}\ln(1-x^3)$

Kettenregel auf $g(x) = 1-x^3$:

$$f'(x) = -\frac{-3x^2}{2(1-x^3)} = \frac{3x^2}{2(1-x^3)}\ ;$$

(h) $f(x) = \frac{\ln x}{x}$

Quotientenregel:

$$f'(x) = \frac{\frac{1}{x}x - \ln x}{x^2} = \frac{1-\ln x}{x^2}\ ;$$

(i) $f(x) = \ln\left(\frac{x-a}{x-b}\right)^2 = 2\ln(x-a)-2\ln(x-b)$

Kettenregel auf $g_1(x) = x-a$, $g_2(x) = x-b$:

$$f'(x) = \frac{2}{x-a} - \frac{2}{x-b}\ ;$$

(k) $f(x) = \frac{a}{x^2(\ln x)^3} = ax^{-2}(\ln x)^{-3}$

Produktregel, Kettenregel auf $g(x) = \ln x$:

$$f'(x) = -2ax^{-3}(\ln x)^{-3} - 3ax^{-2}(\ln x)^{-4}\cdot\frac{1}{x} = \frac{-2a\ln x - 3a}{x^3(\ln x)^4}.$$

(l) $f(x) = \ln(x + \sqrt{x^2-1})$

Kettenregel auf $g(x) = x + \sqrt{x^2-1} = x + (x^2-1)^{\frac{1}{2}}$:

$$f'(x) = \frac{1+\frac{1}{2}(x^2-1)^{-\frac{1}{2}}\cdot 2x}{x + (x^2-1)^{\frac{1}{2}}} = \frac{1 + \frac{x}{\sqrt{x^2-1}}}{x + \sqrt{x^2-1}} = \frac{1}{\sqrt{x^2-1}} ;$$

(m) $f(x) = \ln(\ln x)$

Kettenregel auf $g(x) = \ln x$:

$$f'(x) = \frac{(\ln x)'}{\ln x} = \frac{1}{x\ln x}.$$

3. (a) $f(x) = 2^x = e^{\ln 2^x} = e^{x\ln 2}$

Kettenregel auf $g(x) = x\ln 2$:

$f'(x) = e^{x\ln 2}\ln 2;$

(b) $f(x) = a^{x^2} = e^{\ln a^{x^2}} = e^{x^2\ln a}$

Kettenregel auf $g(x) = x^2\ln a$:

$f'(x) = e^{x^2\ln a}\ 2x\ln a;$

(c) $f(x) = x4^{2-x} = xe^{\ln 4^{2-x}} = xe^{(2-x)\ln 4}$

Produktregel, Kettenregel auf $g(x) = (2-x)\ln 4$:

$$f'(x) = e^{(2-x)\ln 4} + xe^{(2-x)\ln 4}\cdot(-\ln 4) = e^{(2-x)\ln 4}\cdot[1 - x\ln 4].$$

4. (a) $f(x) = \frac{\sqrt[3]{2x}}{x+1}$

$$\ln|f(x)| = \ln\frac{\sqrt[3]{2x}}{|x+1|} = \ln\sqrt[3]{2x} - \ln|x+1| = \frac{1}{3}\cdot\ln 2x - \ln|x+1|$$

$$f'(x) = (\ln|f(x)|)'f(x) = \left(\frac{2}{3\cdot 2x} - \frac{1}{x+1}\right)\cdot\frac{\sqrt[3]{2x}}{x+1} =$$

$$= \frac{(x+1-3x)}{3x(x+1)^2}\cdot\sqrt[3]{2x} = \frac{(1-2x)}{3x(x+1)^2}\cdot\sqrt[3]{2x};$$

(b) $f(x) = \dfrac{\sqrt[5]{(ax+b)^2}}{x\sqrt{x^3+c}}$

$$\ln|f(x)| = \ln(ax+b)^{\frac{2}{5}} - \ln|x|(x^3+c)^{\frac{1}{2}} = \frac{2}{5}\cdot\ln(ax+b) - \ln|x| - \frac{1}{2}\cdot\ln(x^3+c)$$

$$f'(x) = (\ln|f(x)|)'f(x) = \left(\frac{2a}{5(ax+b)} - \frac{1}{x} - \frac{3x^2}{2(x^3+c)}\right)\frac{\sqrt[5]{(ax+b)^2}}{x\sqrt{x^3+c}};$$

(c) $f(x) = \exp(x^{-x}) = e^{x^{-x}}$

$$\ln|f(x)| = \ln\exp(x^{-x}) = x^{-x} = e^{\ln x^{-x}} = e^{-x\ln x}$$

$$f'(x) = (\ln|f(x)|)'f(x) = (-\ln x - x\tfrac{1}{x})e^{-x\ln x}\,e^{x^{-x}} = -(\ln x+1)\cdot\exp(-x\ln x+x^{-x});$$

(d) $f(x) = g_1(x)\cdot g_2(x)\cdot\ldots\cdot g_n(x)$

$$\ln|f(x)| = \ln|g_1(x)| + \ln|g_2(x)| +\ldots+ \ln|g_n(x)|$$

$$f'(x) = (\ln|f(x)|)'f(x) =$$

$$= \left(\frac{g_1'(x)}{g_1(x)} + \frac{g_2'(x)}{g_2(x)} +\ldots+ \frac{g_n'(x)}{g_n(x)}\right)\cdot g_1(x)\cdot g_2(x)\cdot\ldots\cdot g_n(x) =$$

$$= g_1'(x)g_2(x)\cdot\ldots\cdot g_n(x) + g_1(x)g_2'(x)\cdot\ldots\cdot g_n(x)+\ldots+g_1(x)\cdot\ldots\cdot g_{n-1}(x)g_n'(x).$$

5. (a) $f(x) = \exp[g(\frac{x}{3}) - 2h(x)]$

$$f'(x) = \exp[g(\tfrac{x}{3}) - 2h(x)]\cdot(\tfrac{1}{3}\cdot g'(\tfrac{x}{3}) - 2h'(x));$$

(b) $f(x) = [\exp\dfrac{2xg(x)}{x^2+1}]$

$$f'(x) = [\exp\frac{2xg(x)}{x^2+1}]\cdot\frac{(2g(x)+2xg'(x))(x^2+1) - 2xg(x)2x}{(x^2+1)^2} =$$

$$= [\exp\frac{2xg(x)}{x^2+1}]\cdot\frac{2x^2g(x)+2x^3g'(x)+2g(x)+2xg'(x)-4x^2g(x)}{(x^2+1)^2} =$$

$$= \exp\left[\frac{2xg(x)}{x^2+1}\right] \cdot \frac{-2x^2 g(x) + 2x^3 g'(x) + 2g(x) + 2xg'(x)}{(x^2+1)^2} ;$$

(c) $f(x) = g(\exp[h(x^2) - \ln h(x)])$

$$f'(x) = g'(\exp[h(x^2)-\ln h(x)]) \cdot \exp[h(x^2)-\ln h(x)] \cdot (h'(x^2)2x - \frac{h'(x)}{h(x)}) ;$$

(d) $f(x) = \ln(\ln g(x))$

$$f'(x) = \frac{(\ln g(x))'}{\ln g(x)} = \frac{1}{\ln g(x)} \cdot \frac{g'(x)}{g(x)} .$$

6. $f(x) = g(h(x^2) - \exp[\frac{\ln x}{\sqrt{x}}])$

Es ist hierbei $(\frac{\ln x}{\sqrt{x}})' = ((\ln x) \cdot x^{-\frac{1}{2}})' = \frac{1}{x} x^{-\frac{1}{2}} - \frac{1}{2}(\ln x) x^{-\frac{3}{2}} = \frac{1}{x\sqrt{x}} - \frac{\ln x}{2\sqrt{x^3}}$.

Wir erhalten deshalb

$$f'(x) = g'(h(x^2) - \exp[\frac{\ln x}{\sqrt{x}}]) \cdot (h'(x^2)2x - \exp[\frac{\ln x}{\sqrt{x}}](\frac{1}{x\sqrt{x}} - \frac{\ln x}{2\sqrt{x^3}})).$$

Wegen $h(1) = 0, h'(1) = 1, g'(-1) = 5$ und $\ln 1 = 0$ sowie $\exp(0) = 1$ ergibt sich dann:

$$f'(1) = g'(h(1) - \exp[\frac{\ln 1}{1}]) \cdot (h'(1)2 - \exp[\frac{\ln 1}{1}] \cdot (1 - \frac{\ln 1}{2})) =$$

$$= g'(0 - 1)(2-1) \cdot (1-0)) = g'(-1)(2-1) = g'(-1) = 5.$$

7. (a) $f(x) = \sqrt{x} = x^{\frac{1}{2}}$,

$f'(x) = \frac{1}{2} x^{-\frac{1}{2}}$, $f''(x) = \frac{1}{2}(-\frac{1}{2}) x^{-\frac{3}{2}}$,

$f'''(x) = \frac{1}{2}(-\frac{1}{2})(-\frac{3}{2}) x^{-\frac{5}{2}}$,

.
.
.

$$f^{(n)}(x) = \prod_{i=0}^{n-1} (\frac{1}{2} - i) \, x^{-\frac{2n-1}{2}} ;$$

(b) $f(x) = e^{ax}$,

$$f'(x) = ae^{ax},\ f''(x) = a^2e^{ax},\ f'''(x) = a^3e^{ax},$$
$$\vdots$$
$$f^{(n)}(x) = a^n e^{ax};$$

(c) $f(x) = \frac{1+x}{1-x}$,

$$f'(x) = \frac{(1-x)+(1+x)}{(1-x)^2} = \frac{2}{(1-x)^2},$$

$$f''(x) = -\frac{4(1-x)(-1)}{(1-x)^4} = \frac{4}{(1-x)^3},$$

$$f'''(x) = -\frac{12(1-x)^2(-1)}{(1-x)^6} = \frac{12}{(1-x)^4},$$
$$\vdots$$
$$f^{(n)}(x) = \frac{2n!}{(1-x)^{n+1}};$$

(d) $f(x) = x^2e^x$

$$f'(x) = 2xe^x + x^2e^x = e^x[2x+x^2],$$

$$f''(x) = e^x[2x+x^2] + e^x[2+2x] = e^x[x^2+4x+2],$$

$$f'''(x) = e^x[x^2+4x+2] + e^x[2x+4] = e^x[x^2+6x+6],$$

$$f^{(IV)}(x) = e^x[x^2+6x+6] + e^x[2x+6] = e^x[x^2+8x+12],$$
$$\vdots$$
$$f^{(n)}(x) = e^x[x^2+2nx+n(n-1)];$$

(e) $f(x) = \frac{x^2}{x-1}$,

$$f'(x) = \frac{2x(x-1)-x^2}{(x-1)^2} = \frac{2x^2-2x-x^2}{(x-1)^2} = \frac{x^2-2x}{(x-1)^2},$$

$$f''(x) = \frac{(2x-2)(x-1)^2 - 2(x^2-2x)(x-1)}{(x-1)^4} = \frac{(2x-2)(x-1)-2(x^2-2x)}{(x-1)^3} =$$

$$= \frac{2x^2-4x+2-2x^2+4x}{(x-1)^3} = \frac{2}{(x-1)^3},$$

$$f'''(x) = -\frac{2\cdot 3(x-1)^2}{(x-1)^6} = -\frac{6}{(x-1)^4},$$

$$f^{(IV)}(x) = -\frac{(-6)\cdot 4(x-1)^3}{(x-1)^8} = \frac{24}{(x-1)^5},$$

$$\vdots$$

$$f^{(n)}(x) = \frac{(-1)^n n!}{(x-1)^{n+1}} \text{ für } n \geq 2.$$

10. Elastizitäten und Wachstumsraten

1. (a) $f(x) = x^2$:

$$\varepsilon_f(x) = \frac{x2x}{x^2} = 2;$$

(b) $f(x) = \ln ax$:

$$\varepsilon_f(x) = \frac{a}{ax}\cdot x\frac{1}{\ln ax} = \frac{1}{\ln ax};$$

(c) $f(x) = xe^{-ax}$:

$$\varepsilon_f(x) = \frac{x(e^{-ax}+xe^{-ax}(-a))}{xe^{-ax}} = \frac{xe^{-ax}-ax^2e^{-ax}}{xe^{-ax}} = 1-ax;$$

(d) $f(x) = x^a e^{bx}$:

$$\varepsilon_f(x) = \frac{x(ax^{a-1}e^{bx}+bx^a e^{bx})}{x^a e^{bx}} = \frac{x^a e^{bx}(a+bx)}{x^a e^{bx}} = a+bx;$$

(e) $f(x) = a^x = e^{x\ln a}$:

$$\varepsilon_f(x) = \frac{x\cdot e^{x\ln a}\cdot\ln a}{e^{x\ln a}} = x\ln a.$$

2. (a) $f(x) = e^{ax+b}$:

$$\varepsilon_f(x) = \frac{x\cdot e^{ax+b}\cdot a}{e^{ax+b}} = ax.$$

Wir bestimmen nun die Bereiche, in denen die Funktion f elastisch, 1-elastisch bzw. unelastisch ist.

1. Fall:

$$|\varepsilon_f(x)| = |ax| < 1 \Rightarrow \begin{cases} ax < 1 \text{ für } x < 0 \\ -ax < 1 \text{ für } x \geq 0 \end{cases} \Rightarrow \begin{cases} x > \frac{1}{a},\ x < 0 \\ x < -\frac{1}{a},\ x \geq 0 \end{cases}.$$

(wegen $a < 0$, $-a > 0$)

f ist also unelastisch in $L_1 = (\frac{1}{a},0) \cup [0,-\frac{1}{a}) = (\frac{1}{a},-\frac{1}{a})$.

2. Fall:

$$|\varepsilon_f(x)| = |ax| = 1 \Rightarrow \begin{cases} ax = 1 \text{ für } x < 0 \\ -ax = 1 \text{ für } x \geq 0 \end{cases} \Rightarrow \begin{cases} x = \frac{1}{a}, \ x < 0 \\ x = -\frac{1}{a}, \ x \geq 0 \end{cases}.$$

f ist also 1-elastisch in $L_2 = \{\frac{1}{a}, -\frac{1}{a}\}$.

3. Fall:

$$|\varepsilon_f(x)| = |ax| > 1 \Rightarrow \begin{cases} ax > 1 \text{ für } x < 0 \\ -ax > 1 \text{ für } x \geq 0 \end{cases} \Rightarrow \begin{cases} x < \frac{1}{a}, \ x < 0 \\ x > -\frac{1}{a}, \ x \geq 0 \end{cases}.$$

f ist also elastisch in $L_3 = (-\infty, \frac{1}{a}) \cup (-\frac{1}{a}, \infty)$.

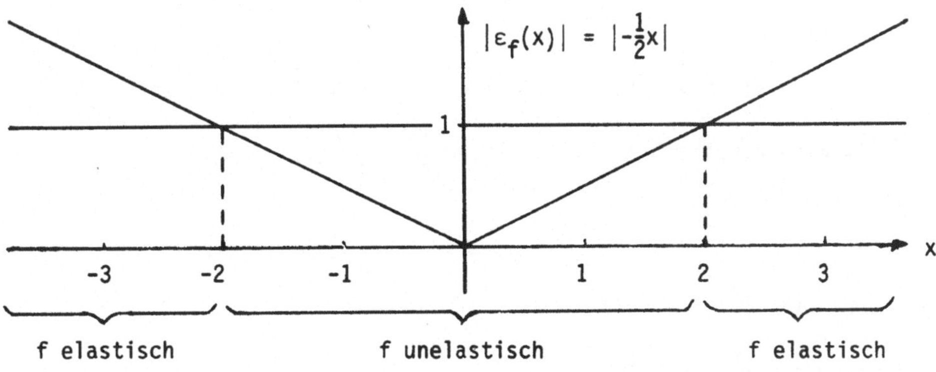

(b) $f(x) = \sqrt{1-x^2} = (1-x^2)^{\frac{1}{2}}$:

Als Definitionsbereich erhalten wir D = [-1,1].

$$\varepsilon_f(x) = \frac{x\frac{1}{2}(1-x^2)^{-\frac{1}{2}}(-2x)}{(1-x^2)^{\frac{1}{2}}} = -\frac{x^2}{1-x^2}.$$

1. Fall:

$$|\varepsilon_f(x)| = \left|\frac{-x^2}{1-x^2}\right| < 1 \Rightarrow x^2 < |1-x^2| \Rightarrow x^2 < 1-x^2 \text{ für } x^2 < 1$$

$\Rightarrow 2x^2 < 1$ für $x^2 < 1 \Rightarrow -\sqrt{\frac{1}{2}} < x < \sqrt{\frac{1}{2}}, -1 < x < 1.$

f ist also unelastisch in $L_1 = (-\sqrt{\frac{1}{2}}, \sqrt{\frac{1}{2}})$.

2. Fall:

$$|\varepsilon_f(x)| = \left|\frac{x^2}{1-x^2}\right| = 1 \Rightarrow x^2 = 1-x^2 \Rightarrow 2x^2 = 1 \Rightarrow x = \pm\sqrt{\frac{1}{2}}.$$

f ist also 1-elastisch in $L_2 = \{\sqrt{\frac{1}{2}}, -\sqrt{\frac{1}{2}}\}$.

3. Fall:

$$|\varepsilon_f(x)| = \left|\frac{x^2}{1-x^2}\right| > 1 \Rightarrow x^2 > |1-x^2| \Rightarrow x^2 > 1-x^2 \text{ für } x^2 < 1$$

$$\Rightarrow 2x^2 > 1 \text{ für } x^2 < 1 \Rightarrow x < -\sqrt{\frac{1}{2}},\ x > \sqrt{\frac{1}{2}},\ -1 < x < 1.$$

f ist also elastisch in $L_3 = (-1, -\sqrt{\frac{1}{2}}) \cup (\sqrt{\frac{1}{2}}, 1)$.

(c) $f(x) = \frac{x}{x-1}$:

$$f'(x) = \frac{x-1-x}{(x-1)^2} = -\frac{1}{(x-1)^2},$$

$$\varepsilon_f(x) = -\frac{x}{(x-1)^2} \cdot \frac{x-1}{x} = -\frac{1}{x-1}.$$

1. Fall:

$$|\varepsilon_f(x)| = \left|\frac{1}{x-1}\right| < 1 \Rightarrow 1 < |x-1| \Rightarrow \begin{cases} 1 < x-1 & \text{für } x > 1 \\ 1 < -x+1 & \text{für } x < 1 \end{cases} \Rightarrow \begin{cases} x > 2, & x > 1 \\ x < 0, & x < 1 \end{cases}.$$

f ist also unelastisch in $L_1 = (-\infty, 0) \cup (2, \infty)$.

2. Fall:

$$|\varepsilon_f(x)| = \left|\frac{1}{x-1}\right| = 1 \Rightarrow 1 = |x-1| \Rightarrow \begin{cases} 1 = x - 1 \\ 1 = -x + 1 \end{cases} \Rightarrow \begin{cases} x = 2 \\ x = 0 \end{cases}.$$

f ist also 1-elastisch in $L_2 = \{0, 2\}$.

3. Fall:

$$|\varepsilon_f(x)| = \left|\frac{1}{x-1}\right| > 1 \Rightarrow 1 > |x-1| \Rightarrow \begin{cases} 1 > x - 1 \text{ für } x > 1 \\ 1 > -x + 1 \text{ für } x < 1 \end{cases} \Rightarrow \begin{cases} x < 2,\ x > 1 \\ x > 0,\ x < 1 \end{cases}.$$

f ist also elastisch in $L_3 = (0,1) \cup (1,2)$.

(d) $f(x) = a-bx^2$:

$$\varepsilon_f(x) = \frac{x(-2bx)}{a-bx^2} = -\frac{2bx^2}{a-bx^2}.$$

1. Fall:

$$|\varepsilon_f(x)| = \left|\frac{2bx^2}{a-bx^2}\right| < 1 \Rightarrow 2bx^2 < |a-bx^2| \Rightarrow \begin{cases} 2bx^2 < a-bx^2 \text{ für } x^2 \leq \frac{a}{b} \\ 2bx^2 < -a+bx^2 \text{ für } x^2 > \frac{a}{b} \end{cases}$$

(wegen $b > 0$)

$$\Rightarrow \begin{cases} x^2 < \frac{a}{3b} \text{ für } x^2 \leq \frac{a}{b} \\ x^2 < -\frac{a}{b} \text{ für } x^2 > \frac{a}{b} \end{cases} \Rightarrow \begin{cases} -\sqrt{\frac{a}{3b}} < x < \sqrt{\frac{a}{3b}},\ -\sqrt{\frac{a}{b}} \leq x \leq \sqrt{\frac{a}{b}} \\ \text{Widerspruch wegen } x^2 < -\frac{a}{b} < 0 \end{cases}.$$

f ist also unelastisch in $L_1 = (-\sqrt{\frac{a}{3b}}, \sqrt{\frac{a}{3b}})$.

2. Fall:

$$|\varepsilon_f(x)| = \left|\frac{2bx^2}{a-bx^2}\right| = 1 \Rightarrow 2bx^2 = |a-bx^2| \Rightarrow \begin{cases} 2bx^2 = a-bx^2 \text{ für } x^2 < \frac{a}{b} \\ 2bx^2 = -a+bx^2 \text{ für } x^2 > \frac{a}{b} \end{cases}$$

$$\Rightarrow \begin{cases} x^2 = \frac{a}{3b} \text{ für } x^2 \leq \frac{a}{b} \\ x^2 = -\frac{a}{b} \text{ für } x^2 > \frac{a}{b} \end{cases} \Rightarrow \begin{cases} x = \pm\sqrt{\frac{a}{3b}} \\ \text{Widerspruch wegen } x^2 = -\frac{a}{b} < 0 \end{cases}.$$

f ist also 1-elastisch in $L_2 = \{-\sqrt{\frac{a}{3b}}, \sqrt{\frac{a}{3b}}\}$.

3. Fall:

$$|\varepsilon_f(x)| = \left|\frac{2bx^2}{a-bx^2}\right| > 1 \Rightarrow 2bx^2 > |a-bx^2| \Rightarrow \begin{cases} 2bx^2 > a-bx^2 \text{ für } x^2 \leq \frac{a}{b} \\ 2bx^2 > -a+bx^2 \text{ für } x^2 > \frac{a}{b} \end{cases}$$

$$\Rightarrow \begin{cases} x^2 > \frac{a}{3b} \text{ für } x^2 \le \frac{a}{b} \\ x^2 > -\frac{a}{b} \text{ für } x^2 > \frac{a}{b} \end{cases} \Rightarrow \begin{cases} x < -\sqrt{\frac{a}{3b}},\ x > \sqrt{\frac{a}{3b}},\ -\sqrt{\frac{a}{b}} \le x \le \sqrt{\frac{a}{b}} \\ x \in \mathbb{R}, (a,b>0),\ x < -\sqrt{\frac{a}{b}},\ x > \sqrt{\frac{a}{b}} \end{cases}.$$

f ist also elastisch in $L_3 = (-\infty, -\sqrt{\frac{a}{b}}) \cup (-\sqrt{\frac{a}{b}}, -\sqrt{\frac{a}{3b}}) \cup (\sqrt{\frac{a}{3b}}, \sqrt{\frac{a}{b}}) \cup (\sqrt{\frac{a}{b}}, \infty)$.

(e) $f(x) = \frac{ax}{bx-1}$:

$$f'(x) = \frac{a(bx-1) - axb}{(bx-1)^2} = -\frac{a}{(bx-1)^2},$$

$$\varepsilon_f(x) = -\frac{xa}{(bx-1)^2} \cdot \frac{bx-1}{ax} = -\frac{1}{(bx-1)}$$

1. Fall:

$$|\varepsilon_f(x)| = \left|\frac{1}{bx-1}\right| < 1 \Rightarrow 1 < |bx-1| \Rightarrow \begin{cases} 1 < bx-1 \text{ für } x > \frac{1}{b} \\ 1 < -bx+1 \text{ für } x < \frac{1}{b} \\ \text{(wegen } b > 0) \end{cases}$$

$$\Rightarrow \begin{cases} x > \frac{2}{b} \text{ für } x > \frac{1}{b} \\ x < 0 \text{ für } x < \frac{1}{b} \end{cases}.$$

f ist also unelastisch in $L_1 = (-\infty, 0) \cup (\frac{2}{b}, \infty)$.

2. Fall:

$$|\varepsilon_f(x)| = \left|\frac{1}{bx-1}\right| = 1 \Rightarrow 1 = |bx-1| \Rightarrow \begin{cases} 1 = bx-1 \text{ für } x > \frac{1}{b} \\ 1 = -bx+1 \text{ für } x < \frac{1}{b} \end{cases} \Rightarrow \begin{cases} x = \frac{2}{b} \\ x = 0 \end{cases}.$$

f ist also 1-elastisch in $L_2 = \{\frac{2}{b}, 0\}$.

3. Fall:

$$|\varepsilon_f(x)| = \left|\frac{1}{bx-1}\right| > 1 \Rightarrow 1 > |bx-1| \Rightarrow \begin{cases} 1 > bx-1 \text{ für } x > \frac{1}{b} \\ 1 > -bx+1 \text{ für } x < \frac{1}{b} \end{cases} \Rightarrow \begin{cases} x < \frac{2}{b} \text{ für } x > \frac{1}{b} \\ x > 0 \text{ für } x < \frac{1}{b} \end{cases}.$$

f ist also elastisch in $L_3 = (0, \frac{1}{b}) \cup (\frac{1}{b}, \frac{2}{b})$.

(f) $f(x) = \sqrt{2x+a} = (2x+a)^{\frac{1}{2}}$:

$$\varepsilon_f(x) = \frac{x\frac{1}{2}(2x+a)^{-\frac{1}{2}} \cdot 2}{(2x+a)^{\frac{1}{2}}} = \frac{x}{(2x+a)} .$$

Der Definitionsbereich von f ist die Menge

$D = \{x \in \mathbb{R} | 2x+a \geq 0\} = \{x \in \mathbb{R} | x \geq -\frac{a}{2}\} = [-\frac{a}{2},\infty)$.

Wegen $-\frac{a}{2} > 0$ gilt dann:

$$|\varepsilon_f(x)| = \left|\frac{x}{2x+a}\right| = \begin{cases} \frac{x}{2x+a} & \text{für } x \geq 0 \\ -\frac{x}{2x+a} & \text{für } -\frac{a}{2} < x < 0 \end{cases} .$$

Für alle anderen $x \in \mathbb{R}$ ist die Fuktion f nicht definiert.

<u>1. Fall:</u>

$$|\varepsilon_f(x)| = \left|\frac{x}{2x+a}\right| < 1 \Rightarrow \begin{cases} \frac{x}{2x+a} < 1 \text{ für } x \geq 0 \\ -\frac{x}{2x+a} < 1 \text{ für } -\frac{a}{2} < x < 0 \end{cases} \Rightarrow$$

$$\Rightarrow \begin{cases} x < 2x+a & \text{für } x \geq 0 \\ -x < 2x+a & \text{für } -\frac{a}{2} < x < 0 \end{cases} \Rightarrow \begin{cases} x > -a,\ x \geq 0 \\ x > -\frac{a}{3},\ -\frac{a}{2} < x < 0 \end{cases} .$$

f ist also unelastisch in $L_1 = (-\frac{a}{3},\infty)$.

<u>2. Fall:</u>

$$|\varepsilon_f(x)| = \left|\frac{x}{2x+a}\right| = 1 \Rightarrow \begin{cases} \frac{x}{2x+a} = 1 \text{ für } x \geq 0 \\ -\frac{x}{2x+a} = 1 \text{ für } -\frac{a}{2} < x < 0 \end{cases} \Rightarrow \begin{cases} x = -a \\ \text{(Widerspruch zu } x \geq 0!) \\ x = -\frac{a}{3} \end{cases}$$

f ist also 1-elastisch in $L_2 = \{-\frac{a}{3}\}$.

3. Fall:

$$|\varepsilon_f(x)| = \left|\frac{x}{2x+a}\right| > 1 \Rightarrow \begin{cases} \frac{x}{2x+a} > 1 \text{ für } x \geq 0 \\ -\frac{x}{2x+a} > 1 \text{ für } -\frac{a}{2} < x < 0 \end{cases}$$

$$\Rightarrow \begin{cases} x > 2x+a \text{ für } x \geq 0 \\ -x > 2x+a \text{ für } -\frac{a}{2} < x < 0 \end{cases} \Rightarrow \begin{cases} x < -a,\ x \geq 0 \\ \text{(Widerspruch wegen } a > 0) \\ x < -\frac{a}{3},\ -\frac{a}{2} < x < 0 \end{cases}$$

f ist also elastisch in $L_3 = (-\frac{a}{2}, -\frac{a}{3})$.

3. (a) $\varepsilon_{f+g}(x) = \frac{x(f+g)'(x)}{(f+g)(x)} = \frac{xf'(x) + xg'(x)}{f(x) + g(x)}$.

Wegen $\varepsilon_f(x)\cdot f(x) = xf'(x)$ und $\varepsilon_g(x)\cdot g(x) = xg'(x)$ folgt daraus:

$$\varepsilon_{f+g}(x) = \frac{f(x)\cdot\varepsilon_f(x) + g(x)\cdot\varepsilon_g(x)}{f(x) + g(x)};$$

(b) $\varepsilon_{f\cdot g}(x) = \frac{x(fg)'(x)}{(fg)(x)} = \frac{x[f'(x)g(x) + f(x)g'(x)]}{f(x)\cdot g(x)} =$

$$= \frac{xf'(x)g(x)}{f(x)g(x)} + \frac{xf(x)g'(x)}{f(x)g(x)} = \varepsilon_f(x) + \varepsilon_g(x);$$

(c) $\varepsilon_{\frac{f}{g}}(x) = \frac{x(\frac{f}{g})'(x)}{(\frac{f}{g})(x)} = \frac{x\left(\frac{f'(x)g(x)-f(x)g'(x)}{g^2(x)}\right)}{\frac{f(x)}{g(x)}} = \frac{xg(x)[f'(x)g(x)-f(x)g'(x)]}{g^2(x)f(x)} =$

$$= \frac{xf'(x)g(x)}{g(x)f(x)} - \frac{xf(x)g'(x)}{g(x)f(x)} = \frac{xf'(x)}{f(x)} - \frac{xg'(x)}{g(x)} = \varepsilon_f(x) - \varepsilon_g(x).$$

4. (a) $f(t) = \exp(\exp(-\frac{1}{t^2}))$:

$$\hat{f}(t) = \frac{\exp(\exp(-\frac{1}{t^2}))\cdot\exp(-\frac{1}{t^2})\cdot 2t^{-3}}{\exp(\exp(-\frac{1}{t^2}))} = \frac{2\exp(-\frac{1}{t^2})}{t^3};$$

(b) $f(t) = \ln\frac{t}{t-1}$:

$$f'(t) = \frac{t-1-t}{(t-1)^2} \cdot \frac{t-1}{t} = -\frac{1}{t(t-1)},$$

$$\hat{f}(t) = -\frac{1}{t(t-1)\cdot \ln(\frac{t}{t-1})};$$

(c) $f(t) = g(e^{2t})$:

$$\hat{f}(t) = \frac{g'(e^{2t})2e^{2t}}{g(e^{2t})}.$$

(d) $f(t) = \ln g(t)$:

$$\hat{f}(t) = \frac{g'(t)}{g(t)} \cdot \frac{1}{\ln g(t)} = \frac{\hat{g}(t)}{\ln g(t)}.$$

(e) $f(t) = h(g(t))$:

$$\hat{f}(t) = \frac{h'(g(t))\cdot g'(t)}{h(g(t))}.$$

11. Kurvendiskussionen

1. (a) $f(x) = x^2 - x - 6$

Nullstellen: $f(x) = 0$ für $x_{1,2} = \frac{1 \pm \sqrt{1+24}}{2} = \frac{1 \pm 5}{2}$

$\Rightarrow x_{N1} = 3,\ x_{N2} = -2.$

Extremwerte:

$f'(x) = 2x - 1;\ f''(x) = 2.$

Wegen $f'(x) = 0$ für $x_s = \frac{1}{2}$ (stationärer Punkt) und $f''(\frac{1}{2}) = 2 > 0$ liegt bei $x_s = \frac{1}{2}$ ein lokales Minimum vor.

(b) $f(x) = -x^2 + 2a^2x$:

Nullstellen: $f(x) = -x(x-2a^2) = 0$ für $x_{N1} = 0,\ x_{N2} = 2a^2.$

Extremwerte:

$f'(x) = -2x + 2a^2;\ f''(x) = -2.$

Wegen $f'(x) = 0$ für $x_s = a^2$ und $f''(a^2) = -2 < 0$ besitzt die Funktion f bei $x_s = a^2$ ein lokales Maximum.

(c) $f(x) = (x-1)^2(x+1) = x^3 - x^2 - x + 1$

Nullstellen: $f(x) = 0$ für $x_{N1} = 1,\ x_{N2} = -1.$

Extremwerte:

$$f'(x) = 2(x-1)(x+1) + (x-1)^2 = (x-1)[2x+2+x-1] = (x-1)(3x+1)$$

$$f''(x) = 3x + 1 + 3(x-1) = 6x - 2$$

Wegen $f'(x) = 0$ für $x_{s1} = 1,\ x_{s2} = -\frac{1}{3}$ und $f''(1) = 4 > 0$ sowie $f''(-\frac{1}{3}) = -4 < 0$ liegt bei $x_{s1} = 1$ ein lokales Minimum, bei $x_{s2} = -\frac{1}{3}$ ein lokales Maximum vor.

(d) $f(x) = x^3 - 3x^2 + 6x$

Nullstellen: $f(x) = x(x^2-3x+6) = 0$ für $x_N = 0.$

Aus der quadratischen Gleichung $x^2 - 3x + 6 = 0$ folgt: $x_{1,2} = \frac{3 \pm \sqrt{9-24}}{2}$; wegen $9 - 24 < 0$ liegt also keine weitere Nullstelle vor.

Extremwerte:

$f'(x) = 3x^2 - 6x + 6;\ f''(x) = 6x - 6$

Aus $f'(x) = 3x^2 - 6x + 6 = 0$ folgt: $x_{1,2} = \frac{6 \pm \sqrt{36-72}}{6}$.

Wegen $36 - 72 < 0$ liegen also keine Extremwerte vor.

(e) $f(x) = e^{-x} - e^{-2x}$

Nullstellen: $f(x) = e^{-x}(1-e^{-x}) = 0 \Rightarrow x_N = 0$

(wegen $e^{-x} > 0$ und $e^0 = 1$).

Extremwerte:

$f'(x) = -e^{-x} + 2e^{-2x} = e^{-x}(-1+2e^{-x})$

$f''(x) = e^{-x} - 4e^{-2x}$.

Aus $f'(x) = 0$ folgt $(-1+2e^{-x}) = 0 \Rightarrow 2e^{-x} = 1 \Rightarrow e^x = 2$.

Durch Logarithmieren erhalten wir:

$\ln e^x = \ln 2 \Rightarrow x = x_s = \ln 2$.

Wegen $f''(\ln 2) = e^{-\ln 2} - 4e^{-2\ln 2} = (e^{\ln 2})^{-1} - 4(e^{\ln 2})^{-2} =$

$= 2^{-1} - 4 \cdot 2^{-2} = \frac{1}{2} - 1 < 0$

liegt bei $x_s = \ln 2$ ein lokales Maximum vor.

(f) $f(x) = be^{-(x-a)^2},\ b \neq 0$:

Nullstellen: Es existieren keine Nullstellen wegen

$e^{-(x-a)^2} > 0$ für alle $x \in \mathbb{R}$.

Extremwerte:

$f'(x) = be^{-(x-a)^2} \cdot (-2)(x-a);$

$f''(x) = be^{-(x-a)^2}[-2(x-a)]^2 - 2be^{-(x-a)^2}$.

Wegen $f'(x) = 0$ für $x_s = a$ und $f''(a) = -2be^0 = -2b$ besitzt f ein lokales Maximum, falls $b > 0$ und ein lokales Minimum, falls $b < 0$.

2. $f(x) = x^3 - ax,\ a > 0$:

(a) Definitionsbereich $D = \mathbb{R}$

Nullstellen: $f(x) = x^3 - ax = x(x^2-a) = 0$ für

$x_{N1} = 0,\ x_{N2} = \sqrt{a},\ x_{N3} = -\sqrt{a}$.

(b) Verhalten für $x \to \pm\infty$:

$x_n = n: \lim\limits_{x\to\infty} f(x) = \lim\limits_{n\to\infty} n^3 - an = \infty$

$x_n = -n: \lim\limits_{x\to-\infty} f(x) = \lim\limits_{n\to\infty} -n^3 + an = -\infty$.

(c) Ableitungen:

$f'(x) = 3x^2 - a;\ f''(x) = 6x;\ f'''(x) = 6$.

Wegen $f'(x) = 0$ für $x_{s1} = \sqrt{\frac{a}{3}},\ x_{s2} = -\sqrt{\frac{a}{3}}$ (stationäre Punkte) und $f''\left(\sqrt{\frac{a}{3}}\right) = 6\sqrt{\frac{a}{3}} > 0$ und $f''\left(-\sqrt{\frac{a}{3}}\right) = -6\sqrt{\frac{a}{3}} < 0$ liegt bei

$x_{s1} = \sqrt{\frac{a}{3}}$ ein lokales Minimum $\left(f(x_{s1}) = -\frac{2}{3}a\sqrt{\frac{a}{3}}\right)$

$x_{s2} = -\sqrt{\frac{a}{3}}$ ein lokales Maximum $\left(f(x_{s2}) = \frac{2}{3}a\sqrt{\frac{a}{3}}\right)$ vor.

Wegen $f''(x) = 0$ für $x_w = 0$ und $f'''(0) = 6 \neq 0$ liegt bei $x_w = 0$ ein Wendepunkt vor.

(d) Monotonieverhalten:

$$f'(x) = 3x^2 - a \begin{cases} > 0 \text{ für } |x| > \sqrt{\frac{a}{3}} \\ < 0 \text{ für } |x| < \sqrt{\frac{a}{3}} \end{cases}$$

$$f \text{ ist also in} \begin{cases} \left(-\infty, -\sqrt{\frac{a}{3}}\right) \text{u.} \left(\sqrt{\frac{a}{3}}, \infty\right) & \text{streng monoton wachsend} \\ \left(-\sqrt{\frac{a}{3}}, \sqrt{\frac{a}{3}}\right) & \text{streng monoton fallend} \end{cases}$$

Krümmungsverhalten:

$$f''(x) = 6x \begin{cases} \geq 0 \text{ für } x \geq 0 \\ \leq 0 \text{ für } x \leq 0 \end{cases}$$

f ist also konvex in $[0,\infty)$, konkav in $(-\infty,0]$.

Zeichnung:

$f(x) = x^3 - ax$

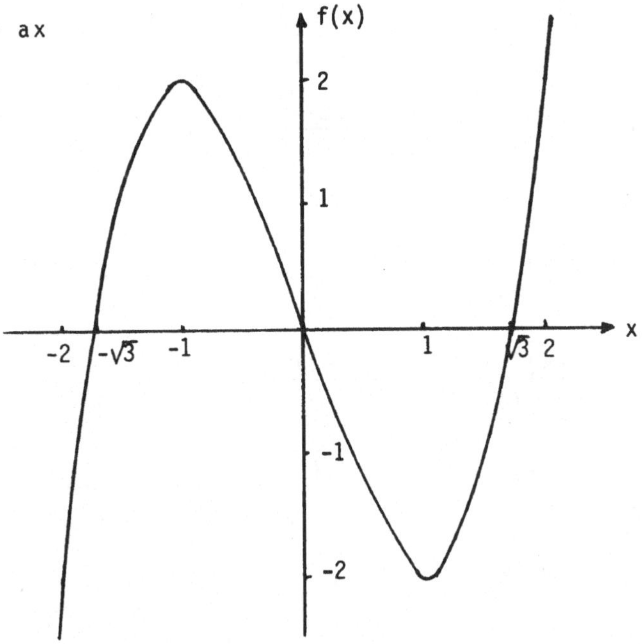

3. $f : D \to \mathbb{R},\ f(x) = \dfrac{3x - 1}{(1-x)^3}$:

(a) Definitionsbereich $D = \{x \in \mathbb{R} \mid (1-x)^3 \neq 0\} = \mathbb{R} \setminus \{1\}$.

Nullstellen: $3x - 1 = 0$ für $x_N = \frac{1}{3}$.

(b) Senkrechte Asymptote (Pol) bei $x_o = 1$ wegen

$$x_n = 1 + \frac{1}{n} :\ f_r(1) = \lim_{\substack{x\to 1\\ x>1}} f(x) = \lim_{n\to\infty} \frac{3(1+\frac{1}{n}) - 1}{(1-1-\frac{1}{n})^3} =$$

$$= \lim_{n\to\infty} \frac{2 + \frac{3}{n}}{-\frac{1}{n^3}} = \lim_{n\to\infty} - 2n^3 - 3n^2 = -\infty .$$

$$x_n = 1 - \frac{1}{n} :\ f_l(1) = \lim_{\substack{x\to 1\\ x<1}} f(x) = \lim_{n\to\infty} \frac{3(1-\frac{1}{n}) - 1}{(1-1+\frac{1}{n})^3} =$$

$$= \lim_{n\to\infty} \frac{2 - \frac{3}{n}}{\frac{1}{n^3}} = \lim_{n\to\infty} 2n^3 - 3n^2 = \infty .$$

Waagrechte Asymptote bei $y = f(x) = 0$ wegen

$$x_n = n: \lim_{x\to\infty} f(x) = \lim_{n\to\infty} \frac{3n-1}{(1-n)^3} = 0$$

$$x_n = -n: \lim_{x\to-\infty} f(x) = \lim_{n\to\infty} \frac{-3n-1}{(1+n)^3} = 0.$$

(c) Ableitungen:

$$f'(x) = \frac{3(1-x)^3 + 3(3x-1)(1-x)^2}{(1-x)^6} = \frac{3(1-x) + 3(3x-1)}{(1-x)^4} = \frac{6x}{(1-x)^4}$$

$$f''(x) = \frac{6(1-x)^4 + 4 \cdot 6x(1-x)^3}{(1-x)^8} = \frac{6(1-x) + 24x}{(1-x)^5} = \frac{6 + 18x}{(1-x)^5}$$

$$f'''(x) = \frac{18(1-x)^5 + 5(6+18x)(1-x)^4}{(1-x)^{10}} = \frac{18(1-x) + 5(6+18x)}{(1-x)^6} =$$

$$= \frac{48 + 72x}{(1-x)^6}.$$

Es gilt nun:

$$f'(x) = \frac{6x}{(1-x)^4} = 0 \Rightarrow x_s = 0 \text{ ist stationärer Punkt.}$$

Wegen $f''(0) = 6 > 0$ existiert bei $x_s = 0$ ein lokales Minimum.

$$f''(x) = \frac{6 + 18x}{(1-x)^5} = 0 \Rightarrow x_w = -\frac{1}{3}$$

Wegen $f'''(-\frac{1}{3}) = \frac{3^6 \cdot 24}{4^6} \neq 0$ existiert bei $x_w = -\frac{1}{3}$ ein Wendepunkt.

(d) Monotonieverhalten:

$$f'(x) = \frac{6x}{(1-x)^4} \begin{cases} > 0 \text{ für } 0 < x < 1 \text{ oder } x > 1 \\ < 0 \text{ für } x < 0 \end{cases}$$

$$f \text{ ist also in } \begin{cases} (0,1) \text{ u. } (1,\infty) & \text{streng monoton wachsend} \\ (-\infty,0) & \text{streng monoton fallend.} \end{cases}$$

Krümmungsverhalten:

$$f''(x) = \frac{6+18x}{(1-x)^5} \begin{cases} \geq 0 \text{ für } -\frac{1}{3} \leq x < 1 \text{ (da } (1-x)^5 > 0) \\ \leq 0 \text{ für } x \leq -\frac{1}{3} \text{ (da } (1-x)^5 > 0) \\ \quad \text{oder } x > 1 \text{ (da } (1-x)^5 < 0). \end{cases}$$

f ist also konvex in $[-\frac{1}{3},1)$ und konkav in $(-\infty,-\frac{1}{3})$ u. $(1,\infty)$.

(e)

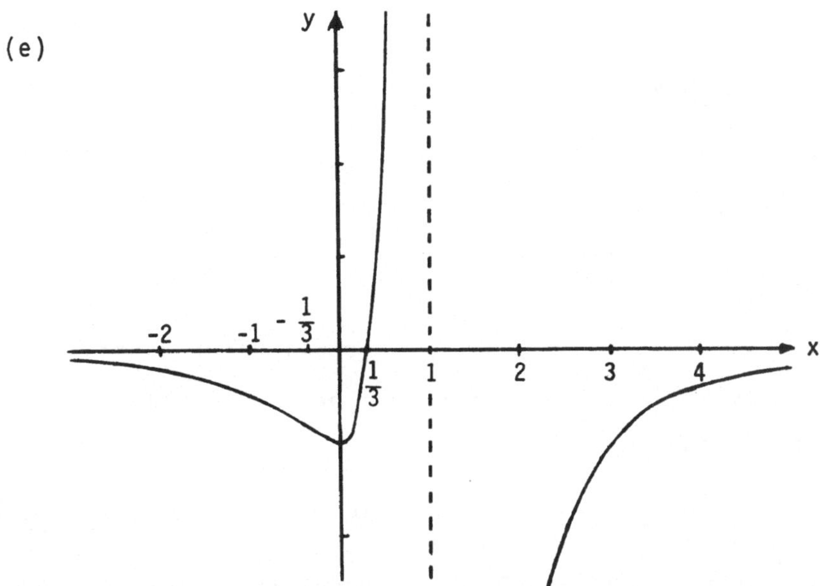

4. $f : D \to \mathbb{R}$, $f(x) = \frac{2x^2}{2+x^2}$:

(a) Definitionsbereich $D = \mathbb{R}$.
Nullstellen $x_N = 0$.

(b) Es existieren keine Polstellen, da der Nenner $2 + x^2$ immer positiv ist.
Verhalten für $x \to \pm\infty$:

$$x_n = n : \lim_{x\to\infty} f(x) = \lim_{n\to\infty} \frac{2n^2}{2+n^2} = \lim_{n\to\infty} \frac{2}{\frac{2}{n^2}+1} = 2$$

$$x_n = -n : \lim_{x\to-\infty} f(x) = \lim_{n\to\infty} \frac{2(-n)^2}{2+(-n)^2} = \lim_{n\to\infty} \frac{2}{\frac{2}{n^2}+1} = 2.$$

Die Funktion besitzt also bei $y = f(x) = 2$ eine waagrechte Asymptote.

(c) Ableitungen:

$$f'(x) = \frac{4x(2+x^2) - 2x^2 \cdot 2x}{(2+x^2)^2} = \frac{8x}{(2+x^2)^2}$$

$$f''(x) = \frac{8(2+x^2)^2 - 2 \cdot 8x(2+x^2)2x}{(2+x^2)^4} = \frac{8(2+x^2) - 32x^2}{(2+x^2)^3} =$$

$$= \frac{16 - 24x^2}{(2+x^2)^3}$$

$$f'''(x) = \frac{-48x(2+x^2)^3 - 3(16-24x^2)(2+x^2)^2 2x}{(2+x^2)^6} =$$

$$= \frac{-48x(2+x^2) - 6x(16-24x^2)}{(2+x^2)^4} = \frac{-192x + 96x^3}{(2+x^2)^4} .$$

Es gilt nun:

$f'(x) = 0$ für $x_S = 0 \Rightarrow x_S = 0$ ist stationärer Punkt.

Wegen $f''(0) = \frac{16}{8} = 2 > 0$ existiert bei $x_S = 0$ ein lokales Minimum.

$f''(x) = \frac{16 - 24x^2}{(2+x^2)^3} = 0$ für $24x^2 = 16 \Rightarrow x_{W1} = -\sqrt{\frac{2}{3}}$, $x_{W2} = \sqrt{\frac{2}{3}}$.

Wegen $f'''\left(-\sqrt{\frac{2}{3}}\right) \neq 0$ und $f'''\left(\sqrt{\frac{2}{3}}\right) \neq 0$ existieren bei $x_{W1} = -\sqrt{\frac{2}{3}}$ und $x_{W2} = \sqrt{\frac{2}{3}}$ Wendepunkte.

(d) f ist beschränkt wegen $f[D] = [0,2) \subset [0,2]$.

(e) Monotonieverhalten:

$$f'(x) = \frac{8x}{(2+x^2)^2} \begin{cases} > 0 & \text{für } x > 0 \\ < 0 & \text{für } x < 0. \end{cases}$$

f ist also in $\begin{cases} (0,\infty) & \text{streng monoton wachsend} \\ (-\infty,0) & \text{streng monoton fallend.} \end{cases}$

Krümmungsverhalten:

$$f''(x) = \frac{16 - 24x^2}{(2+x^2)^3} \begin{cases} \geq 0 & \text{für } -\sqrt{\frac{2}{3}} \leq x \leq \sqrt{\frac{2}{3}} \\ \leq 0 & \text{für } x \leq -\sqrt{\frac{2}{3}} \text{ oder } x \geq \sqrt{\frac{2}{3}} \end{cases}$$

f ist also konvex in $[-\sqrt{\frac{2}{3}}, \sqrt{\frac{2}{3}}]$ und konkav in $(-\infty, -\sqrt{\frac{2}{3}}]$ u. $[\sqrt{\frac{2}{3}}, \infty)$.

(f)

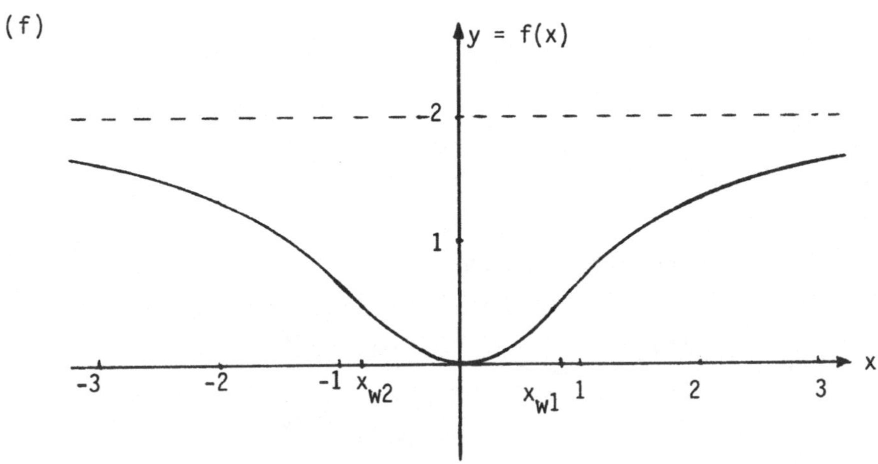

5. $f : D \to \mathbb{R},\ f(x) = \dfrac{e^{ax}}{e^{ax} - 1}$, $a \neq 0$:

(a) Wegen $e^0 = 1$ gilt $e^{ax} - 1 = 0$ für $x = 0$.
Der Definitionsbereich ist deshalb die Menge $\mathbb{R} \setminus \{0\}$.

(b) Die Funktion besitzt keine Nullstellen, da $e^{ax} > 0$ für alle $x \in \mathbb{R}$.

Ableitungen:

$$f'(x) = \frac{ae^{ax}(e^{ax}-1) - ae^{ax}e^{ax}}{(e^{ax}-1)^2} = \frac{ae^{2ax} - ae^{ax} - ae^{2ax}}{(e^{ax}-1)^2} =$$

$$= \frac{-ae^{ax}}{(e^{ax}-1)^2}$$

$$f''(x) = \frac{-a^2e^{ax}(e^{ax}-1)^2 + 2a^2e^{ax}(e^{ax}-1)e^{ax}}{(e^{ax}-1)^4} =$$

$$= \frac{-a^2e^{ax}(e^{ax}-1) + 2a^2e^{2ax}}{(e^{ax}-1)^3} = \frac{a^2e^{2ax} + a^2e^{ax}}{(e^{ax}-1)^3}.$$

$f'(x) \neq 0$ wegen $ae^{ax} \neq 0$; es existiert deshalb kein lokales Extremum.

$f''(x) \neq 0$; es existiert deshalb kein Wendepunkt.

(c) $f(x) = \dfrac{e^{ax}}{e^{ax} - 1} = 1 \Rightarrow e^{ax} = e^{ax} - 1 \Rightarrow 0 = -1$ Widerspruch!

Es gibt deshalb kein $x \in \mathbb{R}$ mit $f(x) = 1$, d.h. $f^{-1}[\{1\}] = \emptyset$.

(d)

$$f'(x) = \frac{-ae^{ax}}{(e^{ax}-1)^2} \begin{cases} > 0 \text{ für } a < 0 \\ < 0 \text{ für } a > 0 \end{cases}$$

f(x) ist also jeweils in $(0,\infty)$ und $(-\infty,0)$
streng monoton wachsend für $a < 0$
streng monoton fallend für $a > 0$.

$$f''(x) = \frac{a^2e^{ax}(e^{ax}+1)}{(e^{ax}-1)^3} \begin{cases} \geq 0 \text{ für } a>0,\ x>0 \text{ oder } a<0,\ x<0 \\ \quad (\text{wegen } e^{ax} > 1) \\ \leq 0 \text{ für } a<0,\ x>0 \text{ oder } a>0,\ x<0 \\ \quad (\text{wegen } e^{ax} < 1). \end{cases}$$

$$f \text{ ist also } \begin{cases} \text{in } (0,\infty) \text{ konvex für } a>0 \text{ und konkav für } a<0 \\ \text{in } (-\infty,0) \text{ konkav für } a>0 \text{ und konvex für } a<0. \end{cases}$$

(e) Verhalten von f für $x \to \pm\infty$:

<u>1. Fall</u>: $a > 0$

$$x_n = n: \lim_{x\to\infty} f(x) = \lim_{n\to\infty} \frac{e^{an}}{e^{an} - 1} = \lim_{n\to\infty} \frac{e^{an}}{e^{an} - 1} \cdot \frac{e^{-an}}{e^{-an}} =$$

$$= \lim_{n\to\infty} \frac{1}{1 - e^{-an}} = 1 \ (\text{wegen } e^{-an} \underset{n\to\infty}{\to} 0).$$

$$x_n = -n: \lim_{x\to-\infty} f(x) = \lim_{n\to\infty} \frac{e^{-an}}{e^{-an} - 1} = \lim_{n\to\infty} \frac{1}{1 - e^{an}} = 0$$

$$(\text{wegen } e^{an} \underset{n\to\infty}{\to} \infty)$$

<u>2. Fall</u>: $a < 0$

$$x_n = n: \lim_{x\to\infty} f(x) = \lim_{n\to\infty} \frac{1}{1 - e^{-an}} = 0 \ (\text{wegen } e^{-an} \underset{n\to\infty}{\to} \infty)$$

$$x_n = -n: \lim_{x\to-\infty} f(x) = \lim_{n\to\infty} \frac{1}{1 - e^{an}} = 1 \ (\text{wegen } e^{an} \underset{n\to\infty}{\to} 0).$$

(f) Rechts- und linksseitige Grenzwerte:

1. Fall: $a > 0$

$$x_n = \frac{1}{n}:\quad f_r(0) = \lim_{n\to\infty} \frac{e^{\frac{a}{n}}}{e^{\frac{a}{n}} - 1} = \lim_{n\to\infty} \frac{1}{1 - e^{-\frac{a}{n}}} = \infty$$

(wegen $e^{-\frac{a}{n}} < 1$ und $1 - e^{-\frac{a}{n}} \to 0$ für $n \to \infty$)

$$x_n = -\frac{1}{n}:\quad f_l(0) = \lim_{n\to\infty} \frac{e^{-\frac{a}{n}}}{e^{-\frac{a}{n}} - 1} = \lim_{n\to\infty} \frac{1}{1 - e^{\frac{a}{n}}} = -\infty$$

(wegen $e^{\frac{a}{n}} > 1$ und $1 - e^{\frac{a}{n}} \to 0$ für $n \to \infty$)

2. Fall: $a < 0$

$$x_n = \frac{1}{n}:\quad f_r(0) = \lim_{n\to\infty} \frac{e^{\frac{a}{n}}}{e^{\frac{a}{n}} - 1} = \lim_{n\to\infty} \frac{1}{1 - e^{-\frac{a}{n}}} = -\infty$$

(wegen $e^{-\frac{a}{n}} > 1$ und $1 - e^{-\frac{a}{n}} \to 0$ für $n \to \infty$)

$$x_n = -\frac{1}{n}:\quad f_l(0) = \lim_{n\to\infty} \frac{e^{-\frac{a}{n}}}{e^{-\frac{a}{n}} - 1} = \lim_{n\to\infty} \frac{1}{1 - e^{\frac{a}{n}}} = \infty$$

(wegen $e^{\frac{a}{n}} < 1$ und $1 - e^{\frac{a}{n}} \to 0$ für $n \to \infty$)

(g)

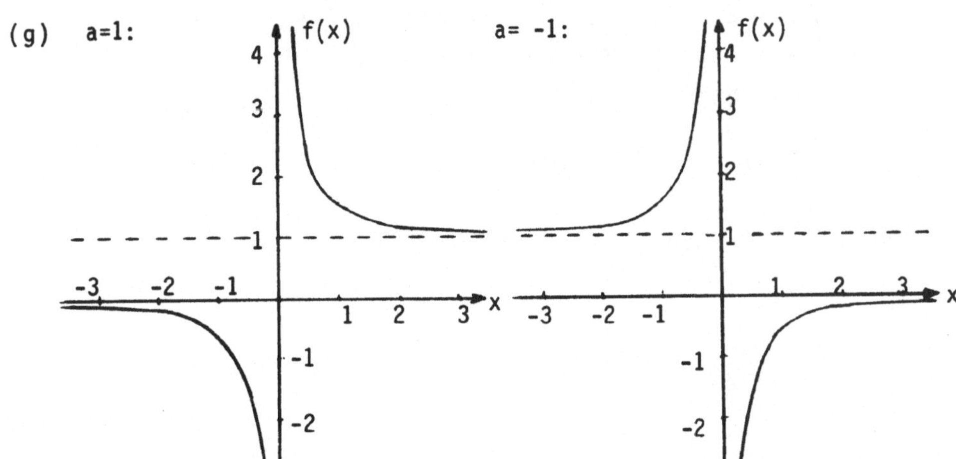

6. $f : D \to \mathbb{R}$, $f(x) = [\ln(1-x)]^2 - 1$:

(a) Definitionsbereich $D = \{x \in \mathbb{R} \mid 1 - x > 0\} = \{x \in \mathbb{R} \mid x < 1\}$.

(b) Verhalten von f bei $x = 1$ und $x \to -\infty$.

$$x_n = 1 - \frac{1}{n} : f_l(1) = \lim_{x\to 1} f(x) = \lim_{n\to\infty} [\ln(1-1+\frac{1}{n})]^2 - 1 =$$

$$= \lim_{n\to\infty} [\ln \frac{1}{n}]^2 - 1 = \infty.$$

$$x_n = -n: \lim_{x\to -\infty} f(x) = \lim_{n\to\infty} [\ln(1+n)]^2 - 1 = \infty.$$

(c) Nullstellen: $f(x) = [\ln(1-x)]^2 - 1 = 0$ für $[\ln(1-x)]^2 = 1$

$$\Rightarrow \begin{cases} \ln(1-x)=1 \\ \ln(1-x)=-1 \end{cases} \Rightarrow \begin{cases} e^{\ln(1-x)}=1-x=e^1 \\ e^{\ln(1-x)}=1-x=e^{-1} \end{cases} \Rightarrow \begin{cases} x_{N1}=1-e\approx-1{,}72 \\ x_{N2}=1-\frac{1}{e}\approx 0{,}63. \end{cases}$$

(d) Ableitungen:

$$f'(x) = 2\ln(1-x)\cdot\frac{-1}{1-x}\cdot$$

$$f''(x) = 2\left(\frac{-1}{1-x}\right)^2 + 2\ln(1-x)\cdot\frac{-1}{(1-x)^2} = \frac{2}{(1-x)^2}\cdot[1-\ln(1-x)].$$

$$f'''(x) = 4(1-x)^{-3}[1-\ln(1-x)] + 2(1-x)^{-2}(1-x)^{-1}$$

$$= \frac{2}{(1-x)^3}[3-2\ln(1-x)].$$

Extremwerte:

Es gilt: $f'(x) = -2.\frac{\ln(1-x)}{1-x} = 0$ für $x_s = 0$ (wegen $\ln(1)=0$).
Da $f''(0) = 2[1-0] = 2 > 0$, besitzt die Funktion f in $x_s = 0$ ein lokales Minimum ($f(0)=-1$).
Wendepunkt bei $x_w = 1 - e$

wegen $f''(x) = \frac{2}{(1-x)^2}[1-\ln(1-x)] = 0$ bei $\ln(1-x) = 1$

und $f'''(1-e) = \frac{2}{e^3}\cdot[3-2\ln e] = \frac{2}{e^3}\cdot[3-2] = \frac{2}{e^3} \neq 0$.

(e) f ist nicht beschränkt wegen $f[D] = [-1,\infty)$

Monotonieverhalten:

$$f'(x)=\frac{-2}{x-1}\ln(1-x) \begin{cases} >0 \text{ für } 0<x<1, \text{ da } x-1<0,\ 1-x<1 \text{ und deshalb } \ln(1-x) < 0 \\ <0 \text{ für } x<0, \text{ da } x-1<0,\ 1-x>1 \text{ und deshalb } \ln(1-x) > 0 \end{cases}$$

f ist also in $\begin{cases} (0,1) \text{ streng monoton wachsend} \\ (-\infty,0) \text{ streng monoton fallend} \end{cases}$

Krümmungsverhalten:

$$f''(x)=\frac{2}{(1-x)^2}[1-\ln(1-x)] \begin{cases} \geq 0 \text{ für } x\geq 1-e, \text{ da wegen } (1-x)\leq e \text{ gilt: } \ln(1-x) \leq 1 \\ \leq 0 \text{ für } x\leq 1-e, \text{ da wegen } (1-x)\geq e \text{ gilt: } \ln(1-x) \geq 1 \end{cases}$$

f ist also konvex in $[1-e,1)$ und konkav in $(-\infty,1-e]$

(f)

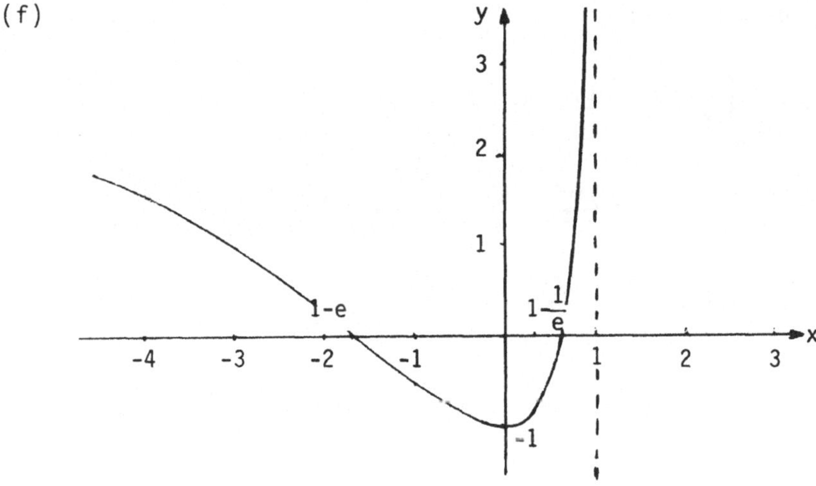

12. Integralrechnung

1. (a) $\int x^5 dx = \frac{x^6}{6} + C;$

(b) $\int (ax^2+bx+c)dx = \frac{ax^3}{3} + \frac{bx^2}{2} + cx + C;$

(c) $\int x^2 \sqrt[3]{x}\, dx = \int x^{\frac{7}{3}} dx = \frac{x^{\frac{10}{3}}}{\frac{10}{3}} + C = \frac{3}{10} \cdot \sqrt[3]{x^{10}} + C;$

(d) $\int \frac{a}{\sqrt[4]{x^3}} dx = a\int x^{-\frac{3}{4}} dx = \frac{ax^{\frac{1}{4}}}{(\frac{1}{4})} + C = 4a \sqrt[4]{x} + C;$

(e) $\int \sqrt{x\sqrt{x}}\, dx = \int \sqrt{x^{\frac{3}{2}}}\, dx = \int x^{\frac{3}{4}} dx = \frac{x^{\frac{7}{4}}}{\frac{7}{4}} + C = \frac{4}{7} \cdot \sqrt[4]{x^7} + C;$

(f) $\int be^{-ax} dx = - \frac{b}{a} e^{-ax} + C;$

(g) $\int \frac{f'(x)}{f(x)} dx = \ln |f(x)| + C.$

2. (a) $\int_{-2}^{2} x^3 dx = \frac{x^4}{4}\Big|_{-2}^{2} = \frac{16}{4} - \frac{16}{4} = 0;$

(b) $\int_{0}^{-1} (3x^3-x^2+ \frac{x}{2} - 2)dx = (\frac{3x^4}{4} - \frac{x^3}{3} + \frac{x^2}{4} - 2x) \Big|_{0}^{-1} =$

$= \frac{3}{4} + \frac{1}{3} + \frac{1}{4} + 2 = \frac{40}{12} = \frac{10}{3};$

(c) $\int_{0}^{-1} (x^2-1)x^3 dx = -\int_{-1}^{0} (x^5-x^3)dx = - (\frac{x^6}{6} - \frac{x^4}{4}) \Big|_{-1}^{0} = \frac{1}{6} - \frac{1}{4} = - \frac{1}{12};$

(d) $\int_{-1}^{1} \sqrt{a}\, dx = x\sqrt{a} \Big|_{-1}^{1} = \sqrt{a} + \sqrt{a} = 2\sqrt{a};$

(e) $\int_{1}^{\frac{1}{2}} \frac{(x+1)(x-2)}{x^4} dx = \int_{1}^{\frac{1}{2}} \frac{x^2-x-2}{x^4} dx = \int_{1}^{\frac{1}{2}} (x^{-2}-x^{-3}-2x^{-4})dx =$

$$= \left(-x^{-1} + \frac{x^{-2}}{2} + \frac{2}{3}x^{-3}\right)\Bigg|_1^{\frac{1}{2}} = \left(-\frac{1}{x} + \frac{1}{2x^2} + \frac{2}{3}\frac{1}{x^3}\right)\Bigg|_1^{\frac{1}{2}} =$$

$$= -2 + 2 + \frac{2}{3}8 + 1 - \frac{1}{2} - \frac{2}{3} = \frac{14}{3} + \frac{1}{2} = \frac{31}{6};$$

(f) $$\int_0^2 \frac{(2-x)^2}{\sqrt{x}}\,dx = \int_0^2 \frac{4-4x+x^2}{\sqrt{x}}\,dx = \int_0^2 (4x^{-\frac{1}{2}} - 4x^{\frac{1}{2}} + x^{\frac{3}{2}})dx =$$

$$= \left(\frac{4x^{\frac{1}{2}}}{\frac{1}{2}} - \frac{4x^{\frac{3}{2}}}{\frac{3}{2}} + \frac{x^{\frac{5}{2}}}{\frac{5}{2}}\right)\Bigg|_0^2 = \left(8\sqrt{x} - \frac{8}{3}\sqrt{x^3} + \frac{2}{5}\sqrt{x^5}\right)\Bigg|_0^2 =$$

$$= 8 \cdot \sqrt{2} - \frac{8}{3}2\sqrt{2} + \frac{2}{5}4\sqrt{2} = \sqrt{2}\,\frac{120-80+24}{15} = \frac{64}{15}\sqrt{2};$$

(g) $$\int_0^{-1} e^{-4x}dx = \frac{-e^{-4x}}{4}\Bigg|_0^{-1} = \frac{1}{4}(-e^4 + e^0) = \frac{1}{4}(1-e^4);$$

(h) $$|x-1| = \begin{cases} x-1 & \text{für } x \geq 1 \\ -x+1 & \text{für } x < 1 \end{cases}$$

$$\int_{-2}^3 |x-1|dx = \int_{-2}^1 (-x+1)dx + \int_1^3 (x-1)dx = \left(-\frac{x^2}{2} + x\right)\Bigg|_{-2}^1 + \left(\frac{x^2}{2} - x\right)\Bigg|_1^3 =$$

$$= -\frac{1}{2} + 1 + 2 + 2 + \frac{9}{2} - 3 - \frac{1}{2} + 1 = \frac{13}{2};$$

(i) $$|x^2 - 4| = \begin{cases} x^2 - 4 & \text{für } x \leq -2 \text{ oder } x \geq 2 \\ -x^2 + 4 & \text{für } -2 < x < 2 \end{cases}$$

$$\int_{-3}^3 |x^2-4|dx = \int_{-3}^{-2} (x^2-4)dx + \int_{-2}^2 (-x^2+4)dx + \int_2^3 (x^2-4)dx =$$

$$= \left(\frac{x^3}{3} - 4x\right)\Bigg|_{-3}^{-2} + \left(-\frac{x^3}{3} + 4x\right)\Bigg|_{-2}^2 + \left(\frac{x^3}{3} - 4x\right)\Bigg|_2^3 =$$

$$= -\frac{8}{3} + 8 + \frac{27}{3} - 12 - \frac{8}{3} + 8 - \frac{8}{3} + 8 + \frac{27}{3} - 12 - \frac{8}{3} + 8 = 8 + \frac{22}{3} = \frac{46}{3};$$

(k) $\int\limits_{\frac{1}{2}}^{\frac{3}{2}} \frac{1}{2x+1}\,dx$:

Setzt man $f(x) = \frac{1}{2x+1}$, so gilt $\frac{f'(x)}{f(x)} = \frac{2}{2x+1}$. Wir erhalten also:

$$\int\limits_{\frac{1}{2}}^{\frac{3}{2}} \frac{1}{2x+1}\,dx = \frac{1}{2}\cdot\int\limits_{\frac{1}{2}}^{\frac{3}{2}} \frac{f'(x)}{f(x)}\,dx = \frac{1}{2}\cdot\ln|2x+1|\Bigg|_{\frac{1}{2}}^{\frac{3}{2}} =$$

$$= \frac{1}{2}(\ln 4 - \ln 2) = \frac{1}{2}(2\ln 2 - \ln 2) = \frac{\ln 2}{2};$$

(l) $$\int\limits_{\frac{(a-1)^2}{b}}^{\frac{(a+1)^2}{b}} \frac{1}{bx-a^2}\,dx = \frac{1}{b}\int\limits_{\frac{(a-1)^2}{b}}^{\frac{(a+1)^2}{b}} \frac{b}{bx-a^2}\,dx = \frac{1}{b}\cdot\ln|bx-a^2|\Bigg|_{\frac{(a-1)^2}{b}}^{\frac{(a+1)^2}{b}} =$$

$$= \frac{1}{b}\ln[(a+1)^2-a^2] - \frac{1}{b}\ln[(a-1)^2-a^2] =$$

$$= \frac{1}{b}[\ln(2a+1) - \ln(-2a+1)] = \frac{1}{b}\ln\left(\frac{1+2a}{1-2a}\right);$$

(m) $$\int\limits_0^1 2^{-x}dx = \int\limits_0^1 e^{\ln 2^{-x}}dx = \int\limits_0^1 e^{-x\ln 2}dx = -\frac{e^{-x\ln 2}}{\ln 2}\Bigg|_0^1 =$$

$$= -\frac{1}{\ln 2}(e^{-\ln 2} - e^0) = \frac{1}{\ln 2}(1 - e^{-\ln 2}) = \frac{1}{\ln 2}(1 - \frac{1}{2}) = \frac{1}{2\ln 2};$$

(n) $$f(x) = \min\{x,x^2\} = \begin{cases} x & \text{für } x < 0 \text{ oder } x > 1 \\ x^2 & \text{für } 0 \le x \le 1 \end{cases}$$

$$\int\limits_{-4}^{4}\min\{x,x^2\}dx = \int\limits_{-4}^{0}x\,dx + \int\limits_{0}^{1}x^2dx + \int\limits_{1}^{4}x\,dx =$$

$$= \frac{x^2}{2}\Bigg|_{-4}^{0} + \frac{x^3}{3}\Bigg|_{0}^{1} + \frac{x^2}{2}\Bigg|_{1}^{4} = -8 + \frac{1}{3} + 8 - \frac{1}{2} = -\frac{1}{6};$$

(o) $$f(x) = \max\{1,|x|-1\} = \begin{cases} 1 & \text{für } -2 \le x \le 2 \\ x-1 & \text{für } x > 2 \\ -x-1 & \text{für } x < -2 \end{cases}$$

$$\int_{-3}^{3}\max\{1,|x|-1\}dx = \int_{-3}^{-2}(-x-1)dx + \int_{-2}^{2}dx + \int_{2}^{3}(x-1)dx =$$

$$= (-\frac{x^2}{2} - x)\Big|_{-3}^{-2} + x\Big|_{-2}^{2} + (\frac{x^2}{2} - x)\Big|_{2}^{3} =$$

$$= -2 + 2 + \frac{9}{2} - 3 + 2 + 2 + \frac{9}{2} - 3 - 2 + 2 = -2 + \frac{18}{2} = 7.$$

3. (a) $\int_{-2}^{0}\frac{6x^2}{2x^3-1}dx$:

Setzt man $t = g(x) = 2x^3-1$ und $f(t) = \frac{1}{t}$, so erhält man $f(g(x))g'(x) =$

$= \frac{1}{2x^3-1}6x^2 =$ Integrand.

Wegen $g(-2) = -17$ und $g(0) = -1$ ergibt sich dann:

$$\int_{-2}^{0}\frac{6x^2}{2x^3-1}dx = \int_{-17}^{-1}\frac{1}{t}dt = \ln|t|\Big|_{-17}^{-1} = \ln|-1|-\ln|-17| = -\ln 17;$$

(b) $\int_{-2}^{-5}\frac{1}{(1-x)\sqrt{1-x}}dx$:

Wir setzen $t = g(x) = 1 - x$ und $f(t) = -\frac{1}{t\sqrt{t}}$ und erhalten somit

$f(g(x)) \cdot g'(x) = -\frac{1}{(x-1)\sqrt{1-x}}(-1) = \frac{1}{(x-1)\sqrt{1-x}} =$ Integrand.

Wegen $g(-2) = 3$ und $g(-5) = 6$ gilt dann:

$$\int_{-2}^{-5}\frac{1}{(1-x)\sqrt{1-x}}dx = -\int_{3}^{6}\frac{1}{t\sqrt{t}}dt = \int_{6}^{3}t^{-\frac{3}{2}}dt = \frac{t^{-\frac{1}{2}}}{-\frac{1}{2}}\Big|_{6}^{3} =$$

$$= -\frac{2}{\sqrt{t}}\Big|_{6}^{3} = -\frac{2}{\sqrt{3}} + \frac{2}{\sqrt{6}} = \frac{2}{\sqrt{3}}(\frac{1}{\sqrt{2}} - 1);$$

(c) $\int_{0}^{\sqrt{2\frac{b}{a}}}x(ax^2-b)^n dx$:

Wir setzen $t = g(x) = ax^2-b$ und $f(t) = \frac{t^n}{2a}$ und erhalten somit

$f(g(x)) \cdot g'(x) = \frac{(ax^2-b)^n}{2a} \cdot 2ax = x(ax^2-b)^n =$ Integrand.

Wegen $g(0) = -b$ und $g(\sqrt{2\frac{b}{a}}) = a2\frac{b}{a} - b = b$ gilt dann:

$$\int_0^{\sqrt{2\frac{b}{a}}} x(ax^2-b)^n dx = \frac{1}{2a}\int_{-b}^{b} t^n dt = \frac{1}{2a}\cdot\frac{t^{n+1}}{n+1}\Bigg|_{-b}^{b} =$$

$$= \frac{1}{2a(n+1)}[b^{n+1} - (-b)^{n+1}] = \begin{cases} \dfrac{b^{n+1}}{a(n+1)} & \text{für n gerade} \\ 0 & \text{für n ungerade} \end{cases}$$

(d) $\int_4^{25} \frac{2(\sqrt{x}-4)^3}{\sqrt{x}} dx$

Wir setzen $t = g(x) = \sqrt{x} - 4$ und $f(t) = 4t^3$ und erhalten somit

$f(g(x))g'(x) = 4(\sqrt{x}-4)^3 \cdot \frac{1}{2\sqrt{x}} = \frac{2(\sqrt{x}-4)^3}{\sqrt{x}}$ = Integrand.

Wegen $g(4) = -2$ und $g(25) = 1$ gilt dann:

$$\int_4^{25} \frac{2(\sqrt{x}-4)^3}{\sqrt{x}} dx = 4\int_{-2}^{1} t^3 = \frac{4t^4}{4}\Bigg|_{-2}^{1} = 1 - 16 = -15;$$

(e) $\int_a^b h^n(x)h'(x)dx$:

Wir setzen $t = g(x) = h(x)$ und $f(t) = t^n$ und erhalten somit

$f(g(x)) \cdot g'(x) = h^n(x) \cdot h'(x)$ = Integrand.

Wegen $g(a) = h(a)$ und $g(b) = h(b)$ gilt dann:

$$\int_a^b h^n(x)h'(x)dx = \int_{h(a)}^{h(b)} t^n dt = \frac{1}{n+1} t^{n+1}\Bigg|_{h(a)}^{h(b)} =$$

$$= \frac{1}{n+1}[h^{n+1}(b) - h^{n+1}(a)].$$

4. (a) $\int_{e^2}^{1} \frac{\ln x}{x} dx$:

Setzt man $f(x) = \ln x$ und $g'(x) = \frac{1}{x}$, so ist $f'(x) = \frac{1}{x}$ und $g(x) = \ln x$.

Aus der Formel

$$\int_a^b f(x)g'(x)dx = f(x)g(x)\Bigg|_a^b - \int_a^b f'(x)g(x)dx$$ folgt dann:

$$\int_{e^2}^{1} \frac{\ln x}{x}\,dx = \ln x \cdot \ln x \Big|_{e^2}^{1} - \int_{e^2}^{1} \frac{\ln x}{x}\,dx \Rightarrow$$

$$2\int_{e^2}^{1} \frac{\ln x}{x}\,dx = (\ln x)^2 \Big|_{e^2}^{1} = (\ln 1)^2 - (\ln e^2)^2 = -4 \Rightarrow$$

$$\int_{e^2}^{1} \frac{\ln x}{x}\,dx = -2.$$

(b) $\int_{e^1}^{e^2} x(\ln x)^2 dx$:

Setzt man $f(x) = (\ln x)^2$ und $g'(x) = x$, so gilt wegen $f'(x) = 2\cdot\ln x \cdot \frac{1}{x}$ und $g(x) = \frac{x^2}{2}$:

$$\int_{e^1}^{e^2} x(\ln x)^2 dx = (\ln x)^2 \cdot \frac{x^2}{2} \Big|_{e^1}^{e^2} - \int_{e^1}^{e^2} 2\ln x \cdot \frac{1}{x} \cdot \frac{x^2}{2}\,dx =$$

$$= (\ln e^2)^2 \frac{(e^2)^2}{2} - (\ln e^1)^2 \frac{(e^1)^2}{2} - \int_{e^1}^{e^2} x\ln x\,dx = 2e^4 - \int_{e^1}^{e^2} x\ln x\,dx - \frac{e^2}{2}.$$

Zur Berechnung von $\int_{e^1}^{e^2} x\ln x\,dx$ setzen wir $f(x) = \ln x$ und $g'(x) = x$.
Wegen $f'(x) = \frac{1}{x}$ und $g(x) = \frac{x^2}{2}$ folgt dann:

$$\int_{e^1}^{e^2} x\ln x\,dx = \frac{x^2}{2} \ln x \Big|_{e^1}^{e^2} - \int_{e^1}^{e^2} \frac{1}{x} \cdot \frac{x^2}{2}\,dx = \frac{x^2}{2} \ln x \Big|_{e^1}^{e^2} - \int_{e^1}^{e^2} \frac{x}{2}\,dx =$$

$$= \frac{(e^2)^2}{2} \ln e^2 - \frac{(e^1)^2}{2} \ln e^1 - \frac{x^2}{4} \Big|_{e^1}^{e^2} = e^4 - \frac{e^4}{4} + \frac{e^2}{4} - \frac{e^2}{2}.$$

Es ist also:

$$\int_{e^1}^{e^2} x(\ln x)^2 dx = 2e^4 - e^4 + \frac{e^4}{4} - \frac{e^2}{4} - \frac{e^2}{2} + \frac{e^2}{2} = \frac{5}{4}e^4 - \frac{e^2}{4}.$$

(c) $\int_{0}^{-\frac{b}{a}} xe^{ax+b} dx$:

Setzt man $f(x) = x$ und $g'(x) = e^{ax+b}$, so folgt wegen $f'(x) = 1$ und $g(x) = \frac{1}{a} e^{ax+b}$:

$$\int_0^{-\frac{b}{a}} xe^{ax+b}dx = \frac{x}{a}e^{ax+b}\Big|_0^{-\frac{b}{a}} - \int_0^{-\frac{b}{a}} \frac{1}{a}e^{ax+b}dx =$$

$$= -\frac{b}{a^2}e^0 - \frac{1}{a^2}e^{ax+b}\Big|_0^{-\frac{b}{a}} = -\frac{b}{a^2} - \frac{1}{a^2}e^0 + \frac{1}{a^2}e^b = \frac{1}{a^2}(e^b-b-1).$$

(d) $\int_a^b x^n e^x dx$:

Setzt man $f(x) = x^n$ und $g'(x) = e^x$, so gilt wegen $f'(x) = nx^{n-1}$ und $g(x) = e^x$:

$$\int_a^b x^n e^x dx = x^n e^x \Big|_a^b - n\int_a^b x^{n-1} e^x dx.$$

Zur Berechnung von $n\int_a^b x^{n-1}e^x dx$ setzen wir $f(x) = x^{n-1}$ sowie $g'(x) = e^x$ und erhalten so wegen $f'(x) = (n-1)x^{n-2}$ bzw. $g(x) = e^x$:

$$n\int_a^b x^{n-1}e^x dx = nx^{n-1}e^x\Big|_a^b - n(n-1)\cdot\int_a^b x^{n-2}e^x dx.$$

Berechnet man nun auf die gleiche Weise der Reihe nach die Integrale

$n(n-1)(n-2)\int_a^b x^{n-3}e^x dx, \ldots, n(n-1)(n-2)\cdot\ldots\cdot 1\cdot\int_a^b x^0 e^x dx$ so ergibt sich:

$$\int_a^b x^n e^x dx = x^n e^x\Big|_a^b - nx^{n-1}e^x\Big|_a^b + n(n-1)x^{n-1}e^x\Big|_a^b -$$

$$- n(n-1)(n-2)x^{n-3}e^x\Big|_a^b + \ldots \pm n!e^x\Big|_a^b .$$

5. (a) $\int_0^1 \frac{3x^2-4x+1}{x^3-2x^2+x+1}dx$:

Setzt man $f(x) = x^3 - 2x^2 + x + 1$, so ist $f'(x) = 3x^2 - 4x + 1$ und es gilt:

$$\frac{f'(x)}{f(x)} = \frac{3x^2-4x+1}{x^3-2x^2+x+1} = \text{Integrand.}$$

Wegen $\int \frac{f'(x)}{f(x)}\,dx = \ln|f(x)| + C$ erhalten wir dann:

$$\int_0^1 \frac{3x^2-4x+1}{x^3-2x^2+x+1}\,dx = \ln|x^3-2x^2+x+1|\Big|_0^1 = \ln|1|-\ln|1| = 0.$$

(b) $\int_0^1 \frac{2ax+b}{ax^2+bx+c}\,dx$:

Wegen $f(x) = ax^2+bx+c$ und $f'(x) = 2ax+b$ gilt:

$$\int_0^1 \frac{2ax+b}{ax^2+bx+c}\,dx = \ln|ax^2+bx+c|\Big|_0^1 = \ln|a+b+c|-\ln|c|.$$

(c) $\int_2^3 \frac{x}{1-x^2}\,dx$:

Wegen $f(x) = 1-x^2$ und $f'(x) = -2x$ ist $-\frac{1}{2}\frac{f'(x)}{f(x)} = -\frac{1}{2}\frac{-2x}{1-x^2} = \frac{x}{1-x^2}$ = Integrand.

Es gilt also:

$$\int_2^3 \frac{x}{1-x^2}\,dx = -\frac{1}{2}\ln|1-x^2|\Big|_2^3 = -\frac{1}{2}\ln|-8|+\frac{1}{2}\ln|-3| = \frac{1}{2}(\ln 3-\ln 8).$$

(d) $\int_2^3 \frac{x+1}{x-1}\,dx = \int_2^3 \frac{x-1+2}{x-1}\,dx = \int_2^3 (1+\frac{2}{x-1})dx =$

$$= x\Big|_2^3 + 2\ln|x-1|\Big|_2^3 = (3-2) + 2\ln 2 - 2\ln 1 = 1 + 2\ln 2.$$

(e) $\int_0^{\ln 2} \frac{4-e^x}{4+e^x}\,dx = \int_0^{\ln 2} \frac{4+e^x-2e^x}{4+e^x}\,dx = \int_0^{\ln 2} (1-\frac{2e^x}{4+e^x})dx.$

Setzt man $f(x) = 4+e^x$, so gilt wegen $f'(x) = e^x$:

$2\frac{f'(x)}{f(x)} = \frac{2e^x}{4+e^x}$ = Integrand. Wir erhalten so:

$$\int_0^{\ln 2}(1-\frac{2e^x}{4+e^x})dx = x\Big|_0^{\ln 2} - 2\ln(4+e^x)\Big|_0^{\ln 2} = \ln 2 - 2\ln(4+e^{\ln 2}) + 2\ln(4+e^0) =$$
$$= \ln 2 - 2\ln 6 + 2\ln 5.$$

(f) $\int_{\sqrt{5}}^{\sqrt{4+e^2}} x\ln(x^2-4)dx$:

Setzt man $t = g(x) = x^2-4$ und $f(t) = \frac{\ln t}{2}$, so gilt $f(g(x))\cdot g'(x) =$

$= \frac{1}{2}\ln(x^2-4)\cdot 2x = x\ln(x^2-4) = \text{Integrand}.$

Wegen $g(\sqrt{5}) = 1$ und $g(\sqrt{4+e^2}) = 4+e^2-4=e^2$ erhalten wir dann:

$$\int_{\sqrt{5}}^{\sqrt{4+e^2}} x\ln(x^2-4)dx = \frac{1}{2}\int_1^{e^2} \ln t\, dt.$$

Wir führen jetzt eine partielle Integration durch und setzen

$f(t) = \ln t$ sowie $g'(t) = 1$. Wegen $f'(t) = \frac{1}{t}$ und $g(t) = t$ folgt nun:

$$\frac{1}{2}\int_1^{e^2} \ln t\, dt = \frac{1}{2}\ln t\cdot t\Big|_1^{e^2} - \frac{1}{2}\int_1^{e^2} \frac{t}{t}dt = \left(\frac{t}{2}\ln t - \frac{t}{2}\right)\Big|_1^{e^2} =$$

$$= \frac{1}{2}(e^2\ln e^2 - e^2 - \ln 1 + 1) = \frac{1}{2}(e^2+1).$$

6. (a) $\int_1^{\infty} \frac{1}{x^4}dx = \lim_{b_n\to\infty} \int_1^{b_n} x^{-4}dx = \lim_{b_n\to\infty} -\frac{1}{3}x^{-3}\Big|_1^{b_n} =$

$$= -\frac{1}{3}\lim_{b_n\to\infty}\left(\frac{1}{b_n^3} - 1\right) = \frac{1}{3}.$$

(b) $\int_0^1 \frac{1}{x^4}dx = \lim_{\varepsilon\to 0}\int_{\varepsilon}^1 \frac{1}{x^4}dx = \lim_{\varepsilon\to 0} -\frac{1}{3x^3}\Big|_{\varepsilon}^1 = -\frac{1}{3}\lim_{\varepsilon\to 0}\left(1 - \frac{1}{\varepsilon^3}\right) = \infty.$

(c) $\int_1^{\infty} \frac{x^2+2}{x^4}dx = \lim_{b_n\to\infty} \int_1^{b_n}\left(\frac{1}{x^2} + \frac{2}{x^4}\right)dx = \lim_{b_n\to\infty}\left(-x^{-1} - \frac{2}{3}x^{-3}\right)\Big|_1^{b_n} =$

$$= -\lim_{b_n\to\infty}\left(\frac{1}{b_n} + \frac{2}{3b_n^3} - 1 - \frac{2}{3}\right) = \frac{5}{3}.$$

(d) $\int_0^3 \frac{1}{\sqrt{|x-1|}}dx = \int_0^1 \frac{1}{\sqrt{1-x}}dx + \int_1^3 \frac{1}{\sqrt{x-1}}dx =$

$$= \lim_{\varepsilon\to 0}\int_0^{1-\varepsilon} \frac{1}{\sqrt{1-x}}dx + \lim_{\varepsilon\to 0}\int_{1+\varepsilon}^3 \frac{1}{\sqrt{x-1}}dx =$$

$$= \lim_{\varepsilon\to 0} -2\sqrt{1-x}\,\Big|_0^{1-\varepsilon} + \lim_{\varepsilon\to 0} 2\sqrt{x-1}\,\Big|_{1+\varepsilon}^{3} =$$

$$= -2\cdot\lim_{\varepsilon\to 0}(\sqrt{\varepsilon}-1) + 2\cdot\lim_{\varepsilon\to 0}(\sqrt{2}-\sqrt{\varepsilon}) =$$

$$= 2 + 2\sqrt{2}.$$

(e) $$\int_0^1 \frac{1}{\sqrt[n]{x^m}}\,dx = \lim_{\varepsilon\to 0}\int_\varepsilon^1 x^{-\frac{m}{n}}dx = \lim_{\varepsilon\to 0} \frac{x^{-\frac{m}{n}+1}}{-\frac{m}{n}+1}\Bigg|_\varepsilon^1 =$$

$$= \lim_{\varepsilon\to 0}\frac{n}{-m+n}\sqrt[n]{x^{-m+n}}\,\Big|_\varepsilon^1 =$$

$$= \frac{n}{n-m}\lim_{\varepsilon\to 0}(1-\sqrt[n]{\varepsilon^{n-m}}) = \begin{cases} \infty & \text{für } n < m \\ \frac{n}{n-m} & \text{für } n > m \end{cases}.$$

(f) $$\int_{-1}^1 \frac{1}{x^2}\,dx = \int_{-1}^0 \frac{1}{x^2}\,dx + \int_0^1 \frac{1}{x^2}\,dx = \lim_{\varepsilon\to 0}\int_{-1}^{-\varepsilon} x^{-2}dx + \lim_{\varepsilon\to 0}\int_\varepsilon^1 x^{-2}dx =$$

$$= \lim_{\varepsilon\to 0} -x^{-1}\Big|_{-1}^{-\varepsilon} + \lim_{\varepsilon\to 0} -x^{-1}\Big|_\varepsilon^1 =$$

$$= -\lim_{\varepsilon\to 0}\left(-\frac{1}{\varepsilon}+1\right) - \lim_{\varepsilon\to 0}\left(1-\frac{1}{\varepsilon}\right) = \infty + \infty.$$

Das Integral existiert also nicht.

(g) $$\int_0^2 \frac{x}{\sqrt{4-x^2}}\,dx = \lim_{\varepsilon\to 0}\int_0^{2-\varepsilon} \frac{x}{\sqrt{4-x^2}}\,dx:$$

Setzt man $t = g(x) = 4 - x^2$ und $f(t) = -\frac{1}{2\sqrt{t}}$, so ist

$$f(g(x))\cdot g'(x) = -\frac{1}{2\sqrt{4-x^2}}(-2x) = \frac{x}{\sqrt{4-x^2}} = \text{Integrand.}$$

Wegen $g(0) = 4$ und $g(2-\varepsilon) = 4 - (2-\varepsilon)^2 = 4 - 4 + 4\varepsilon - \varepsilon^2 = 4\varepsilon - \varepsilon^2$ gilt dann:

$$\lim_{\varepsilon\to 0}\int_0^{2-\varepsilon}\frac{x}{\sqrt{4-x^2}}\,dx = -\frac{1}{2}\lim_{\varepsilon\to 0}\int_4^{4\varepsilon-\varepsilon^2}\frac{1}{\sqrt{t}}dt =$$

$$= -\frac{1}{2}\lim_{\varepsilon\to 0}\frac{t^{-\frac{1}{2}+1}}{-\frac{1}{2}+1}\Bigg|_4^{4\varepsilon-\varepsilon^2} = -\frac{1}{2}\lim_{\varepsilon\to 0} 2\sqrt{t}\Bigg|_4^{4\varepsilon-\varepsilon^2} =$$

$$= -\frac{1}{2}\lim_{\varepsilon\to 0}(2\sqrt{4\varepsilon-\varepsilon^2} - 2\sqrt{4}) = 2.$$

7. (a)

$$f(x) = \begin{cases} 0 & \text{für } x < -2 \\ \frac{1}{2} + \frac{1}{4}x & \text{für } -2 \leq x < 0 \\ \frac{1}{2} - \frac{1}{4}x & \text{für } 0 \leq x < 2 \\ 0 & \text{für } x \geq 2 \end{cases}$$

(1)

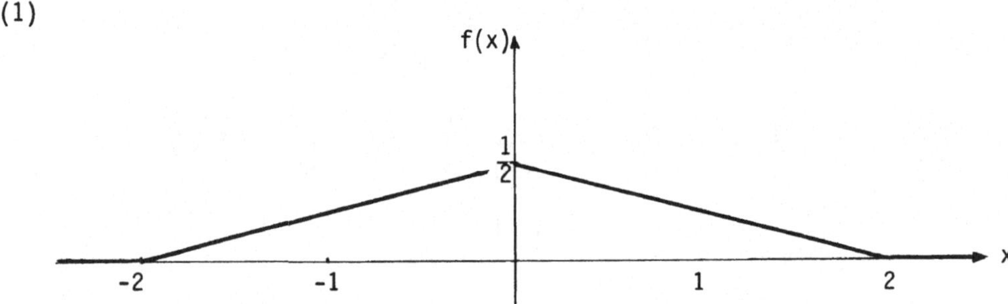

$$\int_{-\infty}^{+\infty} f(x)dx = \int_{-\infty}^{-2} 0dx + \int_{-2}^{0} (\frac{1}{2} + \frac{1}{4}x)dx + \int_{0}^{2} (\frac{1}{2} - \frac{1}{4}x)dx + \int_{2}^{\infty} 0dx =$$

$$= 0 + (\frac{1}{2}x + \frac{1}{8}x^2)\Big|_{-2}^{0} + (\frac{1}{2}x - \frac{1}{8}x^2)\Big|_{0}^{2} + 0 =$$

$$= -(-1) - \frac{4}{8} + 1 - \frac{4}{8} = 1.$$

(2) $y < -2$: $F(y) = \int_{-\infty}^{y} 0dx = 0,$

$y < 0$: $F(y) = \int_{-\infty}^{-2} 0dx + \int_{-2}^{y} (\frac{1}{2} + \frac{1}{4}x)dx = 0 + (\frac{1}{2}x + \frac{1}{8}x^2)\Big|_{-2}^{y} =$

$$= \frac{1}{2}y + \frac{1}{8}y^2 + 1 - \frac{4}{8} = \frac{1}{2}y + \frac{1}{8}y^2 + \frac{1}{2},$$

$y < 2$: $F(y) = \int_{-\infty}^{-2} 0dx + \int_{-2}^{0} (\frac{1}{2} + \frac{1}{4}x)dx + \int_{0}^{y} (\frac{1}{2} - \frac{1}{4}x)dx =$

$$= 0 + \left(\frac{1}{2}x + \frac{1}{8}x^2\right)\Big|_{-2}^{0} + \left(\frac{1}{2}x - \frac{1}{8}x^2\right)\Big|_{0}^{y} =$$

$$= 1 - \frac{4}{8} + \frac{1}{2}y - \frac{1}{8}y^2 = \frac{1}{2}y - \frac{1}{8}y^2 + \frac{1}{2},$$

$$y \geq 2:\ F(y) = \int_{-\infty}^{-2} 0dx + \int_{-2}^{0}\left(\frac{1}{2} + \frac{1}{4}x\right)dx + \int_{0}^{2}\left(\frac{1}{2} - \frac{1}{4}x\right)dx + \int_{2}^{\infty} 0dx$$

$$= 0 + 1 - \frac{4}{8} + 1 - \frac{4}{8} + 0 = 1.$$

Es gilt also:

$$F(y) = \begin{cases} 0 & \text{für } y < -2 \\ \frac{1}{2}y + \frac{1}{8}y^2 + \frac{1}{2} & \text{für } -2 \leq y < 0 \\ \frac{1}{2}y - \frac{1}{8}y^2 + \frac{1}{2} & \text{für } 0 \leq y < 2 \\ 1 & \text{für } y \geq 2 \end{cases}$$

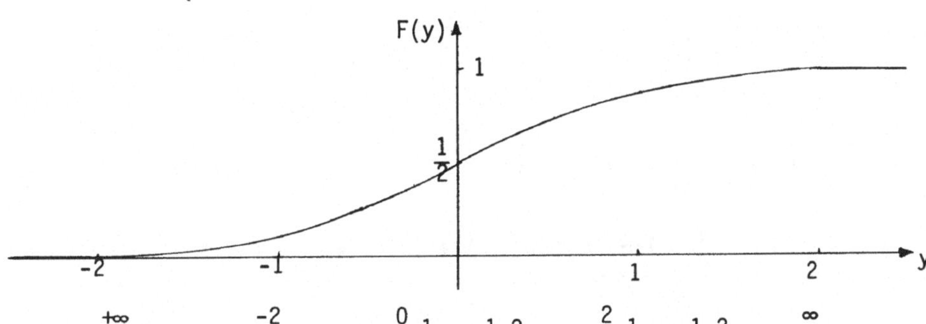

(3) $$\int_{-\infty}^{+\infty} xf(x)dx = \int_{-\infty}^{-2} x\cdot 0dx + \int_{-2}^{0}\left(\frac{1}{2}x + \frac{1}{4}x^2\right)dx + \int_{0}^{2}\left(\frac{1}{2}x - \frac{1}{4}x^2\right)dx + \int_{2}^{\infty} 0xdx =$$

$$= 0 + \left(\frac{1}{4}x^2 + \frac{1}{12}x^3\right)\Big|_{-2}^{0} + \left(\frac{1}{4}x^2 - \frac{1}{12}x^3\right)\Big|_{0}^{2} + 0 =$$

$$= -\frac{4}{4} + \frac{8}{12} + \frac{4}{4} - \frac{8}{12} = 0.$$

(b)

$$f(x) = \begin{cases} \frac{1}{4}e^{x+1} & \text{für } x < -1 \\ \frac{1}{4} & \text{für } -1 \leq x < 1 \\ \frac{1}{4}e^{-x+1} & \text{für } x \geq 1 \end{cases}$$

(1)

1/4

-1 1

$$\int_{-\infty}^{+\infty} f(x)dx = \frac{1}{4}\int_{-\infty}^{-1} e^{x+1}dx + \int_{-1}^{1}\frac{1}{4}dx + \frac{1}{4}\int_{1}^{\infty} e^{-x+1}dx =$$

$$= \frac{1}{4}\cdot\lim_{a_n\to-\infty}\int_{a_n}^{-1} e^{x+1}dx + \frac{1}{4}x\Big|_{-1}^{1} + \frac{1}{4}\cdot\lim_{b_n\to\infty}\int_{1}^{b_n} e^{-x+1}dx =$$

$$= \frac{1}{4}\cdot\lim_{a_n\to-\infty} e^{x+1}\Big|_{a_n}^{-1} + \frac{1}{4} + \frac{1}{4} + \frac{1}{4}\cdot\lim_{b_n\to\infty} -e^{-x+1}\Big|_{1}^{b_n} =$$

$$= \frac{1}{4}\cdot\lim_{a_n\to-\infty}(e^{o}-e^{a_n+1}) + \frac{1}{2} + \frac{1}{4}\cdot\lim_{b_n\to\infty}(-e^{-b_n+1}+e^{o}) =$$

$$= \frac{1}{4} + \frac{1}{2} + \frac{1}{4} = 1.$$

(2) $y < -1$: $F(y) = \frac{1}{4}\int_{-\infty}^{y} e^{x+1}dx = \frac{1}{4}\cdot\lim_{a_n\to-\infty} e^{x+1}\Big|_{a_n}^{y} =$

$$= \frac{1}{4}\cdot\lim_{a_n\to-\infty}(e^{y+1} - e^{a_n+1}) = \frac{1}{4}e^{y+1},$$

$y < 1$: $F(y) = \frac{1}{4}\int_{-\infty}^{-1} e^{x+1}dx + \int_{-1}^{y}\frac{1}{4}dx =$

$$= \frac{1}{4}\cdot\lim_{a_n\to-\infty}(e^{o}-e^{a_n+1}) + \frac{1}{4}x\Big|_{-1}^{y} =$$

$$= \frac{1}{4} + \frac{1}{4}y + \frac{1}{4} = \frac{1}{2} + \frac{1}{4}y,$$

$y \geq 1$: $F(y) = \frac{1}{4}\int_{-\infty}^{-1} e^{x+1}dx + \int_{-1}^{1}\frac{1}{4}dx + \frac{1}{4}\int_{1}^{y} e^{-x+1}dx =$

$$= \frac{1}{4} + \frac{1}{4} + \frac{1}{4} + \frac{1}{4}(-e^{-x+1})\Big|_{1}^{y} =$$

$$= \frac{3}{4} - \frac{1}{4}e^{-y+1} + \frac{1}{4}e^{o} = 1 - \frac{1}{4}e^{-y+1}.$$

Es gilt also:

$$F(y) = \begin{cases} \frac{1}{4}e^{y+1} & \text{für } y < -1 \\ \frac{1}{2} + \frac{1}{4}y & \text{für } -1 \leq y < 1 \\ 1 - \frac{1}{4}e^{-y+1} & \text{für } y \geq 1 \end{cases}$$

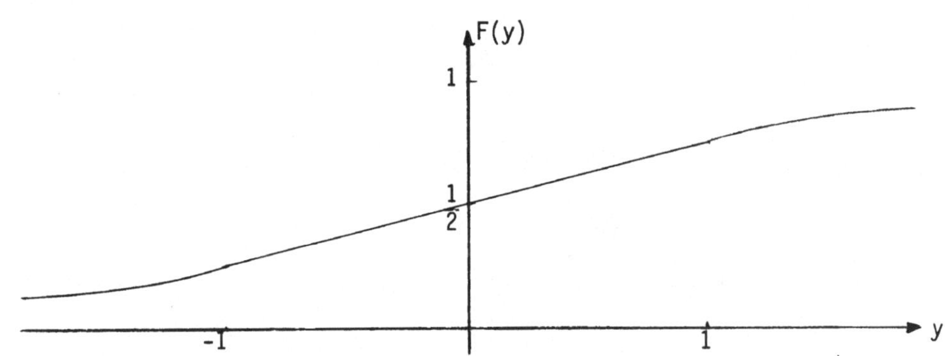

(3) $\int\limits_{-\infty}^{+\infty} xf(x)dx = \frac{1}{4}\int\limits_{-\infty}^{-1} xe^{x+1}dx + \int\limits_{-1}^{1}\frac{1}{4}xdx + \frac{1}{4}\int\limits_{1}^{\infty} xe^{-x+1}dx.$

Wegen $\int xe^{x+1}dx = xe^{x+1} - \int e^{x+1}dx$ und

$\int xe^{-x+1}dx = -xe^{-x+1} + \int e^{-x+1}dx$ gilt:

$$\int\limits_{-\infty}^{+\infty} xf(x)dx = \frac{1}{4}\cdot\lim_{a_n\to-\infty} xe^{x+1}\Big|_{a_n}^{-1} - \frac{1}{4}\cdot\lim_{a_n\to-\infty} e^{x+1}\Big|_{a_n}^{-1} +$$

$$+ \frac{1}{8}x^2\Big|_{-1}^{1} - \frac{1}{4}\cdot\lim_{b_n\to\infty} xe^{-x+1}\Big|_{1}^{b_n} + \frac{1}{4}\cdot\lim_{b_n\to\infty}(-e^{-x+1})\Big|_{1}^{b_n} =$$

$$= \frac{1}{4}\cdot\lim_{a_n\to-\infty} (-e^{0}-a_ne^{a_n+1}) - \frac{1}{4}\cdot\lim_{a_n\to-\infty} (e^{0}-e^{a_n+1}) +$$

$$+ \frac{1}{8} - \frac{1}{8} - \frac{1}{4}\cdot\lim_{b_n\to\infty} (b_ne^{-b_n+1}-e^{0}) - \frac{1}{4}\cdot\lim_{b_n\to\infty} (e^{-b_n+1}-e^{0}) =$$

$$= -\frac{1}{4} - \frac{1}{4} + \frac{1}{4} + \frac{1}{4} = 0.$$

8. (a) $f(x) = \begin{cases} \frac{1}{b-a} & \text{für } a \leq x \leq b \\ 0 & \text{sonst} \end{cases}$

$y < a$: $F(y) = \int\limits_{-\infty}^{y} 0dx = 0$

$y < b$: $F(y) = \int\limits_{-\infty}^{a} 0dx + \int\limits_{a}^{y}\frac{1}{b-a}dx = 0 + \frac{1}{b-a}x\Big|_{a}^{y} =$

$$= \frac{1}{(b-a)}\cdot(y-a)$$

$$y \geq b:\ F(y) = \int_{-\infty}^{a} 0dx + \int_{a}^{b} \frac{1}{b-a}dx + \int_{b}^{\infty} 0dx =$$

$$= 0 + \frac{b-a}{b-a} + 0 = 1.$$

(b) $$f(x) = \begin{cases} \frac{\lambda}{2\sqrt{x}}\, e^{-\lambda\sqrt{x}} & \text{für } x > 0 \\ 0 & \text{für } x \leq 0 \end{cases}$$

$$y \leq 0:\ F(y) = \int_{-\infty}^{0} 0dx = 0$$

$$y > 0:\ F(y) = \int_{0}^{y} \frac{\lambda}{2\sqrt{x}}\, e^{-\lambda\sqrt{x}}dx.$$

Setzt man $t = g(x) = \sqrt{x}$ und $f(t) = \lambda e^{-\lambda t}$, so ist $f(g(x))\cdot g'(x) =$ $= \lambda e^{-\lambda\sqrt{x}} \cdot \frac{1}{2\sqrt{x}}$ = Integrand. Wegen $g(0) = 0$ und $g(y) = \sqrt{y}$ gilt dann:

$$F(y) = \int_{0}^{\sqrt{y}} \lambda e^{-\lambda t}dt = -\, e^{-\lambda t}\Big|_{0}^{\sqrt{y}} = 1 - e^{-\lambda\sqrt{y}}.$$

9. (a) $$G(p+1) = \int_{0}^{\infty} x^{p}e^{-x}dx.$$

Setzt man $f(x) = x^{p}$ und $g'(x) = e^{-x}$, so ist $f(x)\cdot g(x) = -\, x^{p}e^{-x}$ sowie $f'(x)\cdot g(x) = -\, px^{p-1}e^{-x}$ und es gilt:

$$G(p+1) = \int_{0}^{\infty} x^{p}e^{-x}dx = \lim_{b_n\to\infty} \int_{0}^{b_n} x^{p}e^{-x}dx =$$

$$= \lim_{b_n\to\infty} -\, x^{p}e^{-x}\Big|_{0}^{b_n} - \lim_{b_n\to\infty} \int_{0}^{b_n}(-p)x^{p-1}e^{-x}dx =$$

$$= \lim_{b_n\to\infty} (-b_n^{p}e^{-b_n} + 0\cdot e^{0}) + p\int_{0}^{\infty} x^{p-1}e^{-x}dx =$$

$$= pG(p).$$

(b) Setzt man $f(x) = 1+(x+\frac{1}{a})^3$, so ist $f'(x) = 3(x+\frac{1}{a})^2$

und es gilt: $\frac{1}{3}\cdot\frac{f'(x)}{f(x)} = \frac{1}{3}\cdot\frac{3(x+\frac{1}{a})^2}{1+(x+\frac{1}{a})^3} = \frac{(x+\frac{1}{a})^2}{1+(x+\frac{1}{a})^3}$ = Integrand.

Wir erhalten so:

$$\int_{-\frac{1}{a}}^{\frac{1}{a}} \frac{(x+\frac{1}{a})^2}{1+(x+\frac{1}{a})^3}\,dx = \frac{1}{3}\cdot\ln|1+(x+\frac{1}{a})^3|\Big|_{-\frac{1}{a}}^{\frac{1}{a}} =$$

$$= \frac{1}{3}\cdot\ln|1+(\frac{2}{a})^3| - \frac{1}{3}\cdot\ln|1| = \frac{1}{3}\cdot\ln(1+\frac{8}{a^3}) .$$

(c) $\int_{-1}^{a} f(x)dx = \int_{-1}^{0} 2x\sqrt{1+x^2}dx + \int_{0}^{a} 2xdx = I_1 + I_2$:

Wir lösen das erste Integral I_1 durch Anwendung der Substitionsregel:

Setzt man $g(x) = 1+x^2$ und $h(t) = \sqrt{t}$, so gilt:

$h(g(x))\cdot g'(x) = 2x\sqrt{1+x^2}$. Wir erhalten so wegen $g(-1) = 2$ und $g(0) = 1$:

$$I_1 = \int_{-1}^{0} 2x\sqrt{1+x^2}dx = \int_{2}^{1}\sqrt{t}dt = \frac{t^{\frac{3}{2}}}{\frac{3}{2}}\Big|_2^1 = \frac{2}{3}\sqrt{t^3}\Big|_2^1 = \frac{2}{3} - \frac{2}{3}\sqrt{8}.$$

$$I_2 = \int_{0}^{a} 2xdx = \frac{2x^2}{2}\Big|_0^a = \frac{2a^2}{2} = a^2$$

$$\int_{-1}^{a} f(x)dx = I_1 + I_2 = \frac{2}{3} - \frac{2}{3}\sqrt{8} + a^2 = \frac{2}{3} \Rightarrow a^2 = \frac{2}{3}\sqrt{8}$$

$$\Rightarrow a = +\sqrt{\frac{2}{3}\sqrt{8}}.$$

13. Rechenoperationen für Matrizen

1.

$$\underline{A} = \begin{pmatrix} 2 & -3 & -5 & 0 \\ -1 & 4 & 5 & 7 \\ 3 & -8 & -2 & 1 \end{pmatrix}; \quad \sum_{i=1}^{3} a_{i2} = -3 + 4 - 8 = -7$$

$$\sum_{j=1}^{4} a_{3j} = 3 - 8 - 2 + 1 = -6$$

$$\underline{A}' = \begin{pmatrix} 2 & -1 & 3 \\ -3 & 4 & -8 \\ -5 & 5 & -2 \\ 0 & 7 & 1 \end{pmatrix}; \quad \sum_{j=1}^{3} a_{2j} = -3 + 4 - 8 = -7$$

$$\sum_{i=1}^{4} a_{i1} = 2 - 3 - 5 + 0 = -6.$$

2. $\underline{A} = ||a_{ij}||_{(m\times n)}, \; a_{ij} = i^2 - j^2$

(a)

$$\underline{A}_1 = ||a_{ij}||_{(4\times 2)} = \begin{pmatrix} a_{11} & a_{12} \\ a_{21} & a_{22} \\ a_{31} & a_{32} \\ a_{41} & a_{42} \end{pmatrix} = \begin{pmatrix} 0 & -3 \\ 3 & 0 \\ 8 & 5 \\ 15 & 12 \end{pmatrix},$$

$$\underline{A}_2 = ||a_{ij}||_{(3\times 3)} = \begin{pmatrix} a_{11} & a_{12} & a_{13} \\ a_{21} & a_{22} & a_{23} \\ a_{31} & a_{32} & a_{33} \end{pmatrix} = \begin{pmatrix} 0 & -3 & -8 \\ 3 & 0 & -5 \\ 8 & 5 & 0 \end{pmatrix}.$$

(b) $\underline{A}_1 : \sum_{j=1}^{2} \sum_{i=1}^{4} a_{ij} = (0+3+8+15) + (-3+0+5+12) = 40$

$\underline{A}_2 : \sum_{j=1}^{3} \sum_{i=1}^{3} a_{ij} = (0+3+8) + (-3+0+5) + (-8-5+0) = 0.$

(c)

$$\underline{A}_1' = \begin{pmatrix} 0 & 3 & 8 & 15 \\ -3 & 0 & 5 & 12 \end{pmatrix}, \quad \underline{A}_2' = \begin{pmatrix} 0 & 3 & 8 \\ -3 & 0 & 5 \\ -8 & -5 & 0 \end{pmatrix}.$$

Wegen $\underline{A}_1 \neq \underline{A}_1'$ und $\underline{A}_2 \neq \underline{A}_2'$ sind deshalb weder $\underline{A}_1$ noch $\underline{A}_2$ symmetrisch.

3. $\underline{a} - \underline{b}' = (-2,0,1) - (1,3,0) = (-3,-3,1)$,

$$\underline{a} + \underline{b} = (-2,0,1) + \begin{pmatrix}1\\3\\0\end{pmatrix} \text{ nicht definiert,}$$

$$2\underline{a}' - \underline{b} = 2\begin{pmatrix}-2\\0\\1\end{pmatrix} - \begin{pmatrix}1\\3\\0\end{pmatrix} = \begin{pmatrix}-4\\0\\2\end{pmatrix} - \begin{pmatrix}1\\3\\0\end{pmatrix} = \begin{pmatrix}-5\\-3\\2\end{pmatrix},$$

$$\underline{b} + \underline{A} = \begin{pmatrix}1\\3\\0\end{pmatrix} + \begin{pmatrix}2 & 1\\-1 & 3\\4 & 0\end{pmatrix} \text{ nicht definiert,}$$

$$\underline{A} + 3\underline{B} = \begin{pmatrix}2 & 1\\-1 & 3\\4 & 0\end{pmatrix} + 3\begin{pmatrix}0 & 1\\1 & -2\\-2 & 3\end{pmatrix} = \begin{pmatrix}2 & 1\\-1 & 3\\4 & 0\end{pmatrix} + \begin{pmatrix}0 & 3\\3 & -6\\-6 & 9\end{pmatrix} = \begin{pmatrix}2 & 4\\2 & -3\\-2 & 9\end{pmatrix},$$

$$\underline{A} + \underline{B}' = \begin{pmatrix}2 & 1\\-1 & 3\\4 & 0\end{pmatrix} + \begin{pmatrix}0 & 1 & -2\\1 & -2 & 3\end{pmatrix} \text{ nicht definiert.}$$

4.

$$\underline{a}\underline{b}' = \begin{pmatrix}1\\2\\1\end{pmatrix}(1,-2,1,0) = \begin{pmatrix}1 & -2 & 1 & 0\\2 & -4 & 2 & 0\\1 & -2 & 1 & 0\end{pmatrix},$$

$$\underline{b}'\underline{a} = (1,-2,1,0)\begin{pmatrix}1\\2\\1\end{pmatrix} \text{ nicht definiert,}$$

$$\underline{a}'\underline{x} = (1,2,1)\begin{pmatrix}x_1\\x_2\\x_3\end{pmatrix} = x_1 + 2x_2 + x_3,$$

$$\underline{x}'\underline{A}\underline{x} = (x_1,x_2,x_3)\begin{pmatrix}4 & 3 & 0\\1 & -1 & 1\\0 & 1 & 3\end{pmatrix}\begin{pmatrix}x_1\\x_2\\x_3\end{pmatrix} = (x_1,x_2,x_3)\begin{pmatrix}4x_1 + 3x_2\\x_1 - x_2 + x_3\\x_2 + 3x_3\end{pmatrix} =$$

$$= 4x_1^2 + 3x_1x_2 + x_1x_2 - x_2^2 + x_2x_3 + x_2x_3 + 3x_3^2 =$$

$$= 4x_1^2 + 4x_1x_2 - x_2^2 + 2x_2x_3 + 3x_3^2,$$

$$\underline{B}'\underline{x} = \begin{pmatrix}1 & 0 & 3\\0 & 0 & 2\end{pmatrix}\begin{pmatrix}x_1\\x_2\\x_3\end{pmatrix} = \begin{pmatrix}x_1 + 3x_3\\2x_3\end{pmatrix},$$

$$\underline{A} \cdot \underline{B} = \begin{pmatrix}4 & 3 & 0\\1 & -1 & 1\\0 & 1 & 3\end{pmatrix}\begin{pmatrix}1 & 0\\0 & 0\\3 & 2\end{pmatrix} = \begin{pmatrix}4+0+0 & 0+0+0\\1+0+3 & 0+0+2\\0+0+9 & 0+0+6\end{pmatrix} = \begin{pmatrix}4 & 0\\4 & 2\\9 & 6\end{pmatrix},$$

$$\underline{A} \cdot \underline{B}' = \begin{pmatrix} 4 & 3 & 0 \\ 1 & -1 & 1 \\ 0 & 1 & 3 \end{pmatrix} \begin{pmatrix} 1 & 0 & 3 \\ 0 & 0 & 2 \end{pmatrix} \text{ nicht definiert,}$$

$$\underline{B}'\underline{A}' = \begin{pmatrix} 1 & 0 & 3 \\ 0 & 0 & 2 \end{pmatrix} \begin{pmatrix} 4 & 1 & 0 \\ 3 & -1 & 1 \\ 0 & 1 & 3 \end{pmatrix} = \begin{pmatrix} 4+0+0 & 1+0+3 & 0+0+9 \\ 0+0+0 & 0+0+2 & 0+0+6 \end{pmatrix} = \begin{pmatrix} 4 & 4 & 9 \\ 0 & 2 & 6 \end{pmatrix},$$

$$\underline{B}'\underline{A} = \begin{pmatrix} 1 & 0 & 3 \\ 0 & 0 & 2 \end{pmatrix} \begin{pmatrix} 4 & 3 & 0 \\ 1 & -1 & 1 \\ 0 & 1 & 3 \end{pmatrix} = \begin{pmatrix} 4+0+0 & 3+0+3 & 0+0+6 \\ 0+0+0 & 0+0+2 & 0+0+6 \end{pmatrix} = \begin{pmatrix} 4 & 6 & 9 \\ 0 & 2 & 6 \end{pmatrix},$$

5. (a) $\begin{pmatrix} 5 & -3 & -2 \\ 0 & 1 & 1 \\ 0 & 2 & 0 \end{pmatrix} \begin{pmatrix} -2 & 0 & -1 \\ -4 & 5 & 0 \\ 1 & -5 & 3 \end{pmatrix} = \begin{pmatrix} 0 & -5 & -11 \\ -3 & 0 & 3 \\ -8 & 10 & 0 \end{pmatrix};$

(b) $\begin{pmatrix} 2 & 0 & -3 & 5 \\ 1 & 2 & 2 & -4 \\ 4 & 7 & -1 & -2 \end{pmatrix} \begin{pmatrix} 5 & -3 \\ -2 & 8 \\ 4 & -1 \\ 2 & 0 \end{pmatrix} = \begin{pmatrix} 8 & -3 \\ 1 & 11 \\ -2 & 45 \end{pmatrix}.$

6. Man kann hier die Rechnung vereinfachen, indem man schreibt:

$\underline{a}'\underline{A}'\underline{B}\underline{b} - \underline{a}'\underline{A}\underline{B}\underline{b} = \underline{a}'(\underline{A}'-\underline{A})\underline{B}\underline{b}.$

Schrittweise berechnen wir nun:

$$\underline{A}' - \underline{A} = \begin{pmatrix} 2 & -3 & 4 \\ 3 & 10 & 0 \\ 1 & 0 & -3 \end{pmatrix} - \begin{pmatrix} 2 & 3 & 1 \\ -3 & 10 & 0 \\ 4 & 0 & -3 \end{pmatrix} = \begin{pmatrix} 0 & -6 & 3 \\ 6 & 0 & 0 \\ -3 & 0 & 0 \end{pmatrix},$$

$$(\underline{A}'-A)\underline{B} = \begin{pmatrix} 0 & -6 & 3 \\ 6 & 0 & 0 \\ -3 & 0 & 0 \end{pmatrix} \cdot \begin{pmatrix} 3 & 2 & -1 & 0 \\ 0 & 1 & -2 & 1 \\ 1 & 0 & -3 & 4 \end{pmatrix} = \begin{pmatrix} 3 & -6 & 3 & 6 \\ 18 & 12 & -6 & 0 \\ -9 & -6 & 3 & 0 \end{pmatrix},$$

$$(\underline{A}'-A)\underline{B}\,\underline{b} = \begin{pmatrix} 3 & -6 & 3 & 6 \\ 18 & 12 & -6 & 0 \\ -9 & -6 & 3 & 0 \end{pmatrix} \begin{pmatrix} -2 \\ 1 \\ 2 \\ 0 \end{pmatrix} = \begin{pmatrix} -6 \\ -36 \\ 18 \end{pmatrix},$$

$$\underline{a}'(\underline{A}'-A)\underline{B}\,\underline{b} = (0,1,2) \begin{pmatrix} -6 \\ -36 \\ 18 \end{pmatrix} = 0.$$

7. Beweis durch Gegenbeispiel:

$\underline{A} = \begin{pmatrix} 1 & 1 \\ 1 & 1 \end{pmatrix}, \ \underline{B} = \begin{pmatrix} 1 & 1 \\ 1 & 0 \end{pmatrix}.$

Es gilt dann:

$$\underline{A} \cdot \underline{B} = \begin{pmatrix} 1 & 1 \\ 1 & 1 \end{pmatrix} \begin{pmatrix} 1 & 1 \\ 1 & 0 \end{pmatrix} = \begin{pmatrix} 2 & 1 \\ 2 & 1 \end{pmatrix},$$

$$\underline{B} \cdot \underline{A} = \begin{pmatrix} 1 & 1 \\ 1 & 0 \end{pmatrix} \begin{pmatrix} 1 & 1 \\ 1 & 1 \end{pmatrix} = \begin{pmatrix} 2 & 2 \\ 1 & 1 \end{pmatrix}.$$

Die Regel $\underline{A}\underline{B} = \underline{B}\underline{A}$ (Kommutativgesetz) gilt z.B. für

(a) (1×1)-Matrizen, d.h. also für Zahlen

(b) $\underline{A} = \underline{D}$ (Diagonalmatrix), $\underline{B}$ beliebig.

8\. (a) Für die Matrizen $\underline{A} = ||a_{ij}||_{(m\times n)}$ und $\underline{B} = ||b_{jk}||_{(n\times r)}$ gilt nach der Regel für die Matrizenmultiplikation:

$$\underline{A}\cdot\underline{B} = ||a_{ij}||_{(m\times n)} \cdot ||b_{jk}||_{(n\times r)} = ||\sum_{j=1}^{n} a_{ij}b_{jk}||_{(m\times r)} =$$

$$= ||c_{ik}||_{(m\times r)}$$

$$(\underline{A}\cdot\underline{B})' = (||c_{ik}||_{(m\times r)})' = ||c_{ki}||_{(r\times m)} = ||\sum_{j=1}^{n} b_{kj}a_{ji}||_{(r\times m)} =$$

$$= ||b_{kj}||_{(r\times n)} \cdot ||a_{ji}||_{(n\times m)} = \underline{B}' \cdot \underline{A}'.$$

(b) $(\underline{A}_1\cdot\underline{A}_2\cdot\ldots\cdot A_{n-1}\cdot A_n)' = ((A_1\cdot A_2\cdot\ldots\cdot A_{n-1})\cdot A_n)' =$

$$= \underline{A}_n' \cdot (\underline{A}_1\cdot\underline{A}_2\cdot\ldots\cdot\underline{A}_{n-1})' = \ldots = \underline{A}_n' \cdot \underline{A}_{n-1}' \cdot\ldots\cdot \underline{A}_1'.$$

9\. (a) Die Matrizen $\underline{A} = \begin{pmatrix} a & 1-a \\ b & 1-b \end{pmatrix}$, $\underline{B} = \begin{pmatrix} c & 1-c \\ d & 1-d \end{pmatrix}$

sind stochastisch für $0 \leq a \leq 1, \ldots, 0 \leq d \leq 1$.
Es ist dann nämlich jeweils die Summe der in jeder Zeile stehenden Elemente gleich 1.
Die Matrix $\underline{A}\cdot\underline{B}$ ist dann ebenfalls stochastisch, da gilt:

$$\underline{A}\cdot\underline{B} = \begin{pmatrix} ac+(1-a)d & a(1-c)+(1-a)(1-d) \\ bc+(1-b)d & b(1-c)+(1-b)(1-d) \end{pmatrix} =$$

(Jedes Element von $\underline{A}\cdot\underline{B}$ ist positiv wegen $0 \leq a,b,c,d \leq 1$)

$$= \begin{pmatrix} ac+d-ad & a-ac+1-a-d+ad \\ bc+d-bd & b-bc+1-b-d+bd \end{pmatrix} =$$

$$= \begin{pmatrix} a(c-d)+d & 1-[a(c-d)+d] \\ b(c-d)+d & 1-[b(c-d)+d] \end{pmatrix}$$

(Jedes Element von $\underline{A}\cdot\underline{B}$ ist kleiner als 1, da $a(c-d) + d \geq 0$ und $1 - [a(c-d)+d] \geq 0$, usw. Die Zeilensummen sind jeweils gleich 1).

(b) $\underline{x} \cdot \underline{A} = (a,b)\begin{pmatrix} \frac{1}{2} & \frac{1}{2} \\ \frac{3}{4} & \frac{1}{4} \end{pmatrix} = \left(\frac{1}{a}a + \frac{3}{4}b,\ \frac{1}{2}a + \frac{1}{4}b\right) = (a,b).$

Wir erhalten die drei Gleichungen

$$\left.\begin{array}{ll} \text{(I)} & \frac{1}{2}a + \frac{3}{4}b = a \Rightarrow \frac{1}{2}a = \frac{3}{4}b \\ \text{(II)} & \frac{1}{2}a + \frac{1}{4}b = b \Rightarrow \frac{1}{2}a = \frac{3}{4}b \end{array}\right\} \Rightarrow a = \frac{3}{2}b$$

(III) $a + b = 1 \Rightarrow a = 1 - b$

Aus (III) ergibt sich dann:

$\frac{3}{2}b = 1 - b \Rightarrow \frac{5}{2}b = 1 \Rightarrow b = \frac{2}{5}$ und $a = \frac{3}{5}$.

Es ist also $\underline{x} = \left(\frac{3}{5}, \frac{2}{5}\right)$.

10. $\underline{\underline{B}}\underline{x} = \begin{pmatrix} 0 & 5 \\ -6 & 0 \end{pmatrix}\begin{pmatrix} x_1 \\ x_2 \end{pmatrix} = \begin{pmatrix} 5x_2 \\ -6x_1 \end{pmatrix} = \begin{pmatrix} x_1 \\ x_2 \end{pmatrix} \Rightarrow \left.\begin{array}{l} x_1 = 5x_2 \\ x_1 = -\frac{1}{6}x_2 \end{array}\right\} \Rightarrow$

$\Rightarrow 5x_2 = -\frac{1}{6}x_2 \Rightarrow x_2 = 0,\ x_1 = 0.$

Es ist also $\begin{pmatrix} x_1 \\ x_2 \end{pmatrix} = \begin{pmatrix} 0 \\ 0 \end{pmatrix}$.

11. $\underline{A} = \begin{pmatrix} 1 & 3 \\ 7 & 2 \\ 2 & 0 \end{pmatrix},\ \underline{B} = \begin{pmatrix} 1 & b_{12} \\ 7 & b_{22} \\ b_{31} & 0 \end{pmatrix}$

(a) $\underline{A} \leq \underline{B}$ für $b_{12} \geq 3$, $b_{22} \geq 2$, $b_{31} \geq 2$.

(b) $\underline{A} < \underline{B}$ ist nicht möglich, da z.B. $b_{11} = a_{11} = 1$.

(c) $\underline{A} = \underline{B}$ für $b_{12} = 3$, $b_{22} = 2$, $b_{31} = 2$.

(d) $\underline{A} \neq \underline{B}$ z.B. für $b_{12} \neq 3$.

12. (a) Aus den drei Tabellen bilden wir die Matrizen

$$\underline{H} = \begin{pmatrix} 1 & 2 & 1 & 0 & 1 \\ 1 & 0 & 4 & 2 & 0 \\ 3 & 1 & 1 & 0 & 0 \\ 0 & 2 & 0 & 1 & 2 \end{pmatrix},\ \underline{E} = \begin{pmatrix} 2 & 0 & 1 \\ 1 & 1 & 2 \\ 0 & 3 & 1 \\ 1 & 0 & 4 \\ 0 & 1 & 0 \end{pmatrix},\ \underline{R} = \begin{pmatrix} 0 & 0 & 0 \\ 1 & 3 & 0 \\ 0 & 0 & 0 \\ 2 & 1 & 0 \end{pmatrix}.$$

Zur Herstellung von $h_1,\dots,h_5$ Mengeneinheiten (ME) der Halbprodukte $H_1,\dots,H_5$ und e_1,e_2,e_3 ME der Endprodukte E_1,E_2,E_3 braucht man $r_1,\dots,r_4$ ME der Rohstoffe $R_1,\dots,R_4$. Es gilt dann die Gleichung

$$\underline{r} = \begin{pmatrix} r_1 \\ r_2 \\ r_3 \\ r_4 \end{pmatrix} = \underbrace{\begin{pmatrix} 1 & 2 & 1 & 0 & 1 \\ 1 & 0 & 4 & 2 & 0 \\ 3 & 1 & 1 & 0 & 0 \\ 0 & 2 & 0 & 1 & 2 \end{pmatrix} \begin{pmatrix} h_1 \\ h_2 \\ h_3 \\ h_4 \\ h_5 \end{pmatrix}}_{\underline{H}\cdot\underline{h}} + \underbrace{\begin{pmatrix} 0 & 0 & 0 \\ 1 & 3 & 0 \\ 0 & 0 & 0 \\ 2 & 1 & 0 \end{pmatrix} \begin{pmatrix} e_1 \\ e_2 \\ e_3 \end{pmatrix}}_{\underline{R}\cdot\underline{e}} = \underline{H}\cdot\underline{h}+\underline{R}\underline{e}.$$

Der Gesamtverbrauch $\underline{r}$ setzt sich also zusammen aus dem Rohstoffverbrauch für die Halbprodukte $\underline{H}\cdot\underline{h}$ und dem Rohstoffverbrauch für die Endprodukte $\underline{R}\cdot\underline{e}$.

Da man aus den $h_1,\dots,h_5$ ME der Halbprodukte $H_1,\dots,H_5$ die ME e_1,e_2,e_3 von den Endprodukten E_1,E_2,E_3 herstellt, gilt die Gleichung

$$\underline{h} = \begin{pmatrix} h_1 \\ h_2 \\ h_3 \\ h_4 \\ h_5 \end{pmatrix} = \begin{pmatrix} 2 & 0 & 1 \\ 1 & 1 & 2 \\ 0 & 3 & 1 \\ 1 & 0 & 4 \\ 0 & 1 & 0 \end{pmatrix} \begin{pmatrix} e_1 \\ e_2 \\ e_3 \end{pmatrix} = \underline{E}\cdot\underline{e}.$$

Es ergibt sich also:

$$\underline{r} = \underline{H}\cdot\underline{E}\underline{e} + \underline{R}\cdot\underline{e} = (\underline{H}\cdot\underline{E}+\underline{R})\cdot\underline{e} = \underline{V}\cdot\underline{e}.$$

Insgesamt ergibt sich für die Gesamtverbrauchsmatrix $\underline{V}$ die Form:

$$\underline{V} = \underline{H}\cdot\underline{E}+\underline{R} = \begin{pmatrix} 1 & 2 & 1 & 0 & 1 \\ 1 & 0 & 4 & 2 & 0 \\ 3 & 1 & 1 & 0 & 0 \\ 0 & 2 & 0 & 1 & 2 \end{pmatrix} \begin{pmatrix} 2 & 0 & 1 \\ 1 & 1 & 2 \\ 0 & 3 & 1 \\ 1 & 0 & 4 \\ 0 & 1 & 0 \end{pmatrix} + \begin{pmatrix} 0 & 0 & 0 \\ 1 & 3 & 0 \\ 0 & 0 & 0 \\ 2 & 1 & 0 \end{pmatrix} =$$

$$= \begin{pmatrix} 4 & 6 & 6 \\ 4 & 12 & 13 \\ 7 & 4 & 6 \\ 3 & 4 & 8 \end{pmatrix} + \begin{pmatrix} 0 & 0 & 0 \\ 1 & 3 & 0 \\ 0 & 0 & 0 \\ 2 & 1 & 0 \end{pmatrix} = \begin{pmatrix} 4 & 6 & 6 \\ 5 & 15 & 13 \\ 7 & 4 & 6 \\ 5 & 5 & 8 \end{pmatrix}.$$

(b) $$\underline{V} \cdot \begin{pmatrix} 50 \\ 200 \\ 100 \end{pmatrix} = \begin{pmatrix} 4 & 6 & 6 \\ 5 & 15 & 13 \\ 7 & 4 & 6 \\ 5 & 5 & 8 \end{pmatrix} \begin{pmatrix} 50 \\ 200 \\ 100 \end{pmatrix} = \begin{pmatrix} 2.000 \\ 4.550 \\ 1.750 \\ 2.050 \end{pmatrix} = \begin{pmatrix} r_1 \\ r_2 \\ r_3 \\ r_4 \end{pmatrix} = \underline{r}.$$

13. (a) Wegen $\underline{A}\underline{x} = 2\underline{x}$ und $\underline{A}\underline{y} = \underline{y}$ sowie $\underline{A} = \underline{A}'$ gilt:

$$\underline{x}'\underline{y} = \underline{x}'\underline{A}\underline{y} = (\underline{A}'\underline{x})'\underline{y} = (\underline{A}\underline{x})'\underline{y} = 2\underline{x}'\underline{y} \Rightarrow \underline{x}'\underline{y} = 0.$$

(b) $\underline{A}\underline{A}'$ ist symmetrisch wegen $(\underline{A}\underline{A}')' = \underline{A}''\underline{A}' = \underline{A}\underline{A}'$.

14. (a) Die Matrix $\lambda(\underline{A}+\underline{A}')$ ist symmetrisch wegen

$$[\lambda(\underline{A}+\underline{A}')]' = \lambda(\underline{A}'+\underline{A}'') = \lambda(\underline{A}'+\underline{A}) = \lambda(\underline{A}+\underline{A}').$$

(b) Das Produkt $\underline{x}'\underline{A}\underline{x}$ ist eine (1×1)-Matrix, d.h. eine reelle Zahl. $\underline{x}'\underline{A}\underline{x}$ ist deshalb symmetrisch, und es gilt:

$$\underline{x}'\underline{A}\underline{x} = (\underline{x}'\underline{A}\underline{x})' = ((\underline{x}'\underline{A})\underline{x})' = \underline{x}'(\underline{x}'\underline{A})' = \underline{x}'\underline{A}'\underline{x}'' = \underline{x}'\underline{A}'\underline{x}.$$

14. Vektoren im R^n

1. Der Vektor $\underline{a} + \underline{b}$ ergibt sich als Diagonale des von $\underline{a}$ und $\underline{b}$ aufgestellten Paralellogramms.

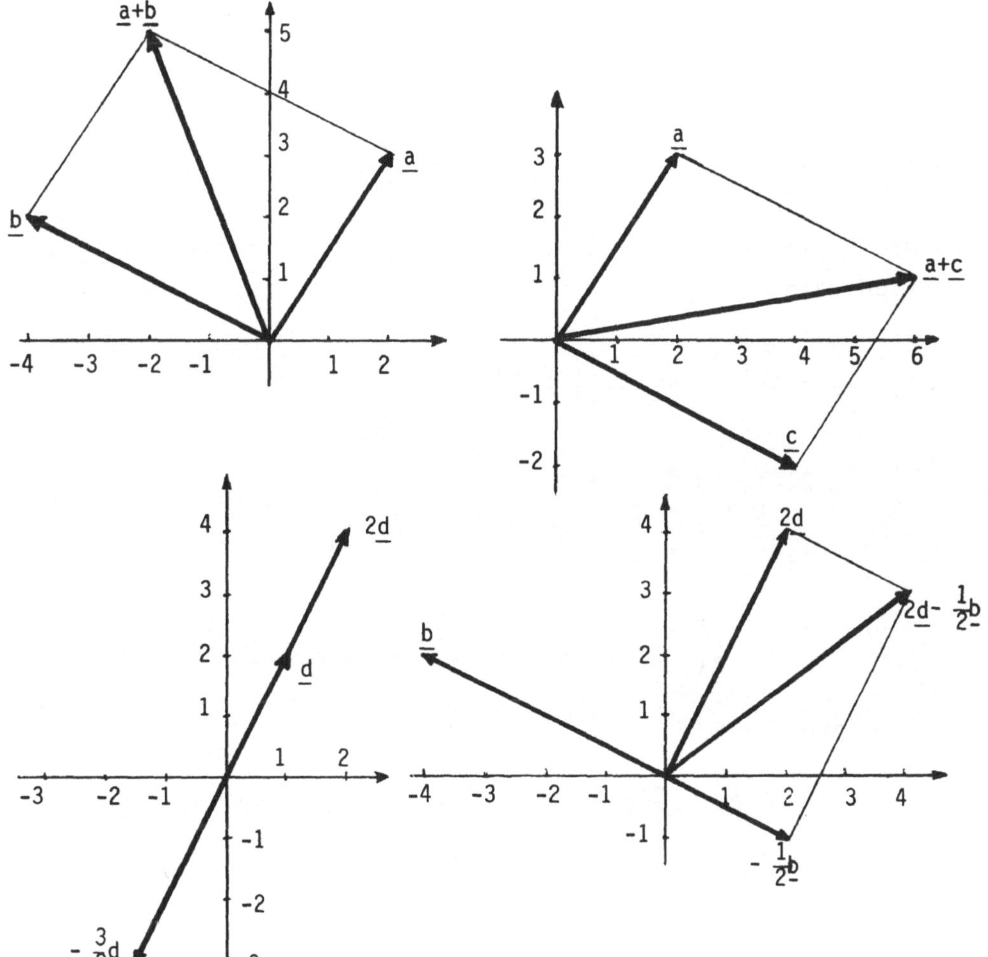

2. Zeige: $\lambda_1\underline{a} + \lambda_2\underline{b} + \lambda_3\underline{c} = \underline{o} \Rightarrow \lambda_1 = \lambda_2 = \lambda_3 = 0.$

$$\lambda_1\begin{pmatrix}-1\\-1\\2\end{pmatrix} + \lambda_2\begin{pmatrix}-1\\2\\-1\end{pmatrix} + \lambda_3\begin{pmatrix}2\\-3\\2\end{pmatrix} = \begin{pmatrix}0\\0\\0\end{pmatrix} \Rightarrow$$

$$\begin{aligned} -\lambda_1 - \lambda_2 + 2\lambda_3 &= 0 \quad (I)\\ -\lambda_1 + 2\lambda_2 - 3\lambda_3 &= 0 \quad (II)\\ 2\lambda_1 - \lambda_2 + 2\lambda_3 &= 0 \quad (III) \end{aligned}$$

$$\left.\begin{array}{l}(I) \Rightarrow \lambda_1 = -\lambda_2 + 2\lambda_3 \\ (II) \Rightarrow \lambda_1 = 2\lambda_2 - 3\lambda_3\end{array}\right\} \Rightarrow -\lambda_2 + 2\lambda_3 = 2\lambda_2 - 3\lambda_3 \Rightarrow 3\lambda_2 = 5\lambda_3.$$

Es ergibt sich $\lambda_2 = \frac{5}{3}\lambda_3$ und $\lambda_1 = -\frac{5}{3}\lambda_3 + 2\lambda_3 = \frac{1}{3}\lambda_3$.

$$(III) \Rightarrow \frac{2}{3}\lambda_3 - \frac{5}{3}\lambda_3 + 2\lambda_3 = \lambda_3 = 0$$

$$\Rightarrow \lambda_1 = \lambda_2 = \lambda_3 = 0.$$

Die Vektoren $\underline{a}$, $\underline{b}$, $\underline{c}$ sind also linear unabhängig. $\underline{a}$ läßt sich nicht als Linearkombination von $\underline{b}$ und $\underline{c}$ darstellen.

3. Die Vektoren $\underline{a}$, $\underline{b}$, $\underline{c}$ sind linear abhängig, falls es mindestens ein $\lambda_i \neq 0$ $(i = 1,2,3)$ gibt, so daß $\lambda_1\underline{a} + \lambda_2\underline{b} + \lambda_3\underline{c} = \underline{o}$.

$$\lambda_1\begin{pmatrix}-1\\1\\x\end{pmatrix} + \lambda_2\begin{pmatrix}x\\0\\-2\end{pmatrix} + \lambda_3\begin{pmatrix}1\\2\\1\end{pmatrix} = \begin{pmatrix}0\\0\\0\end{pmatrix} \Rightarrow$$

$$\begin{array}{rl}-\lambda_1 + \lambda_2 x + \lambda_3 = 0 & (I)\\ \lambda_1 + 2\lambda_3 = 0 & (II)\\ \lambda_1 x - 2\lambda_2 + \lambda_3 = 0 & (III)\end{array}$$

$$\left.\begin{array}{l}(I) \Rightarrow \lambda_1 = \lambda_2 x + \lambda_3 \\ (II) \Rightarrow \lambda_1 = -2\lambda_3\end{array}\right\} \Rightarrow \lambda_2 x + \lambda_3 = -2\lambda_3 \Rightarrow 3\lambda_3 = -\lambda_2 x.$$

Es ergibt sich $\lambda_3 = -\frac{x}{3}\lambda_2$ und $\lambda_1 = \frac{2}{3}x\lambda_2$.

$$(III) \Rightarrow \frac{2}{3}x^2\lambda_2 - 2\lambda_2 - \frac{x}{3}\lambda_2 = \lambda_2\left(\frac{2}{3}x^2 - \frac{1}{3}x - 2\right) = 0.$$

Die quadratische Gleichung $\frac{2}{3}x^2 - \frac{1}{3}x - 2 = 0$ besitzt die Lösungen

$$x_{1,2} = \frac{\frac{1}{3} \pm \sqrt{\frac{1}{9} + \frac{48}{9}}}{\frac{4}{3}} = \frac{3}{4}\left(\frac{1}{3} \pm \frac{7}{3}\right) \Rightarrow x_1 = 2,\ x_2 = -\frac{3}{2}.$$

Die Vektoren $\underline{a}$, $\underline{b}$, $\underline{c}$ sind dann linear abhängig für $x_1 = 2$, $x_2 = -\frac{3}{2}$, da in diesem Fall $\lambda_2 \neq 0$ gewählt werden kann.

Der Vektor $\underline{c}$ läßt sich z.B. für x = 2 als Linearkombination von $\underline{a}$ und $\underline{b}$ darstellen. Wegen

$$\begin{pmatrix}1\\2\\1\end{pmatrix} = \lambda_1\begin{pmatrix}-1\\1\\2\end{pmatrix} + \lambda_2\begin{pmatrix}2\\0\\-2\end{pmatrix} \Rightarrow \left.\begin{array}{l}1 = -\lambda_1 + 2\lambda_2\\ 2 = \lambda_1\\ 1 = 2\lambda_1 - 2\lambda_2\end{array}\right\} \Rightarrow \lambda_1 = 2,\ \lambda_2 = \frac{3}{2}$$

gilt nämlich:

$\underline{c} = 2\underline{a} + \frac{3}{2}\,\underline{b}.$

4. $\underline{a} = \begin{pmatrix}3\\5\\0\end{pmatrix}$, $\underline{b} = \begin{pmatrix}-1\\2\\2\end{pmatrix}$, $\lambda\underline{a} = \begin{pmatrix}3\lambda\\5\lambda\\0\end{pmatrix}$, $\lambda\underline{b} = \begin{pmatrix}-\lambda\\2\lambda\\2\lambda\end{pmatrix}$.

$\underline{a}$, $\underline{b}$ sind linear unabhängig wegen

$$\lambda_1\begin{pmatrix}3\\5\\0\end{pmatrix} + \lambda_2\begin{pmatrix}-1\\2\\2\end{pmatrix} = \begin{pmatrix}0\\0\\0\end{pmatrix} \Rightarrow \left.\begin{array}{l}3\lambda_1 - \lambda_2 = 0\\ 5\lambda_1 + 2\lambda_2 = 0\\ 2\lambda_2 = 0\end{array}\right\} \Rightarrow \lambda_2 = \lambda_1 = 0.$$

$\underline{a}$, $\lambda\underline{b}$ sind linear unabhängig wegen

$$\lambda_1\begin{pmatrix}3\\5\\0\end{pmatrix} + \lambda_2\begin{pmatrix}-\lambda\\2\lambda\\2\lambda\end{pmatrix} = \begin{pmatrix}0\\0\\0\end{pmatrix} \Rightarrow \left.\begin{array}{l}3\lambda_1 - \lambda_2\lambda = 0\\ 5\lambda_1 + 2\lambda_2\lambda = 0\\ 2\lambda_2\lambda = 0\end{array}\right\} \Rightarrow \lambda_2 = \lambda_1 = 0.$$

$\underline{a}$, $\underline{b} + \lambda\underline{a}$ sind linear unabhängig wegen

$$\lambda_1\begin{pmatrix}3\\5\\0\end{pmatrix} + \lambda_2\left[\begin{pmatrix}-1\\2\\2\end{pmatrix} + \begin{pmatrix}3\lambda\\5\lambda\\0\end{pmatrix}\right] = \begin{pmatrix}0\\0\\0\end{pmatrix} \Rightarrow \left.\begin{array}{l}3\lambda_1 - \lambda_2 + 3\lambda_2\lambda = 0\\ 5\lambda_1 + 2\lambda_2 + 5\lambda_2\lambda = 0\\ 2\lambda_2 = 0\end{array}\right\} \Rightarrow \lambda_2 = \lambda_2\lambda = \lambda_1 = 0.$$

5. Im $\mathbb{R}^3$ bilden je drei linear unabhängige Vektoren eine Basis.

(a) $\begin{pmatrix}3\\0\\0\end{pmatrix}$, $\begin{pmatrix}0\\2\\1\end{pmatrix}$, $\begin{pmatrix}1\\-1\\0\end{pmatrix}$, $\begin{pmatrix}0\\0\\4\end{pmatrix}$.

Man erhält eine Basis durch Weglassen z.B. von $\begin{pmatrix}1\\-1\\0\end{pmatrix}$.

$$\begin{pmatrix}3\\-2\\5\end{pmatrix} = \lambda_1\begin{pmatrix}3\\0\\0\end{pmatrix} + \lambda_2\begin{pmatrix}0\\2\\1\end{pmatrix} + \lambda_3\begin{pmatrix}0\\0\\4\end{pmatrix} \Rightarrow \begin{matrix}3 = 3\lambda_1 & & \\ -2 = & 2\lambda_2 & \\ 5 = & \lambda_2 & + 4\lambda_3\end{matrix}$$

$\Rightarrow \lambda_1 = 1,\ \lambda_2 = -1,\ \lambda_3 = \frac{3}{2}$.

Es gilt also: $\begin{pmatrix}3\\-2\\5\end{pmatrix} = \begin{pmatrix}3\\0\\0\end{pmatrix} - \begin{pmatrix}0\\2\\1\end{pmatrix} + \frac{3}{2}\begin{pmatrix}0\\0\\4\end{pmatrix}$.

(b) $\begin{pmatrix}2\\1\\0\end{pmatrix}, \begin{pmatrix}0\\0\\-1\end{pmatrix}$.

Man erhält eine Basis durch Hinzufügen von $\begin{pmatrix}1\\0\\0\end{pmatrix}$.

$$\begin{pmatrix}3\\-2\\5\end{pmatrix} = \lambda_1\begin{pmatrix}2\\1\\0\end{pmatrix} + \lambda_2\begin{pmatrix}0\\0\\-1\end{pmatrix} + \lambda_3\begin{pmatrix}1\\0\\0\end{pmatrix} \Rightarrow \begin{matrix}3 = 2\lambda_1 & & + \lambda_3\\ -2 = \lambda_1 & & \\ 5 = & - \lambda_2 & \end{matrix}$$

$\Rightarrow \lambda_1 = -2,\ \lambda_2 = -5,\ \lambda_3 = 7$.

Es gilt also: $\begin{pmatrix}3\\-2\\5\end{pmatrix} = -2\begin{pmatrix}2\\1\\0\end{pmatrix} - 5\begin{pmatrix}0\\0\\-1\end{pmatrix} + 7\begin{pmatrix}1\\0\\0\end{pmatrix}$.

(c) $\begin{pmatrix}1\\2\\0\end{pmatrix}, \begin{pmatrix}0\\1\\-1\end{pmatrix}, \begin{pmatrix}0\\-1\\1\end{pmatrix}$.

Man erhält eine Basis durch Weglassen von $\begin{pmatrix}0\\-1\\1\end{pmatrix}$ und Hinzufügen von $\begin{pmatrix}0\\1\\0\end{pmatrix}$.

$$\begin{pmatrix}3\\-2\\5\end{pmatrix} = \lambda_1\begin{pmatrix}1\\2\\0\end{pmatrix} + \lambda_2\begin{pmatrix}0\\1\\-1\end{pmatrix} + \lambda_3\begin{pmatrix}0\\1\\0\end{pmatrix} \Rightarrow \begin{matrix}3 = \lambda_1 & & \\ -2 = 2\lambda_1 & + \lambda_2 & + \lambda_3\\ 5 = & - \lambda_2 & \end{matrix}$$

$\Rightarrow \lambda_1 = 3,\ \lambda_2 = -5,\ \lambda_3 = -3$.

Es gilt also: $\begin{pmatrix}3\\-2\\5\end{pmatrix} = 3\begin{pmatrix}1\\2\\0\end{pmatrix} - 5\begin{pmatrix}0\\1\\-1\end{pmatrix} - 3\begin{pmatrix}0\\1\\0\end{pmatrix}$.

6. Zur Bestimmung des Rangs bringen wir alle Matrizen auf Dreiecksstufengestalt:

$$\underline{A}_1 = \begin{pmatrix} -6 & 12 \\ 23 & -38 \end{pmatrix} \to \begin{pmatrix} 1 & -2 \\ 23 & -38 \end{pmatrix} -\frac{1}{6}\cdot I \to \begin{pmatrix} 1 & -2 \\ 0 & 8 \end{pmatrix} II-23I \Rightarrow r(\underline{A}_1) = 2,$$

$$\underline{A}_2 = \begin{pmatrix} 2 & 5 \\ 0 & 0 \end{pmatrix} \Rightarrow r(\underline{A}_2) = 1,$$

$$\underline{A}_3 = \begin{pmatrix} 0 & 0 \\ 0 & 0 \end{pmatrix} \Rightarrow r(\underline{A}_3) = 0,$$

$$\underline{A}_4 = \begin{pmatrix} 0 & 1 \\ -2 & 3 \end{pmatrix} \to \begin{pmatrix} -2 & 3 \\ 0 & 1 \end{pmatrix} II \leftrightarrow I \Rightarrow r(\underline{A}_4) = 2,$$

$$\underline{A}_5 = \begin{pmatrix} -3 & 2 & 1 \\ -4 & 0 & -2 \end{pmatrix} \to \begin{pmatrix} 1 & -\frac{2}{3} & -\frac{1}{3} \\ -4 & 0 & -2 \end{pmatrix} -\frac{1}{3}\cdot I \to \begin{pmatrix} 1 & -\frac{2}{3} & -\frac{1}{3} \\ 0 & -\frac{8}{3} & -\frac{10}{3} \end{pmatrix} II+4I \Rightarrow r(\underline{A}_5) = 2,$$

$$\underline{A}_6 = \begin{pmatrix} 0 & 0 \\ 0 & 0 \\ 2 & 1 \\ 4 & -3 \end{pmatrix} \to \begin{pmatrix} 2 & 1 \\ 4 & -3 \\ 0 & 0 \\ 0 & 0 \end{pmatrix} \begin{matrix} III \leftrightarrow I \\ IV \leftrightarrow II \\ \\ \\ \end{matrix} \to \begin{pmatrix} 2 & 1 \\ 0 & -5 \\ 0 & 0 \\ 0 & 0 \end{pmatrix} \begin{matrix} \\ II-2I \\ \\ \\ \end{matrix} \Rightarrow r(\underline{A}_6) = 2,$$

$$\underline{A}_7 = \begin{pmatrix} 1 & 2 & 3 \\ 4 & 5 & 6 \\ 7 & 8 & 9 \end{pmatrix} \to \begin{pmatrix} 1 & 2 & 3 \\ 0 & -3 & -6 \\ 0 & -6 & -12 \end{pmatrix} \begin{matrix} \\ II-4I \\ III-7I \end{matrix} \to \begin{pmatrix} 1 & 2 & 3 \\ 0 & -3 & -6 \\ 0 & 0 & 0 \end{pmatrix} \begin{matrix} \\ \\ III-2II \end{matrix} \Rightarrow r(\underline{A}_7) = 2,$$

$$\underline{A}_8 = \begin{pmatrix} 2 & 1 & 6 \\ 3 & 0 & 5 \\ 2 & 3 & 1 \end{pmatrix} \to \begin{pmatrix} 1 & \frac{1}{2} & 3 \\ 3 & 0 & 5 \\ 2 & 3 & 1 \end{pmatrix} \frac{1}{2}\cdot I \to \begin{pmatrix} 1 & \frac{1}{2} & 3 \\ 0 & -\frac{3}{2} & -4 \\ 0 & 2 & -5 \end{pmatrix} \begin{matrix} \\ II-3I \\ III-2I \end{matrix}$$

$$\to \begin{pmatrix} 1 & \frac{1}{2} & 3 \\ 0 & 1 & \frac{8}{3} \\ 0 & 2 & -5 \end{pmatrix} -\frac{2}{3}\,II \to \begin{pmatrix} 1 & \frac{1}{2} & 3 \\ 0 & 1 & \frac{8}{3} \\ 0 & 0 & -\frac{31}{3} \end{pmatrix} \begin{matrix} \\ \\ III-2II \end{matrix} \Rightarrow r(\underline{A}_8) = 3,$$

$$\underline{A}_9 = \begin{pmatrix} 0 & 3 & -6 & 0 & 3 \\ 0 & 0 & 1 & 0 & 2 \\ 0 & 1 & 1 & 1 & 2 \end{pmatrix} \rightarrow \begin{pmatrix} 0 & 1 & -2 & 0 & 1 \\ 0 & 0 & 1 & 0 & 2 \\ 0 & 1 & 1 & 1 & 2 \end{pmatrix} \begin{matrix} \frac{1}{3}\,\mathrm{I} \\ \\ \\ \end{matrix} \rightarrow$$

$$\rightarrow \begin{pmatrix} 0 & 1 & -2 & 0 & 1 \\ 0 & 0 & 1 & 0 & 2 \\ 0 & 0 & 3 & 1 & 1 \end{pmatrix} \begin{matrix} \\ \\ \mathrm{III-I} \end{matrix} \rightarrow \begin{pmatrix} 0 & 1 & -2 & 0 & 1 \\ 0 & 0 & 1 & 0 & 2 \\ 0 & 0 & 0 & 1 & -5 \end{pmatrix} \begin{matrix} \\ \\ \mathrm{III-3II} \end{matrix} \Rightarrow r(\underline{A}_9) = 3$$

$$\underline{A}_{10} = \begin{pmatrix} 1 & -1 & 2 & 1 & 3 \\ -2 & 2 & 0 & 4 & -6 \\ -1 & 1 & 2 & 5 & -3 \\ 0 & 1 & 3 & -5 & 1 \end{pmatrix} \rightarrow \begin{pmatrix} 1 & -1 & 2 & 1 & 3 \\ 0 & 0 & 4 & 6 & 0 \\ 0 & 0 & 4 & 6 & 0 \\ 0 & 1 & 3 & -5 & 1 \end{pmatrix} \begin{matrix} \\ \mathrm{II+2I} \\ \mathrm{III+I} \\ \\ \end{matrix} \rightarrow$$

$$\rightarrow \begin{pmatrix} 1 & -1 & 2 & 1 & 3 \\ 0 & 1 & 3 & -5 & 1 \\ 0 & 0 & 4 & 6 & 0 \\ 0 & 0 & 4 & 6 & 0 \end{pmatrix} \underset{\rightarrow}{\mathrm{IV} \leftrightarrow \mathrm{II}} \begin{pmatrix} 1 & -1 & 2 & 1 & 3 \\ 0 & 1 & 3 & -5 & 1 \\ 0 & 0 & 4 & 6 & 0 \\ 0 & 0 & 0 & 0 & 0 \end{pmatrix} \begin{matrix} \\ \\ \\ \mathrm{IV-III} \end{matrix} \Rightarrow r(\underline{A}_{10}) = 3.$$

7. $$\underline{A} = \begin{pmatrix} 2 & 1 & -2x \\ -1 & 0 & 2x \\ 2 & -1 & -x \end{pmatrix} \rightarrow \begin{pmatrix} 1 & \frac{1}{2} & -x \\ -1 & 0 & 2x \\ 2 & -1 & -x \end{pmatrix} \begin{matrix} \frac{1}{2}\cdot\mathrm{I} \\ \\ \\ \end{matrix} \rightarrow \begin{pmatrix} 1 & \frac{1}{2} & -x \\ 0 & \frac{1}{2} & x \\ 0 & -2 & x \end{pmatrix} \begin{matrix} \\ \mathrm{II+I} \\ \mathrm{III-2I} \end{matrix} \rightarrow$$

$$\rightarrow \begin{pmatrix} 1 & \frac{1}{2} & -x \\ 0 & 1 & 2x \\ 0 & -2 & x \end{pmatrix} \begin{matrix} \\ 2\mathrm{II} \\ \\ \end{matrix} \rightarrow \begin{pmatrix} 1 & \frac{1}{2} & -x \\ 0 & 1 & 2x \\ 0 & 0 & 5x \end{pmatrix} \begin{matrix} \\ \\ \mathrm{III+2II} \end{matrix} .$$

Es ist also $r(\underline{A}) = 3$ für $x \neq 0$.

$$\underline{B} = \begin{pmatrix} 2 & -4 & -2 \\ 2 & 1 & 0 \\ x & -2x & -x \end{pmatrix} \rightarrow \begin{pmatrix} 1 & -2 & -1 \\ 2 & 1 & 0 \\ 1 & -2 & -1 \end{pmatrix} \begin{matrix} \frac{1}{2}\cdot\mathrm{I} \\ \\ \frac{1}{x}\cdot\mathrm{III}\ (\text{für } x \neq 0) \end{matrix} \rightarrow$$

$$\begin{pmatrix} 1 & -2 & -1 \\ 0 & 5 & 2 \\ 0 & 0 & 0 \end{pmatrix} \begin{matrix} \\ II-2I \\ III-I \end{matrix}$$

Es ist also $r(\underline{B}) = 2$.

$$\underline{C} = \begin{pmatrix} 1 & x & 0 \\ x & 2 & x \\ 0 & x & x \end{pmatrix} \to \begin{pmatrix} 1 & x & 0 \\ 0 & 2-x^2 & x \\ 0 & x & x \end{pmatrix} \begin{matrix} \\ II-xI \\ \\ \end{matrix} \to$$

$$\to \begin{pmatrix} 1 & x & 0 \\ 0 & 2-x^2 & x \\ 0 & 0 & x-\frac{x^2}{2-x^2} \end{pmatrix} III-\frac{x}{2-x^2}II \to \begin{pmatrix} 1 & x & 0 \\ 0 & 2-x^2 & x \\ 0 & 0 & \frac{x(-x^2-x+2)}{2-x^2} \end{pmatrix}$$

Es ist also $r(\underline{C}) = 3$ für $x \in \mathbb{R} \setminus \{0,1,-2\}$.

8. Wir fassen die Vektoren jeweils zu einer Matrix zusammen und ermitteln den Rang, also die Anzahl der linear unabhängigen Vektoren.

$$\text{(a) } \underline{A} = \begin{pmatrix} 1 & 0 & 2 & -3 \\ 3 & -2 & 4 & -13 \\ -2 & 1 & -3 & 8 \\ 1 & 3 & 5 & 3 \\ 4 & 0 & 8 & -12 \end{pmatrix} \to \begin{pmatrix} 1 & 0 & 2 & -3 \\ 0 & -2 & -2 & -4 \\ 0 & 1 & 1 & 2 \\ 0 & 3 & 3 & 6 \\ 0 & 0 & 0 & 0 \end{pmatrix} \begin{matrix} \\ II-3I \\ III+2I \\ IV-I \\ V-4I \end{matrix} \to$$

$$\to \begin{pmatrix} 1 & 0 & 2 & -3 \\ 0 & 1 & 1 & 2 \\ 0 & 1 & 1 & 2 \\ 0 & 3 & 3 & 6 \\ 0 & 0 & 0 & 0 \end{pmatrix} \begin{matrix} \\ -\frac{1}{2}II \\ \\ \\ \\ \end{matrix} \to \begin{pmatrix} 1 & 0 & 2 & -3 \\ 0 & 1 & 1 & 2 \\ 0 & 0 & 0 & 0 \\ 0 & 0 & 0 & 0 \\ 0 & 0 & 0 & 0 \end{pmatrix} \begin{matrix} \\ \\ III-II \\ IV-3II \\ \\ \end{matrix} \Rightarrow r(\underline{A})=2.$$

Die Anzahl der linear unabhängigen Vektoren ist 2.

(b) $\underline{A} = \begin{pmatrix} 1 & -2 & 3 \\ -1 & 3 & 5 \\ 0 & 4 & -2 \end{pmatrix} \to \begin{pmatrix} 1 & -2 & 3 \\ 0 & 1 & 8 \\ 0 & 4 & -2 \end{pmatrix} \begin{matrix} \\ II+I \\ \\ \end{matrix} \to \begin{pmatrix} 1 & -2 & 3 \\ 0 & 1 & 8 \\ 0 & 0 & -34 \end{pmatrix} \begin{matrix} \\ \\ III-4II \end{matrix} \Rightarrow r(\underline{A})=3$

Die Anzahl der linear unabhängigen Vektoren ist 3.

(c) $\underline{A} = \begin{pmatrix} 1 & 2 \\ 2 & 4 \\ -1 & a \end{pmatrix} \to \begin{pmatrix} 1 & 2 \\ 0 & 0 \\ 0 & 2+a \end{pmatrix} \begin{matrix} \\ II-2I \\ III+I \end{matrix} \to \begin{pmatrix} 1 & 2 \\ 0 & 2+a \\ 0 & 0 \end{pmatrix} II \leftrightarrow III.$

Wegen $r(\underline{A}) = 2$ für $a \neq -2$ und $r(\underline{A}) = 1$ für $a = -2$ beträgt die Anzahl der linear unabhängigen Vektoren 2 für $a \neq -2$ und 1 für $a = -2$.

9. (a) Für eine $(m \times n)$-Matrix $\underline{A}$ ist die Anzahl der
linear unabhängigen Zeilenvektoren $\leq m$
linear unabhängigen Spaltenvektoren $\leq n$.

Da der Rang von $\underline{A}$ die Anzahl der linear unabhängigen Vektoren angibt, gilt deshalb:

$$r(\underline{A}) \leq \min\{m,n\}.$$

(b) Anzahl der linear unabhängigen Zeilenvektoren von $\underline{A}$ =
Anzahl der linear unabhängigen Spaltenvektoren von $\underline{A}'$ und
Anzahl der linear unabhängigen Spaltenvektoren von $\underline{A}$ =
Anzahl der linear unabhängigen Zeilenvektoren von $\underline{A}'$.

Es gilt deshalb: $r(\underline{A}) = r(\underline{A}')$.

15. Lineare Gleichungssysteme

1. (a) $$\begin{aligned} 2x_1 - 3x_2 &= -(x_1+x_3) \\ 2x_3 - x_1 &= \tfrac{1}{2}(x_2+x_3) \end{aligned} \Rightarrow \begin{aligned} 3x_1 - 3x_2 + x_3 &= 0 \\ -x_1 - \tfrac{1}{2}x_2 + \tfrac{3}{2}x_3 &= 0. \end{aligned}$$

Es handelt sich hier um ein homogenes lineares Gleichungssystem.

(b) $$\begin{aligned} 5x_1 - x_2 &= -x_1 + 2 \\ x_1 - 3 &= \sqrt{x_2}\,\sqrt{x_2} \end{aligned} \Rightarrow \begin{aligned} 6x_1 - x_2 &= 2 \\ x_1 - x_2 &= 3. \end{aligned}$$

Es handelt sich hier um ein inhomogenes lineares Gleichungssystem.

(c) $$\begin{aligned} 2\frac{x_1}{x_2} - x_1^2 - 4 + x_2^3 &= 1 \\ x_2^2 - x_2 - 8x_1x_3 &= 0. \end{aligned}$$

Es handelt sich hier um kein lineares Gleichungssystem, da gemischte Glieder $\frac{x_1}{x_2}$ bzw. x_1x_3 und quadratische Glieder x_1^2, x_2^2 sowie das Glied x_2^3 vorkommen.

(d) $e^{x_1+2x_2} = 3$

Aus dieser nichtlinearen Gleichung erhält man eine lineare Gleichung, indem man den Logarithmus lnx anwendet:

$$\ln e^{x_1+2x_2} = \ln 3 \Rightarrow x_1 + 2x_2 = \ln 3.$$

2. (a) $$\begin{pmatrix} 2 & -2 & 4 & 0 \\ 3 & -3 & 2 & 8 \\ -1 & 1 & -6 & 3 \\ 0 & 0 & 2 & -4 \end{pmatrix} \cdot \underline{x} = \underline{o}:$$

Wir bringen die Koeffizientenmatrix $\underline{A}$ auf Dreiecksstufenform $\underline{\tilde{A}}$:

$$\underline{A}=\begin{pmatrix} 2 & -2 & 4 & 0 \\ 3 & -3 & 2 & 8 \\ -1 & 1 & -6 & 3 \\ 0 & 0 & 2 & -4 \end{pmatrix} \to \begin{pmatrix} 1 & -1 & 2 & 0 \\ 3 & -3 & 2 & 8 \\ -1 & 1 & -6 & 3 \\ 0 & 0 & 2 & -4 \end{pmatrix} \begin{matrix} \frac{1}{2}\mathrm{I} \\ \\ \\ \\ \end{matrix} \to \begin{pmatrix} 1 & -1 & 2 & 0 \\ 0 & 0 & -4 & 8 \\ 0 & 0 & -4 & 3 \\ 0 & 0 & 2 & -4 \end{pmatrix} \begin{matrix} \\ \mathrm{II}-3\mathrm{I} \\ \mathrm{III}+\mathrm{I} \\ \\ \end{matrix}$$

$$\to \begin{pmatrix} 1 & -1 & 2 & 0 \\ 0 & 0 & 1 & -2 \\ 0 & 0 & -4 & 3 \\ 0 & 0 & 2 & -4 \end{pmatrix} \begin{matrix} \\ -\frac{1}{4}\mathrm{II} \\ \\ \\ \end{matrix} \to \begin{pmatrix} 1 & -1 & 2 & 0 \\ 0 & 0 & 1 & -2 \\ 0 & 0 & 0 & -5 \\ 0 & 0 & 0 & 0 \end{pmatrix} \begin{matrix} \\ \\ \mathrm{III}+4\mathrm{II} \\ \mathrm{IV}-2\mathrm{II} \end{matrix} = \tilde{\underline{A}}.$$

Wegen $r(\underline{A}) = 3 < n = 4$ (Zahl der Unbekannten) existiert eine nichttriviale Lösung.

Das vereinfachte Gleichungssystem $\tilde{\underline{A}}\underline{x} = \underline{o}$ hat die Form:

$$\begin{aligned} x_1 - x_2 + 2x_3 &= 0 \\ x_3 - 2x_4 &= 0 \\ - 5x_4 &= 0. \end{aligned}$$

Für die nicht den Stufenkanten entsprechende Variable x_2 setzen wir: $x_2 = \lambda$ und erhalten so:

$$\left.\begin{aligned} x_1 &= \lambda \\ x_2 &= \lambda \\ x_3 &= 0 \\ x_4 &= 0 \end{aligned}\right\} \Rightarrow \text{Lösung } \underline{x}^* = \begin{pmatrix} x_1 \\ x_2 \\ x_3 \\ x_4 \end{pmatrix} = \lambda \begin{pmatrix} 1 \\ 1 \\ 0 \\ 0 \end{pmatrix}, \quad (\lambda \in \mathbb{R}).$$

(b)

$$\underline{A} = \begin{pmatrix} -1 & 1 & -2 \\ 2 & -4 & 3 \\ 5 & 3 & -2 \end{pmatrix} \to \begin{pmatrix} -1 & 1 & -2 \\ 0 & -2 & -1 \\ 0 & 8 & -12 \end{pmatrix} \begin{matrix} \\ \mathrm{II}+2\mathrm{I} \\ \mathrm{III}+5\mathrm{I} \end{matrix} \to \begin{pmatrix} -1 & 1 & -2 \\ 0 & -2 & -1 \\ 0 & 0 & -16 \end{pmatrix} \begin{matrix} \\ \\ \mathrm{III}+4\mathrm{II} \end{matrix} = \tilde{\underline{A}}.$$

Wegen $r(\underline{A}) = 3 = n$ (= Zahl der Unbekannten) existiert nur die triviale Lösung $\underline{x} = \underline{o}$.

(c)

$$\underline{A} = \begin{pmatrix} 2 & -1 & 0 & 3 & 4 \\ -4 & 2 & 1 & -1 & -2 \end{pmatrix} \to \begin{pmatrix} 2 & -1 & 0 & 3 & 4 \\ 0 & 0 & 1 & 5 & 6 \end{pmatrix} \begin{matrix} \\ \mathrm{II}+2\mathrm{I} \end{matrix} = \tilde{\underline{A}}.$$

Wegen $r(\underline{A}) = 2 < n = 5$ existieren $d = n - r(\underline{A}) = 3$ linear unabhängige Lösungen.

$$\tilde{\underline{A}}\underline{x} = \underline{o} : \begin{aligned} 2x_1 - x_2 \quad + 3x_4 + 4x_5 &= 0 \\ x_3 + 5x_4 + 6x_5 &= 0. \end{aligned}$$

Für die nicht den Stufenkanten entsprechenden Variablen setzen wir $x_2 = \lambda_1$, $x_4 = \lambda_2$, $x_5 = \lambda_3$ und erhalten so:

$$\begin{aligned} x_1 &= \tfrac{1}{2}\lambda_1 - \tfrac{3}{2}\lambda_2 - 2\lambda_3 &&= \tfrac{1}{2}\lambda_1 - \tfrac{3}{2}\lambda_2 - 2\lambda_3 \\ x_2 &= \lambda_1 &&= \lambda_1 \\ x_3 &= -5\lambda_2 - 6\lambda_3 &&= \quad - 5\lambda_2 - 6\lambda_3 \\ x_4 &= \lambda_2 &&= \quad \lambda_2 \\ x_5 &= \lambda_3 &&= \quad \lambda_3. \end{aligned}$$

Die Lösung hat dann die Form:

$$\underline{x}^* = \lambda_1 \begin{pmatrix} \frac{1}{2} \\ 1 \\ 0 \\ 0 \\ 0 \end{pmatrix} + \lambda_2 \begin{pmatrix} -\frac{3}{2} \\ 0 \\ -5 \\ 1 \\ 0 \end{pmatrix} + \lambda_3 \begin{pmatrix} -2 \\ 0 \\ -6 \\ 0 \\ 1 \end{pmatrix}, \quad (\lambda_1, \lambda_2, \lambda_3 \in \mathbb{R}).$$

3. (a) $\begin{pmatrix} 1 & -2 \\ 3 & -5 \end{pmatrix} \begin{pmatrix} x_1 \\ x_2 \end{pmatrix} = \begin{pmatrix} 2 \\ 3 \end{pmatrix}$:

Wir bringen die erweiterte Koeffizientenmatrix $(\underline{A}, \underline{b})$ auf Dreiecksstufengestalt $(\tilde{\underline{A}}, \tilde{\underline{b}})$:

$$(\underline{A}, \underline{b}) = \left(\begin{array}{cc|c} 1 & -2 & 2 \\ 3 & -5 & 3 \end{array}\right) \rightarrow \left(\begin{array}{cc|c} 1 & -2 & 2 \\ 0 & 1 & -3 \end{array}\right) \begin{matrix} \\ II-3I \end{matrix} = (\tilde{\underline{A}}, \tilde{\underline{b}}).$$

Wegen $r(\underline{A}) = r(\underline{A}, \underline{b}) = 2$ existiert eine Lösung. Diese Lösung ist eindeutig, da $r(\underline{A}) = n = 2$.
Aus dem vereinfachten Gleichungssystem $\tilde{\underline{A}}\underline{x} = \tilde{\underline{b}}$ ergibt sich:

$$\left.\begin{aligned} x_1 - 2x_2 &= 2 \\ x_2 &= -3 \end{aligned}\right\} \Rightarrow x_2 = -3,\ x_1 = 2 + 2x_2 = -4.$$

Die Lösung hat also die Form $\underline{x} = \begin{pmatrix} -4 \\ -3 \end{pmatrix}$.

(b) $\begin{pmatrix} 1 & -2 \\ 3 & -5 \\ -2 & 3 \end{pmatrix} \begin{pmatrix} x_1 \\ x_2 \end{pmatrix} = \begin{pmatrix} 2 \\ 3 \\ 0 \end{pmatrix}$:

$$(\underline{A},\underline{b}) = \left(\begin{array}{cc|c} 1 & -2 & 2 \\ 3 & -5 & 3 \\ -2 & 3 & 0 \end{array}\right) \to \left(\begin{array}{cc|c} 1 & -2 & 2 \\ 0 & 1 & -3 \\ 0 & -1 & 4 \end{array}\right) \begin{array}{l} \\ II-3I \\ III+2I \end{array} \to \left(\begin{array}{cc|c} 1 & -2 & 2 \\ 0 & 1 & -3 \\ 0 & 0 & 1 \end{array}\right) \begin{array}{l} \\ \\ III+II \end{array} = (\tilde{\underline{A}},\tilde{\underline{b}}).$$

Wegen $r(\underline{A},\underline{b}) = 3 \neq r(\underline{A}) = 2$ existiert keine Lösung.

(c) $\begin{pmatrix} 1 & -2 \\ 3 & -5 \\ -2 & 3 \end{pmatrix} \begin{pmatrix} x_1 \\ x_2 \end{pmatrix} = \begin{pmatrix} 2 \\ 3 \\ -1 \end{pmatrix}$:

$$(\underline{A},\underline{b}) = \left(\begin{array}{cc|c} 1 & -2 & 2 \\ 3 & -5 & 3 \\ -2 & 3 & -1 \end{array}\right) \to \left(\begin{array}{cc|c} 1 & -2 & 2 \\ 0 & 1 & -3 \\ 0 & -1 & 3 \end{array}\right) \begin{array}{l} \\ II-3I \\ III+2I \end{array} \to \left(\begin{array}{cc|c} 1 & -2 & 2 \\ 0 & 1 & -3 \\ 0 & 0 & 0 \end{array}\right) \begin{array}{l} \\ \\ III+II \end{array} = (\tilde{\underline{A}},\tilde{\underline{b}}).$$

Wegen $r(\underline{A}) = r(\underline{A},\underline{b}) = 2$ existiert eine Lösung. Diese Lösung ist eindeutig, da $r(\underline{A}) = 2 = n$. Aus dem vereinfachten Gleichungssystem $\tilde{\underline{A}}\underline{x} = \tilde{\underline{b}}$ erhalten wir:

$$\left.\begin{aligned} x_1 - 2x_2 &= 2 \\ x_2 &= -3 \end{aligned}\right\} \Rightarrow \underline{x} = \begin{pmatrix} x_1 \\ x_2 \end{pmatrix} = \begin{pmatrix} -4 \\ -3 \end{pmatrix}.$$

(d) $\begin{pmatrix} 1 & -2 & 4 & 1 \\ -1 & 2 & -4 & -1 \end{pmatrix} \begin{pmatrix} x_1 \\ x_2 \\ x_3 \\ x_4 \end{pmatrix} = \begin{pmatrix} 2 \\ -2 \end{pmatrix}$:

$$(\underline{A},\underline{b}) = \left(\begin{array}{cccc|c} 1 & -2 & 4 & 1 & 2 \\ -1 & 2 & -4 & -1 & -2 \end{array}\right) \to \left(\begin{array}{cccc|c} 1 & -2 & 4 & 1 & 2 \\ \hline 0 & 0 & 0 & 0 & 0 \end{array}\right)_{II+I} = (\tilde{\underline{A}},\tilde{\underline{b}}).$$

Wegen $r(\underline{A}) = r(\underline{A},\underline{b}) = 1$ existiert eine Lösung. Diese Lösung ist mehrdeutig, da $r(\underline{A}) = 1 < n = 4$.
Das vereinfachte Gleichungssystem $\tilde{\underline{A}}\underline{x} = \tilde{\underline{b}}$ hat hierbei die Form:

$x_1 - 2x_2 + 4x_3 + x_4 = 2.$

Setzt man für die nicht den Stufenkanten entsprechenden Variablen $x_2 = \lambda_1, x_3 = \lambda_2, x_4 = \lambda_3$, so erhalten wir:

$$\begin{aligned} x_1 &= 2 + 2\lambda_1 - 4\lambda_2 - \lambda_3 &&= 2 + 2\lambda_1 - 4\lambda_2 - \lambda_3 \\ x_2 &= \lambda_1 &&= 0 + \lambda_1 \\ x_3 &= \lambda_2 &&= 0 + \lambda_2 \\ x_4 &= \lambda_3 &&= 0 + \lambda_3. \end{aligned}$$

Als Lösung ergibt sich also die Linearkombination

$$\underline{x} = \begin{pmatrix} x_1 \\ x_2 \\ x_3 \\ x_4 \end{pmatrix} = \begin{pmatrix} 2 \\ 0 \\ 0 \\ 0 \end{pmatrix} + \lambda_1 \begin{pmatrix} 2 \\ 1 \\ 0 \\ 0 \end{pmatrix} + \lambda_2 \begin{pmatrix} -4 \\ 0 \\ 1 \\ 0 \end{pmatrix} + \lambda_3 \begin{pmatrix} -1 \\ 0 \\ 0 \\ 1 \end{pmatrix}$$

mit $\lambda_1, \lambda_2, \lambda_3 \in \mathbb{R}$.

(e)

$$\begin{pmatrix} 1 & -2 & 4 & 1 \\ -2 & 4 & -8 & 1 \end{pmatrix} \begin{pmatrix} x_1 \\ x_2 \\ x_3 \\ x_4 \end{pmatrix} = \begin{pmatrix} 2 \\ -4 \end{pmatrix}:$$

$$(\underline{A},\underline{b}) = \left(\begin{array}{cccc|c} 1 & -2 & 4 & 1 & 2 \\ -2 & 4 & -8 & 1 & -4 \end{array}\right) \to \left(\begin{array}{cccc|c} 1 & -2 & 4 & 1 & 2 \\ 0 & 0 & 0 & 3 & 0 \end{array}\right)_{II+2I} = (\tilde{\underline{A}},\tilde{\underline{b}}).$$

Wegen $r(\underline{A}) = r(\underline{A},\underline{b}) = 2$ existiert eine Lösung. Diese Lösung ist mehrdeutig, da $r(\underline{A}) = 2 < n = 4$. Das vereinfachte Gleichungssystem $\tilde{\underline{A}}\underline{x} = \tilde{\underline{b}}$ hat die Form:

$$\begin{aligned} x_1 - 2x_2 + 4x_3 + x_4 &= 2 \\ 3x_4 &= 0. \end{aligned}$$

Setzt man $x_2 = \lambda_1$, $x_3 = \lambda_2$, so erhalten wir:

$$\begin{aligned} x_1 &= 2 + 2\lambda_1 - 4\lambda_2 &&= 2 + 2\lambda_1 - 4\lambda_2 \\ x_2 &= \lambda_1 &&= 0 + \lambda_1 \\ x_3 &= \lambda_2 &&= 0 \qquad\quad + \lambda_2 \\ x_4 &= 0 &&= 0 \quad . \end{aligned}$$

Als Lösung ergibt sich dann die Linearkombination:

$$\underline{x} = \begin{pmatrix} x_1 \\ x_2 \\ x_3 \\ x_4 \end{pmatrix} = \begin{pmatrix} 2 \\ 0 \\ 0 \\ 0 \end{pmatrix} + \lambda_1 \begin{pmatrix} 2 \\ 1 \\ 0 \\ 0 \end{pmatrix} + \lambda_2 \begin{pmatrix} -4 \\ 0 \\ 1 \\ 0 \end{pmatrix} \qquad (\lambda_1, \lambda_2 \in \mathbb{R}).$$

4. (a)

$$(\underline{A},\underline{b}) = \left(\begin{array}{ccc|c} 1 & 1 & 1 & 3 \\ 2 & 2 & 1 & 4 \\ 1 & 1 & -1 & 0 \end{array}\right) \rightarrow \left(\begin{array}{ccc|c} 1 & 1 & 1 & 3 \\ 0 & 0 & -1 & -2 \\ 0 & 0 & -2 & -3 \end{array}\right) \begin{array}{l} \\ II-2I \\ III-I \end{array} \rightarrow$$

$$\rightarrow \left(\begin{array}{ccc|c} 1 & 1 & 1 & 3 \\ 0 & 0 & -1 & -2 \\ 0 & 0 & 0 & 1 \end{array}\right) \begin{array}{l} \\ \\ III-2II \end{array} = (\tilde{\underline{A}},\tilde{\underline{b}}).$$

Wegen $r(\underline{A}) = 2 \neq r(\underline{A},\underline{b}) = 3$ existiert keine Lösung.

(b)

$$\left(\begin{array}{cccc|c} 1 & 2 & 4 & 7 & 6 \\ 2 & 4 & 6 & 8 & 10 \\ 1 & 2 & 0 & -5 & 2 \\ 1 & 2 & 2 & 1 & 4 \end{array}\right) \rightarrow \left(\begin{array}{cccc|c} 1 & 2 & 4 & 7 & 6 \\ 0 & 0 & -2 & -6 & -2 \\ 0 & 0 & -4 & -12 & -4 \\ 0 & 0 & -2 & -6 & -2 \end{array}\right) \begin{array}{l} \\ II-2I \\ III-I \\ IV-I \end{array} \rightarrow$$

$$\rightarrow \left(\begin{array}{cccc|c} 1 & 2 & 4 & 7 & 6 \\ 0 & 0 & -2 & -6 & -2 \\ 0 & 0 & 0 & 0 & 0 \\ 0 & 0 & 0 & 0 & 0 \end{array}\right) \begin{array}{l} \\ \\ III-2II \\ IV-II \end{array} = (\tilde{\underline{A}},\tilde{\underline{b}}).$$

Wegen $r(\underline{A}) = r(\underline{A},\underline{b}) = 2$ existiert eine Lösung. Diese Lösung ist mehrdeutig, da $r(\tilde{\underline{A}}) = 2 < n = 4$. Als vereinfachtes Gleichungssystem $\tilde{\underline{A}}\underline{x} = \tilde{\underline{b}}$ erhalten wir:

$$\begin{aligned} x_1 + 2x_2 + 4x_3 + 7x_4 &= 6 \\ - 2x_3 - 6x_4 &= -2. \end{aligned}$$

Setzt man $x_2 = \lambda_1$, $x_4 = \lambda_2$, so ergibt sich:

$$\begin{aligned} x_1 &= 6 - 2\lambda_1 - 4(1-3\lambda_2) - 7\lambda_2 &&= 2 - 2\lambda_1 + 5\lambda_2 \\ x_2 &= \lambda_1 &&= 0 + \lambda_1 \\ x_3 &= 1 - 3\lambda_2 &&= 1 \quad - 3\lambda_2 \\ x_4 &= \lambda_2 &&= 0 \quad + \lambda_2. \end{aligned}$$

Die Lösung hat also die Form:

$$\underline{x} = \begin{pmatrix} x_1 \\ x_2 \\ x_3 \\ x_4 \end{pmatrix} = \begin{pmatrix} 2 \\ 0 \\ 1 \\ 0 \end{pmatrix} + \lambda_1 \begin{pmatrix} -2 \\ 1 \\ 0 \\ 0 \end{pmatrix} + \lambda_2 \begin{pmatrix} 5 \\ 0 \\ -3 \\ 1 \end{pmatrix}, \quad (\lambda_1, \lambda_2 \in \mathbb{R}).$$

5. (a)

$$(\underline{A},\underline{b}) = \left(\begin{array}{cccc|c} 1 & 2 & 0 & 3 & 0 \\ -2 & 1 & -1 & 1 & 3 \\ 4 & 3 & 1 & 5 & -2 \end{array}\right) \rightarrow \left(\begin{array}{cccc|c} 1 & 2 & 0 & 3 & 0 \\ 0 & 5 & -1 & 7 & 3 \\ 0 & -5 & 1 & -7 & -2 \end{array}\right) \begin{array}{l} \\ II+2I \\ III-4I \end{array}$$

$$\rightarrow \left(\begin{array}{cccc|c} 1 & 2 & 0 & 3 & 0 \\ 0 & 5 & -1 & 7 & 3 \\ 0 & 0 & 0 & 0 & 1 \end{array}\right) \begin{array}{l} \\ \\ III+II \end{array} = (\tilde{\underline{A}},\tilde{\underline{b}}).$$

Wegen $r(\underline{A}) = 2 \neq r(\underline{A},\underline{b}) = 3$ existiert keine Lösung.

(b) Bei Weglassen von Gleichung (III) ergibt sich:

$$(\underline{A},\underline{b}) = \left(\begin{array}{cccc|c} 1 & 2 & 0 & 3 & 0 \\ -2 & 1 & -1 & 1 & 3 \end{array}\right) \rightarrow \left(\begin{array}{cccc|c} 1 & 2 & 0 & 3 & 0 \\ 0 & 5 & -1 & 7 & 3 \end{array}\right) \begin{array}{l} \\ II+2I \end{array} = (\tilde{\underline{A}},\tilde{\underline{b}}).$$

Wegen $r(\underline{A}) = r(\underline{A},\underline{b}) = 2$ existiert eine Lösung. Diese Lösung ist mehrdeutig, da $r(\underline{A}) = 2 < n = 4$.

Als vereinfachtes Gleichungssystem erhalten wir:

$$\begin{aligned} x_1 + 2x_2 \phantom{{}- x_3} + 3x_4 &= 0 \\ 5x_2 - x_3 + 7x_4 &= 3. \end{aligned}$$

Setzt man $x_3 = \lambda_1$, $x_4 = \lambda_2$, so folgt daraus:

$$\begin{aligned}
x_1 &= -2\left(\frac{3}{5} + \frac{1}{5}\lambda_1 - \frac{7}{5}\lambda_2\right) - 3\lambda_2 &&= -\frac{6}{5} - \frac{2}{5}\lambda_1 - \frac{1}{5}\lambda_2 \\
x_2 &= \frac{3}{5} + \frac{1}{5}\lambda_1 - \frac{7}{5}\lambda_2 &&= \frac{3}{5} + \frac{1}{5}\lambda_1 - \frac{7}{5}\lambda_2 \\
x_3 &= \lambda_1 &&= 0 + \lambda_1 \\
x_4 &= \lambda_2 &&= 0 + \lambda_2 .
\end{aligned}$$

Die Lösung hat also die Form

$$\underline{x} = \begin{pmatrix} x_1 \\ x_2 \\ x_3 \\ x_4 \end{pmatrix} = \begin{pmatrix} -\frac{6}{5} \\ \frac{3}{5} \\ 0 \\ 0 \end{pmatrix} + \lambda_1 \begin{pmatrix} -\frac{2}{5} \\ \frac{1}{5} \\ 1 \\ 0 \end{pmatrix} + \lambda_2 \begin{pmatrix} -\frac{1}{5} \\ -\frac{7}{5} \\ 0 \\ 1 \end{pmatrix}, \quad (\lambda_1, \lambda_2 \in \mathbb{R}).$$

(c) Wir fügen zu Gleichung (I) und (II) die Gleichungen

$$\begin{aligned} &\text{(III)} \quad x_3 \phantom{{}+x_4} = 1 \\ &\text{(IV)} \quad \phantom{x_3+{}} x_4 = 1 \end{aligned}$$

hinzu. Die erweiterte Koeffizientenmatrix $(\underline{A}, \underline{b})$ lautet dann:

$$(\underline{A}, \underline{b}) = \left(\begin{array}{cccc|c} 1 & 2 & 0 & 3 & 0 \\ -2 & 1 & -1 & 1 & 3 \\ 0 & 0 & 1 & 0 & 1 \\ 0 & 0 & 0 & 1 & 1 \end{array}\right) \rightarrow \left(\begin{array}{cccc|c} 1 & 2 & 0 & 3 & 0 \\ 0 & 5 & -1 & 7 & 3 \\ 0 & 0 & 1 & 0 & 1 \\ 0 & 0 & 0 & 1 & 1 \end{array}\right) \begin{array}{l} \\ \text{II+2I} \\ \end{array} = (\tilde{\underline{A}}, \tilde{\underline{b}}).$$

Wegen $r(\underline{A}) = r(\underline{A}, \underline{b}) = 4$ existiert eine Lösung. Diese Lösung ist eindeutig, da $r(\underline{A}) = n = 4$.

Aus dem vereinfachten Gleichungssystem

$$\tilde{\underline{A}}\underline{x} = \tilde{\underline{b}}:\quad \begin{aligned} x_1 + 2x_2 + 3x_4 &= 0 \\ 5x_2 - x_3 + 7x_4 &= 3 \\ x_3 &= 1 \\ x_4 &= 1 \end{aligned}$$

erhalten wir:

$$\left.\begin{aligned} x_1 &= \tfrac{6}{5} - 3 &&= -\tfrac{9}{5} \\ x_2 &= \tfrac{3}{5} + \tfrac{1}{5} - \tfrac{7}{5} &&= -\tfrac{3}{5} \\ x_3 &= 1 &&= 1 \\ x_4 &= 1 &&= 1 \end{aligned}\right\} \Rightarrow \underline{x} = \begin{pmatrix} -\frac{9}{5} \\ -\frac{3}{5} \\ 1 \\ 1 \end{pmatrix}.$$

6. (a)

$$(\underline{A},\underline{b}) = \left(\begin{array}{ccc|c} a^2 & a^4 & a^6 & a^1 \\ a^4 & a^6 & a^8 & a^{-1} \\ a^6 & a^8 & a^{10} & a^{-3} \end{array}\right) \to \left(\begin{array}{ccc|c} 1 & a^2 & a^4 & a^{-1} \\ 1 & a^2 & a^4 & a^{-5} \\ 1 & a^2 & a^4 & a^{-9} \end{array}\right) \begin{array}{l} a^{-2}\,\mathrm{I} \\ a^{-4}\,\mathrm{II} \\ a^{-6}\,\mathrm{III} \end{array} \to$$

$$\to \left(\begin{array}{ccc|c} 1 & a^2 & a^4 & a^{-1} \\ \hline 0 & 0 & 0 & a^{-5} - a^{-1} \\ 0 & 0 & 0 & a^{-9} - a^{-1} \end{array}\right) \begin{array}{l} \\ \mathrm{II-I} \\ \mathrm{III-I} \end{array} = (\tilde{\underline{A}},\tilde{\underline{b}}).$$

Wegen der Bedingung $r(\underline{A}) = r(\underline{A},\underline{b})$ existiert nur dann eine Lösung, falls gilt:

$$a^{-5} - a^{-1} = a^{-1}(a^{-4}-1) = \frac{1}{a}\left(\frac{1}{a^4} - 1\right) = 0 \Rightarrow a = \pm 1$$

$$a^{-9} - a^{-1} = a^{-1}(a^{-8}-1) = \frac{1}{a}\left(\frac{1}{a^8} - 1\right) = 0 \Rightarrow a = \pm 1.$$

(b) Das vereinfachte Gleichungssystem $\tilde{\underline{A}}\underline{x} = \tilde{\underline{b}}$ lautet für

$a = 1$: $x_1 + x_2 + x_3 = 1$

Setzt man $x_2 = \lambda_1$, $x_3 = \lambda_2$, so ergibt sich:

$$\begin{aligned} x_1 &= 1 - \lambda_1 - \lambda_2 &&= 1 - \lambda_1 - \lambda_2 \\ x_2 &= \lambda_1 &&= 0 + \lambda_1 \\ x_3 &= \lambda_2 &&= 0 + \lambda_2. \end{aligned}$$

Die Lösung hat also die Form:

$$\underline{x} = \begin{pmatrix} x_1 \\ x_2 \\ x_3 \end{pmatrix} = \begin{pmatrix} 1 \\ 0 \\ 0 \end{pmatrix} + \lambda_1 \begin{pmatrix} -1 \\ 1 \\ 0 \end{pmatrix} + \lambda_2 \begin{pmatrix} -1 \\ 0 \\ 1 \end{pmatrix}, \quad (\lambda_1, \lambda_2 \in \mathbb{R}).$$

$a = -1$: $x_1 + x_2 + x_3 = -1$

Bei $x_2 = \lambda_1$, $x_3 = \lambda_2$ erhalten wir:

$$\begin{aligned} x_1 &= -1 - \lambda_1 - \lambda_2 &&= -1 - \lambda_1 - \lambda_2 \\ x_2 &= \lambda_1 &&= 0 + \lambda_1 \\ x_3 &= \lambda_2 &&= 0 \quad\quad + \lambda_2. \end{aligned}$$

Die Lösung hat also die Form:

$$\underline{x} = \begin{pmatrix} x_1 \\ x_2 \\ x_3 \end{pmatrix} = \begin{pmatrix} -1 \\ 0 \\ 0 \end{pmatrix} + \lambda_1 \begin{pmatrix} -1 \\ 1 \\ 0 \end{pmatrix} + \lambda_2 \begin{pmatrix} -1 \\ 0 \\ 1 \end{pmatrix}, \quad (\lambda_1, \lambda_2 \in \mathbb{R}).$$

7.

$$\underline{A} = \begin{pmatrix} 2 & a & 1 \\ -2 & 4-2a & a-5 \\ 4 & 3a-4 & 2 \end{pmatrix} \rightarrow \begin{pmatrix} 2 & a & 1 \\ 0 & 4-a & a-4 \\ 0 & a-4 & 0 \end{pmatrix} \begin{matrix} \\ II+I \\ III-2I \end{matrix} \rightarrow$$

$$\rightarrow \begin{pmatrix} 2 & a & 1 \\ 0 & 4-a & a-4 \\ 0 & 0 & a-4 \end{pmatrix} \begin{matrix} \\ \\ III+II \end{matrix} = \tilde{\underline{A}}.$$

Für $a = 4$ gilt $r(\underline{A}) = 1$; es existieren dann $d = n - r(\underline{A}) = 3 - 1 = 2$ linear unabhängige Lösungsvektoren $\underline{x}_1^*$, $\underline{x}_2^*$.

Aus dem Gleichungssystem

$\tilde{\underline{A}}\underline{x} = \underline{o}$: $2x_1 + 4x_2 + x_3 = 0$

erhält man bei $x_2 = \lambda_1$, $x_3 = \lambda_2$:

$$\left.\begin{aligned} x_1 &= -2\lambda_1 - \tfrac{1}{2}\lambda_2 \\ x_2 &= \lambda_1 \\ x_3 &= \lambda_2 \end{aligned}\right\} \Rightarrow \underline{x}_1^* = \begin{pmatrix} -2 \\ 1 \\ 0 \end{pmatrix}, \quad \underline{x}_2^* = \begin{pmatrix} -\frac{1}{2} \\ 0 \\ 1 \end{pmatrix}$$

$$\underline{x}^* = \lambda_1 \begin{pmatrix} -2 \\ 1 \\ 0 \end{pmatrix} + \lambda_2 \begin{pmatrix} -\frac{1}{2} \\ 0 \\ 1 \end{pmatrix}, \quad (\lambda_1, \lambda_2 \in \mathbb{R}).$$

8. $$(\underline{A},\underline{b}) = \left(\begin{array}{ccc|c} 1 & -2 & 1 & 2a-b \\ 2 & 0 & -1 & b \\ 3 & -6 & 3 & (a-2+b)\cdot(2b-4a) \end{array}\right)$$

$$\left(\begin{array}{ccc|c} 1 & -2 & 1 & 2a - b \\ 0 & 4 & -3 & b - 4a + 2b \\ 0 & 0 & 0 & (a-2+b)\cdot(2b-4a) - 3(2a-b) \end{array}\right) \begin{array}{l} \\ II-2I \\ III-3I \end{array} = (\tilde{\underline{A}},\tilde{\underline{b}})$$

Wegen $r(\underline{A}) = 2$ existiert eine Lösung nur dann, wenn
$(a-2+b)(2b-4a) - 3(2a-b) = 0 \Rightarrow$
$\Rightarrow (2a-b)[-2(a-2+b)-3] = -(2a-b)(2a-4+2b+3) =$
$= -(2a-b)(2a+2b-1) = 0.$
Eine Lösung liegt also vor bei $b = 2a$ und $b = \frac{1-2a}{2}$.

9. Wegen $\underline{A}\ \underline{x} = \underline{y}$ und $\underline{B}\ \underline{y} = \underline{z}$ ergibt sich die Lösung $\underline{x}$ aus dem Gleichungssystem $\underline{B}\ \underline{A}\ \underline{x} = \underline{B}(\underline{A}\ \underline{x}) = \underline{B}\ \underline{y} = \underline{z}$.

$$\underline{B} \cdot \underline{A} = \begin{pmatrix} 1 & -2 & 3 & 0 \\ 7 & -3 & 0 & -4 \end{pmatrix} \begin{pmatrix} 0 & 3 \\ 2 & 2 \\ 1 & 0 \\ -3 & 2 \end{pmatrix} = \begin{pmatrix} -1 & -1 \\ 6 & 7 \end{pmatrix}.$$

Zu lösen ist also das Gleichungssystem $\begin{pmatrix} -1 & -1 \\ 6 & 7 \end{pmatrix} \begin{pmatrix} x_1 \\ x_2 \end{pmatrix} = \begin{pmatrix} 1 \\ -2 \end{pmatrix}$.

$$(\underline{A},\underline{b}) = \left(\begin{array}{cc|c} -1 & -1 & 1 \\ 6 & 7 & -2 \end{array}\right) \rightarrow \left(\begin{array}{cc|c} -1 & -1 & 1 \\ 0 & 1 & 4 \end{array}\right) \ II+6I \quad \Rightarrow \begin{array}{r} -x_1 - x_2 = 1 \\ x_2 = 4. \end{array}$$

Auf diese Weise erhält man die Lösung $\underline{x} = \begin{pmatrix} x_1 \\ x_2 \end{pmatrix} = \begin{pmatrix} -5 \\ 4 \end{pmatrix}$.

16. Determinanten

1. (a) $\det\begin{pmatrix}1 & 2\\ 3 & 4\end{pmatrix} = 4 - 6 = -2.$

(b) $\det\begin{pmatrix}3 & 2 & 0\\ 1 & -1 & 3\\ 2 & 2 & 5\end{pmatrix} = 3\det\begin{pmatrix}-1 & 3\\ 2 & 5\end{pmatrix} - \det\begin{pmatrix}2 & 0\\ 2 & 5\end{pmatrix} + 2\det\begin{pmatrix}2 & 0\\ -1 & 3\end{pmatrix} =$

$= 3(-5-6) - (10-0) + 2(6-0) = -31.$

(c) $\det\begin{pmatrix}2 & 3 & -1\\ 0 & -1 & 1\\ 0 & 2 & -4\end{pmatrix} = 2\det\begin{pmatrix}-1 & 1\\ 2 & -4\end{pmatrix} = 2(4-2) = 4.$

(d) $\det\begin{pmatrix}1 & 4 & 0 & 2\\ 3 & 0 & -1 & 0\\ 2 & 4 & 0 & -3\\ 0 & -2 & 1 & 0\end{pmatrix} = -3\cdot\det\begin{pmatrix}4 & 0 & 2\\ 4 & 0 & -3\\ -2 & 1 & 0\end{pmatrix} - (-1)\cdot\det\begin{pmatrix}1 & 4 & 2\\ 2 & 4 & -3\\ 0 & -2 & 0\end{pmatrix} =$

(Entwicklung nach Zeile i = 2)

$= (-3)(-1)\cdot\det\begin{pmatrix}4 & 2\\ 4 & -3\end{pmatrix} + 2\det\begin{pmatrix}1 & 2\\ 2 & -3\end{pmatrix} =$

(Entwicklung nach Spalte j = 2) (Entwicklung nach Zeile i = 3)

$= 3(-12-8) + 2(-3-4) = -74.$

(e) $\det\begin{pmatrix}4 & 13 & -21 & -30\\ 0 & 2 & 45 & -61\\ 0 & 0 & -1 & 105\\ 0 & 0 & 0 & -2\end{pmatrix} = 4\cdot 2\cdot(-1)\cdot(-2) = 16.$

(f) $\det\begin{pmatrix}-2 & 0 & -2 & 0\\ 1 & 5 & 6 & 1\\ 3 & 1 & 4 & 3\\ 4 & 2 & 6 & -1\end{pmatrix} = \det(\underline{a}_1, \underline{a}_2, \underline{a}_3, \underline{a}_4) = 0$

wegen $\underline{a}_1 + \underline{a}_2 = \begin{pmatrix}-2\\ 1\\ 3\\ 4\end{pmatrix} + \begin{pmatrix}0\\ 5\\ 1\\ 2\end{pmatrix} = \begin{pmatrix}-2\\ 6\\ 4\\ 6\end{pmatrix} = \underline{a}_3$.

Die Vektoren $\underline{a}_1, \underline{a}_2 . \underline{a}_3, \underline{a}_4$ sind also linear abhängig.

2. (a) $\det(\underline{a}_1,\underline{a}_2,\underline{a}_3) = \det\begin{pmatrix}1 & 0 & -1\\ 0 & 3 & 2\\ -2 & 1 & 1\end{pmatrix} = \det\begin{pmatrix}3 & 2\\ 1 & 1\end{pmatrix} - 2\det\begin{pmatrix}0 & -1\\ 3 & 2\end{pmatrix} = -5,$

$$\det\begin{pmatrix}\underline{a}_1'\\ \underline{a}_2'\\ \underline{a}_3'\end{pmatrix} = \det\begin{pmatrix}1 & 0 & -2\\ 0 & 3 & 1\\ -1 & 2 & 1\end{pmatrix} = \det\begin{pmatrix}3 & 1\\ 2 & 1\end{pmatrix} - \det\begin{pmatrix}0 & -2\\ 3 & 1\end{pmatrix} = -5,$$

$$\det(\underline{a}_1,\underline{a}_2+\lambda\underline{a}_1,\underline{a}_3) = \det\begin{pmatrix}1 & \lambda & -1\\ 0 & 3 & 2\\ -2 & 1-2\lambda & 1\end{pmatrix} = \det\begin{pmatrix}3 & 2\\ 1-2\lambda & 1\end{pmatrix} - 2\cdot\det\begin{pmatrix}\lambda & -1\\ 3 & 2\end{pmatrix} =$$

$$= 3 - 2\,(1-2\lambda) - 2\,(2\lambda+3) = -5,$$

$$-\det(\underline{a}_1,\underline{a}_3,\underline{a}_2) = -\det\begin{pmatrix}1 & -1 & 0\\ 0 & 2 & 3\\ -2 & 1 & 1\end{pmatrix} = -\det\begin{pmatrix}2 & 3\\ 1 & 1\end{pmatrix} + 2\det\begin{pmatrix}-1 & 0\\ 2 & 3\end{pmatrix} = -5.$$

(b) $\det(\underline{a}_1,\underline{a}_2,\underline{a}_1) = \det\begin{pmatrix}1 & 0 & 1\\ 0 & 3 & 0\\ -2 & 1 & -2\end{pmatrix} = \det\begin{pmatrix}3 & 0\\ 1 & -2\end{pmatrix} - 2\det\begin{pmatrix}0 & 1\\ 3 & 0\end{pmatrix} = 0.$

(c) $\lambda\det(\underline{a}_1,\underline{a}_2,\underline{a}_3) = \lambda\det\begin{pmatrix}1 & 0 & -1\\ 0 & 3 & 2\\ -2 & 1 & 1\end{pmatrix} = -5\lambda,$

$$\det(\underline{a}_1,\underline{a}_2,\lambda\underline{a}_3) = \det\begin{pmatrix}1 & 0 & -\lambda\\ 0 & 3 & 2\lambda\\ -2 & 1 & \lambda\end{pmatrix} = \det\begin{pmatrix}3 & 2\lambda\\ 1 & \lambda\end{pmatrix} - 2\det\begin{pmatrix}0 & -\lambda\\ 3 & 2\lambda\end{pmatrix} = -5\lambda;$$

$$\lambda^3\det(\underline{a}_1,\underline{a}_2,\underline{a}_3) = -5\lambda^3,$$

$$\det(\lambda\underline{a}_1,\lambda\underline{a}_2,\lambda\underline{a}_3) = \det\begin{pmatrix}\lambda & 0 & -\lambda\\ 0 & 3\lambda & 2\lambda\\ -2\lambda & \lambda & \lambda\end{pmatrix} = \lambda\det\begin{pmatrix}3\lambda & 2\lambda\\ \lambda & \lambda\end{pmatrix} -$$

$$- 2\lambda\det\begin{pmatrix}0 & -\lambda\\ 3\lambda & 2\lambda\end{pmatrix} = -5\lambda^3.$$

(d) $\det(\underline{a}_1,\underline{a}_2,\underline{a}_3) + \det(\underline{a}_4,\underline{a}_2,\underline{a}_3) = \det\begin{pmatrix}1 & 0 & -1\\ 0 & 3 & 2\\ -2 & 1 & 1\end{pmatrix} + \det\begin{pmatrix}3 & 0 & -1\\ -2 & 3 & 2\\ 0 & 1 & 1\end{pmatrix} =$

$$= \det\begin{pmatrix}3 & 2\\ 1 & 1\end{pmatrix} - 2\cdot\det\begin{pmatrix}0 & -1\\ 3 & 2\end{pmatrix} + 3\cdot\det\begin{pmatrix}3 & 2\\ 1 & 1\end{pmatrix} + 2\cdot\det\begin{pmatrix}0 & -1\\ 1 & 1\end{pmatrix} = -5 + 5 = 0,$$

$$\det(\underline{a}_1 + \underline{a}_4, \underline{a}_2, \underline{a}_3) = \det\begin{pmatrix} 4 & 0 & -1 \\ -2 & 3 & 2 \\ -2 & 1 & 1 \end{pmatrix} = 4\det\begin{pmatrix} 3 & 2 \\ 1 & 1 \end{pmatrix} + 2\det\begin{pmatrix} 0 & -1 \\ 1 & 1 \end{pmatrix} -$$

$$- 2\det\begin{pmatrix} 0 & -1 \\ 3 & 2 \end{pmatrix} = 0.$$

3.

$$\det\begin{pmatrix} 1 & 1 & 1 \\ x & y & z \\ x^2 & y^2 & z^2 \end{pmatrix} = 0 \text{ falls } x = y = z.$$

Es sind dann nämlich die Vektoren $(1,1,1)$, (x,x,x), (x^2,x^2,x^2) linear abhängig.

Durch direkte Berechnung von

$$\det\begin{pmatrix} 1 & 1 & 1 \\ x & y & z \\ x^2 & y^2 & z^2 \end{pmatrix} = \det\begin{pmatrix} y & z \\ y^2 & z^2 \end{pmatrix} - x\det\begin{pmatrix} 1 & 1 \\ y^2 & z^2 \end{pmatrix} + x^2\det\begin{pmatrix} 1 & 1 \\ y & z \end{pmatrix} =$$

$$= yz^2 - zy^2 - xz^2 + xy^2 + zx^2 - yx^2 = (x-y)(y-z)(z-x)$$

erhält man dasselbe Ergebnis.

4.

(a) $$\det\begin{pmatrix} -x & 2 & -1 \\ -1 & 3x & x \\ 1 & -2 & 0 \end{pmatrix} = -x\det\begin{pmatrix} 3x & x \\ -2 & 0 \end{pmatrix} + \det\begin{pmatrix} 2 & -1 \\ -2 & 0 \end{pmatrix} + \det\begin{pmatrix} 2 & -1 \\ 3x & x \end{pmatrix} =$$

$$= -2x^2 - 2 + 2x + 3x = -2x^2 + 5x - 2 = 0$$

$$\Rightarrow x_{1,2} = \frac{-5 \pm \sqrt{25-16}}{-4} = \frac{-5 \pm 3}{-4} \Rightarrow x_1 = 2, \; x_2 = \frac{1}{2}.$$

(b) $$\det\begin{pmatrix} e^{-x} & 3e^x & e^x \\ e^x & 4 & 2 \\ 0 & 3 & 2 \end{pmatrix} = e^{-x}\det\begin{pmatrix} 4 & 2 \\ 3 & 2 \end{pmatrix} - e^x\det\begin{pmatrix} 3e^x & e^x \\ 3 & 2 \end{pmatrix} = 2e^{-x} - 3e^{2x} = 0$$

$$\Rightarrow 2e^{-x} = 3e^{2x} \Rightarrow e^{3x} = \frac{2}{3} \Rightarrow 3x = \ln 2 - \ln 3 \Rightarrow x = \frac{\ln 2 - \ln 3}{3}.$$

5. (a) $$\begin{vmatrix} \begin{vmatrix} a & e \\ c & g \end{vmatrix} & \begin{vmatrix} b & e \\ d & g \end{vmatrix} \\ \begin{vmatrix} a & f \\ c & h \end{vmatrix} & \begin{vmatrix} b & f \\ d & h \end{vmatrix} \end{vmatrix} = \begin{vmatrix} ag - ce & bg - de \\ ah - cf & bh - df \end{vmatrix} =$$

$$= (ag - ce)\cdot(bh - df) - (bg - de)\cdot(ah - cf) =$$

$$= abgh - bceh - adfg + cdef - abgh + adeh + bcfg - cdef =$$

$$= - bceh - adfg + adeh + bcfg.$$

$$\begin{vmatrix} a & b \\ c & d \end{vmatrix} \cdot \begin{vmatrix} e & f \\ g & h \end{vmatrix} = (ad - bc)(eh - fg) = adeh - bceh - adfg + bcfg.$$

(b) $$\begin{vmatrix} a & b & 0 & 0 \\ c & d & 0 & 0 \\ 0 & 0 & e & f \\ 0 & 0 & g & h \end{vmatrix} = a\begin{vmatrix} d & 0 & 0 \\ 0 & e & f \\ 0 & g & h \end{vmatrix} - c\begin{vmatrix} b & 0 & 0 \\ 0 & e & f \\ 0 & g & h \end{vmatrix} =$$

$$= ad\begin{vmatrix} e & f \\ g & h \end{vmatrix} - bc\begin{vmatrix} e & f \\ g & h \end{vmatrix} = (ad - bc)\cdot\begin{vmatrix} e & f \\ g & h \end{vmatrix} = \begin{vmatrix} a & b \\ c & d \end{vmatrix}\cdot\begin{vmatrix} e & f \\ g & h \end{vmatrix} .$$

6. (a) $\det \underline{A} \cdot \det \underline{A}^{-1} = \det (\underline{A}\cdot\underline{A}^{-1}) = \det \underline{E} = 1 \Rightarrow \det\underline{A}^{-1} = \frac{1}{\det\underline{A}}$.

(b) $\det \underline{A}^n = \det (\underline{A}^{n-1}\cdot\underline{A}) = \det \underline{A}^{n-1}\cdot\det \underline{A} =$

$= \det (\underline{A}^{n-2}\cdot A)\cdot\det \underline{A} = \det \underline{A}^{n-2}\cdot(\det \underline{A})^2 =$

$\vdots$

$= \det \underline{A}^2\cdot(\det \underline{A})^{n-2} = \det \underline{A}\cdot\det \underline{A}\cdot(\det \underline{A})^{n-2} = (\det \underline{A})^n.$

(c) $\det (\underline{A}^{-1}\ \underline{B}\ \underline{A}) = \det A^{-1}\cdot\det \underline{B}\cdot\det \underline{A} = \frac{1}{\det \underline{A}}\cdot \det \underline{B}\cdot \det \underline{A} = \det \underline{B}.$

(d) Gegenbeispiel zu $\det[(\underline{A} + \underline{B})]^2 = (\det \underline{A} + \det \underline{B})^2$:

Sei $\underline{A} = \begin{pmatrix} 1 & 0 \\ 0 & 1 \end{pmatrix}$, $\underline{B} = \begin{pmatrix} -1 & 0 \\ 0 & -1 \end{pmatrix} \Rightarrow$

$$[\det (\underline{A} + \underline{B})]^2 = [\det \begin{pmatrix} 1 & 0 \\ 0 & 1 \end{pmatrix} + \begin{pmatrix} -1 & 0 \\ 0 & -1 \end{pmatrix}]^2 = [\det \begin{pmatrix} 0 & 0 \\ 0 & 0 \end{pmatrix}]^2 = 0$$

$$(\det \underline{A} + \det \underline{B})^2 = [\det \begin{pmatrix} 1 & 0 \\ 0 & 1 \end{pmatrix} + \det \begin{pmatrix} -1 & 0 \\ 0 & -1 \end{pmatrix}]^2 = (1 + 1)^2 = 4.$$

Es gilt also: $[\det (\underline{A} + \underline{B})]^2 \neq (\det \underline{A} + \det \underline{B})^2$.

7. (a) $\underline{A} = \begin{pmatrix} 2 & 1 \\ -1 & 4 \end{pmatrix}$, $\underline{b} = \begin{pmatrix} 3 \\ 2 \end{pmatrix}$: $\det \underline{A} = 9$;

$$x_1 = \frac{\det(\underline{b},\underline{a}_2)}{\det \underline{A}} = \frac{\det \begin{pmatrix} 3 & 1 \\ 2 & 4 \end{pmatrix}}{9} = \frac{10}{9},$$

$$x_2 = \frac{\det(\underline{a}_1,\underline{b})}{\det \underline{A}} = \frac{\det \begin{pmatrix} 2 & 3 \\ -1 & 2 \end{pmatrix}}{9} = \frac{7}{9}.$$

Es ergibt sich also die Lösung $\underline{x} = \begin{pmatrix} \frac{10}{9} \\ \frac{7}{9} \end{pmatrix} = \frac{1}{9} \begin{pmatrix} 10 \\ 7 \end{pmatrix}$.

(b) $\underline{A} = \begin{pmatrix} -3 & 6 \\ 1 & -2 \end{pmatrix}$, $\underline{b} = \begin{pmatrix} 5 \\ -7 \end{pmatrix}$: $\det \underline{A} = 0$;

es existiert keine eindeutige Lösung.

(c) $\underline{A} = \begin{pmatrix} 1 & 3 \\ 2 & 1 \end{pmatrix}$, $\underline{b} = \begin{pmatrix} 0 \\ 0 \end{pmatrix}$: $\det \underline{A} = -5$;

$$x_1 = \frac{\det (\underline{b},\underline{a}_2)}{-5} = \frac{\det \begin{pmatrix} 0 & 3 \\ 0 & 1 \end{pmatrix}}{-5} = 0, \quad x_2 = \frac{\det (\underline{a}_1,\underline{b})}{-5} = \frac{\det \begin{pmatrix} 1 & 0 \\ 2 & 0 \end{pmatrix}}{-5} = 0.$$

Es ergibt sich also die Lösung $\underline{x} = \begin{pmatrix} 0 \\ 0 \end{pmatrix}$.

(d) $\underline{A} = \begin{pmatrix} a & a^2 \\ b & b^2 \end{pmatrix}$, $\underline{b} = \begin{pmatrix} a^3 & -1 \\ b^3 & -1 \end{pmatrix}$: $\det \underline{A} = ab^2 - ba^2 = ab\cdot(b-a)$.

$$x_1 = \frac{\det(\underline{b},\underline{a}_2)}{\det \underline{A}} = \frac{\det\begin{pmatrix} a^3-1 & a^2 \\ b^3-1 & b^2 \end{pmatrix}}{ab\cdot(b-a)} = \frac{a^3b^2 - b^2 - a^2b^3 + a^2}{ab\cdot(b-a)} .$$

$$x_2 = \frac{\det(\underline{a}_1,\underline{b})}{\det \underline{A}} = \frac{\det\begin{pmatrix} a & a^3-1 \\ b & b^3-1 \end{pmatrix}}{ab\cdot(b-a)} = \frac{ab^3 - a - ba^3 + b}{ab\cdot(b-a)} .$$

Es ergibt sich also die Lösung $\underline{x} = \frac{1}{ab(b-a)} \begin{pmatrix} a^3b^2 - b^2 - a^2b + a^2 \\ ab^3 - a - ba^3 + b \end{pmatrix}$.

8. (a) $\underline{A} = \begin{pmatrix} 1 & 0 & 2 \\ -3 & -1 & 0 \\ 0 & -1 & -2 \end{pmatrix}$, $\underline{b} = \begin{pmatrix} 4 \\ 0 \\ 2 \end{pmatrix}$: $\det \underline{A} = \det\begin{pmatrix} -1 & 0 \\ -1 & -2 \end{pmatrix} + 3\det\begin{pmatrix} 0 & 2 \\ -1 & -2 \end{pmatrix} = 8.$

$$x_1 = \frac{\det(\underline{b},\underline{a}_2,\underline{a}_3)}{\det \underline{A}} = \frac{\det\begin{pmatrix} 4 & 0 & 2 \\ 0 & -1 & 0 \\ 2 & -1 & -2 \end{pmatrix}}{8} = \frac{1}{8}\left[4\det\begin{pmatrix} -1 & 0 \\ -1 & -2 \end{pmatrix} + 2\det\begin{pmatrix} 0 & 2 \\ -1 & 0 \end{pmatrix}\right] = \frac{12}{8} ,$$

$$x_2 = \frac{\det(\underline{a}_1,\underline{b},\underline{a}_3)}{\det \underline{A}} = \frac{\det\begin{pmatrix} 1 & 4 & 2 \\ -3 & 0 & 0 \\ 0 & 2 & -2 \end{pmatrix}}{8} = \frac{1}{8}\left[\det\begin{pmatrix} 0 & 0 \\ 2 & -2 \end{pmatrix} + 3\det\begin{pmatrix} 4 & 2 \\ 2 & -2 \end{pmatrix}\right] =$$

$$= -\frac{36}{8} ,$$

$$x_3 = \frac{\det(\underline{a}_1,\underline{a}_2,\underline{b})}{\det \underline{A}} = \frac{\det\begin{pmatrix} 1 & 0 & 4 \\ -3 & -1 & 0 \\ 0 & -1 & 2 \end{pmatrix}}{8} = \frac{1}{8}\left[\det\begin{pmatrix} -1 & 0 \\ -1 & 2 \end{pmatrix} + 3\det\begin{pmatrix} 0 & 4 \\ -1 & 2 \end{pmatrix}\right] = \frac{10}{8} .$$

Es ergibt sich also die Lösung $\underline{x} = \frac{1}{8}\begin{pmatrix} 12 \\ -36 \\ 10 \end{pmatrix} = \frac{1}{4}\begin{pmatrix} 6 \\ -18 \\ 5 \end{pmatrix}$.

(b) $\underline{A} = \begin{pmatrix} 1 & 1 & -1 \\ 1 & -1 & 1 \\ -1 & 1 & 1 \end{pmatrix}$, $\underline{b} = \begin{pmatrix} a^2 \\ b-1 \\ -c^2 \end{pmatrix}$:

$$\det \underline{A} = \det \begin{pmatrix} -1 & 1 \\ 1 & 1 \end{pmatrix} - \det \begin{pmatrix} 1 & -1 \\ 1 & 1 \end{pmatrix} - \det \begin{pmatrix} 1 & -1 \\ -1 & 1 \end{pmatrix} = -2-2+0 = -4.$$

$$x_1 = \frac{\det(\underline{b},\underline{a}_2,\underline{a}_3)}{\det \underline{A}} = \frac{\det \begin{pmatrix} a^2 & 1 & -1 \\ b-1 & -1 & 1 \\ -c^2 & 1 & 1 \end{pmatrix}}{-4} =$$

$$= -\frac{1}{4}\left[a^2 \det \begin{pmatrix} -1 & 1 \\ 1 & 1 \end{pmatrix} - (b-1)\det \begin{pmatrix} 1 & -1 \\ 1 & 1 \end{pmatrix} - c^2 \det \begin{pmatrix} 1 & -1 \\ -1 & 1 \end{pmatrix}\right] =$$

$$= -\frac{1}{4}(-2a^2 - 2\cdot(b-1) - c^2\cdot 0 = \frac{a^2 + b - 1}{2} ,$$

$$x_2 = \frac{\det(\underline{a}_1,\underline{b},\underline{a}_3)}{\det \underline{A}} = \frac{\det \begin{pmatrix} 1 & a^2 & -1 \\ 1 & b-1 & 1 \\ -1 & -c^2 & 1 \end{pmatrix}}{-4} =$$

$$= -\frac{1}{4}\left[\det \begin{pmatrix} b-1 & 1 \\ -c^2 & 1 \end{pmatrix} - \det \begin{pmatrix} a^2 & -1 \\ -c^2 & 1 \end{pmatrix} - \det \begin{pmatrix} a^2 & -1 \\ b-1 & 1 \end{pmatrix}\right] =$$

$$= -\frac{1}{4}(b-1+c^2-a^2+c^2-a^2-b+1) = \frac{a^2-c^2}{2} ,$$

$$x_3 = \frac{\det(\underline{a}_1,\underline{a}_2,\underline{b})}{\det \underline{A}} = \frac{\det \begin{pmatrix} 1 & 1 & a^2 \\ 1 & -1 & b-1 \\ -1 & 1 & -c^2 \end{pmatrix}}{-4} =$$

$$= -\frac{1}{4}\left[\det \begin{pmatrix} -1 & b-1 \\ 1 & -c^2 \end{pmatrix} - \det \begin{pmatrix} 1 & a^2 \\ 1 & -c^2 \end{pmatrix} - \det \begin{pmatrix} 1 & a^2 \\ -1 & b-1 \end{pmatrix}\right] =$$

$$= -\frac{1}{4}(c^2 - b + 1 + c^2 + a^2 - b + 1 - a^2) = \frac{b - 1 - c^2}{2} .$$

Es ergibt sich also die Lösung $\underline{x} = \frac{1}{2}\begin{pmatrix} a^2+b-1 \\ a^2-c^2 \\ b-1-c^2 \end{pmatrix}$.

(c) $\left.\begin{array}{l} x_2 - c + x_3 = 0 \\ x_1 + bx_2 + bx_3 = ax_2 \\ x_1 + ax_2 + ax_3 = ac - bx_3 \end{array}\right\} \quad \begin{array}{rcrcrl} & & x_2 & + & x_3 & = c \\ x_1 & + & (b-a)x_2 & + & b\cdot x_3 & = 0 \\ x_1 & + & ax_2 & + & (a+b)x_3 & = ac \end{array}$.

$\underline{A} = \begin{pmatrix} 0 & 1 & 1 \\ 1 & b-a & b \\ 1 & a & a+b \end{pmatrix}, \quad \underline{b} = \begin{pmatrix} c \\ 0 \\ ac \end{pmatrix}:$

$\det \underline{A} = -\det\begin{pmatrix} 1 & 1 \\ a & a+b \end{pmatrix} + \det\begin{pmatrix} 1 & 1 \\ b-a & b \end{pmatrix} = -a-b+a+b-b+a=a-b.$

$$x_1 = \frac{\det\begin{pmatrix} c & 1 & 1 \\ 0 & b-a & b \\ ac & a & a+b \end{pmatrix}}{\det \underline{A}} = \frac{1}{a-b}\cdot[c\det\begin{pmatrix} b-a & b \\ a & a+b \end{pmatrix} + ac\det\begin{pmatrix} 1 & 1 \\ b-a & b \end{pmatrix}]$$

$$= \frac{1}{a-b}[c(b^2-a^2) - cab + ac(b-b+a)] = \frac{cb}{a-b}(b-a) = -cb;$$

$$x_2 = \frac{\det\begin{pmatrix} 0 & c & 1 \\ 1 & 0 & b \\ 1 & ac & a+b \end{pmatrix}}{\det \underline{A}} = \frac{1}{a-b}[-\det\begin{pmatrix} c & 1 \\ ac & a+b \end{pmatrix} + \det\begin{pmatrix} c & 1 \\ 0 & b \end{pmatrix}] =$$

$$= \frac{1}{a-b}[-c(a+b) + ac + cb] = 0;$$

$$x_3 = \frac{\det\begin{pmatrix} 0 & 1 & c \\ 1 & b-a & 0 \\ 1 & a & ac \end{pmatrix}}{\det \underline{A}} = \frac{1}{a-b}[-\det\begin{pmatrix} 1 & c \\ a & ac \end{pmatrix} + \det\begin{pmatrix} 1 & c \\ b-a & 0 \end{pmatrix}] =$$

$$= \frac{1}{a-b}[-ac+ac-c(b-a)] = \frac{-c(b-a)}{a-b} = c.$$

Es ergibt sich also die Lösung $\underline{x} = c\begin{pmatrix} -b \\ 0 \\ 1 \end{pmatrix}$.

9. $\underline{A} = \begin{pmatrix} \alpha_1 & \alpha_2 \\ \beta_1 & \beta_2 \end{pmatrix}, \; b = \begin{pmatrix} -\gamma \\ -\delta \end{pmatrix}: \det \underline{A} = \alpha_1\beta_2 - \alpha_2\beta_1$.

$$x_1 = \frac{\det(\underline{b},\underline{a}_2)}{\det \underline{A}} = \frac{\det\begin{pmatrix} -\gamma & \alpha_2 \\ -\delta & \beta_2 \end{pmatrix}}{\alpha_1\beta_2 - \alpha_2\beta_1} = \frac{\alpha_2\delta - \beta_2\gamma}{\alpha_1\beta_2 - \alpha_2\beta_1},$$

$$x_2 = \frac{\det(\underline{a}_1,\underline{b})}{\det \underline{A}} = \frac{\det\begin{pmatrix} \alpha_1 & -\gamma \\ \beta_1 & -\delta \end{pmatrix}}{\alpha_1\beta_2 - \alpha_2\beta_1} = \frac{\beta_1\gamma - \alpha_1\delta}{\alpha_1\beta_2 - \alpha_2\beta_1}.$$

Es ergibt sich also die Lösung $\underline{x} = \frac{1}{\alpha_1\beta_2 - \alpha_2\beta_1}\cdot\begin{pmatrix} \alpha_2\delta - \beta_2\gamma \\ \beta_1\gamma - \alpha_1\delta \end{pmatrix}$.

Voraussetzung für die Existenz dieser Lösung ist die Bedingung

det $\underline{A} = \alpha_1\beta_2 - \alpha_2\beta_1 \neq 0$.

Ist $\underline{b} = \begin{pmatrix} -\gamma \\ -\delta \end{pmatrix} \neq \begin{pmatrix} 0 \\ 0 \end{pmatrix}$, so ist die Lösung nichttrivial.

17. Inverse Matrizen

1. (a) $\underline{A} = \begin{pmatrix} 3 & 2 \\ 2 & 1 \end{pmatrix}$:

$$(\underline{A}|\underline{E}) = \left(\begin{array}{cc|cc} 3 & 2 & 1 & 0 \\ 2 & 1 & 0 & 1 \end{array}\right) \rightarrow \left(\begin{array}{cc|cc} 1 & \frac{2}{3} & \frac{1}{3} & 0 \\ 2 & 1 & 0 & 1 \end{array}\right) \begin{array}{l} \frac{1}{3}\cdot I \\ \end{array} \rightarrow \left(\begin{array}{cc|cc} 1 & \frac{2}{3} & \frac{1}{3} & 0 \\ 0 & -\frac{1}{3} & -\frac{2}{3} & 1 \end{array}\right) \begin{array}{l} \\ II-2I \end{array} \rightarrow$$

$$\rightarrow \left(\begin{array}{cc|cc} 1 & 0 & -1 & 2 \\ 0 & -\frac{1}{3} & -\frac{2}{3} & 1 \end{array}\right) \begin{array}{l} I + 2II \\ \end{array} \rightarrow \left(\begin{array}{cc|cc} 1 & 0 & -1 & 2 \\ 0 & 1 & 2 & -3 \end{array}\right) \begin{array}{l} \\ -3\cdot II \end{array} = (\underline{E}|\underline{A}^{-1})$$

$$\Rightarrow \underline{A}^{-1} = \begin{pmatrix} -1 & 2 \\ 2 & -3 \end{pmatrix} ;$$

(b) $\underline{A} = \begin{pmatrix} 1 & 0 & -2 \\ -1 & 2 & 2 \\ 0 & 4 & 2 \end{pmatrix}$:

$$(\underline{A}|\underline{E}) = \left(\begin{array}{ccc|ccc} 1 & 0 & -2 & 1 & 0 & 0 \\ -1 & 2 & 2 & 0 & 1 & 0 \\ 0 & 4 & 2 & 0 & 0 & 1 \end{array}\right) \rightarrow \left(\begin{array}{ccc|ccc} 1 & 0 & -2 & 1 & 0 & 0 \\ 0 & 2 & 0 & 1 & 1 & 0 \\ 0 & 4 & 2 & 0 & 0 & 1 \end{array}\right) \; II + I \rightarrow$$

$$\rightarrow \left(\begin{array}{ccc|ccc} 1 & 0 & -2 & 1 & 0 & 0 \\ 0 & 2 & 0 & 1 & 1 & 0 \\ 0 & 0 & 2 & -2 & -2 & 1 \end{array}\right) \begin{array}{l} \\ \\ III-2II \end{array} \rightarrow \left(\begin{array}{ccc|ccc} 1 & 0 & 0 & -1 & -2 & 1 \\ 0 & 2 & 0 & 1 & 1 & 0 \\ 0 & 0 & 2 & -2 & -2 & 1 \end{array}\right) \begin{array}{l} I + III \\ \\ \end{array} \rightarrow$$

$$\rightarrow \left(\begin{array}{ccc|ccc} 1 & 0 & 0 & -1 & -2 & 1 \\ 0 & 1 & 0 & \frac{1}{2} & \frac{1}{2} & 0 \\ 0 & 0 & 1 & -1 & -1 & \frac{1}{2} \end{array}\right) \begin{array}{l} \\ \frac{1}{2}\cdot II \\ \frac{1}{2}\cdot III \end{array} = (\underline{E}|\underline{A}^{-1}) \Rightarrow \underline{A}^{-1} = \begin{pmatrix} -1 & -2 & 1 \\ \frac{1}{2} & \frac{1}{2} & 0 \\ -1 & -1 & \frac{1}{2} \end{pmatrix} ;$$

(c) $\underline{A} = \begin{pmatrix} -2 & 1 & 3 \\ 3 & 2 & -1 \\ 4 & 5 & 1 \end{pmatrix}$:

$$\det \underline{A} = 4 \det \begin{pmatrix} 1 & 3 \\ 2 & -1 \end{pmatrix} - 5 \det \begin{pmatrix} -2 & 3 \\ 3 & -1 \end{pmatrix} + \det \begin{pmatrix} -2 & 1 \\ 3 & 2 \end{pmatrix} =$$

$= 4\cdot(-1-6) -5(2-9) + (-4-3) = -28 + 35 - 7 = 0.$

Wegen det $\underline{A} = 0$ existiert keine zu $\underline{A}$ inverse Matrix:

(d) $\underline{A} = \begin{pmatrix} a_{11} & & 0 \\ & a_{22} & \\ & & \ddots \\ 0 & & & a_{nn} \end{pmatrix}$, $\underline{A}^{-1} = \begin{pmatrix} \frac{1}{a_{11}} & & 0 \\ & \frac{1}{a_{22}} & \\ & & \ddots \\ 0 & & & \frac{1}{a_{nn}} \end{pmatrix}$

falls $a_{11}, \ldots, a_{nn} \neq 0$;

(e) $\underline{A} = \begin{pmatrix} 1 & 0 & 0 \\ 0 & -5 & 0 \\ 0 & 0 & 0 \end{pmatrix}$:

Wegen $r(\underline{A}) = 2 < 3$ (= Zeilenzahl) ist det $\underline{A} = 0$; es existiert also keine Inverse $\underline{A}^{-1}$.

(f) $\underline{A} = \begin{pmatrix} 2 & 4 & 0 & 1 \\ -3 & 5 & 2 & 3 \\ 1 & 0 & 0 & -1 \end{pmatrix}$:

$\underline{A}$ ist eine (3x4)-Matrix; es existiert also keine Inverse $\underline{A}^{-1}$.

2. (a) $\underline{A} = \begin{pmatrix} 7 & -3 \\ 10 & 5 \end{pmatrix}$:

det $\underline{A} = 35 + 30 = 65$.

Wir berechnen nun die Matrix $\underline{B} = ||b_{ij}||_{(2x2)}$

mit $b_{ij} = (-1)^{i+j}$ det $\underline{A}_{ij}$:

$b_{11} = (-1)^2 \det(5) = 5$, $b_{12} = (-1)^3 \det(10) = -10$,

$b_{21} = (-1)^3 \det(-3) = 3$, $b_{22} = (-1)^4 \det(7) = 7$.

$$\underline{A}^{-1} = \frac{1}{\det \underline{A}} \cdot \underline{B}' = \frac{1}{65} \begin{pmatrix} 5 & 3 \\ -10 & 7 \end{pmatrix} \quad ;$$

(b) $\underline{A} = \begin{pmatrix} 2 & 6 & -5 \\ 0 & 3 & -4 \\ 4 & -1 & 2 \end{pmatrix}$:

$$\det \underline{A} = 2\det \begin{pmatrix} 3 & -4 \\ -1 & 2 \end{pmatrix} + 4 \begin{pmatrix} 6 & -5 \\ 3 & -4 \end{pmatrix} = 2(6-4) + 4(-24+15) = -32.$$

$$b_{11} = \det \begin{pmatrix} 3 & -4 \\ -1 & 2 \end{pmatrix} = 2, \; b_{12} = -\det \begin{pmatrix} 0 & -4 \\ 4 & 2 \end{pmatrix} = -16, \; b_{13} = \det \begin{pmatrix} 0 & 3 \\ 4 & -1 \end{pmatrix} = -12,$$

$$b_{21} = -\det \begin{pmatrix} 6 & -5 \\ -1 & 2 \end{pmatrix} = -7, \; b_{22} = \det \begin{pmatrix} 2 & -5 \\ 4 & 2 \end{pmatrix} = 24, \; b_{23} = -\det \begin{pmatrix} 2 & 6 \\ 4 & -1 \end{pmatrix} = 26,$$

$$b_{31} = \det \begin{pmatrix} 6 & -5 \\ 3 & -4 \end{pmatrix} = -9, \; b_{32} = -\det \begin{pmatrix} 2 & -5 \\ 0 & -4 \end{pmatrix} = 8, \; b_{33} = \det \begin{pmatrix} 2 & 6 \\ 0 & 3 \end{pmatrix} = 6.$$

Es ist also:

$$\underline{A}^{-1} = -\frac{1}{32} \begin{pmatrix} 2 & -7 & -9 \\ -16 & 24 & 8 \\ -12 & 26 & 6 \end{pmatrix} .$$

(c) $\underline{A} = \begin{pmatrix} 2 & 8 & 1 \\ 0 & -4 & 9 \\ 0 & 0 & -3 \end{pmatrix}$:

$$\det \underline{A} = 2 \cdot (-4) \cdot (-3) = 24.$$

$$b_{11} = \det \begin{pmatrix} -4 & 9 \\ 0 & -3 \end{pmatrix} = 12, \; b_{12} = -\det \begin{pmatrix} 0 & 9 \\ 0 & -3 \end{pmatrix} = 0, \; b_{13} = \det \begin{pmatrix} 0 & -4 \\ 0 & 0 \end{pmatrix} = 0,$$

$$b_{21} = -\det \begin{pmatrix} 8 & 1 \\ 0 & -3 \end{pmatrix} = 24, \; b_{22} = \det \begin{pmatrix} 2 & 1 \\ 0 & -3 \end{pmatrix} = -6, \; b_{23} = -\det \begin{pmatrix} 2 & 8 \\ 0 & 0 \end{pmatrix} = 0,$$

$$b_{31} = \det \begin{pmatrix} 8 & 1 \\ -4 & 9 \end{pmatrix} = 76, \; b_{32} = -\det \begin{pmatrix} 2 & 1 \\ 0 & 9 \end{pmatrix} = -18, \; b_{33} = \det \begin{pmatrix} 2 & 8 \\ 0 & -4 \end{pmatrix} = -8.$$

Es ist also:

$$\underline{A}^{-1} = \frac{1}{24} \begin{pmatrix} 12 & 24 & 76 \\ 0 & -6 & -18 \\ 0 & 0 & -8 \end{pmatrix} .$$

3. (a) $\underline{A} = \begin{pmatrix} 0 & p & 0 \\ q & 0 & p \\ 0 & q & 0 \end{pmatrix}$, $(\underline{E} - \underline{A}) = \begin{pmatrix} 1 & 0 & 0 \\ 0 & 1 & 0 \\ 0 & 0 & 1 \end{pmatrix} - \begin{pmatrix} 0 & p & 0 \\ q & 0 & p \\ 0 & q & 0 \end{pmatrix} = \begin{pmatrix} 1 & -p & 0 \\ -q & 1 & -p \\ 0 & -q & 1 \end{pmatrix}$,

$$\det(\underline{E}-\underline{A}) = \det \begin{pmatrix} 1 & -p \\ -q & 1 \end{pmatrix} + q \det \begin{pmatrix} -p & 0 \\ -q & 1 \end{pmatrix} = 1 - pq - pq = 1-2pq.$$

$$b_{11} = \det\begin{pmatrix} 1 & -p \\ -q & 1 \end{pmatrix} = 1 - pq,\ b_{12} = -\det\begin{pmatrix} -q & -p \\ 0 & 1 \end{pmatrix} = q,\ b_{13} = \det\begin{pmatrix} -q & 1 \\ 0 & -q \end{pmatrix} = q^2,$$

$$b_{21} = -\det\begin{pmatrix} -p & 0 \\ -q & 1 \end{pmatrix} = p,\ b_{22} = \det\begin{pmatrix} 1 & 0 \\ 0 & 1 \end{pmatrix} = 1,\ b_{23} = -\det\begin{pmatrix} 1 & -p \\ 0 & -q \end{pmatrix} = q,$$

$$b_{31} = \det\begin{pmatrix} -p & 0 \\ 1 & -p \end{pmatrix} = p^2,\ b_{32} = -\det\begin{pmatrix} 1 & 0 \\ -q & -p \end{pmatrix} = p,\ b_{33} = \det\begin{pmatrix} 1 & -p \\ -q & 1 \end{pmatrix} = 1 - pq.$$

Es ist also:

$$(\underline{E}-\underline{A})^{-1} = \frac{1}{1-2\cdot pq} \cdot \begin{pmatrix} 1-pq & p & p^2 \\ q & 1 & p \\ q^2 & q & 1-pq \end{pmatrix}.$$

(b) $\underline{B} = \begin{pmatrix} 1-a-b & 0 & 0 \\ a & 1-a-b & 0 \\ 0 & a & 1-a-b \end{pmatrix}$,

$$(\underline{E}-\underline{B}) = \begin{pmatrix} 1 & 0 & 0 \\ 0 & 1 & 0 \\ 0 & 0 & 1 \end{pmatrix} - \begin{pmatrix} 1-a-b & 0 & 0 \\ a & 1-a-b & 0 \\ 0 & a & 1-a-b \end{pmatrix} = \begin{pmatrix} a+b & 0 & 0 \\ -a & a+b & 0 \\ 0 & -a & a+b \end{pmatrix},$$

$$b_{11} = \det\begin{pmatrix} a+b & 0 \\ -a & a+b \end{pmatrix} = (a+b)^2,\ b_{12} = -\det\begin{pmatrix} -a & 0 \\ 0 & a+b \end{pmatrix} = a\cdot(a+b),$$

$$b_{13} = \det\begin{pmatrix} -a & a+b \\ 0 & -a \end{pmatrix} = a^2,\ b_{21} = -\det\begin{pmatrix} 0 & 0 \\ -a & a+b \end{pmatrix} = 0,$$

$$b_{22} = \det\begin{pmatrix} a+b & 0 \\ 0 & a+b \end{pmatrix} = (a+b)^2,\ b_{23} = -\det\begin{pmatrix} a+b & 0 \\ 0 & -a \end{pmatrix} = a(a+b),$$

$$b_{31} = \det \begin{pmatrix} 0 & 0 \\ a+b & 0 \end{pmatrix} = 0, \; b_{32} = -\det \begin{pmatrix} a+b & 0 \\ -a & 0 \end{pmatrix} = 0,$$

$$b_{33} = \det \begin{pmatrix} a+b & 0 \\ -a & a+b \end{pmatrix} = (a+b)^2.$$

Wegen $\det(\underline{E}-\underline{B}) = (a+b)^3$ ist dann:

$$(\underline{E}-\underline{B})^{-1} = \frac{1}{(a+b)^3} \cdot \begin{pmatrix} (a+b^2 & 0 & 0 \\ a(a+b) & (a+b)^2 & 0 \\ a^2 & a(a+b) & (a+b)^2 \end{pmatrix} .$$

4. (a) $\underline{A}\underline{X} = \underline{B}$:

Multipliziert man diese Gleichung von links mit $\underline{A}^{-1}$, so ergibt sich:

$$\underline{A}^{-1}(\underline{A}\underline{X}) = \underline{A}^{-1}\underline{B} \Rightarrow (\underline{A}^{-1}\underline{A})\underline{X} = \underline{E}\;\underline{X} = \underline{A}^{-1}\underline{B} \Rightarrow \underline{X} = \underline{A}^{-1}\underline{B};$$

(b) $\underline{A}\;\underline{X}\;\underline{B} = \underline{C}\;\underline{B}$:

Multiplikation von links mit $\underline{A}^{-1}$ und von rechts mit $\underline{B}^{-1}$ ergibt:

$$\underline{A}^{-1}(\underline{A}\;\underline{X}\;\underline{B})\,\underline{B}^{-1} = \underline{A}^{-1}(\underline{C}\;\underline{B})\,\underline{B}^{-1} \Rightarrow (\underline{A}^{-1}\underline{A})\;\underline{X}(\underline{B}\;\underline{B}^{-1}) = (\underline{A}^{-1}\underline{C})(\underline{B}\;\underline{B}^{-1})$$

$$\Rightarrow \underline{E}\;\underline{X}\;\underline{E} = \underline{A}^{-1}\;\underline{C}\;\underline{E} \Rightarrow \underline{X} = \underline{A}^{-1}\;\underline{C};$$

(c) $\underline{X}\;\underline{A} = \underline{B} + \underline{C}$:

Multiplikation von rechts mit $\underline{A}^{-1}$ ergibt:

$$(\underline{X}\;\underline{A})\;\underline{A}^{-1} = (\underline{B} + \underline{C})\;\underline{A}^{-1} \Rightarrow \underline{X}(\underline{A}\;\underline{A}^{-1}) = \underline{X}\;\underline{E} = \underline{B}\;\underline{A}^{-1} + \underline{C}\;\underline{A}^{-1}$$

$$\Rightarrow \underline{X} = \underline{B}\;\underline{A}^{-1} + \underline{C}\;\underline{A}^{-1} ;$$

(d) $\underline{A}\;(\underline{X} + \underline{B}) = \underline{B}\;\underline{X}$:

Durch Umformen erhalten wir:

$$\underline{A}\;\underline{X} + \underline{A}\;\underline{B} = \underline{B}\;\underline{X} \Rightarrow \underline{B}\;\underline{X} - \underline{A}\;\underline{X} = \underline{A}\;\underline{B} \Rightarrow (\underline{B} - \underline{A})\underline{X} = \underline{A}\;\underline{B} .$$

Wir multiplizieren nun diese Gleichung von links mit der Inversen $(\underline{B} - \underline{A})^{-1}$, falls diese existiert:

$$(\underline{B} - \underline{A})^{-1}(\underline{B} - \underline{A})\underline{X} = (\underline{B} - \underline{A})^{-1}\underline{A}\,\underline{B} \Rightarrow \underline{X} = (\underline{B} - \underline{A})^{-1}\underline{A}\,\underline{B}\ ;$$

(e) $\underline{X} \cdot \begin{pmatrix} 3 & 4 \\ 1 & 2 \end{pmatrix} = \begin{pmatrix} 2 & 1 \\ 0 & 4 \end{pmatrix}$:

Wir berechnen die Inverse von $\begin{pmatrix} 3 & 4 \\ 1 & 2 \end{pmatrix}$:

$$\left(\begin{array}{cc|cc} 3 & 4 & 1 & 0 \\ 1 & 2 & 0 & 1 \end{array}\right) \to \left(\begin{array}{cc|cc} 1 & \frac{4}{3} & \frac{1}{3} & 0 \\ 1 & 2 & 0 & 1 \end{array}\right) \tfrac{1}{3}\cdot\mathrm{I} \to \left(\begin{array}{cc|cc} 1 & \frac{4}{3} & \frac{1}{3} & 0 \\ 0 & \frac{2}{3} & -\frac{1}{3} & 1 \end{array}\right) \mathrm{II-I} \to$$

$$\to \left(\begin{array}{cc|cc} 1 & 0 & 1 & -2 \\ 0 & \frac{2}{3} & -\frac{1}{3} & 1 \end{array}\right) \mathrm{I - 2II} \to \left(\begin{array}{cc|cc} 1 & 0 & 1 & -2 \\ 0 & 1 & -\frac{1}{2} & \frac{3}{2} \end{array}\right) \tfrac{3}{2}\cdot\mathrm{II}\ .$$

Multiplikation mit $\begin{pmatrix} 1 & -2 \\ -\frac{1}{2} & \frac{3}{2} \end{pmatrix}$ ergibt:

$$\underline{X} \cdot \begin{pmatrix} 3 & 4 \\ 1 & 2 \end{pmatrix}\begin{pmatrix} 1 & -2 \\ -\frac{1}{2} & \frac{3}{2} \end{pmatrix} = \begin{pmatrix} 2 & 1 \\ 0 & 4 \end{pmatrix}\begin{pmatrix} 1 & -2 \\ -\frac{1}{2} & \frac{3}{2} \end{pmatrix} \Rightarrow \underline{X} = \begin{pmatrix} \frac{3}{2} & -\frac{5}{2} \\ -2 & 6 \end{pmatrix}\ .$$

(f) $\begin{pmatrix} 1 & 2 \\ 1 & 0 \end{pmatrix} - \underline{X} \cdot \begin{pmatrix} 1 & 1 \\ 1 & 0 \end{pmatrix} + \begin{pmatrix} 1 & 2 \\ 1 & 0 \end{pmatrix} \cdot \underline{X} = \begin{pmatrix} 0 & 3 \\ 1 & 1 \end{pmatrix}$:

Für $\underline{X} = \begin{pmatrix} x_1 & x_2 \\ x_3 & x_4 \end{pmatrix}$ ergibt sich:

$$\begin{pmatrix} 0 & 3 \\ 1 & 1 \end{pmatrix} - \begin{pmatrix} 1 & 2 \\ 1 & 0 \end{pmatrix} = \begin{pmatrix} 1 & 2 \\ 1 & 0 \end{pmatrix}\begin{pmatrix} x_1 & x_2 \\ x_3 & x_4 \end{pmatrix} - \begin{pmatrix} x_1 & x_2 \\ x_3 & x_4 \end{pmatrix}\begin{pmatrix} 1 & 1 \\ 1 & 0 \end{pmatrix} \Rightarrow$$

$$\begin{pmatrix} -1 & 1 \\ 0 & 1 \end{pmatrix} = \begin{pmatrix} x_1 + 2x_3 & x_2 + 2x_4 \\ x_1 & x_2 \end{pmatrix} - \begin{pmatrix} x_1 + x_2 & x_1 \\ x_3 + x_4 & x_3 \end{pmatrix} \Rightarrow$$

$$\begin{pmatrix} -1 & 1 \\ 0 & 1 \end{pmatrix} = \begin{pmatrix} -x_2 + 2x_3 & x_2 + 2x_4 - x_1 \\ x_1 - x_3 - x_4 & x_2 - x_3 \end{pmatrix}.$$

Zu lösen sind also die Gleichungen:

$$\begin{aligned} -x_2 + 2x_3 \quad &= -1 \\ x_1 \quad - x_3 - x_4 &= 0 \\ -x_1 + x_2 \quad + 2x_4 &= 1 \\ x_2 - x_3 \quad &= 1. \end{aligned}$$

$$(\underline{A}, \underline{b}) = \left(\begin{array}{cccc|c} 0 & -1 & 2 & 0 & -1 \\ 1 & 0 & -1 & -1 & 0 \\ -1 & 1 & 0 & 2 & 1 \\ 0 & 1 & -1 & 0 & 1 \end{array}\right) \rightarrow \left(\begin{array}{cccc|c} 1 & 0 & -1 & -1 & 0 \\ -1 & 1 & 0 & 2 & 1 \\ 0 & -1 & 2 & 0 & -1 \\ 0 & 1 & 0 & 0 & 1 \end{array}\right) \begin{array}{l} II \rightarrow I \\ III \rightarrow II \\ I \rightarrow III \\ \end{array} \rightarrow$$

$$\left(\begin{array}{cccc|c} 1 & 0 & -1 & -1 & 0 \\ 0 & 1 & -1 & 1 & 1 \\ 0 & -1 & 2 & 0 & -1 \\ 0 & 1 & -1 & 0 & 1 \end{array}\right) \begin{array}{c} II+I \\ \rightarrow \end{array} \left(\begin{array}{cccc|c} 1 & 0 & -1 & -1 & 0 \\ 0 & 1 & -1 & 1 & 1 \\ 0 & 0 & 1 & 1 & 0 \\ 0 & 0 & 0 & -1 & 0 \end{array}\right) \begin{array}{l} \\ \\ III + II \\ IV - II \end{array} = (\tilde{\underline{A}}, \tilde{\underline{b}}).$$

Wegen $r(\underline{A},\underline{b}) = r(\underline{A}) = n = 4$ existiert eine eindeutige Lösung, die wir aus dem vereinfachten Gleichungssystem $\tilde{\underline{A}}\,\underline{x} = \tilde{\underline{b}}$ erhalten:

$$\left.\begin{aligned} x_1 \quad - x_3 - x_4 &= 0 \\ x_2 - x_3 + x_4 &= 1 \\ x_3 + x_4 &= 0 \\ - x_4 &= 0 \end{aligned}\right\} \Rightarrow \underline{x} = \begin{pmatrix} x_1 \\ x_2 \\ x_3 \\ x_4 \end{pmatrix} = \begin{pmatrix} 0 \\ 1 \\ 0 \\ 0 \end{pmatrix}.$$

Es gilt also: $\underline{X} = \begin{pmatrix} x_1 & x_2 \\ x_3 & x_4 \end{pmatrix} = \begin{pmatrix} 0 & 1 \\ 0 & 0 \end{pmatrix}.$

5. $\underline{B} = \begin{pmatrix} 2 & 0 & 0 & 0 \\ 0 & 4 & 0 & 0 \\ 0 & 0 & 2 & 0 \\ 0 & 0 & 0 & 1 \end{pmatrix}, \quad \underline{X} = \begin{pmatrix} -1 & 2 & 0 & -1 \\ -1 & -1 & -1 & -1 \end{pmatrix}:$

$$(\underline{X}\,\underline{X}') = \begin{pmatrix} -1 & 2 & 0 & -1 \\ -1 & -1 & -1 & -1 \end{pmatrix} \begin{pmatrix} -1 & -1 \\ 2 & -1 \\ 0 & -1 \\ -1 & -1 \end{pmatrix} = \begin{pmatrix} 6 & 0 \\ 0 & 4 \end{pmatrix} \Rightarrow (\underline{X}\,\underline{X}')^{-1} = \begin{pmatrix} \frac{1}{6} & 0 \\ 0 & \frac{1}{4} \end{pmatrix} .$$

$$\underline{X}\,\underline{B}\,\underline{X}' = \begin{pmatrix} -1 & 2 & 0 & -1 \\ -1 & -1 & -1 & -1 \end{pmatrix} \cdot \begin{pmatrix} 2 & 0 & 0 & 0 \\ 0 & 4 & 0 & 0 \\ 0 & 0 & 2 & 0 \\ 0 & 0 & 0 & 1 \end{pmatrix} \cdot \begin{pmatrix} -1 & -1 \\ 2 & -1 \\ 0 & -1 \\ -1 & -1 \end{pmatrix} =$$

$$= \begin{pmatrix} -1 & 2 & 0 & -1 \\ -1 & -1 & -1 & -1 \end{pmatrix} \cdot \begin{pmatrix} -2 & -2 \\ 8 & -4 \\ 0 & -2 \\ -1 & -1 \end{pmatrix} = \begin{pmatrix} 19 & -5 \\ -5 & 9 \end{pmatrix} .$$

Es ist dann

$$\underline{Y} = (\underline{X}\,\underline{X}')^{-1}\,\underline{X}\,\underline{B}\,\underline{X}'\,(\underline{X}\,\underline{X}')^{-1} = \begin{pmatrix} \frac{1}{6} & 0 \\ 0 & \frac{1}{4} \end{pmatrix} \begin{pmatrix} 19 & -5 \\ -5 & 9 \end{pmatrix} \begin{pmatrix} \frac{1}{6} & 0 \\ 0 & \frac{1}{4} \end{pmatrix} =$$

$$= \begin{pmatrix} \frac{1}{6} & 0 \\ 0 & \frac{1}{4} \end{pmatrix} \begin{pmatrix} \frac{19}{6} & -\frac{5}{4} \\ -\frac{5}{6} & \frac{9}{4} \end{pmatrix} = \begin{pmatrix} \frac{19}{36} & -\frac{5}{24} \\ -\frac{5}{24} & \frac{9}{16} \end{pmatrix} .$$

6. $\underline{A} = \begin{pmatrix} 1 & 1 \\ 1 & 2 \\ 1 & 1 \\ 1 & 3 \end{pmatrix}$:

$$\underline{A}'\underline{A} = \begin{pmatrix} 1 & 1 & 1 & 1 \\ 1 & 2 & 1 & 3 \end{pmatrix} \cdot \begin{pmatrix} 1 & 1 \\ 1 & 2 \\ 1 & 1 \\ 1 & 3 \end{pmatrix} = \begin{pmatrix} 4 & 7 \\ 7 & 15 \end{pmatrix} ,$$

$$\left(\begin{array}{cc|cc} 4 & 7 & 1 & 0 \\ 7 & 15 & 0 & 1 \end{array}\right) \to \left(\begin{array}{cc|cc} 1 & \frac{7}{4} & \frac{1}{4} & 0 \\ 7 & 15 & 0 & 1 \end{array}\right) \frac{1}{4}\text{I} \to \left(\begin{array}{cc|cc} 1 & \frac{7}{4} & \frac{1}{4} & 0 \\ 0 & \frac{11}{4} & -\frac{7}{4} & 1 \end{array}\right) \text{II} - 7\text{I} \to$$

$$\to \left(\begin{array}{cc|cc} 1 & \frac{7}{4} & \frac{1}{4} & 0 \\ 0 & 1 & -\frac{7}{11} & \frac{4}{11} \end{array}\right) \frac{4}{11}\cdot\text{II} \to \left(\begin{array}{cc|cc} 1 & 0 & \frac{15}{11} & -\frac{7}{11} \\ 0 & 1 & -\frac{7}{11} & \frac{4}{11} \end{array}\right) \text{I} - \frac{7}{4}\cdot\text{II} \Rightarrow (\underline{A}'\underline{A})^{-1} = \begin{pmatrix} \frac{15}{11} & -\frac{7}{11} \\ -\frac{7}{11} & \frac{4}{11} \end{pmatrix} .$$

$$\underline{A}\,(\underline{A}'\underline{A})^{-1}\,\underline{A}' = \frac{1}{11}\cdot\begin{pmatrix}1&1\\1&2\\1&1\\1&3\end{pmatrix}\cdot\begin{pmatrix}15&-7\\-7&4\end{pmatrix}\cdot\begin{pmatrix}1&1&1&1\\1&2&1&3\end{pmatrix} =$$

$$= \frac{1}{11}\begin{pmatrix}8&-3\\1&1\\8&-3\\-6&5\end{pmatrix}\cdot\begin{pmatrix}1&1&1&1\\1&2&1&3\end{pmatrix} = \frac{1}{11}\cdot\begin{pmatrix}5&2&5&-1\\2&3&2&4\\5&2&5&-1\\-1&4&-1&9\end{pmatrix},$$

$$\underline{B} = \begin{pmatrix}1&0&0&0\\0&1&0&0\\0&0&1&0\\0&0&0&1\end{pmatrix} - \frac{1}{11}\begin{pmatrix}5&2&5&-1\\2&3&2&4\\5&2&5&-1\\-1&4&-1&9\end{pmatrix} = \frac{1}{11}\begin{pmatrix}6&-2&-5&1\\-2&8&-2&-4\\-5&-2&6&1\\1&-4&1&2\end{pmatrix}.$$

7. $$\underline{A} = \begin{pmatrix}2&1&0\\-1&0&2\\0&-2&4\end{pmatrix},\quad (\underline{E}-\underline{A}) = \begin{pmatrix}1&0&0\\0&1&0\\0&0&1\end{pmatrix} - \begin{pmatrix}2&1&0\\-1&0&2\\0&-2&4\end{pmatrix} = \begin{pmatrix}-1&-1&0\\1&1&-2\\0&2&-3\end{pmatrix}.$$

Wir lösen das Gleichungssystem $(\underline{E}-\underline{A})\cdot\underline{x} = \underline{b}$ durch Bildung der Inversen $(\underline{E} - \underline{A})^{-1}$:

$(\underline{E} - \underline{A}|\underline{E}) =$

$$= \left(\begin{array}{ccc|ccc}-1&-1&0&1&0&0\\1&1&-2&0&1&0\\0&2&-3&0&0&1\end{array}\right) \to \left(\begin{array}{ccc|ccc}-1&-1&0&1&0&0\\0&0&-2&1&1&0\\0&2&-3&0&0&1\end{array}\right) \quad \text{II+I} \to$$

$$\to \left(\begin{array}{ccc|ccc}-1&-1&0&1&0&0\\0&2&-3&0&0&1\\0&0&-2&1&1&0\end{array}\right) \quad \text{II}\leftrightarrow\text{III} \to \left(\begin{array}{ccc|ccc}1&1&0&-1&0&0\\0&1&-\frac{3}{2}&0&0&\frac{1}{2}\\0&0&1&-\frac{1}{2}&-\frac{1}{2}&0\end{array}\right) \begin{array}{l}(-1)\cdot\text{I}\\ \frac{1}{2}\text{II}\\ (-\frac{1}{2})\text{III}\end{array} \to$$

$$\to \left(\begin{array}{ccc|ccc}1&1&0&-1&0&0\\0&1&0&-\frac{3}{4}&-\frac{3}{4}&\frac{1}{2}\\0&0&1&-\frac{1}{2}&-\frac{1}{2}&0\end{array}\right) \quad \text{II}+\frac{3}{2}\cdot\text{III} \to \left(\begin{array}{ccc|ccc}1&0&0&-\frac{1}{4}&\frac{3}{4}&-\frac{1}{2}\\0&1&0&-\frac{3}{4}&-\frac{3}{4}&\frac{1}{2}\\0&0&1&-\frac{1}{2}&-\frac{1}{2}&0\end{array}\right) \;\text{I - II} \quad = (\underline{E}|(\underline{E} - \underline{A})^{-1}).$$

Die Lösung hat also die Form:

$$\underline{x} = (\underline{E} - \underline{A})^{-1}\underline{b} = \begin{pmatrix}-\frac{1}{4}&\frac{3}{4}&-\frac{1}{2}\\-\frac{3}{4}&-\frac{3}{4}&\frac{1}{2}\\-\frac{1}{2}&-\frac{1}{2}&0\end{pmatrix}\begin{pmatrix}b_1\\b_2\\b_3\end{pmatrix} = \begin{pmatrix}-\frac{1}{4}b_1+\frac{3}{4}b_2-\frac{1}{2}b_3\\-\frac{3}{4}b_1-\frac{3}{4}b_2+\frac{1}{2}b_3\\-\frac{1}{2}b_1-\frac{1}{2}b_2\end{pmatrix}.$$

8. Zeige: $(\underline{E} + \underline{A} + \underline{A}^2 + \ldots + \underline{A}^{n-1}) = (\underline{E} - \underline{A})^{-1} \Rightarrow \underline{A}^n = \underline{0}$.

Multipliziert man von links mit $(\underline{E} - \underline{A})$, so ergibt sich:

$(\underline{E} - \underline{A})(\underline{E} + \underline{A} + \underline{A}^2 + \ldots + \underline{A}^{n-1}) = (\underline{E} - \underline{A})(\underline{E} - \underline{A})^{-1} = \underline{E} \Rightarrow$

$\Rightarrow \underline{E} + \underline{A} + \underline{A}^2 + \ldots + \underline{A}^{n-1} - \underline{A} - \underline{A}^2 - \underline{A}^3 - \ldots - \underline{A}^n = (\underline{E} - \underline{A}^n) = \underline{E} \Rightarrow$

$\Rightarrow \underline{A}^n = \underline{0}$.

9. (a) Zeige: $(\underline{A}\cdot\underline{B})^{-1} = \underline{B}^{-1}\cdot\underline{A}^{-1}$.

Multiplikation von $(\underline{A}\cdot\underline{B})$ mit $(\underline{B}^{-1}\cdot\underline{A}^{-1})$ ergibt:

$(\underline{A}\cdot\underline{B})(\underline{B}^{-1}\underline{A}^{-1}) = \underline{A}(\underline{B}\cdot\underline{B}^{-1})\underline{A}^{-1} = \underline{A}\cdot\underline{E}\cdot\underline{A}^{-1} = \underline{A}\cdot\underline{A}^{-1} = \underline{E}$.

Multipliziert man nun wieder von links mit $(\underline{A}\cdot\underline{B})^{-1}$, so erhält man:

$(\underline{A}\cdot\underline{B})^{-1}\cdot(\underline{A}\cdot\underline{B})\cdot(\underline{B}^{-1}\underline{A}^{-1}) = (\underline{A}\cdot\underline{B})^{-1}\cdot\underline{E} \Rightarrow \underline{B}^{-1}\cdot\underline{A}^{-1} = (\underline{A}\cdot\underline{B})^{-1}$.

(b) Zeige: $(\underline{A}')^{-1} = (\underline{A}^{-1})'$.

Da die Einheitsmatrix symmetrisch ist, gilt:

$\underline{A}\cdot\underline{A}^{-1} = (\underline{A}\cdot\underline{A}^{-1})' = (\underline{A}^{-1})'\cdot\underline{A}' = \underline{E}$.

Multipliziert man von rechts mit $(\underline{A}')^{-1}$, so ergibt sich:

$(\underline{A}^{-1})'\underline{A}'(\underline{A}')^{-1} = (\underline{A}^{-1})'\cdot\underline{E} = \underline{E}(\underline{A}')^{-1} \Rightarrow (\underline{A}^{-1})' = (\underline{A}')^{-1}$.

(c) Zeige: $(\underline{A}^{-1})^{-1} = \underline{A}$.

Aus $\underline{A}\cdot\underline{A}^{-1} = \underline{E}$ erhält man $(\underline{A}\cdot\underline{A}^{-1})^{-1} = \underline{E}^{-1} = \underline{E}$.

Es gilt nun $(\underline{A}\cdot\underline{A}^{-1})^{-1} = (\underline{A}^{-1})^{-1}\cdot\underline{A}^{-1} = \underline{E}$, und es ergibt sich durch Multiplikation von rechts mit $\underline{A}$:

$(\underline{A}^{-1})^{-1}\,\underline{A}^{-1}\,\underline{A} = (\underline{A}^{-1})^{-1}\,\underline{E} = \underline{E}\cdot\underline{A} \Rightarrow (\underline{A}^{-1})^{-1} = \underline{A}$.

18. Punktmengen im R^n und Lineare Programmierung

1. (a) $M_1 = \{(x_1,x_2) \in \mathbb{R}^2 \mid x_2 \cdot e^{-x_1} < 1 \wedge x_2 > 0\}$:

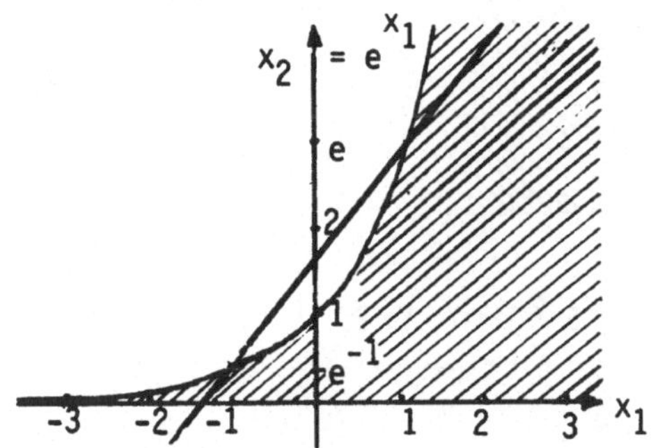

M_1 ist nicht konvex (z.B. liegt die Verbindungsgerade zwischen den Punkten (1,e) und $(-1,\frac{1}{e})$ nicht in M_1).

M_1 ist nicht beschränkt, da x_1 und x_2 beliebig große Werte annehmen können.

(b) $M_2 = \{(x_1,x_2) \in \mathbb{R}^2 \mid x_2 \cdot e^{-x_1} > 1\}$:

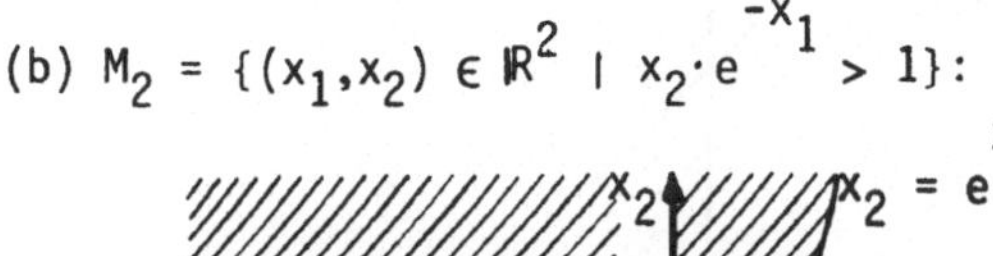

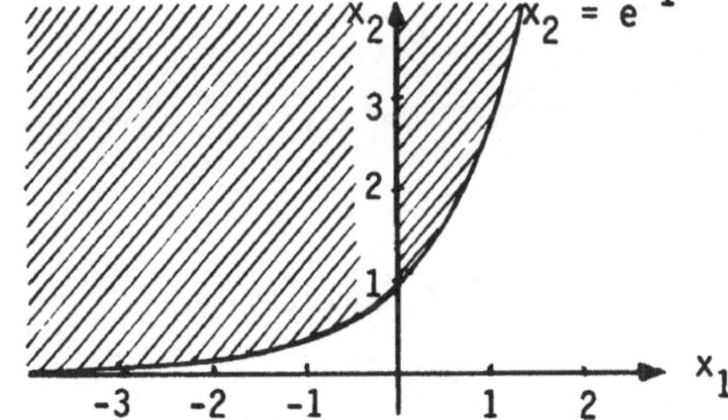

M_2 ist konvex, da für je zwei Punkte $\underline{x}_1$, $\underline{x}_2 \in M_2$ die Verbindungsgerade zwischen $\underline{x}_1$ und $\underline{x}_2$ in M_2 enthalten ist.

M_2 ist nicht beschränkt.

(c) $M_3 = \{(x_1,x_2) \in \mathbb{R}^2 \mid x_2 e^{-x_1} > 0\} = \{(x_1,x_2) \in \mathbb{R}^2 \mid x_2 > 0\}$:

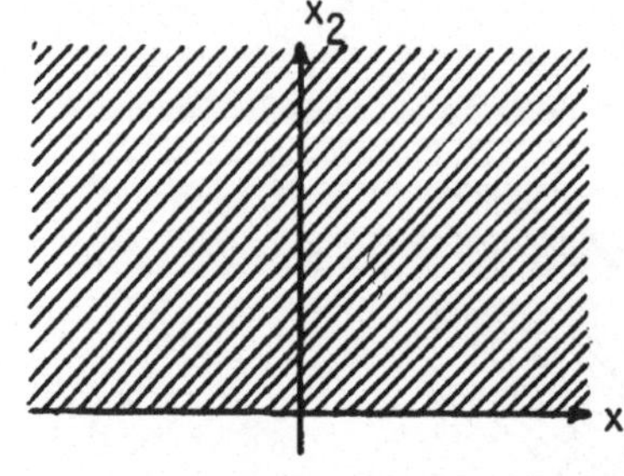

M_3 ist konvex, aber nicht beschränkt.

(d) $M_4 = \{(x_1,x_2) \in \mathbb{R}^2 \mid x_2 \leq 2-x_1 \wedge x_2 \geq -1-x_1 \wedge x_2 \leq e^{x_1} \wedge x_2 \geq -e^{-x_1}\}$.

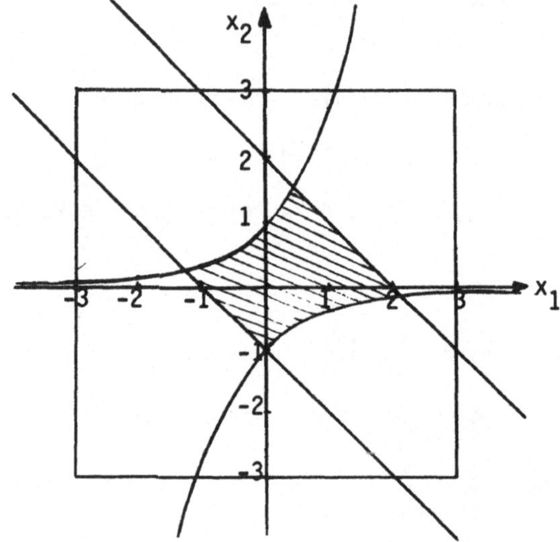

M_4 ist beschränkt wegen $M_4 \subset [-3,3] \times [-3,3] =$
$=\{(x_1,x_2) \in \mathbb{R}^2 \mid -3 \leq x_1 \leq 3, -3 \leq x_2 \leq 3\}$.

M ist nicht konvex.

(e) $M_5 = \{(x_1,x_2) \in \mathbb{R}^2 \mid x_2 - \frac{1}{2}x_1^2 \geq 0 \wedge 2x_1 - 3x_2 + 6 \geq 0\}$:

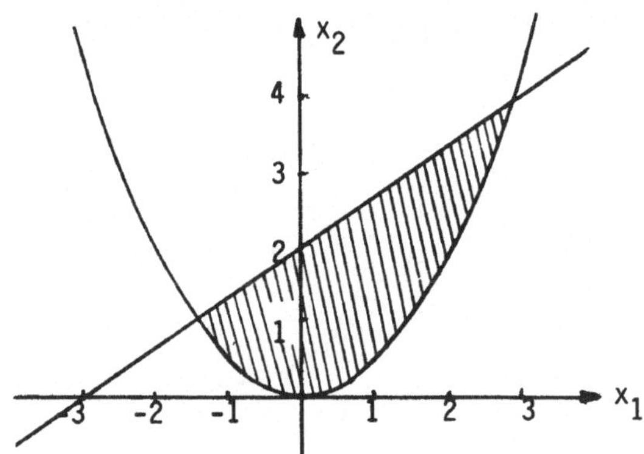

M_5 ist beschränkt wegen $M_5 \subset [-2,3] \times [0,4]$.

M_5 ist konvex.

2. (a) $A = \{(x_1,x_2) \in \mathbb{Z} \times \mathbb{N} \mid x_2 \geq \frac{1}{2}x_1 \wedge x_2 \leq 3 - \frac{1}{3}x_1^2\}$:

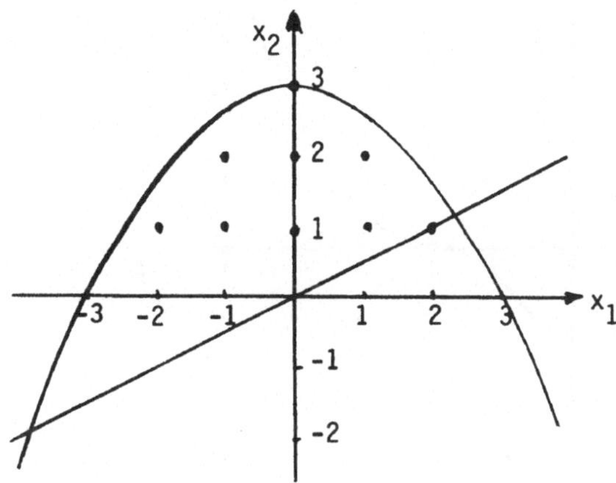

A ist beschränkt wegen $A \subset [-2,2] \times [1,3]$

A ist nicht konvex, da A nur isolierte Punkte enthält.

(b) $B = \{(x_1,x_2) \in \mathbb{Z} \times \mathbb{Z} \mid x_2 \geq \frac{1}{x_1^2}\}$:

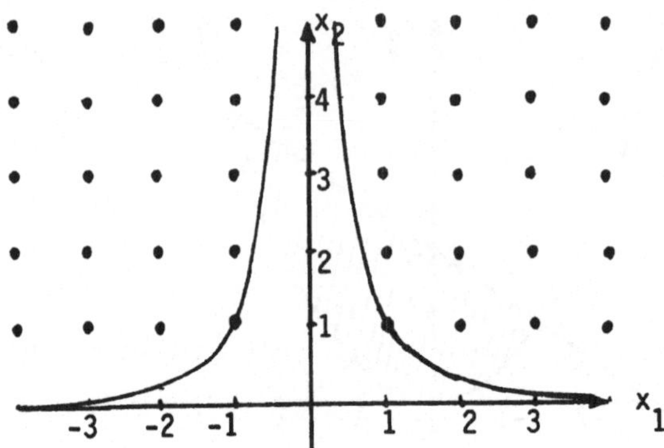

B ist weder beschränkt noch konvex.

(c) $C = \{ (x_1,x_2) \in \mathbb{N} \times \mathbb{Z} \mid x_2 \leq \frac{1}{2}(x_1-2)^3 \}$:

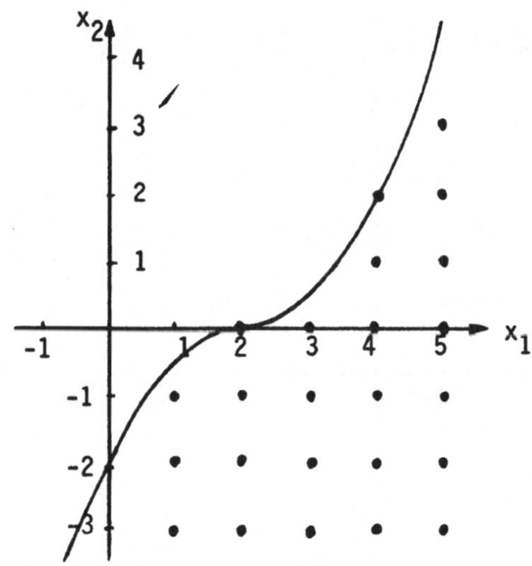

C ist weder beschränkt noch konvex (z.B. liegt die Verbindungsgerade zwischen (2,0) und (4,2) nicht in C).

3. (a) $[\underline{a},\underline{b}] \cap [\underline{c},\underline{d}] = ([1,4] \times [1,3]) \cap ([3,6] \times [2,4])$:

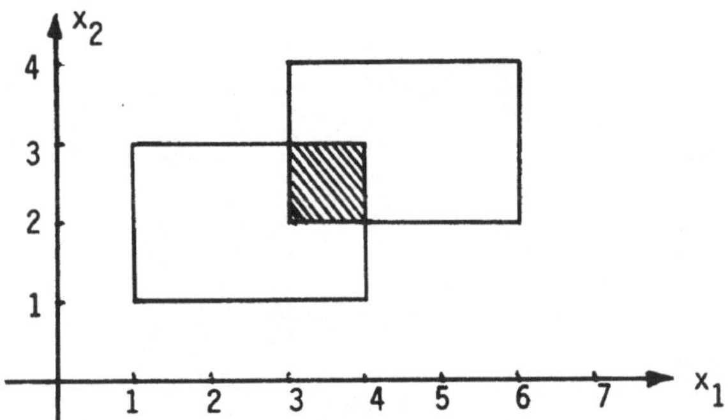

(b) $[\underline{a},\underline{b}) \cup (\underline{c},\underline{d}] = ([1,4) \times [1,3)) \cup ((3,6] \times (2,4])$

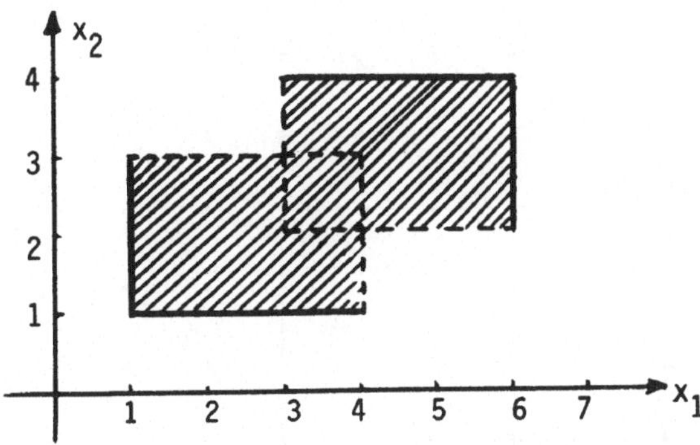

(c) $[\underline{a},\underline{b}] \setminus (\underline{c},\underline{d}) = ([1,4] \times [1,3]) \setminus ((3,6)\times(2,4))$:

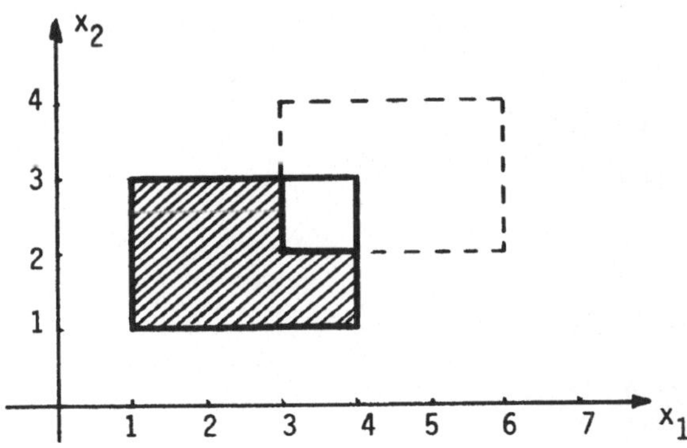

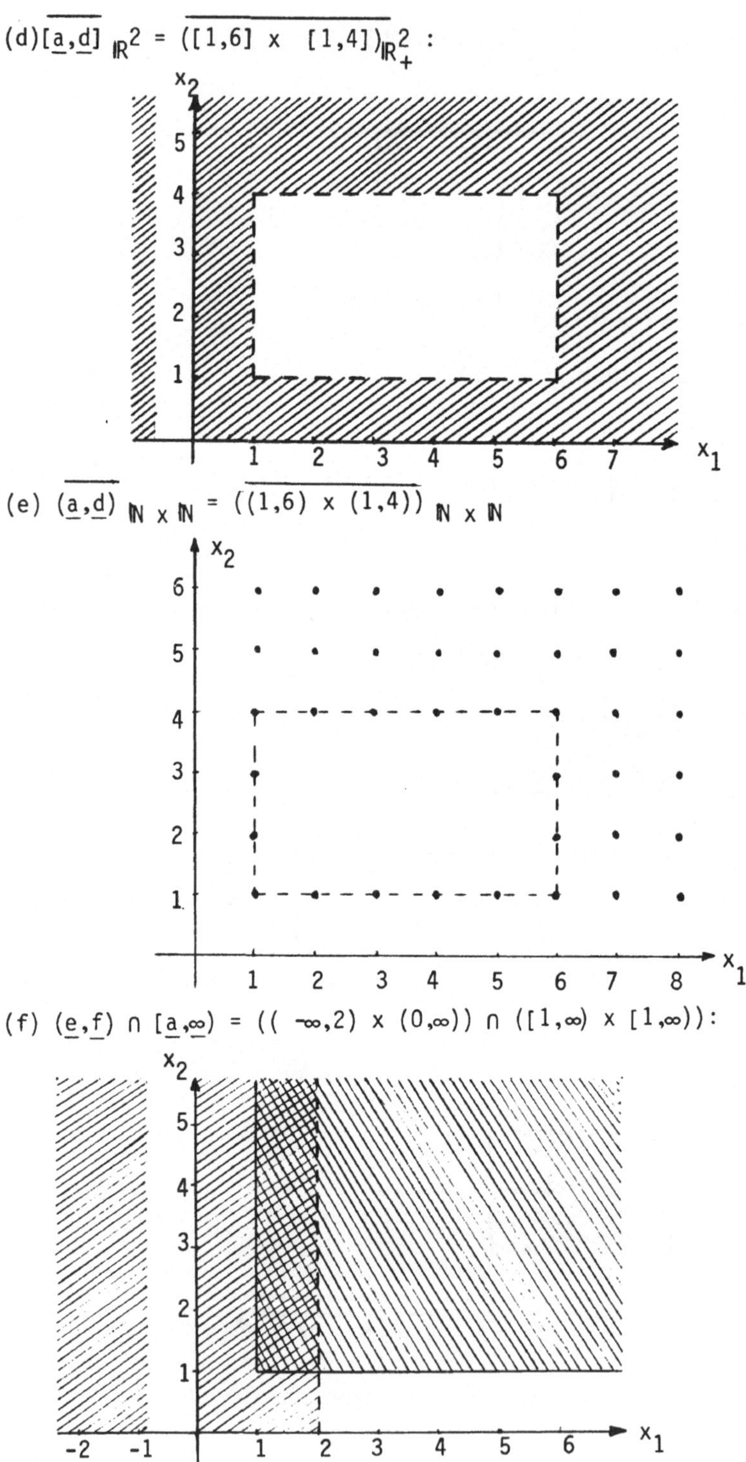
(d) $\overline{[\underline{a},\underline{d}]}_{\mathbb{R}^2} = \overline{([1,6] \times [1,4])}_{\mathbb{R}^2_+}$:
x_2
x_1
(e) $\overline{(\underline{a},\underline{d})}_{\mathbb{N} \times \mathbb{N}} = \overline{((1,6) \times (1,4))}_{\mathbb{N} \times \mathbb{N}}$
x_2
x_1
(f) $(\underline{e},\underline{f}) \cap [\underline{a},\underline{\infty}) = ((-\infty,2) \times (0,\infty)) \cap ([1,\infty) \times [1,\infty))$:
x_2
x_1

4. (a)

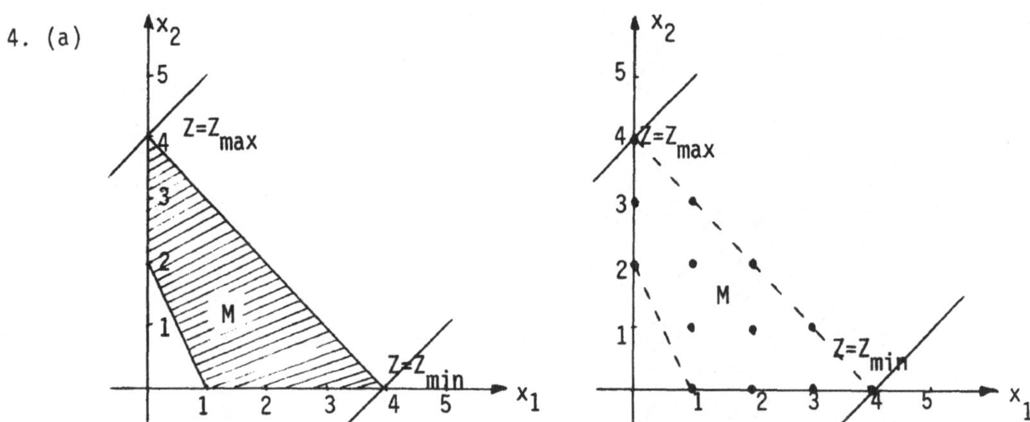

M ist beschränkt, es existiert jeweils ein eindeutiges Maximum und Minimum.

(b)

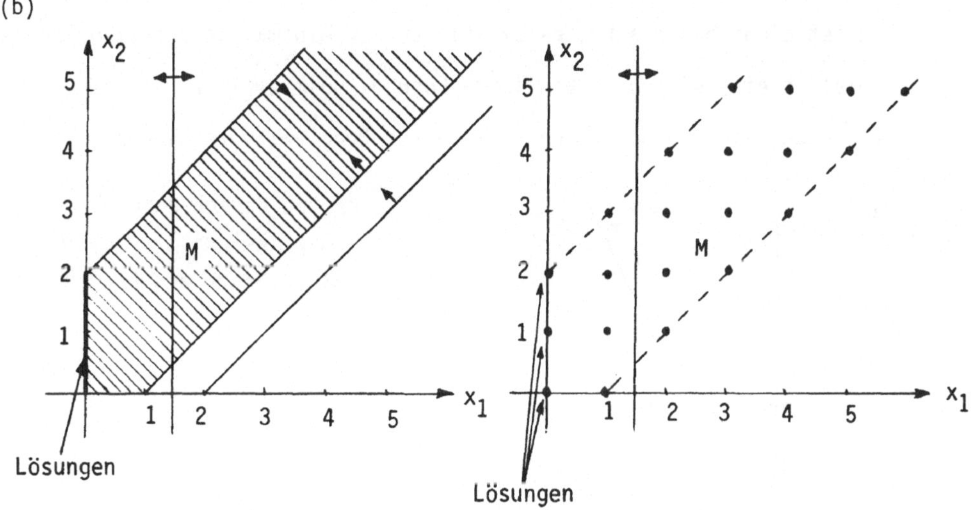

M ist nicht beschränkt, es existieren keine Maxima, sondern nur Minima. Beim ersten Problem gibt es unendlich viele, beim zweiten Problem drei Lösungen.

Die Nebenbedingung $x_1 - x_2 \leq 2$ ist überflüssig (redundant).

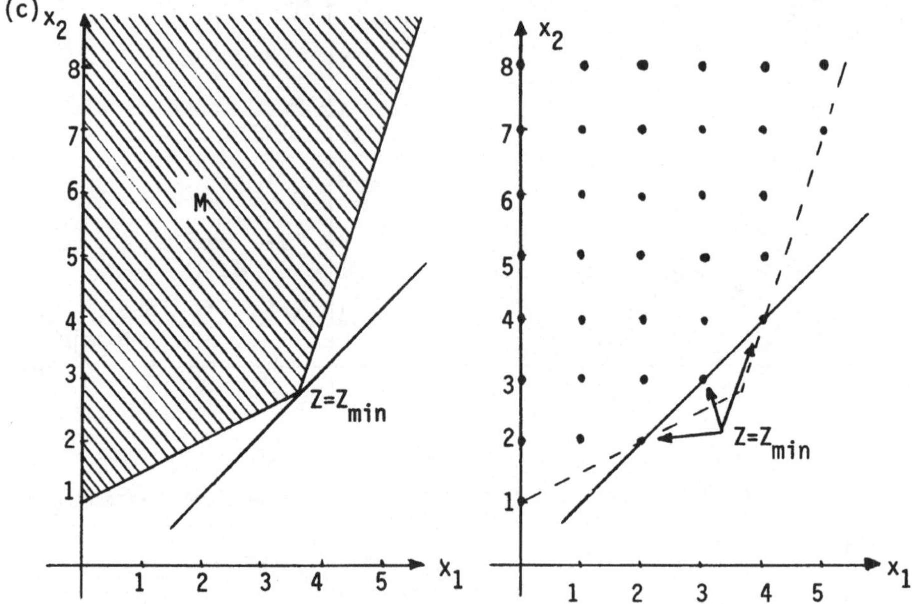

M ist nicht beschränkt, es existieren nur Minima. Beim ersten Problem gibt es eine eindeutig bestimmte Lösung, beim zweiten Problem drei Lösungen, die von der Lösung des ersten Problems verschieden sind.

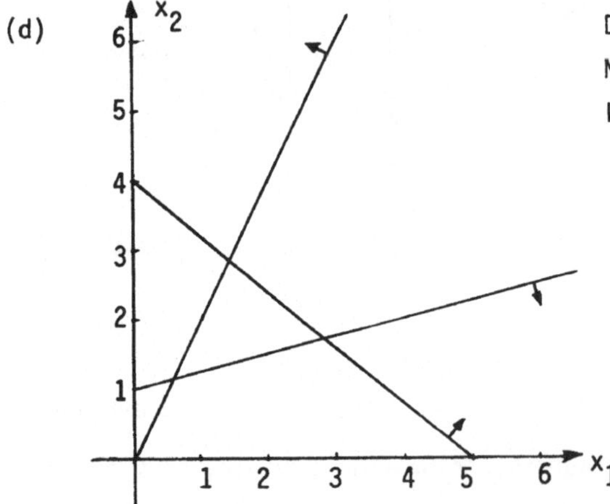

Der zulässige Bereich $M = \emptyset$, es existiert also keine Lösung des LP-Problems.

(e)

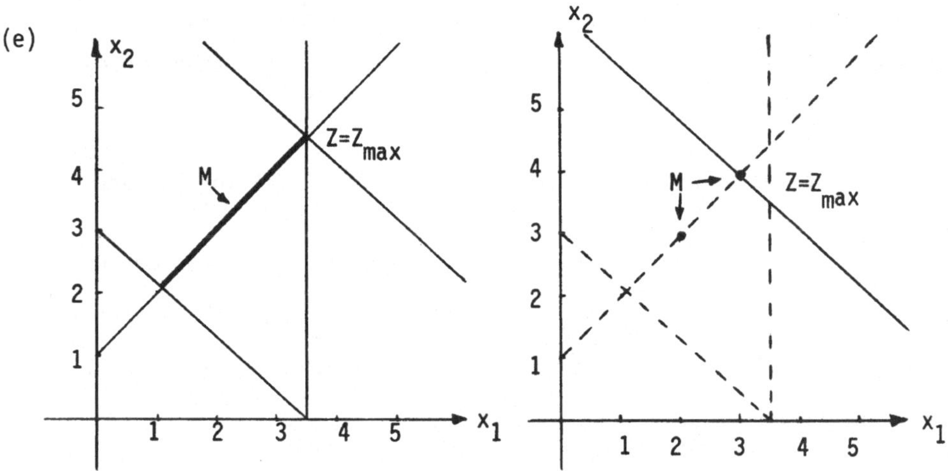

Beim ersten Problem besteht M nur aus einer Geraden, es existiert ein Maximum. Beim zweiten Problem besteht M aus zwei Punkten, es existiert ein vom ersten Problem verschiedenes Maximum.

(f)

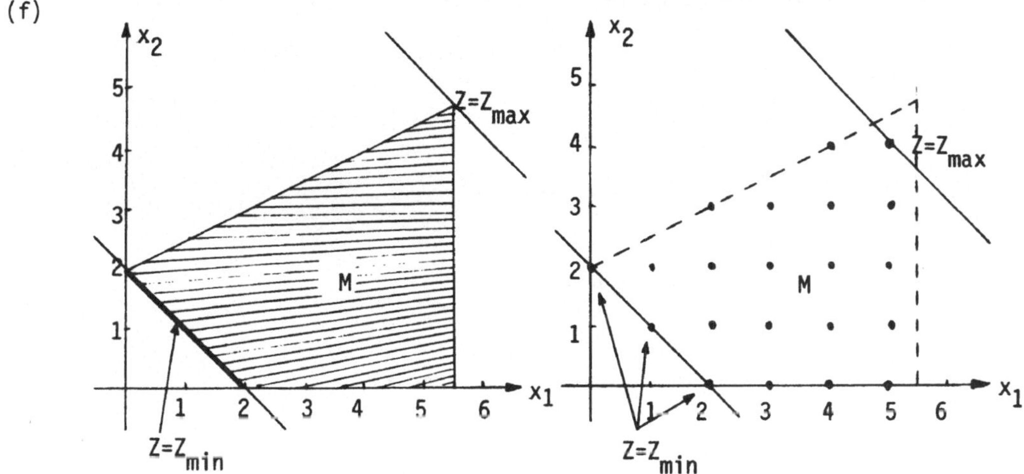

M ist beschränkt. Beim ersten Problem gibt es ein eindeutiges Maximum und unendlich viele Minima (alle Punkte auf der Randgeraden). Beim zweiten Problem gibt es ein Maximum und drei Minima.

5. Auf der Maschine M_1 können 15 Stück von G_1 oder 30 Stück von G_2 hergestellt werden.
Bei der Herstellung von 1 Stück G_1 nimmt man somit $\frac{1}{15}$ und bei der Produktion von x_1 Stück G_1 $\frac{x_1}{15}$ der Kapazität von M_1 in Anspruch. Stellt man dagegen x_2 Stück von G_2 her, so nützt man dabei die Kapazität von M_1 zu einem Anteil von $\frac{x_1}{30}$ aus.

Da auf der Maschine M_2 je 20 Stück von G_1 oder G_2 hergestellt werden können, benötigt man dann zur Erzeugung von x_1 Stück G_1 bzw. x_2 Stück G_2 einen Anteil von $\frac{x_1}{20}$ bzw. $\frac{x_2}{20}$ der Kapazität von M_2.
Unter Berücksichtigung der beschränkten Kapazität der Montageabteilungen A und B ergibt sich folgendes LP-Problem:

Zielfunktion: $z = 1{,}2\ x_1 + 1{,}8\ x_2 \rightarrow \max$
unter den Nebenbedingungen

(1) $\frac{x_1}{15} + \frac{x_2}{30} \leq 1$ (Maschine M_1)

(2) $\frac{x_1}{20} + \frac{x_2}{20} \leq 1$ (Maschine M_2)

(3) $x_1 \leq 13$ (Montageabteilung A)

(4) $x_2 \leq 16$ (Montageabteilung B)

$x_1, x_2 \geq 0$ (Nichtnegativitätsbedingung)

x_1, x_2 ganzzahlig.

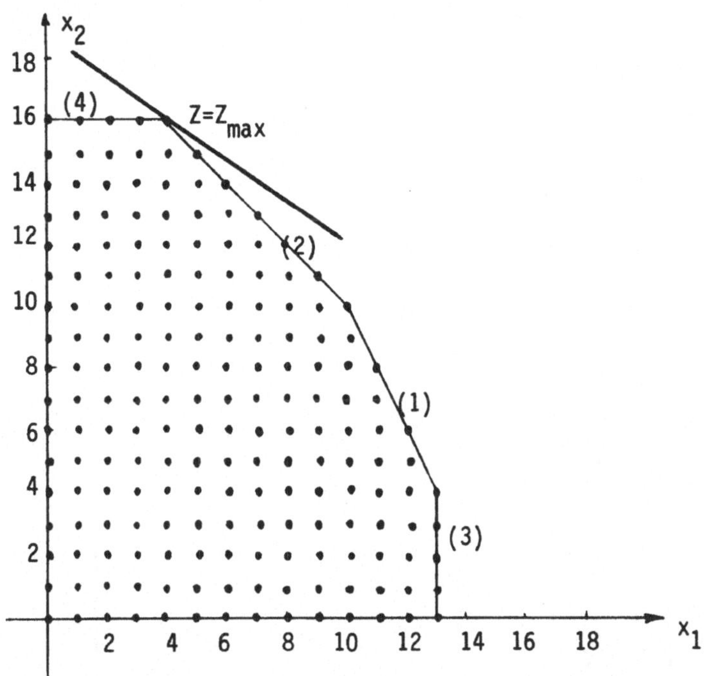

Ein maximaler Gewinn wird also erzielt, falls von G_1 4 Stück und von G_2 16 Stück hergestellt werden.

6. Als Variablen wählen wir

x_1 : Bestellmenge von Normalbenzin in l

x_2 : Bestellmenge von Superbenzin in l.

Der Gewinn pro l beträgt bei Normalbenzin 0,9 - 0,6 = 0,3 DM und bei Superbenzin 0,95 - 0,7 = 0,25 DM.

Da der Anteil von Normalbenzin an der Gesamteinkaufsmenge höchstens 75 % betragen soll, ist die Bedingung $\frac{x_1}{x_1+x_2} \leq \frac{75}{100}$ zu berücksichtigen.

Man erhält hieraus die Nebenbedingung $100x_1 \leq 75x_1 + 75x_2$ bzw.

$25x_1 \leq 75x_2$.

Zielfunkton $z = 0,3x_1 + 0,25x_2 \to \max$

unter den Nebenbedingungen

$$
\begin{array}{rll}
x_1 & \geq 1.500 & (1) \\
x_2 & \geq 1.000 & (2) \\
x_1 & \leq 11.000 & (3) \\
x_2 & \leq 8.000 & (4) \\
25x_1 - 75x_2 & \leq 0 & (5) \\
0,6x_1 + 0,7x_2 & \leq 8.000 & (6) \\
x_1, x_2 & \geq 0 &
\end{array}
$$

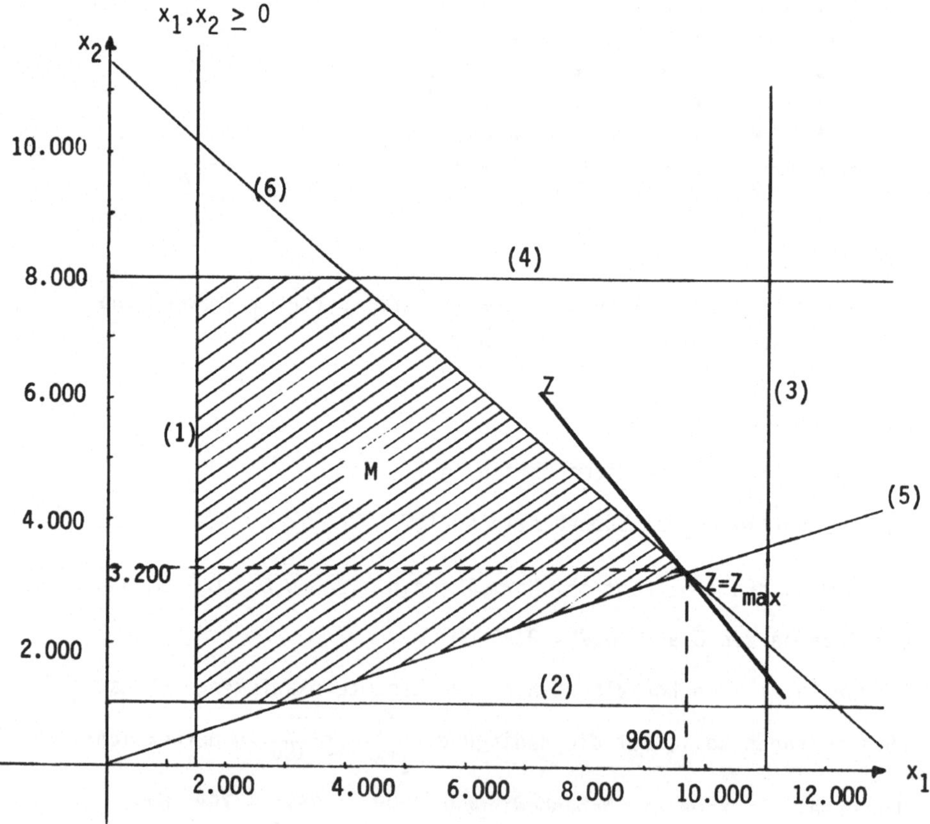

Nebenbedingung (3) ist überflüssig (redundant).

Ein maximaler Gewinn wird erzielt, wenn man 9.600 l Normal- und 3.200 l Superbenzin kauft.

7. Als Variablen wählen wir

x_1 : Anzahl der höherqualifizierten Kontrolleure

x_2 : Anzahl der minderqualifizierten Kontrolleure.

Die Kosten k_1 pro Stunde für einen höherqualifizierten Kontrolleur setzen sich zusammen aus dem Stundenlohn von DM 12,-- und dem Schaden, der durch nicht erkannte fehlerhafte Stücke entsteht, also

$\frac{(100-97)}{100} \cdot 30 \cdot 20 = 18$. Es gilt somit:

$$k_1 = 12 + 18 = 30$$

Auf analoge Weise berechnet man die Kosten k_2 pro Stunde für einen minderqualifizierten Kontrolleur:

$$k_2 = 8 + \frac{(100-92)}{100} \cdot 15 \cdot 20 = 32.$$

Da jede Stunde mindestens $\frac{4.800}{40} = 120$ Stück hergestellt werden und die höherqualifizierten Kontrolleure 30 Stück pro Stunde, die minderqualifizierten Kontrolleure dagegen nur 15 Stück pro Stunde kontrollieren, muß die Nebenbedingung $30x_1 + 15x_2 \geq 120$ berücksichtigt werden.

Es ergibt sich somit folgendes LP-Problem:

Zielfunktion $z = k_1x_1 + k_2x_2 = 30x_1 + 32x_2 \rightarrow \min$

unter den Nebenbedingungen

$$\begin{aligned} x_1 &\leq 5 && (1) \\ x_2 &\leq 9 && (2) \\ 30x_1 + 15x_2 &\geq 120 && (3) \\ x_1, x_2 &\geq 0 \\ x_1, x_2 & \text{ ganzzahlig.} \end{aligned}$$

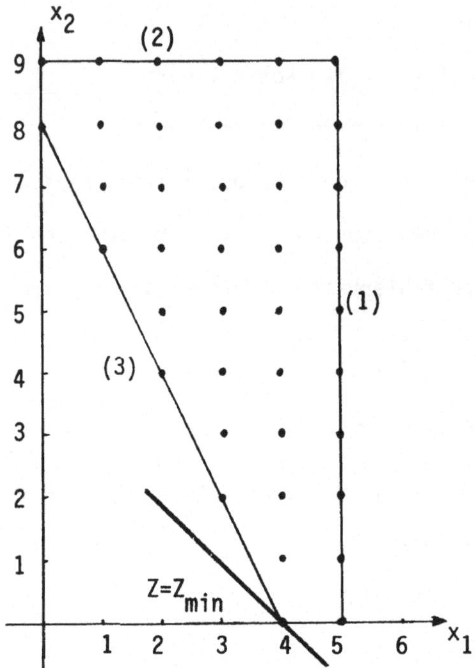

Die Kosten werden minimal, falls 4 höherqualifizierte und keine minderqualifizierten Kontrolleure eingesetzt werden.

8. Das LP-Problem hat die folgende Form:

Zielfunktion $z = \sum_{i=1}^{n} c_i x_i \rightarrow \max$

unter den Nebenbedingungen:

$$\sum_{i=1}^{n} p_i x_i \leq K$$

$$p_i x_i \leq \frac{10}{100} K \text{ für } i = 1,\ldots,n$$

$$p_i x_i \geq \frac{5}{100} K \text{ für } i = 1,\ldots,n$$

$$\sum_{i=k+1}^{n} p_i x_i \geq \frac{K}{2}$$

$$x_i \geq 0 \quad \text{für } i = 1,\ldots,n$$

$$x_i \text{ ganzzahlig für } i = 1,\ldots,n.$$

9. Bei $a_2 = -a_1$, $b_2 = -b_1$, $-c_2 < c_1$ ergeben sich die Ungleichungen

$$\left.\begin{array}{r} a_1x_1 + b_1x_2 < c_1 \\ -a_1x_1 - b_1x_2 < c_2 \end{array}\right\} \Rightarrow \begin{array}{l} a_1x_1 + b_1x_2 < c_1 \\ a_1x_1 + b_1x_2 > -c_2 \end{array}$$

Es ist dann also

$A = \{(x_1,x_2) \in \mathbb{R}^2 \mid a_1x_1 + b_1x_2 < c_1 \vee a_2x_1 + b_2x_2 < c_2\} = \mathbb{R}^2$.

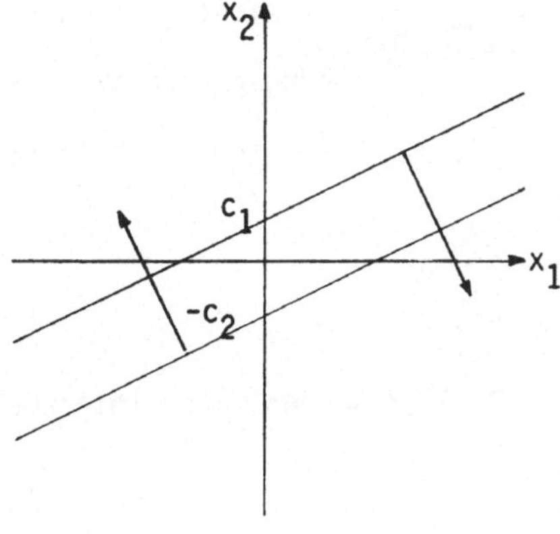

19. Grundlegende Eigenschaften von Funktionen mehrerer Variablen

1. (a) Definitionsbereich $D = \{(x,y) \in \mathbb{R}^2 \mid 1 - xy \geq 0\} =$

$= \{(x,y) \in \mathbb{R}^2 \mid y \leq \frac{1}{x},\ x > 0\} \cup \{(x,y) \in \mathbb{R}^2 \mid y \geq \frac{1}{x},\ x < 0\} \cup$

$\cup \{(x,y) \in \mathbb{R}^2 \mid x = 0 \text{ oder } y = 0\}.$

D ist nicht beschränkt, da x bzw. y beliebig große Werte annehmen können.

D ist nicht konvex, da z.B. die Verbindungsgerade zwischen $(\frac{1}{2},2)$ und $(2,\frac{1}{2})$ nicht in D liegt.

(b) Die Höhenlinien für $z_0 = 0, 1, 2$ werden durch folgende Gleichungen beschrieben:

$z_0 = 0 : \sqrt{1 - xy} = 0 \Rightarrow 1 - xy = 0 \Rightarrow xy = 1 \Rightarrow y = \frac{1}{x}.$

$z_0 = 1 : \sqrt{1 - xy} = 1 \Rightarrow 1 - xy = 1 \Rightarrow xy = 0 \Rightarrow x = 0 \text{ oder } y = 0.$

$z_0 = 2 : \sqrt{1 - xy} = 2 \Rightarrow 1 - xy = 4 \Rightarrow xy = -3 \Rightarrow y = -\frac{3}{x}.$

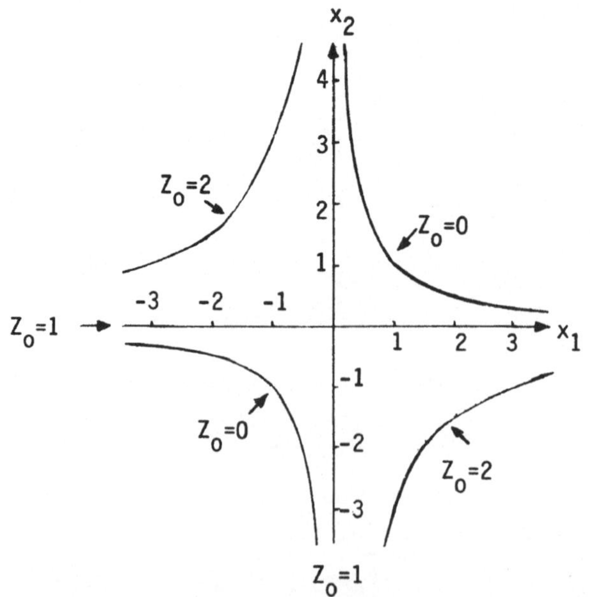

(c) $f(x,y) = 0$ für $xy = 1$.d.h. für $y = \frac{1}{x}$.

$f(x,y) \to \infty$ für $x \to \infty$, $y \to -\infty$ oder für $x \to -\infty$, $y \to \infty$.

Es gilt also $f[D] = [0,\infty)$, d.h. f ist unbeschränkt.

(d) Monotonieverhalten bzgl. x:

Für $y = \bar{y} > 0$ fest und $x_1 < x_2$ gilt:

$f(x_1,\bar{y}) = \sqrt{1 - x_1\bar{y}} > \sqrt{1-x_2\bar{y}} = f(x_2,\bar{y})$ (wegen $x_1\bar{y} < x_2\bar{y}$).

Für $y = \bar{y} < 0$ fest und $x_1 < x_2$ gilt:

$f(x_1,\bar{y}) = \sqrt{1-x_1\bar{y}} < \sqrt{1-x_1\bar{y}} = f(x_2,\bar{y})$ (wegen $x_1\bar{y} > x_2\bar{y}$).

f ist also bzgl. x streng monoton fallend in $D_1 =$
$= \{(x,y) \in \mathbb{R}^2 \mid y \leq \frac{1}{x}, y > 0\}$ und streng monoton wachsend
in $D_2 = \{(x,y) \in \mathbb{R}^2 \mid y \leq \frac{1}{x}, y < 0\}$.

Monotonieverhalten bzgl. y :

Für $x = \bar{x} > 0$ fest und $y_1 < y_2$ gilt:

$f(\bar{x},y_1) = \sqrt{1-\bar{x}y_1} > \sqrt{1-\bar{x}y_2} = f(\bar{x},y_2)$ (wegen $\bar{x}y_1 < \bar{x}y_2$).

Für $x = \bar{x} < 0$ fest und $y_1 < y_2$ gilt:

$f(\bar{x},y_1) = \sqrt{1-\bar{x}y_1} < \sqrt{1-\bar{x}y_2} = f(\bar{x},y_2)$ (wegen $\bar{x}y_1 > \bar{x}y_2$).

f ist also bzgl. y streng monoton fallend in $D_3 =$
$= \{(x,y) \in \mathbb{R}^2 \mid y \leq \frac{1}{x}, x > 0\}$ und streng monoton wachsend in $D_4 =$
$= \{(x,y) \in \mathbb{R}^2 \mid y \leq \frac{1}{x}, x < 0\}$.

Für $x = 0$ oder $y = 0$ ist f sowohl monoton wachsend als auch fallend.

(e) $f(\lambda x,\lambda y) = \sqrt{1-(\lambda x)(\lambda y)} = \sqrt{1-\lambda^2 xy} \neq \lambda^r f(x,y)$.

f ist also weder homogen noch linear.

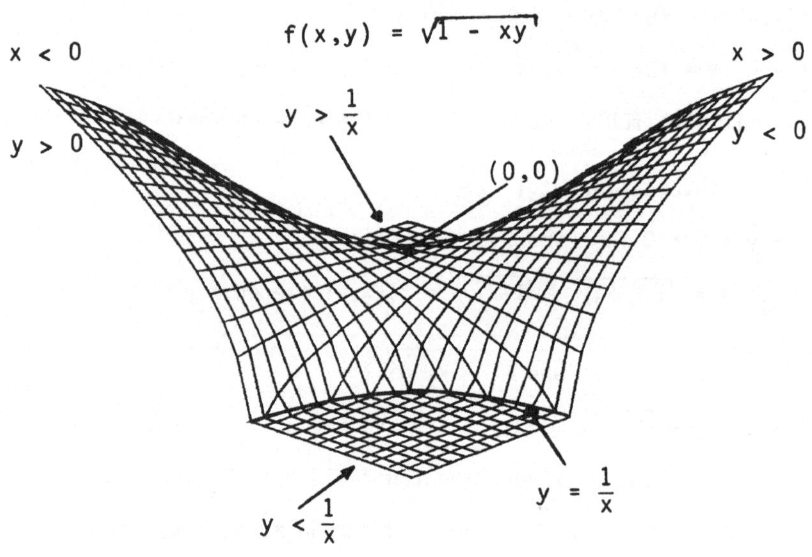

2. (a) (1) $D = \{(x,y) \in \mathbb{R}^2 \mid f(x,y) = \left|\frac{x}{y}\right| \text{ existiert}\} = \{(x,y) \in \mathbb{R}^2 \mid y \neq 0\}$

(2) $f(x,y) = \left|\frac{x}{y}\right| = 2 \Rightarrow \frac{|x|}{2} = |y| \Rightarrow$

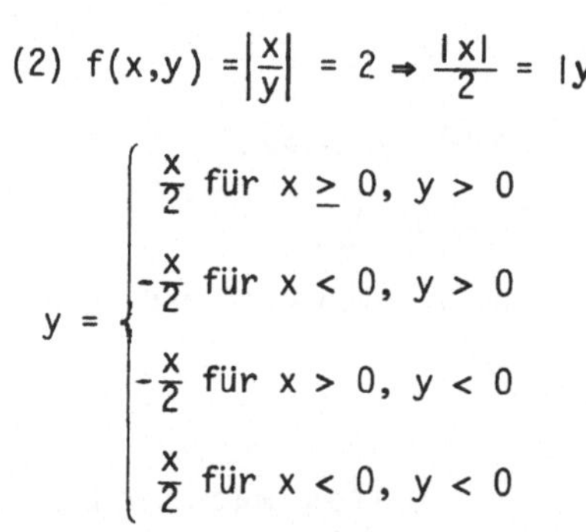

$$y = \begin{cases} \frac{x}{2} & \text{für } x \geq 0,\ y > 0 \\ -\frac{x}{2} & \text{für } x < 0,\ y > 0 \\ -\frac{x}{2} & \text{für } x > 0,\ y < 0 \\ \frac{x}{2} & \text{für } x < 0,\ y < 0 \end{cases}$$

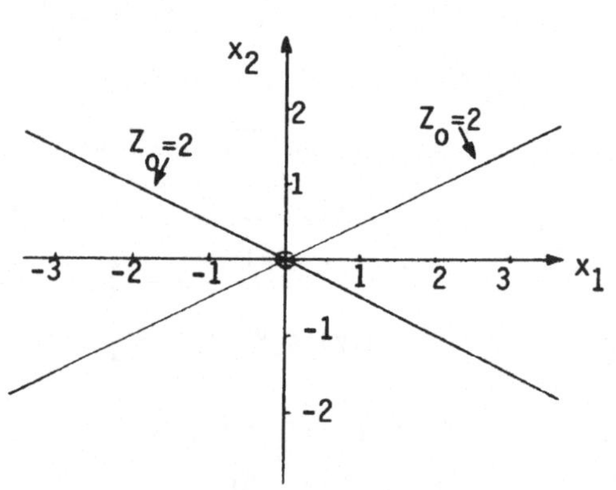

(3) $f[D] = [0,\infty)$, f ist also unbeschränkt.

$f(\lambda x,\lambda y) = \left|\frac{\lambda x}{\lambda y}\right| = \left|\frac{x}{y}\right| = \lambda^0 \cdot f(x,y) \Rightarrow$ f ist homogen vom Grad $r = 0$.

f ist nicht linear, da nicht linear-homogen.

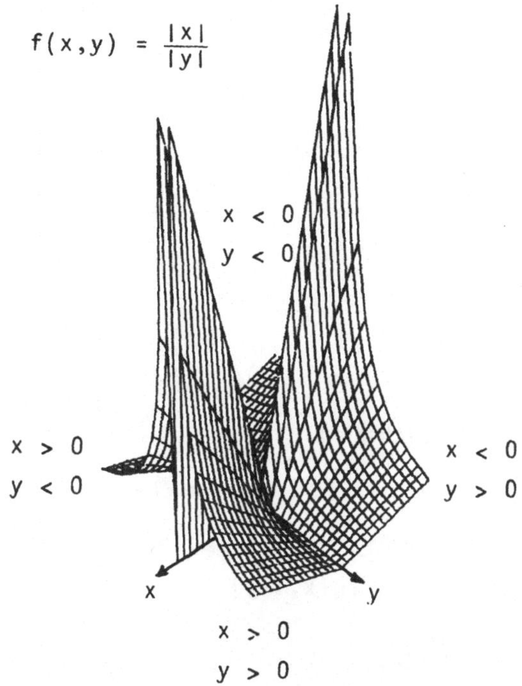

(b) (1) $D = \{(x,y) \in \mathbb{R}^2 \mid f(x,y) = \min[x, 1+y]\} = \mathbb{R}^2$.

(2) $z_0 = 1: f(x,y) = \min[x,1+y]=1 \Rightarrow \begin{cases} x = 1 \text{ für } x \leq 1+y \\ 1+y = 1 \text{ für } x > 1+y \end{cases} \Rightarrow$

$\Rightarrow \begin{cases} x = 1 \text{ für } y \geq 0 \\ y = 0 \text{ für } x > 1. \end{cases}$

$z_0 = 2: f(x,y) = \min[x,1+y] = 2 \Rightarrow \begin{cases} x = 2 \text{ für } x \leq 1+y \\ 1+y = 2 \text{ für } x > 1+y \end{cases} \Rightarrow$

$\Rightarrow \begin{cases} x = 2 \text{ für } y \geq 1 \\ y = 1 \text{ für } x > 2 \end{cases}$

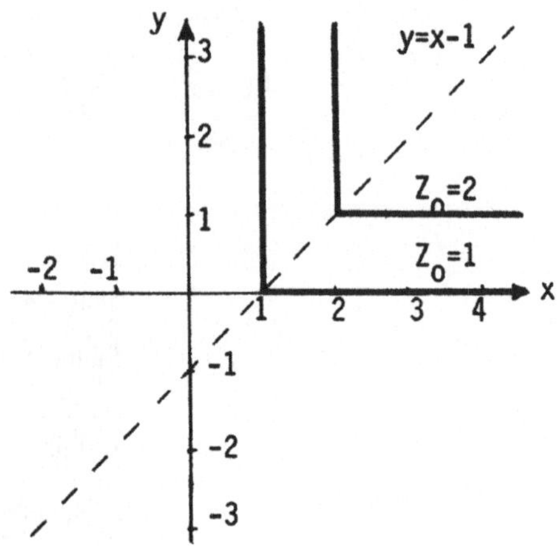

(3) $f[D] = \mathbb{R}$, f ist also nicht beschränkt.

$f(\lambda x,\lambda y) = \min[\lambda x, 1+\lambda y] \neq \lambda^r \min[x, 1+y] = \lambda^r f(x,y) \Rightarrow$

$\Rightarrow$ f ist nicht homogen und nicht linear.

$f(x,y) = \min\{x, 1+y\}$

$1 + y > x$

$y = x - 1$

$1 + y < x$

(c) (1) $D = \{(x,y) \in \mathbb{R}^2 \mid f(x,y) = \min[x^2, y]\} = \mathbb{R}^2$.

(2) $z_0 = 0 : f(x,y) = \min[x^2,y] = 0 \Rightarrow \begin{cases} x^2 = 0 \text{ für } y \geq x^2 \\ y = 0 \text{ für } y < x^2 \end{cases} \Rightarrow \begin{cases} x = 0 \text{ für } y \geq 0 \\ y = 0 \text{ für } 0 < x^2. \end{cases}$

$z_0 = 1 : f(x,y) = \min[x^2,y] = 1 \Rightarrow \begin{cases} x^2 = 1 \text{ für } y \geq x^2 \\ y = 1 \text{ für } y < x^2 \end{cases} \Rightarrow \begin{cases} x = \pm 1 \text{ für } y \geq 1 \\ y = 1 \text{ für } 1 < x^2. \end{cases}$

$z_0 = 2 : f(x,y) = \min[x^2,y] = 2 \Rightarrow \begin{cases} x^2 = 2 \text{ für } y \geq x^2 \\ y = 2 \text{ für } y < x^2 \end{cases} \Rightarrow \begin{cases} x = \pm\sqrt{2} \text{ für } y \geq 2 \\ y = 2 \text{ für } 2 < x^2. \end{cases}$

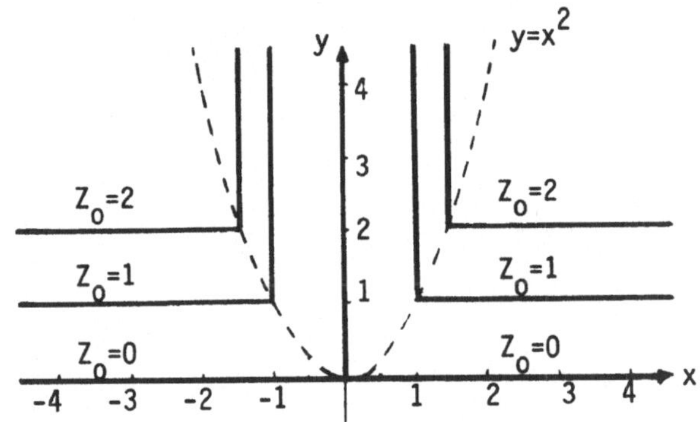

(3) $f[D] = \mathbb{R}$, f ist also nicht beschränkt.

$f(\lambda x,\lambda y) = \min[\lambda^2 x^2,\lambda y] = \lambda \min[\lambda x^2,y] \neq \lambda^r \cdot \min[x^2,y] = \lambda^r f(x,y) \Rightarrow$

$\Rightarrow$ f ist nicht homogen und linear.

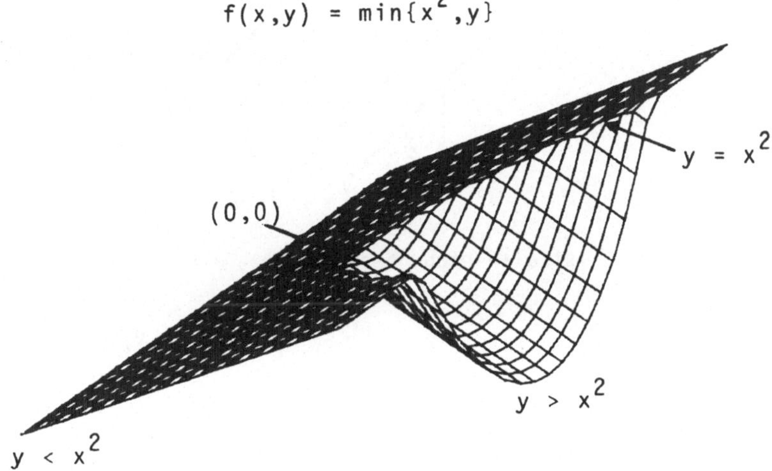

(d) (1) $D = \{(x,y) \in \mathbb{R}^2 \mid f(x,y) = \frac{1}{|x+y|} \text{ existiert}\} =$

$\{(x,y) \in \mathbb{R}^2 \mid y \neq -x\}$.

(2) $z_0 = 1 : f(x,y) = \frac{1}{|x+y|} = 1 \Rightarrow |x+y| = 1 \Rightarrow \begin{cases} x+y = 1 & \text{für } y \geq -x \\ -x-y = 1 & \text{für } y < -x \end{cases} \Rightarrow$

$\Rightarrow \begin{cases} y = 1 - x & \text{für } y \geq -x \\ y = -1 - x & \text{für } y < -x. \end{cases}$

$$z_0 = 2 : f(x,y) = \frac{1}{|x+y|} = 2 \Rightarrow 2|x+y| = 1 \Rightarrow \begin{cases} 2x+2y = 1 \text{ für } y \geq -x \\ -2x-2y = 1 \text{ für } y < -x \end{cases}$$

$$\Rightarrow \begin{cases} y = \frac{1}{2} - x \text{ für } y \geq -x \\ y = -\frac{1}{2} - x \text{ für } y < -x. \end{cases}$$

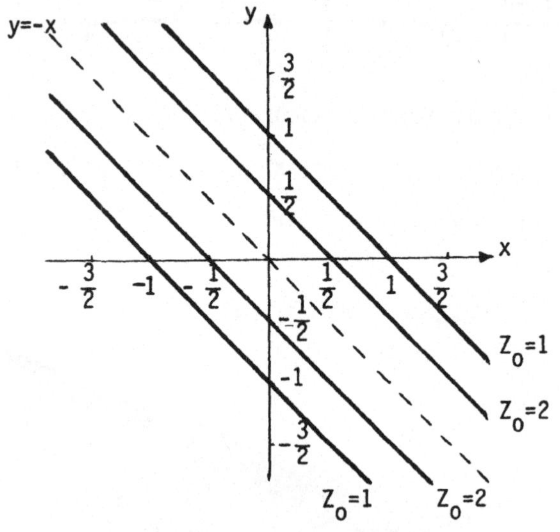

(3) $f[D] = [0,\infty)$, f ist also nicht beschränkt.

$$f(\lambda x,\lambda y) = \frac{1}{|\lambda x+\lambda y|} = \frac{1}{|\lambda|\,|x+y|} \neq \lambda^r \cdot \frac{1}{|x+y|} = \lambda^r \cdot f(x,y) \Rightarrow$$

$\Rightarrow$f ist nicht homogen und linear.

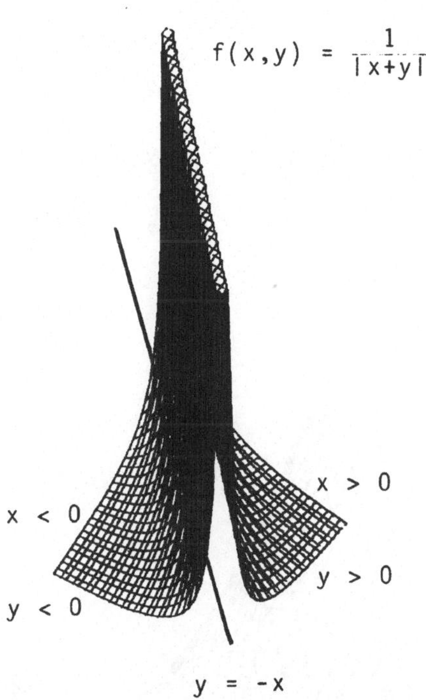

(e) (1) $D = \{(x,y) \in \mathbb{R}^2 \mid f(x,y) = x^2 - y^2 \text{ existiert}\} = \mathbb{R}^2$.

(2) $z_0 = 0 : f(x,y) = x^2 - y^2 = 0 \Rightarrow y = x$ oder $y = -x$.

$z_0 = 1 : f(x,y) = x^2 - y^2 = 1 \Rightarrow y^2 = x^2 - 1 \Rightarrow y = \sqrt{x^2-1}$ oder $y = -\sqrt{x^2-1}$.

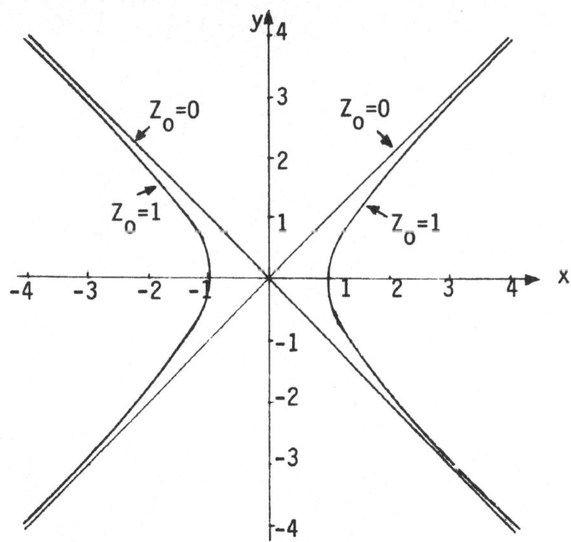

(3) $f[D] = \mathbb{R}$, f ist also nicht beschränkt.

$f(\lambda x,\lambda y) = (\lambda x)^2 - (\lambda y)^2 = \lambda^2(x^2-y^2) = \lambda^2 f(x,y) \Rightarrow$

$\Rightarrow$ f ist homogen vom Grad $r = 2$.

$f(x_1+x_2,y_1+y_2) = (x_1+x_2)^2 - (y_1+y_2)^2 =$

$= x_1^2 + 2x_1x_2 + x_2^2 - y_1^2 - 2y_1y_2 - y_2^2 \neq f(x_1,y_1) + f(x_2,y_2) \Rightarrow$

$\Rightarrow$ f ist nicht linear.

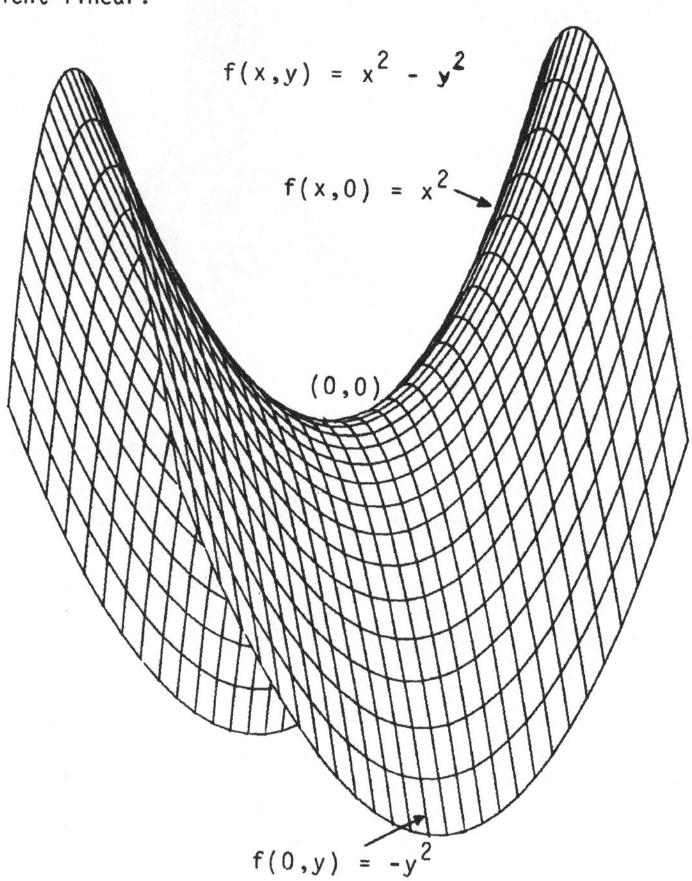

(f) (1) $D = \{(x,y) \in \mathbb{R}^2 | f(x) = e^{x^2+y^2} \text{ existiert}\} = \mathbb{R}^2$.

(2) $z_0 = 0$: $f(x,y) = e^{x^2+y^2} = 0$ Widerspruch zu $e^x > 0$,
es existiert also keine Höhenlinie zum Niveau $z_0 = 0$.

$z_0 = 1$: $f(x,y) = e^{x^2+y^2} = 1 \Rightarrow \ln e^{x^2+y^2} = x^2+y^2 = \ln 1 = 0$.
$\Rightarrow x = 0$ und $y = 0$.

$z_0 = 4 : f(x,y) = e^{x^2+y^2} = 4 \Rightarrow \ln e^{x^2+y^2} = x^2+y^2 = \ln 4 \approx 1{,}4.$

($x^2+y^2 = r^2$ ist die Gleichung eines Kreises um den Nullpunkt mit dem Radius r).

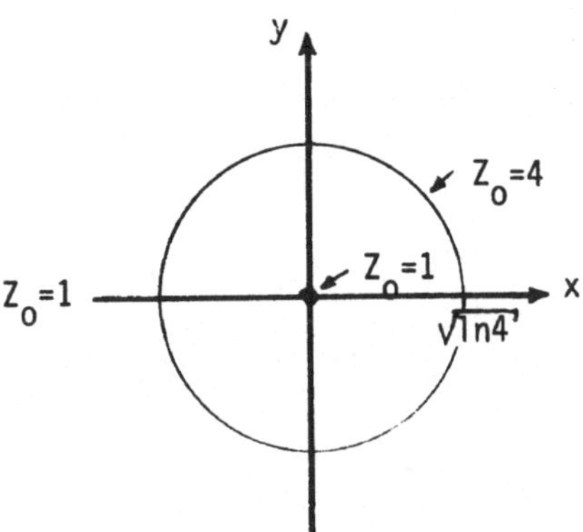

(3) $f[D] = [1,\infty)$, f ist also nicht beschränkt.

$f(\lambda x,\lambda y) = e^{\lambda^2x^2+\lambda^2y^2} \neq \lambda^r \cdot e^{x^2+y^2} = \lambda^r \cdot f(x,y) \Rightarrow$

$\Rightarrow$ f ist nicht homogen und linear.

3\. (a) $f : D \to \mathbb{R},\ f(x,y) = \dfrac{x^2+y^2}{x^2-y^2}$:

$D = \mathbb{R}^2 \setminus \{(x,y) \in \mathbb{R}^2 \mid x^2 = y^2\}.$

$$\left|\frac{x^2+y^2}{x^2-y^2}\right| \geq 1 \Rightarrow |x^2+y^2| \geq |x^2-y^2| \Rightarrow \begin{cases} x^2+y^2 \geq x^2-y^2 \Rightarrow y^2 \geq -y^2 \\ x^2+y^2 \geq -x^2-y^2 \Rightarrow x^2 \geq -x^2 \end{cases} .$$

Für $x_n = n+1$ und $y_n = n$ gilt:

$$\lim_{n\to\infty} f(x_n,y_n) = \lim_{n\to\infty} \frac{(n+1)^2+n^2}{(n+1)^2-n^2} = \lim_{n\to\infty} \frac{n^2+2n+1+n^2}{n^2+2n+1-n^2} = \lim_{n\to\infty} \frac{2n^2+2n+1}{2n+1} = \infty.$$

Für $x_n = n$ und $y_n = n+1$ gilt:

$$\lim_{n\to\infty} f(x_n,y_n) = \lim_{n\to\infty} \frac{n^2+(n+1)^2}{n^2-(n+1)^2} = \lim_{n\to\infty} \frac{n^2+n^2+2n+1}{n^2-n^2-2n-1} = \lim_{n\to\infty} \frac{2n^2+2n+1}{-2n-1} = -\infty .$$

Es ist also $f[D] = \mathbb{R} \setminus (-1,1)$, d.h. f ist nicht beschränkt.

$$f(\lambda x,\lambda y) = \frac{(\lambda x)^2+(\lambda y)^2}{(\lambda x)^2-(\lambda y)^2} = \frac{x^2+y^2}{x^2-y^2} = \lambda^0 \cdot f(x,y) \Rightarrow$$

f ist homogen vom Grad r = 0.

f ist nicht linear, da f nicht linear-homogen ist.

(b) $f : D \to \mathbb{R},\ f(x,y) = \dfrac{x^2-y^2}{x^2+y^2}$:

$D = \mathbb{R}^2 \setminus \{(0,0)\}$.

$$\left|\frac{x^2-y^2}{x^2+y^2}\right| \le 1 \Rightarrow |x^2-y^2| \le |x^2+y^2| \Rightarrow \begin{cases} x^2-y^2 \le x^2+y^2 \Rightarrow -y^2 \le y^2 \\ -x^2+y^2 \le x^2+y^2 \Rightarrow -x^2 \le x^2. \end{cases}$$

$f[D] = [-1,1]$, f ist also beschränkt.

$$f(\lambda x,\lambda y) = \frac{(\lambda x)^2-(\lambda y)^2}{(\lambda x)^2+(\lambda y)^2} = \frac{x^2-y^2}{x^2+y^2} = \lambda^0 \cdot f(x,y) \Rightarrow$$

$\Rightarrow$ f ist homogen vom Grad r = 0.

f ist nicht linear, da f nicht linear-homogen ist.

4\. (a) $f(\lambda x_1,\ldots,\lambda x_n) = \sum_{i=1}^{n} \alpha_i \lambda x_i = \lambda \cdot \sum_{i=1}^{n} \alpha_i x_i = \lambda^1 \cdot f(x_1,\ldots,x_n) \Rightarrow$

$\Rightarrow$ f ist linear homogen.

$$f(\underline{x} + \underline{y}) = f(x_1+y_1,\ldots,x_n+y_n) = \sum_{i=1}^{n} \alpha_i (x_i+y_i) =$$

$$= \sum_{i=1}^{n} \alpha_i x_i + \sum_{i=1}^{n} \alpha_i y_i = f(\underline{x}) + f(\underline{y}) \Rightarrow$$

$\Rightarrow$ f ist linear.

(b) $f(\lambda x,\lambda y) = \sqrt[5]{\dfrac{(\lambda x)^4(\lambda y)^3}{(\lambda x)^2+(\lambda y)^2}} = \sqrt[5]{\dfrac{\lambda^4\lambda^3 x^4 y^3}{\lambda^2(x^2+y^2)}} = \sqrt[5]{\lambda^5 \dfrac{x^4y^3}{x^2+y^2}} =$

$= \lambda^1 \cdot \sqrt[5]{\dfrac{x^4y^3}{x^2+y^2}} = \lambda^1 \cdot f(x,y) \Rightarrow$ f ist linear-homogen.

$$f(x_1 + x_2, y_1 + y_2) = \sqrt[5]{\frac{(x_1+x_2)^4 \cdot (y_1+y_2)^3}{(x_1+x_2)^2+(y_1+y_2)^2}} \neq$$

$$\neq \sqrt[5]{\frac{x_1^4 \cdot y_1^3}{x_1^2+y_1^2}} + \sqrt[5]{\frac{x_2^4 \cdot y_2^3}{x_2^2+y_2^2}} = f(x_1,y_1) + f(x_2,y_2) \Rightarrow \text{f ist nicht linear.}$$

(c) $f(\lambda x_1,\lambda x_2,\lambda x_3) = \sqrt{\lambda x_1+\lambda x_2+\lambda x_3} = \lambda^{\frac{1}{2}} \cdot \sqrt{x_1+x_2+x_3} = \lambda^{\frac{1}{2}} \cdot f(x_1,x_2,x_3) \Rightarrow$

$\Rightarrow$ f ist homogen vom Grad $r = \frac{1}{2}$, f ist nicht linear.

(d) $f(\lambda v_1,\ldots,\lambda v_n) = (\lambda v_1)^{\alpha_1} \cdot (\lambda v_2)^{\alpha_2} \cdot \ldots \cdot (\lambda v_n)^{\alpha_n} =$

$= \lambda^{\alpha_1} \lambda^{\alpha_2} \cdot \ldots \cdot \lambda^{\alpha_n} \cdot v_1^{\alpha_1} v_2^{\alpha_2} \cdot \ldots \cdot v_n^{\alpha_n} = \lambda^{\alpha_1+\ldots+\alpha_n} v_1^{\alpha_1} \cdot \ldots \cdot v_n^{\alpha_n} =$

$= \lambda^{\alpha_1+\ldots+\alpha_n} \cdot f(v_1,\ldots,v_n) \Rightarrow$

$\Rightarrow$ f ist homogen vom Grad $r = \sum_{i=1}^{n} \alpha_i$, f ist nicht linear.

(e) $$f(\lambda x_1,\ldots,\lambda x_n) = \frac{\sum_{i=1}^{n} \lambda x_i}{\sum_{i=1}^{n} (\lambda x_i)^2} = \frac{\lambda \sum_{i=1}^{n} x_i}{\lambda^2 \sum_{i=1}^{n} x_i^2} = \lambda^{-1} \cdot f(x_1,\ldots,x_n) \Rightarrow$$

$\Rightarrow$ f ist homogen vom Grad $r = -1$, f ist nicht linear.

(f) $f(\lambda x_1,\lambda x_2) = a(\lambda x_1)^{\alpha}(\lambda x_2)^{1-\alpha} + b(\lambda x_1)^{\beta}(\lambda x_2)^{1-\beta} =$

$= a\lambda^{\alpha+1-\alpha} x_1^{\alpha} x_2^{1-\alpha} + b\lambda^{\beta+1-\beta} x_1^{\beta} x_2^{1-\beta} = \lambda(a x_1^{\alpha} x_2^{1-\alpha} + b x_1^{\beta} x_2^{1-\beta}) =$

$= \lambda^{1} \cdot f(x_1,x_2) \Rightarrow$ f ist linear homogen.

$$f(\underline{x}+\underline{y}) = f(x_1+y_1,x_2+y_2) = a(x_1+y_1)^{\alpha}\cdot(x_2+y_2)^{1-\alpha}+b(x_1+y_1)^{\beta}(x_2+y_2)^{1-\beta} \neq$$

$$\neq (ax_1^{\alpha}x_2^{1-\alpha} + bx_1^{\beta}x_2^{1-\beta}) + (ay_1^{\alpha}y_2^{1-\alpha} + by_1^{\beta}y_2^{1-\beta}) = f(\underline{x}) + f(\underline{y}) \Rightarrow$$

$\Rightarrow$ f ist nicht linear.

(g) $f(\lambda x,\lambda y) = (\lambda x)^{\lambda y} \neq \lambda^r x^y = \lambda^r\cdot f(x,y) \Rightarrow$

$\Rightarrow$ f ist nicht homogen und linear.

5. (a) $f(x,y) = \sqrt{xy} = y\sqrt{\frac{x}{y}}$; es ist also $g(\frac{x}{y}) = \sqrt{\frac{x}{y}}$.

(b) $f(x,y) = x^{\alpha}y^{\beta} = y^{\alpha+\beta}\cdot(\frac{x}{y})^{\alpha}$; es ist also $g(\frac{x}{y}) = (\frac{x}{y})^{\alpha}$.

(c) $f(x,y) = \frac{x^2+y^2}{x+y} = y\frac{(\frac{x}{y})^2+1}{\frac{x}{y}+1}$; es ist also $g(\frac{x}{y}) = \frac{(\frac{x}{y})^2+1}{\frac{x}{y}+1}$.

6. (a) $g(x) = x^3 - x^2 + 4$:

$$f(x,y) = yg(\tfrac{x}{y}) = y[(\tfrac{x}{y})^3 - (\tfrac{x}{y})^2 + 4] = \frac{x^3}{y^2} - \frac{x^2}{y} + 4\,y.$$

(b) $g(x) = \sqrt[n]{x^n - 1}$:

$$f(x,y) = yg(\tfrac{x}{y}) = y\cdot\sqrt[n]{(\tfrac{x}{y})^n - 1} = \sqrt[n]{x^n - y^n}.$$

(c) $g(x) = \ln x^2$:

$$f(x,y) = yg(\tfrac{x}{y}) = y\ln(\tfrac{x}{y})^2 .$$

(d) $g(x) = \frac{x}{x^2+2x+1}$:

$$f(x,y) = yg(\tfrac{x}{y}) = y\frac{\frac{x}{y}}{(\frac{x}{y})^2+2\frac{x}{y}+1} = \frac{xy^2}{x^2+2xy+y^2}.$$

(e) $g(x) = \frac{1}{x^{\alpha}}$:

$$f(x,y) = yg(\tfrac{x}{y}) = y\cdot\frac{1}{(\frac{x}{y})^{\alpha}} = \frac{y^{1+\alpha}}{x^{\alpha}}.$$

7. (a) Sind f,g homogen vom Grad r, so gilt:

$$f(\lambda\underline{x}) + g(\lambda\underline{x}) = \lambda^{r}\cdot f(\underline{x})+\lambda^{r}g(\underline{x}) = \lambda^{r}[f(\underline{x}) + g(\underline{x})] = \lambda^{r}(f+g)(\underline{x}) \Rightarrow$$

f + g ist homogen vom Grad r.

(b) Ist f homogen vom Grad r und g homogen vom Grad s, so gilt:

$$f(\lambda\underline{x})\cdot g(\lambda\underline{x}) = \lambda^{r}f(\underline{x})\cdot\lambda^{s}g(\underline{x}) = \lambda^{r+s}f(\underline{x})g(\underline{x}) = \lambda^{r+s}(f\cdot g)(\underline{x}) \Rightarrow$$

f·g ist homogen vom Grad r+s.

8. (a)

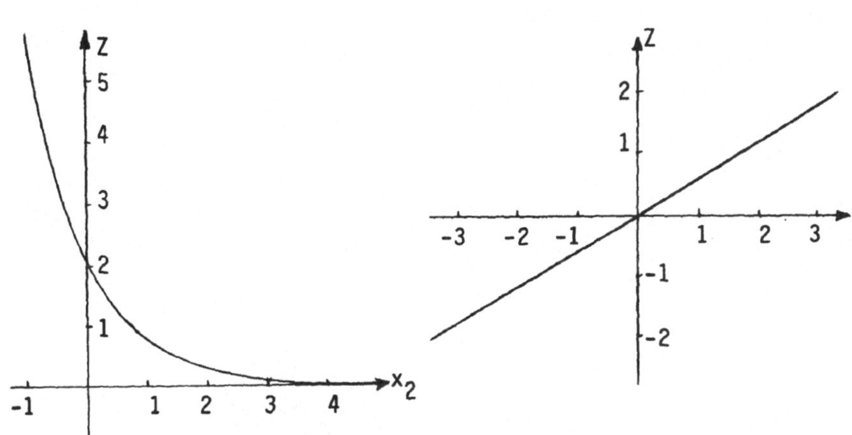

$z = f(2,x_2) = 2e^{-x_2}$

$z = f(x_1,\frac{1}{2}) = x_1e^{-\frac{1}{2}} \approx 0,6x_1$

(b)

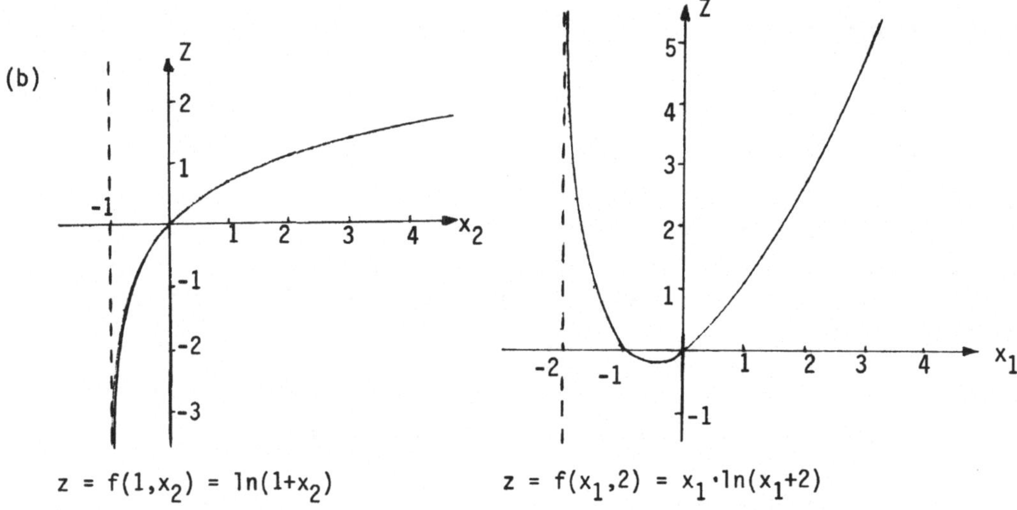

$z = f(1,x_2) = \ln(1+x_2)$ $\quad$ $z = f(x_1,2) = x_1 \cdot \ln(x_1+2)$

Im folgenden wollen wir nun noch für einige Parameter a und b die Cobb-Douglas-Funktion

$$f(x,y) = x^a y^b$$

graphisch darstellen:

$f(x,y) = xy$

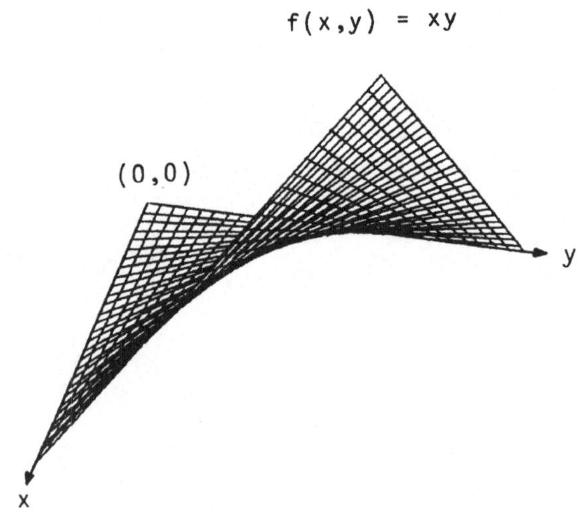

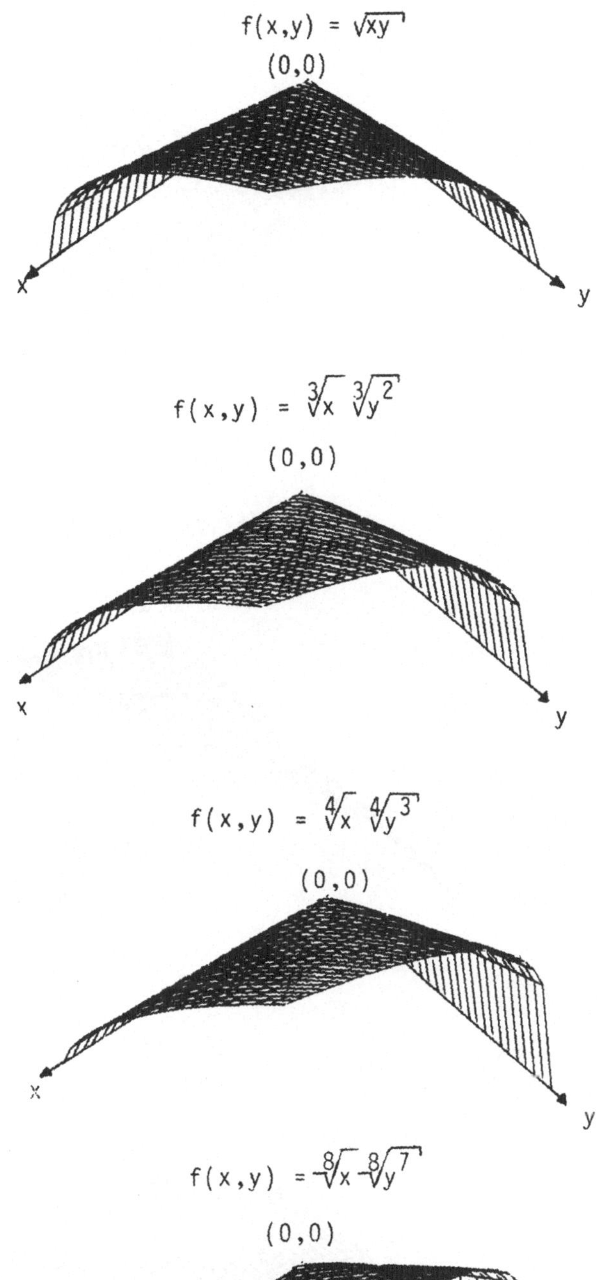
$f(x,y) = \sqrt{xy}$
(0,0)
x
y
$f(x,y) = \sqrt[3]{x}\ \sqrt[3]{y^2}$
(0,0)
x
y
$f(x,y) = \sqrt[4]{x}\ \sqrt[4]{y^3}$
(0,0)
x
y
$f(x,y) = \sqrt[8]{x}\ \sqrt[8]{y^7}$
(0,0)
x
y

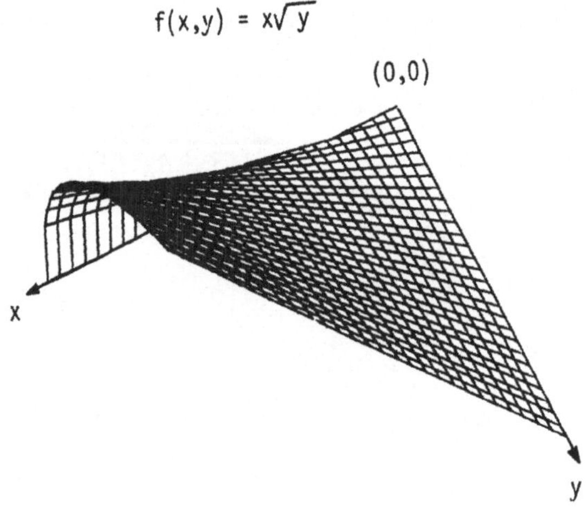

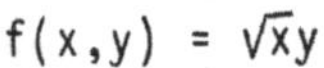

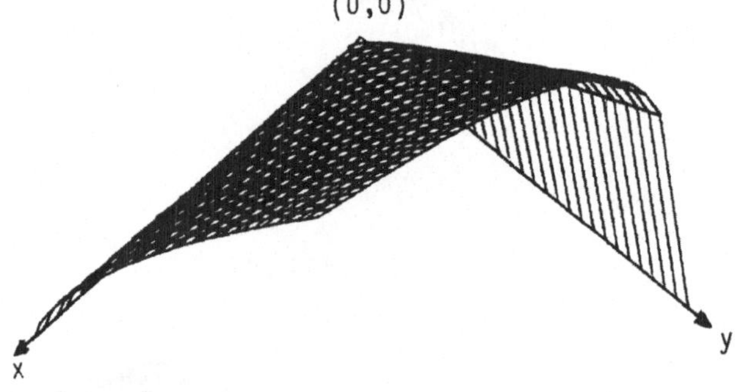

$f(x,y) = \sqrt[5]{x}\sqrt[5]{y}$

(0,0)

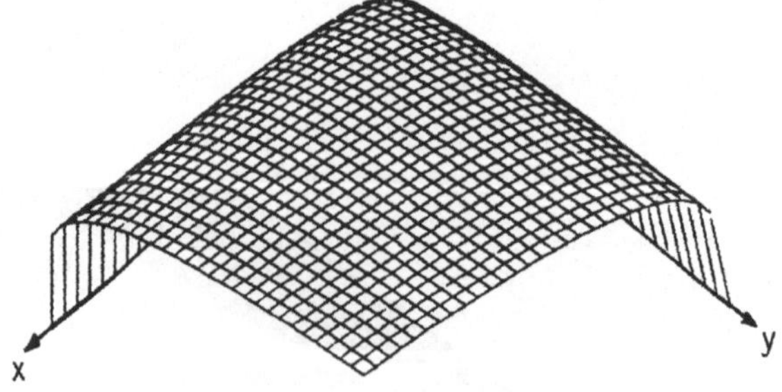

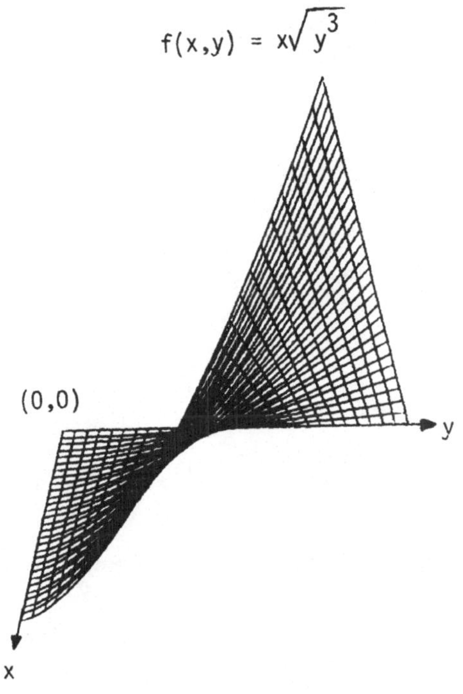
$f(x,y) = x\sqrt{y^3}$
(0,0)
y
x

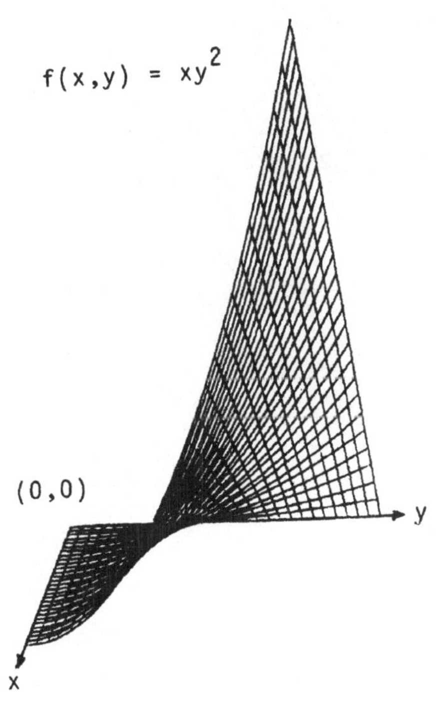
$f(x,y) = xy^2$
(0,0)
y
x

20. Partielle Ableitungen

1. (a) $f(x_1,x_2) = x_1^3 + x_1^2x_2 + x_2^4 - 6x_1x_2$:

$$\frac{\partial f}{\partial x_1} = 3x_1^2 + 2x_1x_2 - 6x_2,$$

$$\frac{\partial f}{\partial x_2} = x_1^2 + 4x_2^3 - 6x_1.$$

(b) $f(x,y) = (xy^2)^{-1} + x^2y^{-1}$:

$$f_x = -(xy^2)^{-2}y^2 + 2xy^{-1} = -\frac{1}{x^2y^2} + 2\frac{x}{y},$$

$$f_y = -(xy^2)^{-2}2yx - x^2y^{-2} = -\frac{2}{xy^3} - \frac{x^2}{y^2}.$$

(c) $f(x,y,z) = (x^2-y^2)^a(y^2-z^2)^b$:

$$f_x = 2ax(x^2-y^2)^{a-1}(y^2-z^2)^b,$$

$$f_y = (-2ay)(x^2-y^2)^{a-1}(y^2-z^2)^b + 2by(x^2-y^2)^a(y^2-z^2)^{b-1},$$

$$f_z = (-2bz)(x^2-y^2)^a(y^2-z^2)^{b-1}.$$

(d) $f(x,y) = x^y = e^{\ln x^y} = e^{y\cdot\ln x}$:

$$\frac{\partial f}{\partial x} = e^{y\cdot\ln x}(y\cdot\ln x)' = e^{y\cdot\ln x}\cdot\frac{y}{x},$$

$$\frac{\partial f}{\partial y} = e^{y\cdot\ln x}\cdot\ln x.$$

(e) $f(x,y) = \ln \frac{x}{x-y} = \ln x - \ln(x-y)$:

$$f_x = \frac{1}{x} - \frac{1}{x-y},$$

$$f_y = \frac{1}{x-y}.$$

(f) $f(x,y) = \ln \frac{1}{\sqrt{x^2+y^2}} = -\ln\sqrt{x^2+y^2} = -\frac{1}{2}\ln(x^2+y^2)$:

$$f_x = -\frac{1}{2}\cdot\frac{2x}{x^2+y^2},$$

$$f_y = -\frac{1}{2}\cdot\frac{2y}{x^2+y^2} .$$

(g) $f(x_1,x_2,x_3) = (3x_1^2+x_2x_3)x_3^{-3}$:

$$\frac{\partial f}{\partial x_1} = 6x_1x_3^{-3} = \frac{6x_1}{x_3^3} ,$$

$$\frac{\partial f}{\partial x_2} = x_3x_3^{-3} = \frac{1}{x_3^2} ,$$

$$\frac{\partial f}{\partial x_3} = x_2x_3^{-3} - 3x_3^{-4}(3x_1^2+x_2x_3) = \frac{x_2x_3-9x_1^2-3x_2x_3}{x_3^4} =$$

$$= \frac{-9x_1^2-2x_2x_3}{x_3^4} .$$

2. (a) $f(x,y,z) = e^{xyz}$:

$$(\text{grad } f)(x,y,z) = \begin{pmatrix} f_x \\ f_y \\ f_z \end{pmatrix}(x,y,z) = \begin{pmatrix} yze^{xyz} \\ xze^{xyz} \\ xye^{xyz} \end{pmatrix} = e^{xyz}\begin{pmatrix} yz \\ xz \\ xy \end{pmatrix},$$

$$\underline{H}(x,y,z) = \begin{pmatrix} f_{xx} & f_{xy} & f_{xz} \\ f_{yx} & f_{yy} & f_{yz} \\ f_{zx} & f_{zy} & f_{zz} \end{pmatrix}(x,y,z) =$$

$$= \begin{pmatrix} (yz)^2e^{xyz} & ze^{xyz}+xyz^2e^{xyz} & ye^{xyz}+xy^2ze^{xyz} \\ ze^{xyz}+xyz^2e^{xyz} & (xz)^2e^{xyz} & xe^{xyz}+x^2yze^{xyz} \\ ye^{xyz}+xy^2ze^{xyz} & xe^{xyz}+x^2yze^{xyz} & (xy)^2e^{xyz} \end{pmatrix} =$$

$$= e^{xyz}\begin{pmatrix} (yz)^2 & z+xyz^2 & y+xy^2z \\ z+xyz^2 & (xz)^2 & x+x^2yz \\ y+xy^2z & x+x^2yz & (xy)^2 \end{pmatrix}.$$

(b) $f(x_1,x_2) = a(x_1^2-bx_2^2)^2$:

$$(\text{grad } f)(x_1,x_2) = \begin{pmatrix} 2a(x_1^2-bx_2^2)2x_1 \\ 2a(x_1^2-bx_2^2)(-2bx_2) \end{pmatrix} =$$

$$= 4a(x_1^2-bx_2^2)\begin{pmatrix} x_1 \\ -bx_2 \end{pmatrix},$$

$$\underline{H}(x_1,x_2) = \begin{pmatrix} 4a2x_1^2+4a(x_1^2-bx_2^2) & 4a(-2bx_2)x_1 \\ 4a2x_1(-bx_2) & 4a(-2bx_2)\cdot(-bx_2)+4a(x_1^2-bx_2^2)\cdot(-b) \end{pmatrix}$$

$$= 4a\begin{pmatrix} 3x_1^2-bx_2^2 & -2bx_1x_2 \\ -2bx_1x_2 & 3b^2x_2^2-bx_1^2 \end{pmatrix}.$$

(c) $f(x,y,z) = x^2yz^5$:

$$(\operatorname{grad} f)(x,y,z) = \begin{pmatrix} 2xyz^5 \\ x^2z^5 \\ 5x^2yz^4 \end{pmatrix},$$

$$\underline{H}(x,y,z) = \begin{pmatrix} 2yz^5 & 2xz^5 & 10xyz^4 \\ 2xz^5 & 0 & 5x^2z^4 \\ 10xyz^4 & 5x^2z^4 & 20x^2yz^3 \end{pmatrix}.$$

(d) $f(x_1,\dots,x_n) = \sum_{i=1}^{n-1} x_i^2x_{i+1}^2 =$

$$= x_1^2x_2^2 + x_2^2x_3^2 + \dots + x_{n-2}^2x_{n-1}^2 + x_{n-1}^2x_n^2:$$

Wegen $f_{x_i} = 2(x_{i-1}^2x_i + x_ix_{i+1}^2)$ für $i=2,\dots,n-1$

und $f_{x_1} = 2x_1x_2^2$ sowie $f_{x_n} = 2x_{n-1}^2x_n$ gilt:

$$(\operatorname{grad} f)(\underline{x}) = \begin{pmatrix} 2x_1x_2^2 \\ 2(x_1^2x_2+x_2x_3^2) \\ \vdots \\ 2(x_{n-2}^2x_{n-1}+x_{n-1}x_n^2) \\ 2x_{n-1}^2x_n \end{pmatrix},$$

$$\underline{H}(\underline{x}) = \begin{pmatrix} 2x_2^2 & 4x_1x_2 & 0 & 0 & \dots & 0 \\ 4x_1x_2 & 2(x_1^2+x_3^2) & 4x_2x_3 & 0 & \dots & 0 \\ 0 & 4x_2x_3 & 2(x_2^2+x_4^2) & 4x_3x_4 & \dots & 0 \\ \vdots & \vdots & \vdots & \vdots & & \vdots \\ 0 & 0 & 0 & 0 & \dots\ 4x_{n-1}x_n & 2x_{n-1}^2 \end{pmatrix}.$$

3. (a) $f(x,y,z) = \frac{x}{y+z}$:

$$(\text{grad } f)(x,y,z) = \begin{pmatrix} \frac{1}{y+z} \\ -\frac{x}{(y+z)^2} \\ -\frac{x}{(y+z)^2} \end{pmatrix} = \frac{1}{y+z}\begin{pmatrix} 1 \\ -\frac{x}{y+z} \\ -\frac{x}{y+z} \end{pmatrix}.$$

(b) $f(v_1,\dots,v_n) = \sqrt[\alpha]{v_1^\alpha+\dots+v_n^\alpha}$:

$$(\text{grad } f)(\underline{v}) = \begin{pmatrix} \frac{1}{\alpha}(v_1^\alpha+\dots+v_n^\alpha)^{\frac{1}{\alpha}-1} \alpha v_1^{\alpha-1} \\ \vdots \\ \frac{1}{\alpha}(v_1^\alpha+\dots+v_n^\alpha)^{\frac{1}{\alpha}-1} \alpha v_n^{\alpha-1} \end{pmatrix} = \frac{\sqrt[\alpha]{v_1^\alpha+\dots+v_n^\alpha}}{v_1^\alpha+\dots+v_n^\alpha}\begin{pmatrix} v_1^{\alpha-1} \\ \vdots \\ v_n^{\alpha-1} \end{pmatrix}.$$

(c) $f(v_1,\dots,v_n) = (v_1 \cdot v_2 \cdot \dots \cdot v_n)^m = v_1^m v_2^m \cdot \dots \cdot v_n^m$:

$$(\text{grad } f)(\underline{v}) = \begin{pmatrix} m v_1^{m-1} v_2^m \cdot \dots \cdot v_n^m \\ m v_1^m v_2^{m-1} \cdot \dots \cdot v_n^m \\ \vdots \\ m v_1^m v_2^m \cdot \dots \cdot v_n^{m-1} \end{pmatrix} = m(v_1 \cdot \dots \cdot v_n)^{m-1}\begin{pmatrix} v_2 v_3 \cdot \dots \cdot v_n \\ v_1 v_3 \cdot \dots \cdot v_n \\ \vdots \\ v_1 v_2 \cdot \dots \cdot v_{n-1} \end{pmatrix}$$

(d) $f(x_1,\dots,x_n) = \sum\limits_{i=1}^n x_i^2 e^{\sum\limits_{i=1}^n x_i^2} = (x_1^2+\dots+x_n^2)e^{x_1^2+\dots+x_n^2}$:

Wegen $f_{x_i} = 2x_i e^{\sum\limits_{i=1}^n x_i^2} + 2x_i \sum\limits_{i=1}^n x_i^2 e^{\sum\limits_{i=1}^n x_i^2} = 2x_i e^{\sum\limits_{i=1}^n x_i^2}(1+\sum\limits_{i=1}^n x_i^2)$

für $i = 1,\dots,n$ gilt:

$$(\text{grad } f)(\underline{x}) = 2e^{\sum_{i=1}^{n} x_i^2}\left(1+\sum_{i=1}^{n} x_i^2\right)\begin{pmatrix} x_1 \\ x_2 \\ \vdots \\ x_n \end{pmatrix}.$$

4. (a) $f(x,y) = \frac{x}{y}$:

$f_x = \frac{1}{y} > 0$ für $y > 0$ und $f_x < 0$ für $y < 0$,

$f_y = -\frac{x}{y^2} > 0$ für $x < 0$, $y \neq 0$ und $f_y < 0$ für $x > 0$, $y \neq 0$.

f ist also
streng monoton wachsend bzgl. x in $\{(x,y) \in \mathbb{R}^2 \mid y>0\}$
streng monoton wachsend bzgl. y in $\{(x,y) \in \mathbb{R}^2 \mid x<0, y\neq 0\}$
streng monoton fallend bzgl. x in $\{(x,y) \in \mathbb{R}^2 \mid y<0\}$
streng monoton fallend bzgl. y in $\{(x,y) \in \mathbb{R}^2 \mid x>0, y\neq 0\}$.

(b) $f(x,y) = \frac{x}{y} \cdot \ln x$, $x > 0$:

$f_x = \frac{1}{y}\ln x + \frac{x}{y} \cdot \frac{1}{x} = \frac{1}{y}(\ln x+1)$, $f_y = -\frac{x \ln x}{y^2}$;

$$f_x \begin{cases} >0 \text{ für } y>0,\ \ln x>-1 \text{ oder } y<0,\ \ln x<-1 \\ <0 \text{ für } y<0,\ \ln x>-1 \text{ oder } y>0,\ \ln x<-1 \end{cases},$$

$$f_y \begin{cases} >0 \text{ für } y\neq 0,\ x \cdot \ln x<0 \\ <0 \text{ für } y\neq 0,\ x \cdot \ln x>0. \end{cases}$$

Wegen $\ln x>-1$ für $x>e^{-1}$ und $x \cdot \ln x>0$ für $x>1$ sowie $\ln x<-1$ für $x<e^{-1}$ und $x \cdot \ln x<0$ für $0<x<1$ gilt:
f ist streng monoton wachsend bzgl. x in
$\{(x,y) \in \mathbb{R}^2 \mid x>e^{-1}, y>0\}$ oder $\{(x,y) \in \mathbb{R}^2 \mid x<e^{-1}, y<0\}$

f ist streng monoton fallend bzgl. x in
$\{(x,y)\in\mathbb{R}^2 \mid x>e^{-1},\ y<0\}$ oder $\{(x,y)\in\mathbb{R}^2 \mid x<e^{-1},\ y>0\}$.

f ist streng monoton wachsend bzgl. y in
$\{(x,y)\in\mathbb{R}^2 \mid 0<x<1,\ y\neq 0\}$

f ist streng monoton fallend bzgl. y in
$\{(x,y)\in\mathbb{R}^2 \mid x>1,\ y\neq 0\}$.

(c) $f(x,y) = e^{x^3+2xy+y^2}$:

$$f_x = (3x^2+2y)e^{x^3+2xy+y^2} \begin{cases} >0 & \text{für } y>-\frac{3}{2}x^2 \\ <0 & \text{für } y<-\frac{3}{2}x^2 \end{cases},$$

$$f_y = (2x+2y)e^{x^3+2xy+y^2} \begin{cases} >0 & \text{für } y>-x \\ <0 & \text{für } y<-x \end{cases}.$$

f ist streng monoton wachsend bzgl. x in
$\{(x,y)\in\mathbb{R}^2 \mid y>-\frac{3}{2}x^2\}$

f ist streng monoton wachsend bzgl. y in
$\{(x,y)\in\mathbb{R}^2 \mid y>-x\}$

f ist streng monoton fallend bzgl. x in
$\{(x,y)\in\mathbb{R}^2 \mid y<-\frac{3}{2}x^2\}$

f ist streng monoton fallend bzgl. y in
$\{(x,y)\in\mathbb{R}^2 \mid y<-x\}$.

(d) $f(x,y) = ax^2 + bxy,\ (a,b>0)$:

$$f_x = 2ax + by \begin{cases} >0 & \text{für } y>-\frac{2a}{b}x \\ <0 & \text{für } y<-\frac{2a}{b}x \end{cases}$$

$$f_y = bx \begin{cases} >0 & \text{für } x>0 \\ <0 & \text{für } x<0. \end{cases}$$

f ist streng monoton wachsend bzgl. x in
$\{(x,y)\in\mathbb{R}^2 \mid y>-\frac{2a}{b}x\}$

f ist streng monoton wachsend bzgl. y in
$\{(x,y)\in\mathbb{R}^2 \mid x>0\}$

f ist streng monoton fallend bzgl. x in
$\{(x,y)\in\mathbb{R}^2 \mid y<-\frac{2a}{b}x\}$

f ist streng monoton fallend bzgl. y in
$\{(x,y)\in\mathbb{R}^2 \mid x<0\}$.

(e) $f(x,y) = \frac{x+y}{1-xy}$:

$$f_x = \frac{(1-xy)+(x+y)y}{(1-xy)^2} = \frac{y^2+1}{(1-xy)^2} > 0 \quad \text{für } y\neq\frac{1}{x},$$

$$f_y = \frac{(1-xy)+(x+y)x}{(1-xy)^2} = \frac{x^2+1}{(1-xy)^2} > 0 \quad \text{für } y\neq\frac{1}{x}\ .$$

f ist streng monoton wachsend bzgl. x in
$\{(x,y)\in\mathbb{R}^2 \mid y\neq\frac{1}{x}\}$

f ist streng monoton wachsend bzgl. y in
$\{(x,y)\in\mathbb{R}^2 \mid y\neq\frac{1}{x}\}$.

5. (a) $f(x_1,x_2) = (x_1+x_2)e^{x_1+x_2}$:

$$\frac{\partial f}{\partial x_1} = e^{x_1+x_2} + (x_1+x_2)\,e^{x_1+x_2} = (x_1+x_2+1)e^{x_1+x_2},$$

$$\frac{\partial^2 f}{\partial x_1^2} = e^{x_1+x_2} + (x_1+x_2+1)e^{x_1+x_2} = (x_1+x_2+2)e^{x_1+x_2},$$

$$\frac{\partial^3 f}{x_1^2\partial x_2} = e^{x_1+x_2} + (x_1+x_2+2)e^{x_1+x_2} = (x_1+x_2+3)e^{x_1+x_2}.$$

$\vdots$

Es ergibt sich also die Formel:

$$\frac{\partial^{n+m} f}{\partial x_1^n \partial x_2^m} = (x_1+x_2+n+m)e^{x_1+x_2}.$$

(b) $f(x_1,x_2) = (x_1+x_2)e^{x_1-x_2}$:

$$\frac{\partial f}{\partial x_1} = e^{x_1-x_2} + (x_1+x_2)e^{x_1-x_2} = (x_1+x_2+1)e^{x_1-x_2};$$

es gilt also $\frac{\partial^n f}{\partial x_1^n} = (x_1+x_2+n)e^{x_1-x_2}$.

$$\frac{\partial f}{\partial x_2} = e^{x_1-x_2} - (x_1+x_2)e^{x_1-x_2} = -(x_1+x_2-1)e^{x_1-x_2},$$

$$\frac{\partial^2 f}{\partial x_2^2} = -e^{x_1-x_2} + (x_1+x_2-1)e^{x_1-x_2} = (x_1+x_2-2)e^{x_1-x_2},$$

$$\frac{\partial^3 f}{\partial x_2^3} = e^{x_1-x_2} - (x_1+x_2-2)e^{x_1-x_2} = -(x_1+x_2-3)e^{x_1-x_2},$$

$$\frac{\partial^4 f}{\partial x_2^4} = -e^{x_1-x_2} + (x_1+x_2-3)e^{x_1-x_2} = (x_1+x_2-4)e^{x_1-x_2},\ldots$$

es gilt also $\frac{\partial^n f}{\partial x_2^n} = (-1)^n(x_1+x_2-n)e^{x_1-x_2}$.

6. (a) $\varepsilon_{f,v_i} = \dfrac{v_i f_{v_i}(v_1,v_2)}{f(v_1,v_2)}$

$f(v_1,v_2) = \sqrt{-av_1^2+2bv_1v_2-cv_2^2}$:

$$\varepsilon_{f,v_1}(v_1,v_2) = \frac{\frac{1}{2}v_1(-av_1^2+2bv_1v_2-cv_2^2)^{-\frac{1}{2}}(-2av_1+2bv_2)}{(-av_1^2+2bv_1v_2-cv_2^2)^{\frac{1}{2}}} =$$

$$= \frac{-av_1^2+bv_1v_2}{-av_1^2+2bv_1v_2-cv_2^2},$$

$$\varepsilon_{f,v_2} = \frac{\frac{1}{2}v_2(-av_1^2+2bv_1v_2-cv_2^2)^{-\frac{1}{2}}(2bv_1-2cv_2)}{(-av_1^2+2bv_1v_2-cv_2^2)^{\frac{1}{2}}}.$$

$$= \frac{bv_1v_2-cv_2^2}{-av_1^2 + 2bv_1v_2 - cv_2^2}$$

(b) $f(v_1,v_2) = av_1^{\alpha}v_2^{\beta}$:

$$\varepsilon_{f,v_1}(v_1,v_2) = \frac{\alpha av_1^{\alpha-1}v_2^{\beta}v_1}{av_1^{\alpha}v_2^{\beta}} = \alpha$$

$$\varepsilon_{f,v_2}(v_1,v_2) = \frac{\beta av_1^{\alpha}v_2^{\beta-1}v_2}{av_1^{\alpha}v_2^{\beta}} = \beta.$$

7. (a) $f(x,y) = x^2y^3$, $(x_o,y_o) = (1,-1)$:

$z = f(x_o,y_o) + f_x(x_o,y_o)(x-x_o) + f_y(x_o,y_o)(y-y_o)$:

$f_x = 2xy^3$, $f_x(1,-1) = -2$

$f_y = 3x^2y^2$, $f_y(1,-1) = 3$.

$z = -1-2(x-1)+3(y+1) = -1-2x+2+3y+3 = 4-2x+3y$.

(b) $f(x_1,x_2) = 3x_1^2 - 2x_1x_2 + 4x_1^3e^{3x_1}$, $(x_{10},x_{20}) = (\frac{1}{2},1)$:

$$f_{x_1} = 6x_1-2x_2+12x_1^2e^{3x_1}+12x_1^3e^{3x_1}$$

$$f_{x_1}(\tfrac{1}{2},1) = 3 - 2 + \tfrac{12}{4}\cdot e^{\frac{3}{2}} + \tfrac{12}{8}\cdot e^{\frac{3}{2}} = 1 + \tfrac{9}{2}\cdot e^{\frac{3}{2}};$$

$$f_{x_2} = -2x_1,\ f_{x_2}(\tfrac{1}{2},1) = -1;$$

$$f(\tfrac{1}{2},1) = \tfrac{3}{4} - \tfrac{2}{2} + \tfrac{4}{8}\cdot e^{\frac{3}{2}} = -\tfrac{1}{4} + \tfrac{1}{2}\cdot e^{\frac{3}{2}}.$$

$$z = -\tfrac{1}{4} + \tfrac{1}{2}\cdot e^{\frac{3}{2}} + (1+\tfrac{9}{2}\cdot e^{\frac{3}{2}})(x-\tfrac{1}{2})-(y-1) =$$

$$= -\tfrac{1}{4} + \tfrac{1}{2}\cdot e^{\frac{3}{2}} + (1+\tfrac{9}{2}\cdot e^{\frac{3}{2}})\cdot x - \tfrac{1}{2} - \tfrac{9}{4}\cdot e^{\frac{3}{2}} - y + 1 =$$

$$= \tfrac{1}{4} - \tfrac{7}{4}\cdot e^{\frac{3}{2}} + (1+\tfrac{9}{2}\cdot e^{\frac{3}{2}})x-y.$$

(c) $f(x_1,\ldots,x_n) = \sum\limits_{i=1}^{n} x_i^2 = x_1^2+\ldots+x_n^2$, $\underline{x}_o = (2,\ldots,2)$:

$$f_{x_i} = 2x_i,\ f_{x_i}(2,\ldots,2) = 4 \quad (i = 1,\ldots,n)$$

$$z = \sum_{i=1}^{n} 4+4(x_1-2)+\ldots+4(x_n-2) = 4n+4\sum_{i=1}^{n}(x_i-2) =$$

$$= 4n + 4\sum_{i=1}^{n} x_i - 8n = 4\sum_{i=1}^{n} x_i-4n.$$

8. (a) $f(x_1,x_2,x_3) = \sqrt[4]{x_1^3+x_2^3+x_3^3} = [x_1^3+x_2^3+x_3^3]^{\frac{1}{4}}$:

$$f(\lambda x_1\lambda x_2,\lambda x_3) = [(\lambda x_1)^3+(\lambda x_2)^3+(\lambda x_3)^3]^{\frac{1}{4}} =$$

$$= \lambda^{\frac{3}{4}}(x_1^3+x_2^3+x_3^3)^{\frac{1}{4}} = \lambda^{\frac{3}{4}}f(x_1,x_2,x_3).$$

f ist also homogen vom Grad $r = \frac{3}{4}$.

Weiter gilt für i = 1,2,3:

$$f_{x_i} = \frac{1}{4}[x_1^3+x_2^3+x_3^3]^{-\frac{3}{4}} \cdot 3x_i^2 = \frac{3x_i^2}{4\sqrt[4]{(x_1^3+x_2^3+x_3^3)^3}} \quad \text{und}$$

$$\varepsilon_{f,x_i} = \frac{x_i f_{x_i}(\underline{x})}{f(\underline{x})} = \frac{3x_i^3}{4\sqrt[4]{(x_1^3+x_2^3+x_3^3)^3}} \cdot \frac{1}{\sqrt[4]{x_1^3+x_2^3+x_3^3}} =$$

$$= \frac{3x_i^3}{4(x_1^3+x_2^3+x_3^3)} .$$

Wir erhalten so:

$$x_1 f_{x_1}(\underline{x}) + x_2 f_{x_2}(\underline{x}) + x_3 f_{x_3}(\underline{x}) =$$

$$= \frac{3x_1^3}{4\sqrt[4]{(x_1^3+x_2^3+x_3^3)^3}} + \frac{3x_2^3}{4\sqrt[4]{(x_1^3+x_2^3+x_3^3)^3}} + \frac{3x_3^3}{4\sqrt[4]{(x_1^3+x_2^3+x_3^3)^3}} =$$

$$= \frac{3}{4} \cdot \frac{x_1^3+x_2^3+x_3^3}{\sqrt[4]{(x_1^3+x_2^3+x_3^3)^3}} = \frac{3}{4} \cdot \sqrt[4]{x_1^3+x_2^3+x_3^3} = rf(\underline{x}) \quad \text{und}$$

$$\varepsilon_{f,x_1}(\underline{x}) + \varepsilon_{f,x_2}(\underline{x}) + \varepsilon_{f,x_3}(\underline{x}) =$$

$$= \frac{3x_1^3}{4(x_1^3+x_2^3+x_3^3)} + \frac{3x_2^3}{4(x_1^3+x_2^3+x_3^3)} + \frac{3x_3^3}{4(x_1^3+x_2^3+x_3^3)} = \frac{3}{4} = r.$$

(b) $f(x_1,x_2) = \dfrac{1}{x_1^a+x_2^a} = (x_1^a+x_2^a)^{-1}$:

$$f(\lambda x_1,\lambda x_2) = \frac{1}{(\lambda x_1)^a+(\lambda x_2)^a} = \frac{1}{\lambda^a(x_1^a+x_2^a)} = \lambda^{-a}f(\underline{x}).$$

f ist also homogen vom Grad r = -a.

Weiter gilt für i=1,2:

$$f_{x_i} = -(x_1^a+x_2^a)^{-2}ax_i^{a-1} = -\frac{ax_i^{a-1}}{(x_1^a+x_2^a)^2} \quad \text{und}$$

$$\varepsilon_{f,x_i} = \frac{-x_i(x_1^a+x_2^a)^{-2}ax_i^{a-1}}{(x_1^a+x_2^a)^{-1}} = -\frac{ax_i^a}{x_1^a+x_2^a}.$$

Wir erhalten so:

$$x_1f_{x_1}(\underline{x}) + x_2f_{x_2}(\underline{x}) = -\frac{ax_1^a}{(x_1^a+x_2^a)^2} - \frac{ax_2^a}{(x_1^a+x_2^a)^2} =$$

$$= -a\cdot\frac{x_1^a+x_2^a}{(x_1^a+x_2^a)^2} =$$

$$= -a\cdot\frac{1}{x_1^a+x_2^a} = -af(\underline{x}) \quad \text{und}$$

$$\varepsilon_{f,x_1}(\underline{x}) + \varepsilon_{f,x_2}(\underline{x}) = -\frac{ax_1^a}{x_1^a+x_2^a} - \frac{ax_2^a}{x_1^a+x_2^a} = -a\cdot\frac{x_1^a+x_2^a}{x_1^a+x_2^a} = -a.$$

21. Totales Differential und implizite Funktionen

1. (a) $f(x,y,z) = x\cdot y\cdot z$:

Wegen $f_x = yz$, $f_y = xz$ und $f_z = xy$ gilt:

$df(x,y,z)(dx,dy,dz) = yzdx + xzdy + xydz.$

(b) $f(x_1,x_2) = e^{x_1^2x_2^3}$:

Wegen $f_{x_1} = 2x_1x_2^3\, e^{x_1^2x_2^3}$ und $f_{x_2} = 3x_1^2x_2^2e^{x_1^2x_2^3}$ gilt:

$df(x_1,x_2)(dx_1,dx_2) = x_1x_2^2e^{x_1^2x_2^3}(2x_2dx_1 + 3x_1dx_2).$

(c) $f(x_1,x_2) = (x_1^a - x_2^b)^n$:

Wegen $f_{x_1} = n(x_1^a - x_2^b)^{n-1}\cdot ax_1^{a-1}$ und

$f_{x_2} = n(x_1^a - x_2^b)^{n-1}\cdot(-b)x_2^{b-1}$ gilt:

$df(x_1,x_2)(dx_1,dx_2) = n(x_1^a-x_2^b)^{n-1}\cdot(ax_1^{a-1}dx_1-bx_2^{b-1}dx_2).$

(d) $f(x_1,\ldots,x_n) = \dfrac{\ln(\sum\limits_{i=1}^{n} x_i^2)}{\sum\limits_{i=1}^{n} x_i^2}$:

$$\text{Wegen } f_{x_j} = \Big[\frac{2x_j}{\sum\limits_{i=1}^{n} x_i^2}\cdot\sum_{i=1}^{n} x_i^2 - \ln(\sum_{i=1}^{n} x_i^2)2x_j\Big]\,\frac{1}{(\sum\limits_{i=1}^{n} x_i^2)^2} =$$

$$= 2x_j(1 - \ln(\sum_{i=1}^{n} x_i^2))\,\frac{1}{(\sum\limits_{i=1}^{n} x_i^2)^2} \text{ gilt:}$$

$$df(x_1,\ldots,x_n)(dx_1,\ldots,dx_n) = 2\,\frac{1-\ln(\sum\limits_{i=1}^{n} x_i^2)}{(\sum\limits_{i=1}^{n} x_i^2)^2}\,\sum_{i=1}^{n} x_i\, dx_i \text{ für } \underline{x} \neq \underline{0}.$$

(e) $f(x,y,z) = z^{xy} = e^{\ln z^{xy}} = e^{xy\ln z}$:

Wegen $f_x = y\ln z e^{xy\ln z}$, $f_y = x\ln z e^{xy\ln z}$ und $f_z = \frac{xy}{z} e^{xy\ln z}$ gilt:

$df(x,y,z)(dx,dy,dz) = z^{xy}(y\ln z dx + x\ln z dy + \frac{xy}{z} dz)$.

2. (a) $f(x_1,x_2) = \sqrt{x_1}x_2^2$:

Wegen $f_{x_1} = \frac{1}{2} x_1^{-\frac{1}{2}} x_2^2 = \frac{x_2^2}{2\sqrt{x_1}}$ und $f_{x_2} = 2\sqrt{x_1}x_2$ gilt:

$df(x_1,x_2)(dx_1,dx_2) = \frac{1}{2} \cdot \frac{x_2^2}{\sqrt{x_1}} dx_1 + 2\sqrt{x_1}x_2 dx_2$ für $x_1 > 0$.

Für $\underline{x}_0 = (1,1)$ und $\underline{x}_1 = (\frac{1}{4},\frac{1}{2})$ ist $dx_1 = -\frac{3}{4}$, $dx_2 = -\frac{1}{2}$, und es gilt:

$df(1,1)(-\frac{3}{4},-\frac{1}{2}) = \frac{1}{2}(-\frac{3}{4}) + 2(-\frac{1}{2}) = -\frac{3}{8} - 1 = -\frac{11}{8}$.

Für die tatsächliche Funktionsdifferenz ergibt sich dagegen der Wert:

$\Delta f = f(\frac{1}{4},\frac{1}{2}) - f(1,1) = \sqrt{\frac{1}{4}} \cdot (\frac{1}{2})^2 - 1 = \frac{1}{8} - 1 = -\frac{7}{8}$.

(b) $f(x_1,x_2) = x_1^2 - 2x_1x_2 + \frac{1}{2}x_2^2 + 4x_1 - 2x_2 + 1$:

Das totale Differential hat die Form:

$df(x_1,x_2)(dx_1,dx_2) = (2x_1-2x_2+4)dx_1 + (-2x_1+x_2-2)dx_2$.

Für $\underline{x}_0 = (2,3)$, $\underline{x}_1 = (2,4)$ ist $dx_1 = 0$, $dx_2 = 1$, und es gilt:

$df(2,3)(0,1) = (4-6+4) \cdot 0 + (-4+3-2)1 = -3$ sowie

$\Delta f = f(2,4) - f(2,3) = 4 - 16 + 8 + 8 - 8 + 1 - 4 + 12 - \frac{9}{2} - 8 + 6 - 1 = -\frac{5}{2}$.

Für $\underline{x}_0 = (2,3)$, $\underline{x}_1 = (3,4)$ ist $dx_1 = 1$, $dx_2 = 1$, und es gilt:

$df(2,3)(1,1) = (4-6+4) \cdot 1 + (-4+3-2) \cdot 1 = 2 - 3 = -1$ sowie

$\Delta f = f(3,4) - f(2,3) = 9 - 24 + 8 + 12 - 8 + 1 - 4 + 12 - \frac{9}{2} - 8 + 6 - 1 = -\frac{3}{2}$.

(c) $f(x_1,x_2,x_3) = x_1^2 + x_1x_2 + x_2^2 + x_2x_3 + x_3^2 + x_1x_3$:

Das totale Differential hat die Form:

$df(x_1,x_2,x_3)(dx_1,dx_2,dx_3) =$

$= (2x_1+x_2+x_3)dx_1 + (x_1+2x_2+x_3)dx_2 + (x_1+x_2+2x_3)dx_3.$

Für $\underline{x}_0 = (1,2,1)$, $\underline{x}_1 = (2,1,2)$ ist $dx_1 = 1$, $dx_2 = -1$, $dx_3 = 1$, und es gilt:

$df(1,2,1)(1,-1,1) = (2+2+1)\cdot 1 + (1+4+1)(-1) + (1+2+2)\cdot 1 = 5 - 6 + 5 = 4$

sowie

$\Delta f = f(2,1,2) - f(1,2,1) = 4 + 2 + 1 + 2 + 4 + 4 - 1 - 2 - 4 - 2 - 1 - 1 = 6.$

(d) $f(v_1,\ldots,v_n) = (v_1\cdot\ldots\cdot v_n)^a$, (n gerade, $a \geq 1$):

Als partielle Ableitungen erhalten wir

$$f_{v_1} = a(v_1v_2\cdot\ldots\cdot v_n)^{a-1}\cdot v_2\cdot\ldots\cdot v_n = \frac{af(v_1,\ldots,v_n)}{v_1}$$

$$\vdots$$

$$f_{v_n} = a(v_1v_2\cdot\ldots\cdot v_n)^{a-1}\cdot v_1\cdot\ldots\cdot v_{n-1} = \frac{af(v_1,\ldots,v_n)}{v_n}.$$

Für $\underline{x}_0 = (1,\ldots,1)$, $\underline{x}_1 = (1,2,1,2,\ldots,1,2)$ ist $dx_i = \begin{cases} 0 \text{ für n ungerade} \\ 1 \text{ für n gerade} \end{cases}$

und man erhält:

$df(\underline{x}_0)(dx_1,\ldots,dx_n) = f_{x_1}(\underline{x}_0)dx_1 +\ldots+ f_{x_n}(\underline{x}_0)dx_n =$

$= a\cdot 0 + a\cdot 1 + a\cdot 0 + a\cdot 1 + \ldots + a\cdot 0 + a\cdot 1 = \frac{n}{2}\cdot a.$

3. $x : D \to \mathbb{R}$, $x = x(v_1,v_2) = av_1^{\alpha}v_2^{1-\alpha}$ mit $a > 0$, $0 < \alpha < 1$.

Wegen $\frac{\partial x}{\partial v_1} = \alpha a v_1^{\alpha-1}v_2^{1-\alpha}$ und $\frac{\partial x}{\partial v_2} = (1-\alpha)\cdot av_1^{\alpha}v_2^{-\alpha}$

hat das totale Differential die Form:

$$dx(v_1,v_2)(dv_1,dv_2) = a\alpha\left(\frac{v_1}{v_2}\right)^{\alpha-1}dv_1 + a(1-\alpha)\left(\frac{v_1}{v_2}\right)^{\alpha}dv_2.$$

Für $v_1,v_2 > 0$ gilt wegen $a > 0$:

$$dx = a\left(\frac{v_1}{v_2}\right)^{\alpha-1}\left[\alpha dv_1+(1-\alpha)\frac{v_1}{v_2}dv_2\right] > 0 \text{ für}$$

$$\alpha dv_1 + (1-\alpha)\frac{v_1}{v_2}\, dv_2 > 0 \Rightarrow (1-\alpha)\frac{v_1}{v_2}\, dv_2 > -\alpha dv_1$$

$$\Rightarrow \frac{dv_2}{dv_1} > -\frac{\alpha}{1-\alpha} \cdot \frac{v_2}{v_1} = \frac{\alpha}{\alpha-1} \cdot \frac{v_2}{v_1}.$$

4. (a) $f(x_1,x_2) = \sqrt{x_1x_2}$ mit $x_1(t) = at$, $x_2(t) = t^2$.

Wegen $h'(t) = \frac{\partial f}{\partial x_1} \cdot \frac{dx_1}{dt} + \frac{\partial f}{\partial x_2} \cdot \frac{dx_2}{dt}$ benötigen wir die Ableitungen

$$\frac{\partial f}{\partial x_1} = \frac{1}{2}(x_1x_2)^{-\frac{1}{2}} x_2 = \frac{x_2}{2\sqrt{x_1x_2}}, \quad \frac{dx_1}{dt} = a,$$

$$\frac{\partial f}{\partial x_2} = \frac{1}{2}(x_1x_2)^{-\frac{1}{2}} x_1 = \frac{x_1}{2\sqrt{x_1x_2}}, \quad \frac{dx_2}{dt} = 2t.$$

Es gilt dann:

$$h'(t) = \frac{x_2}{2\sqrt{x_1x_2}} \cdot a + \frac{x_1}{2\sqrt{x_1x_2}} \cdot 2t.$$

Setzt man $x_1(t) = at$ und $x_2(t) = t^2$ ein, so erhält man:

$$h'(t) = \frac{t^2}{2\sqrt{(at)t^2}}\, a + \frac{at}{2\sqrt{(at)t^2}}\, 2t = \frac{at}{2\sqrt{at}} + \frac{at}{\sqrt{at}} = \frac{3at}{2\sqrt{at}}.$$

(b) $f(x_1,x_2) = e^{x_1} + \sqrt[3]{x_2}$ mit $x_1(t) = \ln t$, $x_2(t) = (t^2+1)^3$.

Zur Berechnung von $h'(t) = \frac{\partial f}{\partial x_1} \cdot \frac{dx_1}{dt} + \frac{\partial f}{\partial x_2} \cdot \frac{dx_2}{dt}$ benötigen wir die Ableitungen

$$\frac{\partial f}{\partial x_1} = e^{x_1}, \qquad \frac{dx_1}{dt} = \frac{1}{t},$$

$$\frac{\partial f}{\partial x_2} = \frac{1}{3}x_2^{-\frac{2}{3}} = \frac{1}{3\sqrt[3]{x_2^2}}, \quad \frac{dx_2}{dt} = 3(t^2+1)^2 \cdot 2t = 6t(t^2+1)^2.$$

Setzt man $x_1(t)$ und $x_2(t)$ in $h'(t)$ ein, so erhält man:

$$h'(t) = e^{x_1}\cdot\frac{1}{t} + \frac{1}{3\sqrt[3]{x_2^2}}\,6t(t^2+1)^2 =$$

$$= e^{\ln t}\cdot\frac{1}{t} + \frac{1}{3\sqrt[3]{(t^2+1)^6}}\cdot 6t(t^2+1)^2 =$$

$$= \frac{t}{t} + \frac{1}{3(t^2+1)^2}\cdot 6t(t^2+1)^2 = 1 + 2t.$$

(c) $f(x_1,x_2,x_3) = \dfrac{1}{\sqrt{x_1^2+x_2^2+x_3^2}} = (x_1^2 + x_2^2 + x_3^2)^{-\frac{1}{2}}$ mit

$x_1(t) = e^{-t}$, $x_2(t) = e^{-2t}$, $x_3(t) = e^{-3t}$.

Es gilt: $h'(t) = \dfrac{\partial f}{\partial x_1}\cdot\dfrac{dx_1}{dt} + \dfrac{\partial f}{\partial x_2}\cdot\dfrac{dx_2}{dt} + \dfrac{\partial f}{\partial x_3}\cdot\dfrac{dx_3}{dt}$.

Wir benötigen also die Ableitungen

$$\frac{\partial f}{\partial x_i} = -\frac{1}{2}\cdot(x_1^2+x_2^2+x_3^2)^{-\frac{3}{2}}\cdot 2x_i = -\frac{x_i}{\sqrt{(x_1^2+x_2^2+x_3^2)^3}} \text{ für } i = 1,2,3,$$

$$\frac{dx_1}{dt} = -e^{-t},\ \frac{dx_2}{dt} = -2e^{-2t},\ \frac{dx_3}{dt} = -3e^{-3t}.$$

Es ergibt sich dann wegen $x_i(t) = e^{-it}(i=1,2,3)$:

$$h'(t) = -\frac{1}{\sqrt{(x_1^2+x_2^2+x_3^2)^3}}\,(-x_1\cdot e^{-t} - 2x_2\cdot e^{-2t} - 3x_3\cdot e^{-3t}) =$$

$$= \frac{1}{\sqrt{(e^{-2t}+e^{-4t}+e^{-6t})^3}}\,(e^{-2t} + 2e^{-4t} + 3e^{-6t}) =$$

$$= \frac{e^{-2t}(1+2e^{-2t}+3e^{-4t})}{\sqrt{(e^{-2t})^3(1+e^{-2t}+e^{-4t})^3}} = \frac{1+2e^{-2t}+3e^{-4t}}{\sqrt{e^{-2t}(1+e^{-2t}+e^{-4t})^3}}.$$

5. (a) $f(x_1,x_2) = -x_1 + 3x_2$ mit

$x_1(\underline{u}) = u_1^2 + u_2^2 + u_3^2$, $x_2(\underline{u}) = u_1u_2 + u_3$.

Zur Berechnung von $\frac{\partial h}{\partial u_1}$, $\frac{\partial h}{\partial u_2}$ und $\frac{\partial h}{\partial u_3}$ benötigen wir die folgenden partiellen Ableitungen:

$$\frac{\partial f}{\partial x_1} = -1, \quad \frac{\partial f}{\partial x_2} = 3,$$

$$\frac{\partial x_1}{\partial u_1} = 2u_1, \quad \frac{\partial x_1}{\partial u_2} = 2u_2, \quad \frac{\partial x_1}{\partial u_3} = 2u_3,$$

$$\frac{\partial x_2}{\partial u_1} = u_2, \quad \frac{\partial x_2}{\partial u_2} = u_1, \quad \frac{\partial x_2}{\partial u_3} = 1.$$

Es gilt dann:

$$\frac{\partial h}{\partial u_1} = \frac{\partial f}{\partial x_1} \cdot \frac{\partial x_1}{\partial u_1} + \frac{\partial f}{\partial x_2} \cdot \frac{\partial x_2}{\partial u_1} = -2u_1 + 3u_2,$$

$$\frac{\partial h}{\partial u_2} = \frac{\partial f}{\partial x_1} \cdot \frac{\partial x_1}{\partial u_2} + \frac{\partial f}{\partial x_2} \cdot \frac{\partial x_2}{\partial u_2} = -2u_2 + 3u_1,$$

$$\frac{\partial h}{\partial u_3} = \frac{\partial f}{\partial x_1} \cdot \frac{\partial x_1}{\partial u_3} + \frac{\partial f}{\partial x_2} \cdot \frac{\partial x_2}{\partial u_3} = -2u_3 + 3.$$

(b) $f(x_1,x_2,x_3) = \frac{x_3^2}{x_1} e^{-2x_2}$ mit

$x_1(\underline{u}) = au_1$, $x_2(\underline{u}) = bu_2$, $x_3(\underline{u}) = cu_3 - du_2$.

Zur Berechnung von $\frac{\partial h}{\partial u_i}$ (i=1,2,3) benötigen wir:

$$\frac{\partial f}{\partial x_1} = -\frac{x_3^2}{x_1^2} \cdot e^{-2x_2}, \quad \frac{\partial f}{\partial x_2} = -2\frac{x_3^2}{x_1} e^{-2x_2}, \quad \frac{\partial f}{\partial x_3} = 2\frac{x_3}{x_1} e^{-2x_2},$$

$$\frac{\partial x_1}{\partial u_1} = a, \quad \frac{\partial x_1}{\partial u_2} = 0, \quad \frac{\partial x_1}{\partial u_3} = 0,$$

$$\frac{\partial x_2}{\partial u_1} = 0, \quad \frac{\partial x_2}{\partial u_2} = b, \quad \frac{\partial x_2}{\partial u_3} = 0,$$

$$\frac{\partial x_3}{\partial u_1} = 0, \quad \frac{\partial x_3}{\partial u_2} = -d, \quad \frac{\partial x_3}{\partial u_3} = c.$$

Es gilt dann:

$$\frac{\partial h}{\partial u_1} = \frac{\partial f}{\partial x_1} \cdot \frac{\partial x_1}{\partial u_1} + \frac{\partial f}{\partial x_2} \cdot \frac{\partial x_2}{\partial u_1} + \frac{\partial f}{\partial x_3} \cdot \frac{\partial x_3}{\partial u_1} =$$

$$= -\frac{x_3^2}{x_1^2} e^{-2x_2} \cdot a = -a \frac{(cu_3-du_2)^2}{a^2u_1^2} e^{-2bu_2};$$

$$\frac{\partial h}{\partial u_2} = \frac{\partial f}{\partial x_1} \cdot \frac{\partial x_1}{\partial u_2} + \frac{\partial f}{\partial x_2} \cdot \frac{\partial x_2}{\partial u_2} + \frac{\partial f}{\partial x_3} \cdot \frac{\partial x_3}{\partial u_2} =$$

$$= -2 \frac{x_3^2}{x_1} e^{-2x_2} b + 2 \frac{x_3}{x_1} e^{-2x_2} \cdot (-d) =$$

$$= -2 \cdot \frac{(cu_3-du_2)}{au_1} e^{-2bu_2} (bcu_3-bdu_2+d);$$

$$\frac{\partial h}{\partial u_3} = \frac{\partial f}{\partial x_1} \cdot \frac{\partial x_1}{\partial u_3} + \frac{\partial f}{\partial x_2} \cdot \frac{\partial x_2}{\partial u_3} + \frac{\partial f}{\partial x_3} \cdot \frac{\partial x_3}{\partial u_3} =$$

$$= 2 \frac{x_3}{x_1} e^{-2x_2} \cdot c = 2c \frac{(cu_3-du_2)}{au_1} e^{-2bu_2}.$$

(c) $f(x_1,x_2) = x_1x_2$ mit $x_1(\underline{u}) = \sum_{i=1}^{n} a_i u_i^2$, $x_2(\underline{u}) = \sum_{i=1}^{n} b_i \sqrt{u_i}$.

Zur Berechnung von $\frac{\partial h}{\partial u_i}$ benötigen wir:

$$\frac{\partial f}{\partial x_1} = x_2, \quad \frac{\partial f}{\partial x_2} = x_1,$$

$$\frac{\partial x_1}{\partial u_i} = 2a_iu_i, \quad \frac{\partial x_2}{\partial u_i} = \frac{b_i}{2\sqrt{u_i}} \quad \text{für } i = 1,\dots,n.$$

Es gilt dann:

$$\frac{\partial h}{\partial u_i} = \frac{\partial f}{\partial x_1} \cdot \frac{\partial x_1}{\partial u_i} + \frac{\partial f}{\partial x_2} \cdot \frac{\partial x_2}{\partial u_i} = x_2 \cdot 2a_iu_i + x_1 \cdot \frac{b_i}{2\sqrt{u_i}} =$$

$$= 2a_iu_i \cdot \sum_{i=1}^{n} b_i\sqrt{u_i} + \frac{b_i}{2\sqrt{u_i}} \sum_{i=1}^{n} a_iu_i^2 \quad \text{für } i=1,\dots,n.$$

(d) $f(x) = \ln x$ mit $x(\underline{u}) = \sqrt{u_1+u_2}$.

Als Ableitungen erhalten wir:

$$\frac{\partial h}{\partial u_1} = \frac{df}{dx} \cdot \frac{\partial x}{\partial u_1} = \frac{1}{x} \cdot \frac{1}{2\sqrt{u_1+u_2}} = \frac{1}{2(u_1+u_2)},$$

$$\frac{\partial h}{\partial u_2} = \frac{df}{\partial x} \cdot \frac{\partial x}{\partial u_2} = \frac{1}{x} \cdot \frac{1}{2\sqrt{u_1+u_2}} = \frac{1}{2(u_1+u_2)}.$$

(e) $f(x)$ mit $x(\underline{u}) = u_1 u_2$.

Wir erhalten die Ableitungen

$$\frac{\partial h}{\partial u_1} = \frac{df}{dx} \cdot \frac{\partial x}{\partial u_1} = f'(u_1 u_2) \cdot u_2,$$

$$\frac{\partial h}{\partial u_2} = \frac{df}{dx} \cdot \frac{\partial x}{\partial u_2} = f'(u_1 u_2) \cdot u_1.$$

(f) $f(x)$ mit $x(\underline{u}) = \sum_{i=1}^{n} u_i^2$.

Für $i=1,\ldots,n$ erhalten wir die Ableitungen:

$$\frac{\partial h}{\partial u_i} = \frac{df}{dx} \cdot \frac{\partial x}{\partial u_i} = f'\left(\sum_{i=1}^{n} u_i^2\right) 2u_i.$$

6. (a) Für die Funktion $z = h(x) = f(x,y(x))$ hat das totale Differential die Form:

$$dz = \frac{\partial f}{\partial x} dx + \frac{\partial f}{\partial y} \cdot dy.$$

Man erhält daraus

$$\frac{dz}{dx} = \frac{\partial f}{\partial x} + \frac{\partial f}{\partial y} \cdot \frac{dy}{dx} \text{ bzw.}$$

$$h'(x) = \frac{\partial f}{\partial x}(x,y(x)) + \frac{\partial f}{\partial y}(x,y(x)) \cdot \frac{dy}{dx}(x).$$

(b) Das totale Differential der Funktion $k(x) = \frac{dy}{dx}(x,y(x)) = -\frac{f_x(x,y(x))}{f_y(x,y(x))}$ hat die Form

$$dk = \frac{\partial k}{\partial x} dx + \frac{\partial k}{\partial y} dy = -\left[\frac{\partial}{\partial x}\left(\frac{f_x}{f_y}\right) dx + \frac{\partial}{\partial y}\left(\frac{f_x}{f_y}\right)\right] =$$

$$= -\left[\frac{(f_{xx}f_y - f_x f_{yx})}{f_y^2} dx + \frac{(f_{xy}f_y - f_x f_{yy})}{f_y^2} dy\right].$$

Es gilt also:

$$\frac{dk}{dx} = -\left[\frac{(f_{xx}f_y - f_x f_{yx})}{f_y^2} \cdot \frac{dx}{dx} + \frac{(f_{xy}f_y - f_x f_{yy})}{f_y^2} \cdot \frac{dy}{dx}\right].$$

Nach Definition gilt $\frac{dy}{dx} = -\frac{f_x}{f_y}$. Setzt man dies in $\frac{dk}{dx}$ ein, so gilt:

$$\frac{dk}{dx} = -\left[\frac{(f_{xx}f_y - f_x f_{yx})}{f_y^2} + \frac{(f_{xy}f_y - f_x f_{yy})(-f_x)}{f_y^3}\right] =$$

$$= -\frac{f_{xx}f_y^2 - f_x f_y f_{xy} - f_x f_y f_{xy} + f_x^2 f_{yy}}{f_y^3} = -\frac{f_{xx}f_y^2 - 2f_x f_y f_{xy} + f_{yy}f_x^2}{f_y^3}.$$

7. (a) $f(x,y) = x^3y + xy - x + 1 = 0 \Rightarrow$

$$\Rightarrow y(x^3+x) = x - 1 \Rightarrow y = \frac{x-1}{x^3+x} \text{ für } x \neq 0.$$

(1) $$\frac{dy}{dx} = \frac{(x^3+x)-(x-1)(3x^2+1)}{(x^3+x)^2} = \frac{1}{(x^3+x)} - \frac{x-1}{(x^3+x)} \cdot \frac{3x^2+1}{(x^3+x)} =$$

$$= \frac{1-y(3x^2+1)}{x^3+x} ;$$

(2) $\frac{dy}{dx} = -\frac{f_x}{f_y} = -\frac{3x^2y+y-1}{x^3+x} = \frac{1-y(3x^2+1)}{x^3+x}$.

(b) $f(x,y) = \ln(x(1+y)) + (x+1)^2 = 0 \Rightarrow$

$\Rightarrow \ln(x(1+y)) = -(x+1)^2 \Rightarrow x(1+y) = e^{-(x+1)^2} \Rightarrow$

$\Rightarrow y = \frac{1}{x} e^{-(x+1)^2} - 1$ für $x \neq 0$.

(1) $\frac{dy}{dx} = \frac{e^{-(x+1)^2}\cdot(-2)(x+1)\cdot x - e^{-(x+1)^2}}{x^2} =$

$= \frac{e^{-(x+1)^2}}{x} \cdot \frac{-2x^2-2x-1}{x} = -(y+1)\cdot(\frac{2x^2+2x+1}{x})$;

(2) $\frac{dy}{dx} = -\frac{\frac{1+y}{x(1+y)} + 2(x+1)}{\frac{x}{x(1+y)}} = -\frac{\frac{1}{x}+2(x+1)}{\frac{1}{y+1}} = -(y+1)\cdot(\frac{2x^2+2x+1}{x})$.

(c) $f(x,y) = e^{xy} + y - x = 0 \Rightarrow e^{xy} + y = x$.

Eine Auflösung nach y ist nicht möglich.

(2) $\frac{dy}{dx} = -\frac{ye^{xy}-1}{xe^{xy}+1}$ für $xe^{xy} + 1 \neq 0$.

(d) $f(x,y) = x^y - y^x = 0$.

Eine Auflösung nach y ist nicht möglich.

Wegen $x^y = e^{\ln x^y} = e^{y\ln x}$ und $y^x = e^{\ln y^x} = e^{x\ln y}$ gilt:

(2) $\frac{dy}{dx} = -\frac{e^{y\ln x}\cdot y\cdot\frac{1}{x} - e^{x\ln y}\ln y}{e^{y\ln x}\ln x - e^{x\ln y}\cdot\frac{x}{y}} = -\frac{x^y\cdot\frac{y}{x} - y^x\cdot\ln y}{x^y\ln x - y^x\cdot\frac{x}{y}}$

$= -\frac{x^{y-1}y - y^x\ln y}{x^y\ln x - y^{x-1}x} = -\frac{y}{x}\,\frac{x^{y-1}-y^{x-1}\ln y}{x^{y-1}\ln x-y^{x-1}}$.

(e) $f(x,y) = ax^{\alpha}y^{\beta} - c = 0 \Rightarrow y^{\beta} = \frac{c}{a}x^{-\alpha} \Rightarrow$

$\Rightarrow y = \sqrt[\beta]{\frac{c}{a}x^{-\alpha}} = (\frac{c}{a}x^{-\alpha})^{\frac{1}{\beta}}$ für $x > 0$, $y > 0$.

(1) $\frac{dy}{dx} = \frac{1}{\beta}\cdot(\frac{c}{a}x^{-\alpha})^{\frac{1}{\beta}-1}\cdot\frac{c}{a}(-\alpha)\cdot x^{-\alpha-1} =$

$= -\frac{\alpha}{\beta}\cdot(\frac{c}{a})^{1}\cdot(\frac{c}{a})^{\frac{1}{\beta}-1}\cdot x^{-\frac{\alpha}{\beta}+\alpha}\cdot x^{-\alpha-1} =$

$= -\frac{\alpha}{\beta}\cdot(\frac{c}{a})^{\frac{1}{\beta}}\cdot x^{-\frac{\alpha}{\beta}-1} = -\frac{\alpha}{\beta}\cdot\sqrt[\beta]{\frac{c}{a}x^{-\alpha-\beta}} =$

$= -\frac{\alpha}{\beta}\cdot\frac{1}{x}\sqrt[\beta]{\frac{c}{a}x^{-\alpha}} = -\frac{\alpha}{\beta}\cdot\frac{y}{x};$

(2) $\frac{dy}{dx} = -\frac{a\alpha x^{\alpha-1}y^{\beta}}{a\beta x^{\alpha}y^{\beta-1}} = -\frac{\alpha}{\beta}\cdot\frac{y}{x}.$

8. (a) $f(x,y) = (x-a)^2 + (y-b)^2 - r^2 = 0$, $(r \neq 0)$:

$\frac{dy}{dx} = -\frac{2(x-a)}{2(y-b)} = -\frac{x-a}{y-b} = 0$ für $x = a$, $y \neq b$

$\Rightarrow (a-a)^2 + (y-b)^2 = r^2 \Rightarrow y - b = \pm r \Rightarrow$

$\Rightarrow y_1 = b + r$, $y_2 = b - r$.

Die Nullstellen der Ableitung sind also

$(x_1,y_1) = (a,b+r)$ und $(x_2,y_2) = (a,b-r)$.

(b) $f(x,y) = x^3 + y^3 - axy = 0$, $(a \neq 0)$:

$\frac{dy}{dx} = -\frac{3x^2-ay}{3y^2-ax} = 0 \Rightarrow y = \frac{3x^2}{a}$ für $(x,y) \neq (x,\sqrt{\frac{a}{3}x})$ bzw. $(x,y) \neq (x,-\sqrt{\frac{a}{3}x}) \Rightarrow$

$\Rightarrow x^3 + (\frac{3x^2}{a})^3 - ax\frac{3x^2}{a} = 0 \Rightarrow x^3 + \frac{27x^6}{a^3} - 3x^3 = 0$

$\Rightarrow 2a^3x^3 = 27x^6 \Rightarrow x^3 = \frac{2a^3}{27}$ für $x \neq 0$

$$x = \frac{\sqrt[3]{2}a}{3} \Rightarrow y = \frac{3}{a}\cdot(\sqrt[3]{2})^2 \cdot \frac{a^2}{9} = \frac{a\sqrt[3]{4}}{3}.$$

Die Nullstellen der Ableitung sind also

$(x,y) = (\sqrt[3]{2}\,\frac{a}{3}, \sqrt[3]{4}\,\frac{a}{3})$.

(c) $f(x,y) = (ax-by)^2 = 0, \; (a,b \neq 0)$:

$$\frac{dy}{dx} = -\frac{2(ax-by)a}{2(ax-by)(-b)} = \frac{a}{b} \neq 0 \text{ für alle } (x,y).$$

(d) $f(x,y) = ye^x - xy^2 = 0$:

$$\frac{dy}{dx} = -\frac{ye^x-y^2}{e^x-2yx} = 0 \text{ für } e^x - 2yx \neq 0 \Rightarrow$$

$\Rightarrow ye^x - y^2 = 0 \Rightarrow y = e^x$ für $y \neq 0 \Rightarrow$

$\Rightarrow e^xe^x - x(e^x)^2 = 0 \Rightarrow e^{2x} = xe^{2x} \Rightarrow$

$\Rightarrow x = 1, \; y = e$ oder x beliebig, $y = 0$.

Die Nullstellen der Ableitung sind also

$(x,y) = (1,e)$ oder $(x,y) = (x,0)$ für x beliebig.

(e) $f(x,y) = x^2 + (y^2-a)\,x + 2a^2 = 0, \; (a > 0)$:

$$\frac{dy}{dx} = -\frac{2x+y^2-a}{2yx} = 0 \text{ für } x \neq 0 \text{ und } y \neq 0 \Rightarrow$$

$\Rightarrow y^2 = a - 2x \Rightarrow y = \pm\sqrt{a-2x}$ für $x \leq \frac{a}{2} \Rightarrow$

$\Rightarrow x^2 + (a-2x-a)\cdot x + 2a^2 = 0 \Rightarrow x^2 - 2x^2 + 2a^2 = 0 \Rightarrow$

$\Rightarrow x^2 = 2a^2 \Rightarrow x = \pm\sqrt{2}a$.

Für $x = \sqrt{2}a$ gilt nun $y = \pm\sqrt{a - 2\sqrt{2}a} = \pm\sqrt{a(1-2\sqrt{2})}$.

Hierbei existiert wegen $a > 0$ und $1 - 2\sqrt{2} < 0$ keine reellwertige Lösung.

Als Nullstellen für die Ableitung erhalten wir also:

$(x_1,y_1) = (-\sqrt{2}a, \sqrt{a(1+2\sqrt{2})})$ und $(x_2,y_2) = (-\sqrt{2}a, -\sqrt{a(1+2\sqrt{2})})$.

9\. (a) $f(x,y) = 2x^3 + y^2 - 3 = 0$:

Wegen $f_x = 6x^2$, $f_{xx} = 12x$, $f_y = 2y$, $f_{yy} = 2$, $f_{xy} = 0$

gilt nach Aufgabe 6(b):

$$\frac{d^2y}{dx^2} = -\frac{f_{xx}f_y^2 - 2f_xf_yf_{xy} + f_{yy}f_x^2}{f_y^3} =$$

$$= -\frac{12x(2y)^2 - 2\cdot 6x^2\cdot 2y\cdot 0 + 2\cdot(6x^2)^2}{(2y)^3} = -\frac{6xy^2 + 9x^4}{y^3}\;.$$

Aus $2x^3 + y^2 - 3 = 0$ folgt $y^2 = 3 - 2x^3$ bzw. $y = \pm\sqrt{3-2x^3}$.

Es gilt also:

$$\frac{d^2y}{dx^2} = -\frac{6x(3-2x^3) + 9x^4}{\pm\sqrt{(3-2x^3)^3}} = \pm\frac{18x - 3x^4}{\sqrt{(3-2x^3)^3}}\;.$$

(b) $f(x,y) = x^2y^3 = 0$:

Wegen $f_x = 2xy^3$, $f_{xx} = 2y^3$, $f_y = 3x^2y^2$, $f_{yy} = 6x^2y$, $f_{xy} = 6xy^2$ gilt:

$$\frac{d^2y}{dx^2} = -\frac{2y^3(3x^2y^2)^2 - 2(2xy^3)(3x^2y^2)(6xy^2) + 6x^2y(2xy^3)^2}{(3x^2y^2)^3} =$$

$$= -\frac{18x^4y^7 - 72x^4y^7 + 24x^4y^7}{27x^6y^6} = \frac{30x^4y^7}{27x^6y^6} = \frac{10}{9}\frac{y}{x^2} \text{ für } x,y \neq 0.$$

10. (a) $x = x(v_1,v_2) = v_1v_2^2$, $(v_1,v_2 > 0)$:

(1) Die Isoquante zum Niveau $c = 4$ läßt sich darstellen als implizite Funktion der Form:

$$f(v_1,v_2) = v_1v_2^2 - 4 = 0.$$

Auflösung nach v_2 ergibt $v_2^2 = \frac{4}{v_1}$ bzw. $v_2 = \pm\frac{2}{\sqrt{v_1}}$.

(2) Als Ableitung erhalten wir:

$$\frac{dv_2}{dv_1} = -\frac{v_2^2}{2v_1v_2} = -\frac{v_2}{2v_1} \left(= \pm\frac{2}{2v_1\sqrt{v_1}} = \pm\frac{1}{v_1\sqrt{v_1}}\right).$$

$$\frac{dv_2}{dv_1} = -\frac{v_2}{2v_1} = -1 \Rightarrow v_2 = 2v_1 \Rightarrow v_2^2 = (2v_1)^2 = 4v_1^2 = \frac{4}{v_1} \Rightarrow$$

$\Rightarrow\ v_1 = 1,\ v_2 = 2.$

Die Isoquante hat also die Steigung -1 im Punkt $(v_1,v_2) = (1,2)$.

(3) $\varepsilon_{v_2}(v_1) = \frac{v_1}{v_2}\frac{dv_2}{dv_1} = \frac{v_1}{v_2} \cdot -\frac{v_2}{2v_1} = -\frac{1}{2}.$

(4) $v_2(v_1) = \pm\frac{2}{\sqrt{v_1}} = \pm 2v_1^{-\frac{1}{2}},$

$$\frac{dv_2}{dv_1} = \mp v_1^{-\frac{3}{2}} = \mp\frac{1}{\sqrt{v_1^3}},$$

$$\varepsilon_{v_2}(v_1) = \frac{v_1}{v_2} \cdot \frac{dv_2}{dv_1} = \pm\frac{v_1\sqrt{v_1}}{2} \cdot \frac{1}{\mp\sqrt{v_1^3}} = -\frac{1}{2}.$$

(b) $x = x(v_1,v_2) = v_1(v_2+2),\ (v_1,v_2 \neq 0)$:

(1) $v_1(v_2+2) = 4 \Rightarrow v_2 = \frac{4}{v_1} - 2$ (Gleichung der Isoquante).

(2) $\frac{dv_2}{dv_1} = -\frac{v_2+2}{v_1} = -1 \Rightarrow v_1 = v_2 + 2 \Rightarrow v_1v_1 = v_1^2 = 4$

$\Rightarrow\ v_1 = \pm 2,\ v_2 = 0$ bzw. $v_2 = -4.$

Wegen $(v_{11},v_{21}) = (-2,-4) \notin \mathbb{R}_+^2$ hat die Isoquante nur im Punkt $(v_{21},v_{22}) = (2,0)$ die Steigung -1.

(3) $\varepsilon_{v_2}(v_1) = \frac{v_1}{v_2} \cdot \frac{dv_2}{dv_1} = \frac{v_1}{v_2} \cdot -\frac{(v_2+2)}{v_1} = -\frac{v_2+2}{v_2}\ \left(= -\frac{4}{v_1} \cdot \frac{v_1}{4-2v_1} = -\frac{4}{4-2v_1}\right)$

(4) $v_2(v_1) = \frac{4}{v_1} - 2,$

$$\frac{dv_2}{dv_1} = -4v_1^{-2} = -\frac{4}{v_1^2},$$

$$\varepsilon_{v_2}(v_1) = \frac{v_1}{v_2} \cdot \frac{dv_2}{dv_1} = \frac{v_1 \cdot v_1}{4-2v_1} \cdot - \frac{4}{v_1^2} = - \frac{4}{4-2v_1} .$$

(c) $x = x(v_1,v_2) = \dfrac{v_1 v_2}{v_1+v_2}$, $(v_1,v_2 > 0)$:

(1) $\dfrac{v_1 v_2}{v_1+v_2} = 4 \Rightarrow v_1 v_2 = 4v_1 + 4v_2 \Rightarrow v_1 v_2 - 4v_2 = 4v_1 \Rightarrow$

$\Rightarrow v_2 = \dfrac{4v_1}{v_1-4}$ (Gleichung der Isoquante).

(2) $$\frac{dv_2}{dv_1} = - \frac{v_2(v_1+v_2)-v_1v_2}{(v_1+v_2)^2} : \frac{v_1(v_1+v_2)-v_1v_2}{(v_1+v_2)^2} =$$

$$= - \frac{v_1v_2+v_2^2-v_1v_2}{v_1^2+v_1v_2-v_1v_2} = - \frac{v_2^2}{v_1^2} \left(= - \frac{16v_1^2}{(v_1-4)^2 v_1^2} = - \frac{16}{(v_1-4)^2}\right) .$$

$$\frac{dv_2}{dv_1} = - \frac{v_2^2}{v_1^2} = - 1 \Rightarrow v_2^2 = v_1^2 \Rightarrow v_2 = v_1 \Rightarrow$$

$$\Rightarrow v_1 = \frac{4v_1}{v_1-4} \Rightarrow v_1^2 - 4v_1 = 4v_1 \Rightarrow v_1^2 = 8v_1 \Rightarrow v_1 = 8.$$

Die Isoquante hat also die Steigung -1 im Punkt $(v_1,v_2) = (8,8)$.

(3) $$\varepsilon_{v_2}(v_1) = \frac{v_1}{v_2} \cdot \frac{dv_2}{dv_1} = \frac{v_1}{v_2}\left(- \frac{v_2^2}{v_1^2}\right) = - \frac{v_2}{v_1} \left(= - \frac{4v_1}{(v_1-4)v_1} = - \frac{4}{v_1-4}\right).$$

(4) $v_2(v_1) = \dfrac{4v_1}{v_1-4}$,

$$\frac{dv_2}{dv_1} = \frac{4(v_1-4)-4v_1}{(v_1-4)^2} = - \frac{16}{(v_1-4)^2} ;$$

$$\varepsilon_{v_2}(v_1) = \frac{v_1}{v_2} \cdot \frac{dv_2}{dv_1} = \frac{v_1(v_1-4)}{4v_1} \cdot - \frac{16}{(v_1-4)^2} = - \frac{4}{v_1-4} .$$

22. Extrema ohne Nebenbedingungen

1. (a) $f(x_1,x_2) = x_1^2 + \frac{1}{2}x_2^2 - x_1x_2 - x_1 + 2x_2 + 7$:

$$(\text{grad } f)\ (\underline{x}) = \begin{pmatrix} f_{x_1} \\ f_{x_2} \end{pmatrix} = \begin{pmatrix} 2x_1 - x_2 - 1 \\ x_2 - x_1 + 2 \end{pmatrix} = \begin{pmatrix} 0 \\ 0 \end{pmatrix}.$$

Als Lösung dieses Gleichungssystems erhält man:

$$\begin{array}{ll} 2x_1 - x_2 = 1 & (I) \\ -x_1 + x_2 = -2 & (II) \end{array} \xrightarrow[(I)+(II)]{} x_1 = -1,\ x_2 = -2-1 = -3.$$

$\underline{x}_o = (-1,-3)$ ist also ein stationärer Punkt.

Die Hessesche Matrix hat die Form:

$$\underline{H}(x_1,x_2) = \begin{pmatrix} f_{x_1x_1} & f_{x_1x_2} \\ f_{x_2x_1} & f_{x_2x_2} \end{pmatrix} = \begin{pmatrix} 2 & -1 \\ -1 & 1 \end{pmatrix},\ \underline{H}\ (-1,-3) = \begin{pmatrix} 2 & -1 \\ -1 & 1 \end{pmatrix}$$

Wegen $\det(f_{x_1x_1}) = \det(2) = 2 > 0$ und $\det \begin{pmatrix} f_{x_1x_1} & f_{x_1x_2} \\ f_{x_2x_1} & f_{x_2x_2} \end{pmatrix} =$

$\det \begin{pmatrix} 2 & -1 \\ -1 & 1 \end{pmatrix} = 1 > 0$ besitzt f im Punkt $\underline{x}_o = (-1,-3)$ ein lokales Minimum.

Dies ist äquivalent mit der Bedingung

$f_{x_1x_1}(-1,-3) = 2 > 0$ und

$$\underbrace{f_{x_1x_1}\ (-1,-3)}_{2} \cdot \underbrace{f_{x_2x_2}\ (-1,-3)}_{1} > \underbrace{[f_{x_1x_2}\ (-1,-3))^2]}_{(-1)^2}.$$

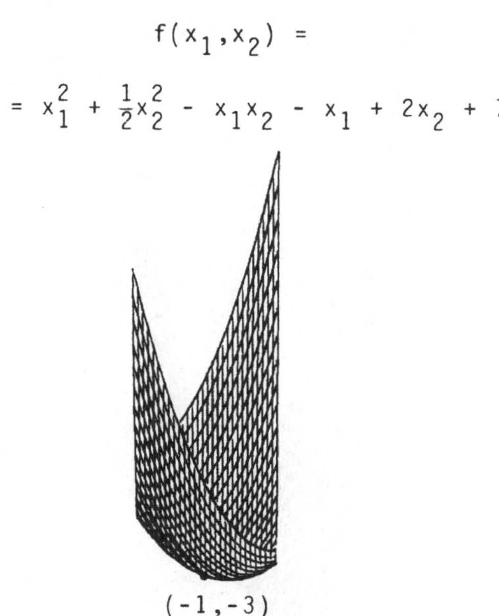

Lokales Minimum

(b) $f(x,y) = (x-y)^2$:

$$f_x = 2(x-y) = 0$$

$$f_y = -2(x-y) = 0$$

Hierbei sind alle Punkte auf der Geraden $y = x$ stationäre Punkte.
Es gilt also: $\lambda\begin{pmatrix}x\\y\end{pmatrix} = \begin{pmatrix}1\\1\end{pmatrix}, \lambda \in \mathbb{R}$.

Die Hessesche Matrix hat die Form $H(x,y) = \begin{pmatrix}2 & -2\\-2 & 2\end{pmatrix}$.

Wegen $\det\begin{pmatrix}2 & -2\\-2 & 2\end{pmatrix} = 0$ ist keine Aussage über die Existenz eines Extremums möglich.

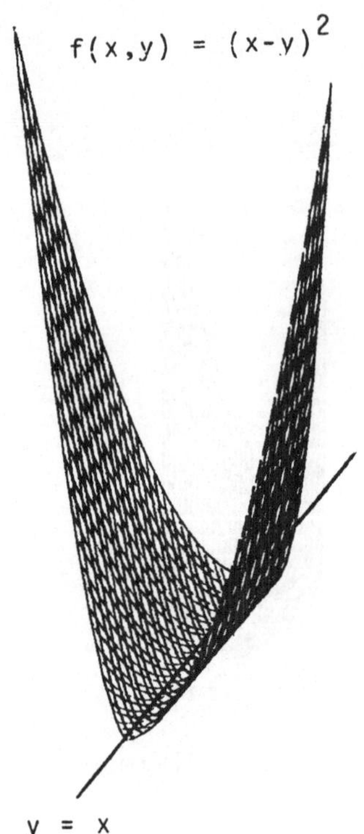

(c) $f(x,y) = 4x^4 - 2x^2 - \frac{1}{2}y^4 - 2y^2 + 4xy + 23$:

$$\left.\begin{array}{l} f_x = 16x^3 - 4x + 4y = 0 \ (I) \\ f_y = -2y^3 - 4y + 4x = 0 \ (II) \end{array}\right\} \xrightarrow[(I)+(II)]{} 16x^3 - 2y^3 = 0 \Rightarrow 8x^3 = y^3 \Rightarrow 2x = y.$$

Setzt man $y = 2x$ in (I) ein, so ergibt sich:

$16x^3 - 4x + 8x = 0 \Rightarrow (16x^2 + 4)x = 0.$

Wegen $16x^2 + 4 > 0$ gilt $x = 0$ und $y = 0$, d.h. also $(x_0,y_0) = (0,0)$ ist stationärer Punkt.

Die Hessesche Matrix hat die Form

$$\underline{H}(x,y) = \begin{pmatrix} 48x^2-4 & 4 \\ 4 & -6y^2-4 \end{pmatrix}, \quad \underline{H}(0,0) = \begin{pmatrix} -4 & 4 \\ 4 & -4 \end{pmatrix}.$$

Wegen $\det \begin{pmatrix} -4 & 4 \\ 4 & -4 \end{pmatrix} = 0$ ist keine Aussage über die Existenz eines Extremums möglich.

$$f(x,y) = \\ = 4x^4 - 2x^2 - \frac{1}{2}y^4 - 2y^2 + 4xy + 23$$

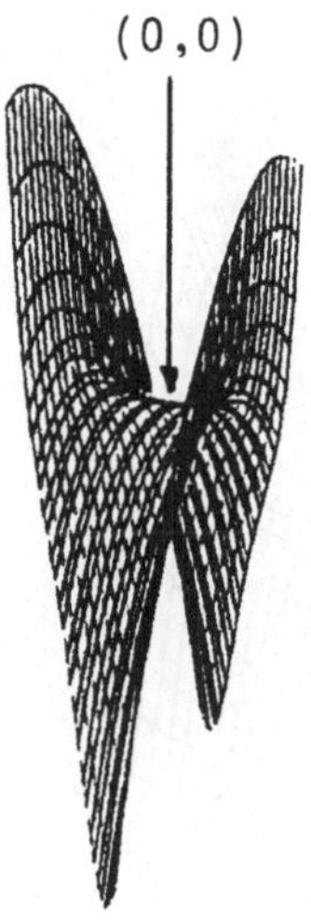

(d) $f(x_1,x_2) = x_1^2 - x_2^2 - x_1x_2 + 5x_1 + 5x_2$:

$$\begin{array}{ll} f_{x_1} = 2x_1 - x_2 + 5 = 0 \text{ (I)} & \\ & \xrightarrow{\hspace{2em}} -5x_1 - 5 = 0 \Rightarrow \\ f_{x_2} = -2x_2 - x_1 + 5 = 0 \text{ (II)} & \text{(II)-2(I)} \end{array}$$

$\Rightarrow$ $x_1 = -1$, $x_2 = 3$, d.h. also $\underline{x}_o = (x_{10},x_{20}) = (-1,3)$ ist ein stationärer Punkt.

Als Hessesche Matrix erhalten wir

$$\underline{H}(x_1,x_2) = \begin{pmatrix} 2 & -1 \\ -1 & -2 \end{pmatrix}: \underline{H}(-1,3) = \begin{pmatrix} 2 & -1 \\ -1 & -2 \end{pmatrix}.$$

Wegen $\det \begin{pmatrix} 2 & -1 \\ -1 & -2 \end{pmatrix} = -5 < 0$ ist $\underline{x}_o = (-1,3)$ ein Sattelpunkt.

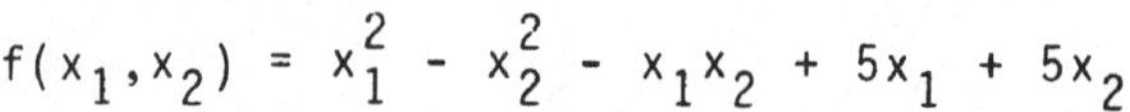

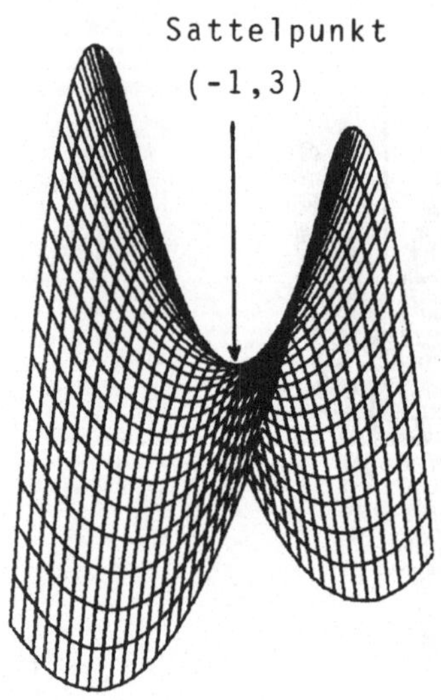

(e) $f(x,y) = -x^3 - y^2 + 3x + 4y + 9$:

$f_x = -3x^2 + 3 = 0 \Rightarrow x^2 = 1 \Rightarrow x_{1,2} = \pm 1$

$f_y = -2y + 4 = 0 \Rightarrow y = 2$

$\underline{x}_{s1} = (1,2)$ und $\underline{x}_{s2} = (-1,2)$ sind also stationäre Punkte.

Die Hessesche Matrix hat die Form

$$\underline{H}(x,y) = \begin{pmatrix} -6x & 0 \\ 0 & -2 \end{pmatrix}, \quad \underline{H}(1,2) = \begin{pmatrix} -6 & 0 \\ 0 & -2 \end{pmatrix}, \quad \underline{H}(-1,2) = \begin{pmatrix} 6 & 0 \\ 0 & -2 \end{pmatrix}.$$

Wegen $\det H(-1,2) = \det \begin{pmatrix} 6 & 0 \\ 0 & -2 \end{pmatrix} = -12 < 0$ und $\det \underline{H}(1,2) = \det \begin{pmatrix} -6 & 0 \\ 0 & -2 \end{pmatrix} = 12 > 0$

sowie $\det(-6) = -6 < 0$ existiert bei $\underline{x}_{s2} = (-1,2)$ ein Sattelpunkt und bei $\underline{x}_{s1} = (1,2)$ ein lokales Maximum.

$$f(x,y) = -x^3 - y^2 + 3x + 4y + 9$$

Maximum
(1,2)

(-1,2)
Sattelpunkt

(f) $f(x,y) = \sqrt{1-xy} = (1-xy)^{\frac{1}{2}}$:

$$f_x = \frac{1}{2}(1-xy)^{-\frac{1}{2}} \cdot (-y) = 0 \Rightarrow y = 0$$

$$f_y = \frac{1}{2}(1-xy)^{-\frac{1}{2}} \cdot (-x) = 0 \Rightarrow x = 0$$

$(x_0,y_0) = (0,0)$ ist also stationärer Punkt.

Als Hessesche Matrix erhalten wir

$$\underline{H}(x,y) = \begin{pmatrix} -\frac{1}{4}(1-xy)^{-\frac{3}{2}} \cdot (-y)^2 & -\frac{1}{4}(1-xy)^{-\frac{3}{2}} xy - \frac{1}{2}(1-xy)^{-\frac{3}{2}} \\ -\frac{1}{4}(1-xy)^{-\frac{3}{2}} yx - \frac{1}{2}(1-xy)^{-\frac{1}{2}} & -\frac{1}{4}(1-xy)^{\frac{3}{2}} \cdot (-x)^2 \end{pmatrix},$$

$$\underline{H}(0,0) = \begin{pmatrix} 0 & -\frac{1}{2} \\ -\frac{1}{2} & 0 \end{pmatrix}.$$

Wegen $\det \begin{pmatrix} 0 & -\frac{1}{2} \\ -\frac{1}{2} & 0 \end{pmatrix} = -\frac{1}{4} < 0$ existiert bei $(x_0,y_0) = (0,0)$ ein Sattelpunkt.

2. (a) $f(x_1,x_2) = (x_1^2+x_2^2)\cdot e^{-(x_1^2+x_2^2)}$:

$$f_{x_1} = 2x_1\cdot e^{-(x_1^2+x_2^2)} - 2x_1(x_1^2+x_2^2)\cdot e^{-(x_1^2+x_2^2)} = 2x_1 e^{-(x_1^2+x_2^2)}\cdot(1-x_1^2-x_2^2) = 0,$$

$$f_{x_2} = 2x_2 e^{-(x_1^2+x_2^2)} - 2x_2(x_1^2+x_2^2)e^{-(x_1^2+x_2^2)} = 2x_2 e^{-(x_1^2+x_2^2)}(1-x_1^2-x_2^2) = 0.$$

Die Menge S der stationären Punkte besteht aus $(x_{10},x_{20}) = (0,0)$ sowie allen Punkten auf dem Kreis um den Nullpunkt mit Radius 1. Es gilt also:

$S = \{(x_1,x_2) \in \mathbb{R}^2 | x_1^2 + x_2^2 = 1\} \cup \{(0,0)\}$.

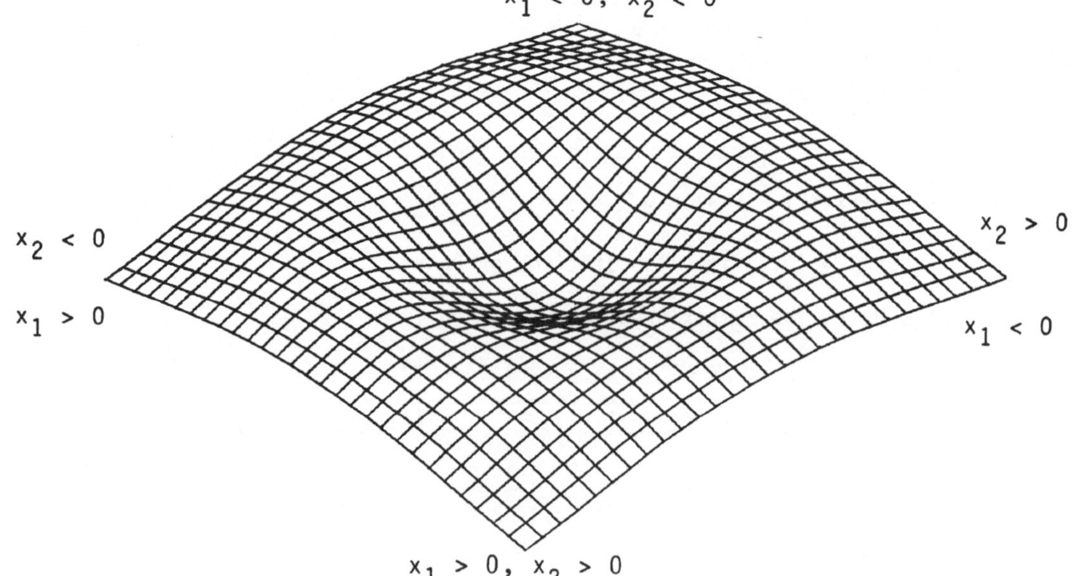

(b) $f(x,y,z) = x^2y^2 + x^2z^2 + y^2z^2$:

$$f_x = 2xy^2 + 2xz^2 = 0 \Rightarrow 2x(y^2+z^2) = 0$$

$$f_y = 2yx^2 + 2yz^2 = 0 \Rightarrow 2y(x^2+z^2) = 0$$

$$f_z = 2zx^2 + 2zy^2 = 0 \Rightarrow 2z(x^2+y^2) = 0.$$

Wegen $y^2 + z^2 = 0$ für $y = 0$, $z = 0$ ergibt sich als Menge S der stationären Punkte:

$$S = \{(x,y,z) \in \mathbb{R}^3 \mid (x,y,z) = \lambda_1(1,0,0),\ (x,y,z) = \lambda_2(0,1,0),\ (x,y,z) = \lambda_3(0,0,1),\ (\lambda_1,\lambda_2,\lambda_3 \in \mathbb{R})\}.$$

3. (a) $f(x_1,x_2) = ax_1^2 - 2bx_1x_2 + cx_2^2$, $(a,b \neq 0)$:

$$f_{x_1} = 2ax_1 - 2bx_2 = 0 \Rightarrow x_1 = \frac{b}{a}x_2$$

$$f_{x_2} = -2bx_1 + 2cx_2 = 0 \Rightarrow x_1 = \frac{c}{b}x_2.$$

Für $\frac{b}{a} \neq \frac{c}{b}$, d.h. $b^2 \neq ac$ erhalten wir als stationären Punkt $\underline{x}_0 = (0,0)$, für $\frac{b}{a} = \frac{c}{b}$ gilt $x_2 = \frac{a}{b}x_1$, und es ergeben sich die stationären Punkte $(x_1,x_2) = \lambda\cdot(1,\frac{a}{b})$, $\lambda \in \mathbb{R}$.

Die Hessesche Matrix hat die Form

$$\underline{H}(x_1,x_2) = \begin{pmatrix} 2a & -2b \\ -2b & 2c \end{pmatrix}.$$

Wegen $\det(2a) = 2a$ und $\det\begin{pmatrix} 2a & -2b \\ -2b & 2c \end{pmatrix} = 4ac - 4b^2$ gilt:

f besitzt in $\underline{x}_0 = (0,0)$

ein lokales Maximum, falls $a < 0$ und $ac > b^2$

ein lokales Minimum, falls $a > 0$ und $ac > b^2$

einen Sattelpunkt, falls $ac < b^2$.

Für $ac = b^2$ ist keine Aussage über die Existenz von Extrema möglich.

(b) $f(x,y) = -x^3 + 6axy - y^3$:

$$\left.\begin{array}{l} f_x = -3x^2 + 6ay = 0 \Rightarrow y = \frac{x^2}{2a} \\ f_y = -3y^2 + 6ax = 0 \quad y^2 = 2ax \end{array}\right\} \Rightarrow \left(\frac{x^2}{2a}\right)^2 = 2ax \Rightarrow$$

$$\Rightarrow \frac{x^4}{4a^2} = 2ax \Rightarrow x^3 = 8a^3 \text{ für } x \neq 0 \Rightarrow x = 2a,\ y = \frac{(2a)^2}{2a} = 2a.$$

Als stationäre Punkte ergeben sich also

$\underline{x}_{s1} = (0,0)$ und $\underline{x}_{s2} = (2a,2a)$.

Die Hessesche Matrix hat die Form

$$\underline{H}(x,y) = \begin{pmatrix} -6x & 6a \\ 6a & -6y \end{pmatrix}.$$

Wegen $\det \underline{H}(0,0) = \det \begin{pmatrix} 0 & 6a \\ 6a & 0 \end{pmatrix} = -36a^2 < 0$ existiert bei $\underline{x}_{s1} = (0,0)$ ein Sattelpunkt.

Für $\underline{x}_{s2} = (2a,2a)$ gilt

$$\det \underline{H}(2a,2a) = \det \begin{pmatrix} -12a & 6a \\ 6a & -12a \end{pmatrix} = 108a^2 \text{ und } \det(-12a) = -12a$$

existiert bei $\underline{x}_{s2}$ ein lokales Maximum für $a > 0$ und ein lokales Minimum für $a < 0$.

(c) $f(x,y) = -x^2 - y^2 + axy - bx - cy + 75$:

$$\left.\begin{array}{l} f_x = -2x + ay - b = 0 \Rightarrow x = \frac{ay-b}{2} \\ f_y = -2y + ax - c = 0 \Rightarrow x = \frac{2y+c}{a} \end{array}\right\} \Rightarrow \frac{ay-b}{2} = \frac{2y+c}{a} \Rightarrow$$

$$\Rightarrow a^2y - ba = 4y + 2c \Rightarrow a^2y - 4y = ba + 2c \Rightarrow$$

$$\Rightarrow y = \frac{ba+2c}{a^2-4},\ x = \frac{1}{a}\left(\frac{2ba+4c}{a^2-4} + c\right) = \frac{1}{a}\left(\frac{2ba+4c+ca^2-4c}{a^2-4}\right) = \frac{2ba+ca^2}{a(a^2-4)} = \frac{2b+ca}{a^2-4}.$$

$(x_0,y_0) = \left(\frac{2b+ca}{a^2-4}, \frac{2c+ba}{a^2-4}\right)$ ist also ein stationärer Punkt.

Die Hessesche Matrix hat die Form

$$\underline{H}(x,y) = \begin{pmatrix} -2 & a \\ a & -2 \end{pmatrix}.$$

Wegen $\det \begin{pmatrix} -2 & a \\ a & -2 \end{pmatrix} = 4 - a^2$ und $\det(-2) = -2 < 0$

existiert für $a^2 < 4$ ein lokales Maximum und für $a^2 > 4$ ein Sattelpunkt bei (x_0,y_0).

(d) $f(x,y) = ax^2y^3 - \frac{1}{3}x^3y^3 - \frac{1}{2}x^2y^4$:

$$f_x = 2axy^3 - x^2y^3 - xy^4 = 0 \Rightarrow xy^3(2a-x-y) = 0$$

$$f_y = 3ax^2y^2 - x^3y^2 - 2x^2y^3 = 0 \Rightarrow x^2y^2(3a-x-2y) = 0$$

Wir unterscheiden die folgenden Fälle:

1. $x = 0 \Rightarrow y$ beliebig.
2. $y = 0 \Rightarrow x$ beliebig.
3. $\left.\begin{array}{l} 2a - x - y = 0 \\ 3a - x - 2y = 0 \end{array}\right\} \Rightarrow \left\{\begin{array}{l} y = 2a - x \\ y = \frac{3a - x}{2} \end{array}\right. \Rightarrow 2a - x = \frac{3a - x}{2} \Rightarrow$

   $\Rightarrow 4a - 2x = 3a - x \Rightarrow x = a, y = a.$

Als Menge der stationären Punkte erhalten wir also:

$S = \{(x,y) \in \mathbb{R}^2 | x = 0 \text{ oder } y = 0\} \cup \{(a,a)\}.$

Die Hessesche Matrix hat die Form:

$$\underline{H}(x,y) = \begin{pmatrix} 2ay^3 - 2xy^3 - y^4 & 6axy^2 - 3x^2y^2 - 4xy^3 \\ 6axy^2 - 3x^2y^2 - 4xy^3 & 6ax^2y - 2x^3y - 6x^2y^2 \end{pmatrix}.$$

$$\underline{H}(0,0) = H(x,0) = \begin{pmatrix} 0 & 0 \\ 0 & 0 \end{pmatrix}, \; H(a,a) = \begin{pmatrix} 2a^4-2a^4-a^4 & 6a^4-3a^4-4a^4 \\ 6a^4-3a^4-4a^4 & 6a^4-2a^4-6a^4 \end{pmatrix} = \begin{pmatrix} -a^4 & -a^4 \\ -a^4 & -2a^4 \end{pmatrix}.$$

Für $\underline{x}_S = (x,0)$ ist wegen $\det \begin{pmatrix} 0 & 0 \\ 0 & 0 \end{pmatrix} = 0$ keine Entscheidung über die Existenz eines Extremums möglich.

Für $\underline{x}_s = (a,a)$ gilt:

$$\det \begin{pmatrix} -a^4 & -a^4 \\ -a^4 & -2a^4 \end{pmatrix} = 2a^8 - a^8 = a^8 > 0$$

$\det(-a^4) = -a^4 < 0.$

Im Punkt $\underline{x}_s = (a,a)$ existiert deshalb ein lokales Maximum.

Für $\underline{x}_s = (0,y)$ gilt $\underline{H}(0,y) = \begin{pmatrix} 2ay^3-y^4 & 0 \\ 0 & 0 \end{pmatrix}$, und

wegen $\det \underline{H}(0,y) = 0$ ist wieder keine Aussage über die Existenz von Extrema möglich.

4. (a) $f(x,y,z) = x^2 + y^2 + z^2 - 2axz + 2byz - x - y$:

$$f_x = 2x - 2az - 1 = 0$$

$$f_y = 2y + 2bz - 1 = 0$$

$$f_z = 2z - 2ax + 2by = 0.$$

Die stationären Punkte ergeben sich aus dem linearen Gleichungssystem

$$\begin{aligned} 2x \qquad\quad - 2az &= 1 \\ 2y + 2bz &= 1 \\ -2ax + 2by + 2z &= 0. \end{aligned}$$

$$\left(\begin{array}{ccc|c} 2 & 0 & -2a & 1 \\ 0 & 2 & 2b & 1 \\ -2a & 2b & 2 & 0 \end{array}\right) \to \left(\begin{array}{ccc|c} 1 & 0 & -a & \frac{1}{2} \\ 0 & 1 & b & \frac{1}{2} \\ -a & b & 1 & 0 \end{array}\right)\begin{array}{l} \frac{1}{2}\cdot I \\ \frac{1}{2}\cdot II \\ \frac{1}{2}\cdot III \end{array} \to \left(\begin{array}{ccc|c} 1 & 0 & -a & \frac{1}{2} \\ 0 & 1 & b & \frac{1}{2} \\ 0 & b & 1-a^2 & \frac{1}{2}a \end{array}\right) III + aI \to$$

$$\to \left(\begin{array}{ccc|c} 1 & 0 & -a & \frac{1}{2} \\ 0 & 1 & b & \frac{1}{2} \\ 0 & 0 & 1-a^2-b^2 & \frac{1}{2}a-\frac{1}{2}b \end{array}\right) III - bII \quad \Rightarrow$$

$$\left.\begin{aligned} x \qquad\qquad - az &= \tfrac{1}{2} \\ y \qquad + bz &= \tfrac{1}{2} \\ (1-a^2-b^2)z &= \tfrac{1}{2}a - \tfrac{1}{2}b \end{aligned}\right\} \Rightarrow$$

$$\Rightarrow z = \frac{1}{2}\frac{a-b}{1-a^2-b^2},$$

$$y = \frac{1}{2} - \frac{1}{2}\frac{ab-b^2}{1-a^2-b^2} = \frac{1}{2}\frac{1-a^2-b^2-ab+b^2}{1-a^2-b^2} = \frac{1}{2}\cdot\frac{1-a^2-ab}{1-a^2-b^2},$$

$$x = \frac{1}{2} + \frac{1}{2}\frac{a^2-ab}{1-a^2-b^2} = \frac{1}{2}\frac{1-a^2-b^2+a^2-ab}{1-a^2-b^2} = \frac{1}{2}\frac{1-b^2-ab}{1-a^2-b^2}.$$

Als stationären Punkt erhalten wir so:

$$\begin{pmatrix} x_0 \\ y_0 \\ z_0 \end{pmatrix} = \begin{pmatrix} \frac{1}{2}\cdot\frac{1-b^2-ab}{1-a^2-b^2} \\ \frac{1}{2}\cdot\frac{1-a^2-ab}{1-a^2-b^2} \\ -\frac{1}{2}\cdot\frac{a-b}{1-a^2-b^2} \end{pmatrix} = \frac{1}{2(1-a^2-b^2)}\begin{pmatrix} 1-b^2-ab \\ 1-a^2-ab \\ a-b \end{pmatrix}$$

Die Hessesche Matrix hat die Form

$$\underline{H}(x,y,z) = \begin{pmatrix} 2 & 0 & -2a \\ 0 & 2 & 2b \\ -2a & 2b & 2 \end{pmatrix}.$$

Als Hauptunterdeterminanten erhalten wir:

$$\det\begin{pmatrix} 2 & 0 & -2a \\ 0 & 2 & 2b \\ -2a & 2b & 2 \end{pmatrix} = 2\cdot\det\begin{pmatrix} 2 & 2b \\ 2b & 2 \end{pmatrix} -2a\cdot\det\begin{pmatrix} 0 & -2a \\ 2 & 2b \end{pmatrix} =$$

$$= 2(4-4b^2) - 2a4a = 8 - 8b^2 - 8a^2 = 8(1-b^2-a^2),$$

$$\det\begin{pmatrix} 2 & 0 \\ 0 & 2 \end{pmatrix} = 4 > 0$$

$$\det(2) = 2 > 0$$

Die Funktion f besitzt also beim stationären Punkt (x_0,y_0,z_0) ein lokales Minimum für $1-b^2-a^2 > 0$, d.h. für $a^2+b^2 < 1$.

Für alle übrigen Werte von a ist eine Entscheidung über die Existenz eines Extremums nicht möglich.

(b) $f(x_1,\dots,x_n) = \sum_{i=1}^{n}(b_ix_i-a_i)^2 =$

$= (b_1x_1-a_1)^2+\dots+(b_nx_n-a_n)^2$:

$f_{x_1} = 2b_1(b_1x_1-a_1) = 0 \Rightarrow x_1 = \frac{a_1}{b_1}$

$\vdots$

$f_{x_n} = 2b_n(b_nx_n-a_n) = 0 \Rightarrow x_n = \frac{a_n}{b_n}$

$\underline{x}_o = (x_{10},\dots,x_{no}) = (\frac{a_1}{b_1},\dots,\frac{a_n}{b_n})$ ist also stationärer Punkt.

Die Hessesche Matrix hat die Form

$$\underline{H}(x_1,\dots,x_n) = \begin{pmatrix} 2b_1^2 & & & 0 \\ & 2b_2^2 & & \\ & & \ddots & \\ 0 & & & 2b_n^2 \end{pmatrix}$$

Wegen $\det \begin{pmatrix} 2b_1^2 & & 0 \\ & \ddots & \\ 0 & & 2b_n^2 \end{pmatrix} = 2^n \cdot \prod_{i=1}^{n} b_i^2 > 0,$

$\det \begin{pmatrix} 2b_1^2 & & 0 \\ & \ddots & \\ 0 & & 2b_{n-1}^2 \end{pmatrix} = 2^{n-1}\prod_{i=1}^{n-1} b_i^2 > 0,$

$\vdots$

$\det(2b_1^2) = 2b_1^2 > 0$

existiert in $\underline{x}_o = (\frac{a_1}{b_1},\dots,\frac{a_n}{b_n})$ ein lokales Minimum.

23. Extrema unter Nebenbedingungen

1. (a) $f(x,y) = xy$; NB: $x+y = 4$:

Die Lagrange Funktion hat die Form:

$L(x,y,\lambda) = xy + \lambda(x+y-4)$.

Durch Nullsetzen der partiellen Ableitungen erhält man:

$$\left.\begin{array}{l} L_x = y + \lambda = 0 \Rightarrow \lambda = -y \\ L_y = x + \lambda = 0 \Rightarrow \lambda = -x \end{array}\right\} \Rightarrow x = y$$

$$L_\lambda = x + y - 4 = 0$$

Setzt man $x = y$ in $L_\lambda = 0$ ein, so ergibt sich wegen $2x = 4 \Rightarrow x = y = 2$ als möglicher Extremwert der Punkt $(x,y) = (2,2)$.

(b) $f(x,y) = xy$; NB: $x^2 + y^2 = 4$:

$L(x,y,\lambda) = xy + \lambda(x^2+y^2-4)$

$$\left.\begin{array}{l} L_x = y + 2\lambda x = 0 \Rightarrow 2\lambda = -\frac{y}{x} \\ L_y = x + 2\lambda y = 0 \Rightarrow 2\lambda = -\frac{x}{y} \\ L_\lambda = x^2 + y^2 - 4 = 0 \end{array}\right\} \Rightarrow \frac{y}{x} = \frac{x}{y} \Rightarrow y^2 = x^2$$

Setzt man $x^2 = y^2$ in $L_\lambda = 0$ ein, so ergibt sich:

$2x^2 = 4 \Rightarrow x = \pm\sqrt{2}$, $y = \pm\sqrt{2}$.

Mögliche Extremwerte liegen also vor in

$(x_1,y_1) = (\sqrt{2},\sqrt{2})$, $(x_2,y_2) = (\sqrt{2},-\sqrt{2})$, $(x_3,y_3) = (-\sqrt{2},\sqrt{2})$, $(x_4,y_4) = (-\sqrt{2},-\sqrt{2})$.

(c) $f(x,y) = e^{x^2+y^2}$; NB: $y - x = 1$:

$L(x,y,\lambda) = e^{x^2+y^2} + \lambda(y-x-1)$

$$\left.\begin{array}{l} L_x = 2xe^{x^2+y^2} - \lambda = 0 \\ L_y = 2ye^{x^2+y^2} + \lambda = 0 \end{array}\right\} \Rightarrow 2xe^{x^2+y^2} = -2ye^{x^2+y^2} \Rightarrow x = -y.$$

$$L_\lambda = y - x - 1 = 0$$

Setzt man $x = -y$ in $L_\lambda = 0$ ein, so ergibt sich:

$2y = 1 \Rightarrow y = \frac{1}{2},\ x = -\frac{1}{2}.$

Ein möglicher Extremwert liegt also vor in $(x,y) = (-\frac{1}{2},\frac{1}{2})$.

(d) $f(x,y) = xy^2 + 4$; NB: $x - 2y = 2$:

$L(x,y,\lambda) = xy^2 + 4 + \lambda(x-2y-2)$

$$\left.\begin{array}{l} L_x = y^2 + \lambda = 0 \\ L_y = 2xy - 2\lambda = 0 \end{array}\right\} \Rightarrow y^2 = -xy \Rightarrow y = 0 \text{ oder } y = -x.$$

$L_\lambda = x - 2y - 2 = 0$

Setzt man $y = 0$ bzw. $y = -x$ in $L_\lambda = 0$ ein, so ergibt sich:

$x = 2$ bzw. $3x - 2 = 0 \Rightarrow x = \frac{2}{3}.$

Mögliche Extremwerte liegen also vor in

$(x_1,y_1) = (2,0)$ und $(x_2,y_2) = (\frac{2}{3}, -\frac{2}{3})$.

(e) $f(x,y,z) = ax^2 + by^2 + cz^2$; NB: $x + y + z = 3$:

$L(x,y,z,\lambda) = ax^2 + by^2 + cz^2 + \lambda(x+y+z-3)$

$$\left.\begin{array}{l} L_x = 2ax + \lambda = 0 \\ L_y = 2by + \lambda = 0 \\ L_z = 2cz + \lambda = 0 \end{array}\right\} -\frac{\lambda}{2} = ax = by = cz.$$

$L_\lambda = x + y + z - 3 = 0$

Setzt man nun $x = \frac{c}{a}z$ und $y = \frac{c}{b}z$ in $L_\lambda = 0$ ein, so ergibt sich:

$$\frac{c}{a}z + \frac{c}{b}z + z = 3 \Rightarrow z = \frac{3}{\frac{c}{a} + \frac{c}{b} + 1} = \frac{3ab}{bc+ac+ab},$$

$$y = \frac{c}{b} \cdot \frac{3ab}{bc+ac+ab} = \frac{3ac}{bc+ac+ab},$$

$$x = \frac{c}{a} \cdot \frac{3ab}{bc+ac+ab} = \frac{3bc}{bc+ac+ab}.$$

Mögliche Extremwerte liegen also vor bei

$$(x,y,z) = \frac{3}{bc+ac+ab}(bc,ac,ab).$$

(f) $f(x,y) = ax + by$; NB: $x^2 + y^2 = 1$:

$L(x,y,\lambda) = ax + by + \lambda(x^2+y^2-1)$

$$\left.\begin{array}{l} L_x = a + 2\lambda x = 0 \\ L_y = b + 2\lambda y = 0 \end{array}\right\} \Rightarrow \; -2\lambda = \frac{a}{x} = \frac{b}{y} \Rightarrow y = \frac{b}{a}x.$$

$L_\lambda = x^2 + y^2 - 1 = 0$

Setzt man $y = \frac{b}{a}x$ in $L_\lambda = 0$ ein, so ergibt sich:

$$x^2 + \frac{b^2}{a^2}x^2 = 1 \Rightarrow x^2(1 + \frac{b^2}{a^2}) = 1 \Rightarrow x^2 = \frac{a^2}{a^2+b^2} \Rightarrow$$

$$\Rightarrow x = \pm \frac{a}{\sqrt{a^2+b^2}},\; y = \pm \frac{b}{a}\frac{a}{\sqrt{a^2+b^2}} = \pm \frac{b}{\sqrt{a^2+b^2}}.$$

Mögliche Extremwerte liegen also vor bei

$(x_1,y_1) = \frac{1}{\sqrt{a^2+b^2}}(a,b)$ und $(x_2,y_2) = \frac{1}{\sqrt{a^2+b^2}}(-a, -b)$.

2. (a) $g(x,y) = x + y - 4 = 0$,

$L(x,y,\lambda) = xy + \lambda(x+y-4)$.

Wir berechnen nun die Determinante

$$G_2 = \begin{vmatrix} L_{xx} & L_{xy} & g_x \\ L_{yx} & L_{yy} & g_y \\ g_x & g_y & 0 \end{vmatrix} = \begin{vmatrix} 0 & 1 & 1 \\ 1 & 0 & 1 \\ 1 & 1 & 0 \end{vmatrix} =$$

$$= -\begin{vmatrix} 1 & 1 \\ 1 & 0 \end{vmatrix} + \begin{vmatrix} 1 & 1 \\ 0 & 1 \end{vmatrix} = 1 + 1 = 2 > 0.$$

Die Funktion $f(x,y)$ besitzt also unter der Nebenbedingung $g(x,y) = 0$ im Punkt $(2,2)$ ein lokales Maximum.

(b) $g(x,y) = x^2 + y^2 - 4 = 0$,

$L(x,y,\lambda) = xy + \lambda(x^2+y^2-4)$.

$$G_2 = \begin{vmatrix} 2\lambda & 1 & 2x \\ 1 & 2\lambda & 2y \\ 2x & 2y & 0 \end{vmatrix}.$$

Für den Punkt $(\sqrt{2},\sqrt{2})$ ist $\lambda = -\frac{\sqrt{2}}{2\sqrt{2}} = -\frac{1}{2}$ und es gilt:

$$G_2 = \begin{vmatrix} -1 & 1 & 2\sqrt{2} \\ 1 & -1 & 2\sqrt{2} \\ 2\sqrt{2} & 2\sqrt{2} & 0 \end{vmatrix} = -\begin{vmatrix} -1 & 2\sqrt{2} \\ 2\sqrt{2} & 0 \end{vmatrix} - \begin{vmatrix} 1 & 2\sqrt{2} \\ 2\sqrt{2} & 0 \end{vmatrix} + 2\sqrt{2}\cdot\begin{vmatrix} 1 & 2\sqrt{2} \\ -1 & 2\sqrt{2} \end{vmatrix} =$$

$= 8 + 8 + 2\sqrt{2}(2\sqrt{2} + 2\sqrt{2}) = 8 + 8 + 16 = 32 > 0.$

Bei $(x_1,y_1) = (\sqrt{2},\sqrt{2})$ existiert also ein Maximum.

$(x_2,y_2) = (\sqrt{2},-\sqrt{2}) \Rightarrow \lambda = -\frac{-\sqrt{2}}{2\sqrt{2}} = \frac{1}{2}$:

$$G_2 = \begin{vmatrix} 1 & 1 & 2\sqrt{2} \\ 1 & 1 & -2\sqrt{2} \\ 2\sqrt{2} & -2\sqrt{2} & 0 \end{vmatrix} = \begin{vmatrix} 1 & -2\sqrt{2} \\ -2\sqrt{2} & 0 \end{vmatrix} - \begin{vmatrix} 1 & 2\sqrt{2} \\ -2\sqrt{2} & 0 \end{vmatrix} + 2\sqrt{2}\cdot\begin{vmatrix} 1 & 2\sqrt{2} \\ 1 & -2\sqrt{2} \end{vmatrix} =$$

$= -8 - 8 + 2\sqrt{2}(-2\sqrt{2} - 2\sqrt{2}) = -16 - 16 = -32.$

Bei $(x_2,y_2) = (\sqrt{2},-\sqrt{2})$ existiert also ein Minimum.

$(x_3,y_3) = (-\sqrt{2},\sqrt{2}) \Rightarrow \lambda = -\frac{\sqrt{2}}{-2\sqrt{2}} = \frac{1}{2}$:

$$G_2 = \begin{vmatrix} 1 & 1 & -2\sqrt{2} \\ 1 & 1 & 2\sqrt{2} \\ -2\sqrt{2} & 2\sqrt{2} & 0 \end{vmatrix} = \begin{vmatrix} 1 & 2\sqrt{2} \\ 2\sqrt{2} & 0 \end{vmatrix} - \begin{vmatrix} 1 & -2\sqrt{2} \\ 2\sqrt{2} & 0 \end{vmatrix} - 2\sqrt{2}\begin{vmatrix} 1 & -2\sqrt{2} \\ 1 & 2\sqrt{2} \end{vmatrix} =$$

$= -8 - 8 - 2\sqrt{2}(2\sqrt{2}+2\sqrt{2}) = -32 < 0.$

Bei $(x_3,y_3) = (-\sqrt{2},\sqrt{2})$ existiert also ein Minimum.

$(x_4,y_4) = (-\sqrt{2},-\sqrt{2}) \Rightarrow \lambda = -\frac{-\sqrt{2}}{-2\sqrt{2}} = -\frac{1}{2}$:

$$G_2 = \begin{vmatrix} -1 & 1 & -2\sqrt{2} \\ 1 & -1 & -2\sqrt{2} \\ -2\sqrt{2} & -2\sqrt{2} & 0 \end{vmatrix} = -\begin{vmatrix} -1 & -2\sqrt{2} \\ -2\sqrt{2} & 0 \end{vmatrix} - \begin{vmatrix} 1 & -2\sqrt{2} \\ -2\sqrt{2} & 0 \end{vmatrix} - 2\sqrt{2}\begin{vmatrix} 1 & -2\sqrt{2} \\ -1 & -2\sqrt{2} \end{vmatrix} =$$

$= 8 + 8 - 2\sqrt{2}(-2\sqrt{2}-2\sqrt{2}) = 8 + 8 + 16 = 32 > 0.$

Bei $(x_4,y_4) = (-\sqrt{2},-\sqrt{2})$ existiert also ein Maximum.

(c) $g(x,y) = y - x - 1 = 0$

$L(x,y,\lambda) = e^{x^2+y^2} + \lambda(y-x-1)$

$$G_2 = \begin{vmatrix} 2e^{x^2+y^2} + (2x)^2 e^{x^2+y^2} & 4xye^{x^2+y^2} & -1 \\ 4xye^{x^2+y^2} & 2e^{x^2+y^2} + (2y)^2 e^{x^2+y^2} & 1 \\ -1 & 1 & 0 \end{vmatrix}$$

Für $(x,y) = (-\frac{1}{2},\frac{1}{2})$ gilt:

$$G_2 = \begin{vmatrix} 2e^{\frac{1}{2}} + e^{\frac{1}{2}} & -e^{\frac{1}{2}} & -1 \\ -e^{\frac{1}{2}} & 2e^{\frac{1}{2}} + e^{\frac{1}{2}} & 1 \\ -1 & 1 & 0 \end{vmatrix} = \begin{vmatrix} 3e^{\frac{1}{2}} & -e^{\frac{1}{2}} & -1 \\ -e^{\frac{1}{2}} & 3e^{\frac{1}{2}} & 1 \\ -1 & 1 & 0 \end{vmatrix} =$$

$$= 3e^{\frac{1}{2}} \cdot \begin{vmatrix} 3e^{\frac{1}{2}} & 1 \\ 1 & 0 \end{vmatrix} + e^{\frac{1}{2}} \cdot \begin{vmatrix} -e^{\frac{1}{2}} & -1 \\ 1 & 0 \end{vmatrix} - \begin{vmatrix} -e^{\frac{1}{2}} & -1 \\ 3e^{\frac{1}{2}} & 1 \end{vmatrix} =$$

$$= -3e^{\frac{1}{2}} + e^{\frac{1}{2}} - 2e^{\frac{1}{2}} = -4e^{\frac{1}{2}}.$$

Im Punkt $(x,y) = (-\frac{1}{2}, \frac{1}{2})$ existiert also ein Minimum.

(d) $g(x,y) = x - 2y - 2 = 0$

$L(x,y,\lambda) = xy^2 + 4 + \lambda(x-2y-2)$

$$G_2 = \begin{vmatrix} 0 & 2y & 1 \\ 2y & 2x & -2 \\ 1 & -2 & 0 \end{vmatrix}.$$

Für $(x_1,y_1) = (2,0)$ gilt:

$$G_2 = \begin{vmatrix} 0 & 0 & 1 \\ 0 & 4 & -2 \\ 1 & -2 & 0 \end{vmatrix} = \begin{vmatrix} 0 & 1 \\ 4 & -2 \end{vmatrix} = -4 < 0.$$

Im Punkt $(x_1,y_1) = (2,0)$ existiert also ein Minimum.

Für $(x_2,y_2) = (\frac{2}{3}, -\frac{2}{3})$ gilt:

$$G_2 = \begin{vmatrix} 0 & -\frac{4}{3} & 1 \\ -\frac{4}{3} & \frac{4}{3} & -2 \\ 1 & -2 & 0 \end{vmatrix} = \frac{4}{3} \cdot \begin{vmatrix} -\frac{4}{3} & 1 \\ -2 & 0 \end{vmatrix} + \begin{vmatrix} -\frac{4}{3} & 1 \\ \frac{4}{3} & -2 \end{vmatrix} = \frac{8}{3} + (\frac{8}{3} - \frac{4}{3}) = 4 > 0.$$

Im Punkt $(x_2,y_2) = (\frac{2}{3}, -\frac{2}{3})$ existiert also ein Maximum.

(e) $g(x,y,z) = x + y + z - 3 = 0$

$L(x,y,z,\lambda) = ax^2 + by^2 + cz^2 + \lambda(x+y+z-3)$

Wir berechnen nun die Determinanten G_2 und G_3:

$$G_2 = \begin{vmatrix} L_{xx} & L_{xy} & g_x \\ L_{yx} & L_{yy} & g_y \\ g_x & g_y & 0 \end{vmatrix} = \begin{vmatrix} 2a & 0 & 1 \\ 0 & 2b & 1 \\ 1 & 1 & 0 \end{vmatrix} =$$

$$= 2a \begin{vmatrix} 2b & 1 \\ 1 & 0 \end{vmatrix} + \begin{vmatrix} 0 & 1 \\ 2b & 1 \end{vmatrix} = -2a - 2b = -2(a+b).$$

$$G_3 = \begin{vmatrix} L_{xx} & L_{xy} & L_{xz} & g_x \\ L_{xy} & L_{yy} & L_{yz} & g_y \\ L_{zx} & L_{zy} & L_{zz} & g_z \\ g_x & g_y & g_z & 0 \end{vmatrix} = \begin{vmatrix} 2a & 0 & 0 & 1 \\ 0 & 2b & 0 & 1 \\ 0 & 0 & 2c & 1 \\ 1 & 1 & 1 & 0 \end{vmatrix} =$$

$$= 2a \cdot \begin{vmatrix} 2b & 0 & 1 \\ 0 & 2c & 1 \\ 1 & 1 & 0 \end{vmatrix} - \begin{vmatrix} 0 & 0 & 1 \\ 2b & 0 & 1 \\ 0 & 2c & 1 \end{vmatrix} =$$

$$= 2a \cdot 2b \begin{vmatrix} 2c & 1 \\ 1 & 0 \end{vmatrix} + 2a \begin{vmatrix} 0 & 1 \\ 2c & 1 \end{vmatrix} + 2b \cdot \begin{vmatrix} 0 & 1 \\ 2c & 1 \end{vmatrix} =$$

$$= -4ab - 4ac - 4bc = -4(ab+ac+bc).$$

Wegen a,b,c > 0 ist $G_2 < 0$, $G_3 < 0$ und es existiert ein Minimum an der Stelle

$$(x,y,z) = \frac{3}{bc+ac+ab}(bc,ac,ab).$$

(f) $g(x,y) = x^2 + y^2 - 1 = 0$

$$L(x,y,\lambda) = ax + by + \lambda(x^2+y^2-1)$$

$$G_2 = \begin{vmatrix} 2\lambda & 0 & 2x \\ 0 & 2\lambda & 2y \\ 2x & 2y & 0 \end{vmatrix} = 2\lambda \begin{vmatrix} 2\lambda & 2y \\ 2y & 0 \end{vmatrix} + 2x \begin{vmatrix} 0 & 2x \\ 2\lambda & 2y \end{vmatrix} =$$

$$= - 2\lambda 4y^2 - 2\lambda 4x^2 = - 8\lambda(x^2+y^2).$$

Für $(x_1,y_1) = \frac{1}{\sqrt{a^2+b^2}}(a,b)$ ist $\lambda = - \frac{a}{2x_1} = - \frac{a}{2a} \cdot \sqrt{a^2+b^2} = - \frac{1}{2}\sqrt{a^2+b^2}$, und es gilt:

$$G_2 = - 8\cdot(- \tfrac{1}{2} \sqrt{a^2+b^2})\cdot(\frac{a^2}{a^2+b^2} + \frac{b^2}{a^2+b^2}) = 4 \sqrt{a^2+b^2} > 0.$$

Es existiert also ein Maximum in (x_1,y_1).

Für $(x_2,y_2) = \frac{1}{\sqrt{a^2+b^2}}(-a, -b)$ ist $\lambda = - \frac{a}{-2a} \cdot \sqrt{a^2+b^2} = \frac{1}{2} \sqrt{a^2+b^2}$ und es gilt:

$$G_2 = - 8 \cdot \tfrac{1}{2} \sqrt{a^2+b^2} (\frac{a^2}{a^2+b^2} + \frac{b^2}{a^2+b^2}) = - 4\sqrt{a^2+b^2} < 0.$$

Es existiert also ein Minimum in (x_2,y_2).

3. (a) $f(x,y) = -2x^2 - y^2 + xy$; NB: $y = ax$:

Setzt man $y = ax$ in $f(x,y)$ ein, so erhält man die Funktion

$\hat{f}(x) = -2x^2 - (ax)^2 + x(ax) = -2x^2 - a^2x^2 + ax^2$.

Setzt man die erste Ableitung gleich Null, so ergibt sich:

$\hat{f}'(x) = -4x - 2a^2x + 2ax = -2x(2+a^2-a) = 0 \Rightarrow$

$\Rightarrow x = 0,\ y = ax = 0$ (wegen $a^2-a+2 > 0$ für alle $a \in \mathbb{R}$).

Für die zweite Ableitung gilt:

$\hat{f}''(x) = -2(2+a^2-a) < 0$.

Die Funktion $f(x,y)$ hat also unter der Nebenbedingung $y = ax$ ein lokales Maximum im Punkt $(x,y) = (0,0)$.

(b) $f(x,y) = 10x^2 - y^3 + 2xy - y^2 + \frac{13}{2}x + y$; NB: $y = 2x + 1$:

$\hat{f}(x) = 10x^2 - (2x+1)^3 + 2x(2x+1) - (2x+1)^2 + \frac{13}{2}x + (2x+1)$

$$\hat{f}'(x) = 20x - 3(2x+1)^2 \cdot 2 + 2(2x+1) + 2x \cdot 2 - 2(2x+1) \cdot 2 + \frac{13}{2} + 2 =$$
$$= 20x - 24x^2 - 24x - 6 + 4x + 2 + 4x - 8x - 4 + \frac{17}{2} =$$
$$= -24x^2 - 4x + \frac{1}{2} = 0$$

$$x_{1,2} = \frac{4 \pm \sqrt{16+48}}{-48} = \frac{4 \pm \sqrt{64}}{-48} \Rightarrow \begin{cases} x_1 = -\frac{1}{12},\ y_1 = \frac{5}{6} \\ x_2 = \frac{1}{4},\ y_2 = \frac{3}{2}. \end{cases}$$

$\hat{f}''(x) = -48x - 4$:

$\hat{f}''(-\frac{1}{12}) = 0 \Rightarrow$ f hat kein lokales Maximum bei $(x_1,y_1) = (-\frac{1}{12}, \frac{5}{6})$

$\hat{f}''(\frac{1}{4}) = -16 < 0 \Rightarrow$ f hat ein lokales Maximum bei $(x_2,y_2) = (\frac{1}{4}, \frac{3}{2})$

4. (a) $f(x,y,z) = x^2 + y^2 + z^2$; NB: $x^2 + y^2 + z^2 = 3$
$2x + 2y + 2z = 6$

$$L(x,y,z,\lambda_1,\lambda_2) = x^2 + y^2 + z^2 + \lambda_1(x^2+y^2+z^2-3) + \lambda_2(2x + 2y + 2z - 6)$$

$L_x = 2x + 2\lambda_1 x + 2\lambda_2 = 0$ (I)

$L_y = 2y + 2\lambda_1 y + 2\lambda_2 = 0$ (II)

$L_z = 2z + 2\lambda_1 z + 2\lambda_2 = 0$ (III)

$L_{\lambda_1} = x^2 + y^2 + z^2 - 3 = 0$ (IV)

$L_{\lambda_2} = 2x + 2y + 2z - 6 = 0$ (V)

Aus (I) = (II) = (III) folgt:

$2x + 2\lambda_1 x = 2y + 2\lambda_1 y = 2z + 2\lambda_1 z \Rightarrow$

$\Rightarrow (2+2\lambda_1)x = (2+2\lambda_1)y = (2+2\lambda_1)z \Rightarrow$

$\Rightarrow x = y = z$ für $\lambda_1 \neq -1$.

Setzt man $x = y = z$ in (V) ein, so ergibt sich:

$6x = 6 \Rightarrow x = 1,\ y = 1,\ z = 1$.

Wir erhalten so den möglichen Extremwert $(x,y,z) = (1,1,1)$.

Für $\lambda_1 = -1$ folgt aus (I): $2x - 2x + 2\lambda_2 = 0 \Rightarrow \lambda_2 = 0$.

Es sind dann die Gleichungen (I) - (III) erfüllt.

Notwendig für die Existenz eines Extremums ist dann $L_{\lambda_1} = 0$ und $L_{\lambda_2} = 0$.

Dies ist nur für den Punkt $(x,y,z) = (1,1,1)$ der Fall.

(b) $f(x,y,z) = xyz$; NB: $x^2 + y^2 = a\ (a > 0)$

$$y + z = 0$$

$$L(x,y,z,\lambda_1,\lambda_2) = xyz + \lambda_1(x^2 + y^2 - a) + \lambda_2(y + z)$$

$$\begin{aligned}
L_x &= yz + 2\lambda_1 x &= 0 \quad \text{(I)}\\
L_y &= xz + 2\lambda_1 y + \lambda_2 &= 0 \quad \text{(II)}\\
L_z &= xy + \lambda_2 &= 0 \quad \text{(III)}\\
L_{\lambda_1} &= x^2 + y^2 - a &= 0 \quad \text{(IV)}\\
L_{\lambda_2} &= y + z &= 0 \quad \text{(V)}
\end{aligned}$$

Aus (V) folgt $y = -z$. Setzt man dies in (I), (II) und (III) ein, so ergibt sich:

$$\text{(I')}\ -z^2 + 2\lambda_1 x = 0 \qquad \Rightarrow 2\lambda_1 = \frac{z^2}{x}$$

$$\left.\begin{aligned}
\text{(II')}\ & xz - 2\lambda_1 z + \lambda_2 = 0\\
\text{(III')}\ & -xz + \lambda_2 = 0
\end{aligned}\right\} \Rightarrow xz - 2\lambda_1 z + xz = 0 \Rightarrow 2\lambda_1 = 2x$$

$$\Rightarrow \frac{z^2}{x} = 2x \Rightarrow z^2 = 2x^2 \text{ für } x,z \neq 0.$$

Setzt man $x^2 = \frac{z^2}{2}$ und $y^2 = z^2$ in (IV) ein, so erhält man:

$$\frac{z^2}{2} + z^2 = a \Rightarrow \frac{3}{2} z^2 = a \Rightarrow z = \pm\sqrt{\frac{2}{3} a},\ y = \pm\sqrt{\frac{2}{3} a},\ x = \pm\sqrt{\frac{a}{3}}.$$

Mögliche Extremwerte liegen also vor bei

$$(x_1,y_1,z_1) = (\sqrt{\tfrac{a}{3}}, \sqrt{\tfrac{2}{3} a}, -\sqrt{\tfrac{2}{3} a}),\ (x_2,y_2,z_2) = (\sqrt{\tfrac{a}{3}}, -\sqrt{\tfrac{2}{3} a}, \sqrt{\tfrac{2}{3} a}),$$
$$(x_3,y_3,z_3) = (-\sqrt{\tfrac{a}{3}}, \sqrt{\tfrac{2}{3} a}, -\sqrt{\tfrac{2}{3} a}),\ (x_4,y_4,z_4) = (-\sqrt{\tfrac{a}{3}}, -\sqrt{\tfrac{2}{3} a}, \sqrt{\tfrac{2}{3} a}).$$

Für $z = 0$ ist $y = 0$ und $x = \pm\sqrt{a}$. Wir erhalten so als weitere mögliche Extremwerte die Punkte $(x,y,z) = (\pm\sqrt{a},0,0)$.

(c) $f(\underline{x}) = \sum_{i=1}^{n} x_i^2$; NB: $\sum_{i=1}^{n} x_i = 1$

$$\sum_{i=1}^{n} i x_i = 0$$

$$L(\underline{x},\lambda_1,\lambda_2) = \sum_{i=1}^{n} x_i^2 + \lambda_1\left(\sum_{i=1}^{n} x_i - 1\right) + \lambda_2\left(\sum_{i=1}^{n} i x_i\right)$$

$$L_{x_1} = 2x_1 + \lambda_1 + \lambda_2 = 0 \Rightarrow x_1 = -\frac{\lambda_1}{2} - \frac{\lambda_2}{2}$$

$\vdots$

$$L_{x_i} = 2x_i + \lambda_1 + i\lambda_2 = 0 \Rightarrow x_i = -\frac{\lambda_1}{2} - i\,\frac{\lambda_2}{2}$$

$\vdots$

$$L_{x_n} = 2x_n + \lambda_1 + n\lambda_2 = 0 \Rightarrow x_n = -\frac{\lambda_1}{2} - n\,\frac{\lambda_2}{2}$$

$$L_{\lambda_1} = \sum_{i=1}^{n} x_i - 1 = 0$$

$$L_{\lambda_2} = \sum_{i=1}^{n} i x_i = 0$$

Setzt man $x_1,\dots,x_n$ in L_{λ_1} und L_{λ_2} ein, so ergibt sich

wegen $\sum_{i=1}^{n} i = \frac{n(n+1)}{2}$ und $\sum_{i=1}^{n} i^2 = \frac{n(n+1)(2n+1)}{6}$:

$$\sum_{i=1}^{n} x_i = \sum_{i=1}^{n}\left(-\frac{\lambda_1}{2} - i\frac{\lambda_2}{2}\right) = -\frac{\lambda_1}{2}n - \frac{\lambda_2}{2}\frac{n(n+1)}{2} = 1 \qquad \text{(I)}$$

$$\sum_{i=1}^{n} ix_i = \sum_{i=1}^{n}\left(-i\frac{\lambda_1}{2} - \frac{i^2\lambda_2}{2}\right) = -\frac{\lambda_1}{2}\frac{n(n+1)}{2} - \frac{\lambda_2}{2}\frac{n(n+1)(2n+1)}{6} = 0 \qquad \text{(II)}$$

$$\left.\begin{array}{l}\text{(I)} \Rightarrow -\frac{\lambda_1}{2}n = 1 + \frac{\lambda_2}{2}\frac{n(n+1)}{2} \\ \text{(II)} \Rightarrow -\frac{\lambda_1}{2}n = \frac{\lambda_2}{2}\frac{n(2n+1)}{3}\end{array}\right\} \Rightarrow \quad 1 + \frac{\lambda_2}{2}\frac{n(n+1)}{2} = \frac{\lambda_2 n(2n+1)}{6} \Rightarrow$$

$$\Rightarrow \frac{\lambda_2 n(2n+1)}{6} - \frac{\lambda_2 n(n+1)}{4} = 1 \Rightarrow \lambda_2 n[(8n+4)-(6n+6)] = 24$$

$$\Rightarrow \lambda_2 = \frac{24}{2n(n-1)}\ ;\ -\frac{\lambda_1}{2}n = \frac{24}{2n(n-1)\cdot 2} \cdot \frac{n(2n+1)}{3} \Rightarrow \lambda_1 = -\frac{4(2n+1)}{n(n-1)}\ .$$

Wir erhalten so

$$x_i = -\frac{1}{2}\ -4\frac{(2n+1)}{n(n-1)} - \frac{i}{2}\frac{24}{2n(n-1)} = \frac{2(2n+1)-6i}{n(n-1)}\ .$$

Ein möglicher Extremwert liegt also vor bei

$$\underline{x} = (x_1,\ldots,x_n) = \left(\frac{2(2n+1)-6}{n(n-1)},\ldots,\frac{2(2n+1)-6n}{n(n-1)}\right).$$

5. (a) $f(x,y,z) = \sqrt{x} + \sqrt{y} + \sqrt{z}$; NB: $x + y + z = 3a$

$L(x,y,z,\lambda) = \sqrt{x} + \sqrt{y} + \sqrt{z} + \lambda\cdot(x+y+z-3a)$

$$\left.\begin{array}{ll} L_x = \frac{1}{2\sqrt{x}} + \lambda & = 0 \\ L_y = \frac{1}{2\sqrt{y}} + \lambda & = 0 \\ L_z = \frac{1}{2\sqrt{z}} + \lambda & = 0 \end{array}\right\} \Rightarrow \quad \frac{1}{\sqrt{x}} = \frac{1}{\sqrt{y}} = \frac{1}{\sqrt{z}} \Rightarrow x = y = z.$$

$L_\lambda = x + y + z - 3a = 0$

Setzt man $x = y = z$ in L_λ ein, so ergibt sich:

$3x = 3a \Rightarrow x = a.$

Ein möglicher Extremwert liegt also vor bei

$(x,y,z) = (a,a,a).$

(b) $f(\underline{x}) = \sum_{i=1}^{n} x_i^3$; NB: $\sum_{i=1}^{n} x_i^2 = a \quad (a > 0)$.

$$L(\underline{x},\lambda) = \sum_{i=1}^{n} x_i^3 + \lambda\cdot(\sum_{i=1}^{n} x_i^2 - a)$$

$$L_{x_i} = 3x_i^2 + 2\lambda x_i = 0 \quad \text{für } i=1,\ldots,n \Rightarrow x_i = -\tfrac{2}{3}\lambda \quad \text{für } x_i \neq 0$$

$$L_\lambda = \sum_{i=1}^{n} x_i^2 - a = 0.$$

Setzt man $x_i = -\frac{2}{3}\lambda$ in L_λ ein, so ergibt sich:

$$L_\lambda = \sum_{i=1}^{n}(-\tfrac{2}{3}\lambda)^2 - a = \tfrac{4}{9}n\lambda^2 - a = 0 \Rightarrow \lambda^2 = \tfrac{9}{4}\tfrac{a}{n} \Rightarrow \lambda_{1,2} = \pm\tfrac{3}{2}\sqrt{\tfrac{a}{n}}.$$

Es ist also $x_{i1} = -\sqrt{\frac{a}{n}}$ und $x_{i2} = \sqrt{\frac{a}{n}}$ für $i = 1,\ldots,n$ und wir erhalten die möglichen Extremwerte

$$\underline{x}_1 = (-\sqrt{\tfrac{a}{n}},\ldots,-\sqrt{\tfrac{a}{n}}) \text{ und } \underline{x}_2 = (\sqrt{\tfrac{a}{n}},\ldots,\sqrt{\tfrac{a}{n}}).$$

Für $\underline{x} = (0,\ldots,0)$ ist wegen $a > 0$ die Nebenbedingung nicht erfüllt.

(c) $f(x,y) = x + y$; NB: $\frac{a}{x} + \frac{b}{y} = 1 \qquad (a,b > 0)$

$$L(x,y,\lambda) = x + y + \lambda(\tfrac{a}{x} + \tfrac{b}{y} - 1)$$

$$\left.\begin{aligned} L_x &= 1 - \frac{\lambda a}{x^2} = 0 \\ L_y &= 1 - \frac{\lambda b}{y^2} = 0 \end{aligned}\right\} \Rightarrow \frac{\lambda a}{x^2} = \frac{\lambda b}{y^2} \Rightarrow y^2 = \frac{b}{a}x^2 \Rightarrow \left\{\begin{aligned} y_1 &= \sqrt{\tfrac{b}{a}}\,x \\ y_2 &= -\sqrt{\tfrac{b}{a}}\,x \end{aligned}\right.$$

$$L_\lambda = \frac{a}{x} + \frac{b}{y} - 1 = 0 \Rightarrow ay + bx = xy.$$

Setzt man $y = \sqrt{\frac{b}{a}}\,x$ in L_λ ein, so ergibt sich bei $x \neq 0$:

$$\frac{a\sqrt{b}}{\sqrt{a}}x + bx = \frac{\sqrt{b}}{\sqrt{a}}x^2 \Rightarrow \frac{a\sqrt{b}}{\sqrt{a}} + b = \frac{a\sqrt{b}+b\sqrt{a}}{\sqrt{a}} = \frac{\sqrt{b}}{\sqrt{a}}x \Rightarrow$$

$$\Rightarrow x = \frac{a\sqrt{b}+b\sqrt{a}}{\sqrt{b}},\; y = \sqrt{\frac{b}{a}}\cdot\frac{a\sqrt{b}+b\sqrt{a}}{\sqrt{b}} = \frac{a\sqrt{b}+b\sqrt{a}}{\sqrt{a}}.$$

Setzt man $y = -\sqrt{\frac{b}{a}}\,x$ in L_λ ein, so ergibt sich bei $x \neq 0$:

$$-\frac{a\sqrt{b}}{\sqrt{a}}x + bx = -\frac{\sqrt{b}}{\sqrt{a}}x^2 \Rightarrow -\frac{a\sqrt{b}}{\sqrt{a}} + b = \frac{-a\sqrt{b}+b\sqrt{a}}{\sqrt{a}} = -\frac{\sqrt{b}}{\sqrt{a}}x \Rightarrow$$

$$\Rightarrow x = \frac{a\sqrt{b}-b\sqrt{a}}{\sqrt{b}}, \quad y = -\sqrt{\frac{b}{a}} \cdot \frac{a\sqrt{b}-b\sqrt{a}}{\sqrt{b}} = \frac{b\sqrt{a}-a\sqrt{b}}{\sqrt{a}}.$$

Mögliche Extremwerte liegen also vor bei

$$(x_1,y_1) = (a\sqrt{b}+b\sqrt{a})\cdot\left(\frac{1}{\sqrt{b}}, \frac{1}{\sqrt{a}}\right), \quad (x_2,y_2) = (a\sqrt{b}-b\sqrt{a})\cdot\left(\frac{1}{\sqrt{b}}, -\frac{1}{\sqrt{a}}\right).$$

6. $f(x_1,x_2) = x_1^{\alpha}\, x_2^{\beta}$ Nutzenfunktion

$E = p_1x_1 + p_2x_2$ Budgetrestriktion

$L(x_1,x_2,\lambda) = x_1^{\alpha}\, x_2^{\beta} + \lambda(p_1x_1 + p_2x_2 - E)$

$$\left.\begin{aligned} L_{x_1} &= \alpha x_1^{\alpha-1}x_2^{\beta} + \lambda p_1 = 0 \\ L_{x_2} &= \beta x_1^{\alpha}x_2^{\beta-1} + \lambda p_2 = 0 \end{aligned}\right\} \Rightarrow \quad \frac{\alpha}{p_1}\, x_1^{\alpha-1}x_2^{\beta} = \frac{\beta}{p_2}\, x_1^{\alpha}\, x_2^{\beta-1} \Rightarrow$$

$$L_\lambda = p_1x_1 + p_2x_2 - E = 0$$

$$\Rightarrow \frac{\alpha}{p_1}\, x_2 = \frac{\beta}{p_2}\, x_1 \Rightarrow x_2 = \frac{p_1}{p_2}\cdot\frac{\beta}{\alpha}\, x_1 \text{ bei } x_1,x_2 \neq 0.$$

Eingesetzt in L_λ ergibt dies:

$$p_1x_1 + p_2\,\frac{p_1}{p_2}\cdot\frac{\beta}{\alpha}\, x_1 = E \Rightarrow \quad p_1x_1\left(1 + \frac{\beta}{\alpha}\right) = E$$

$$\Rightarrow x_1 = \frac{\alpha E}{p_1(\alpha+\beta)} = \frac{E}{p_1}\cdot\frac{\alpha}{\alpha+\beta}, \quad x_2 = \frac{p_1}{p_2}\cdot\frac{\beta}{\alpha}\cdot\frac{E}{p_1}\cdot\frac{\alpha}{\alpha+\beta} = \frac{E}{p_2}\cdot\frac{\beta}{\alpha+\beta}.$$

Ein maximaler Nutzen liegt also möglicherweise vor bei $(x_1,x_2) =$

$$= \frac{E}{\alpha+\beta}\left(\frac{\alpha}{p_1}, \frac{\beta}{p_2}\right).$$

Es sollen nun für einige Kombinationen von α und β die Extrema der Funktion

$$f(x,y) = x^{\alpha}y^{\beta}$$

unter der Nebenbedingung

$$x + y = 4$$

graphisch dargestellt werden:

$f(x,y) = xy$

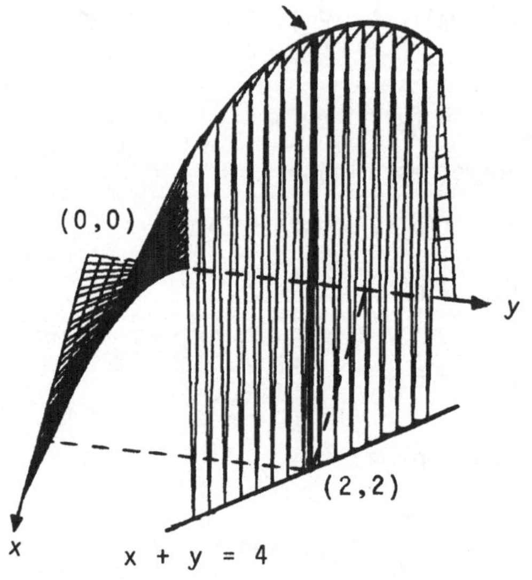

$f(x,y) = x\sqrt{y}$

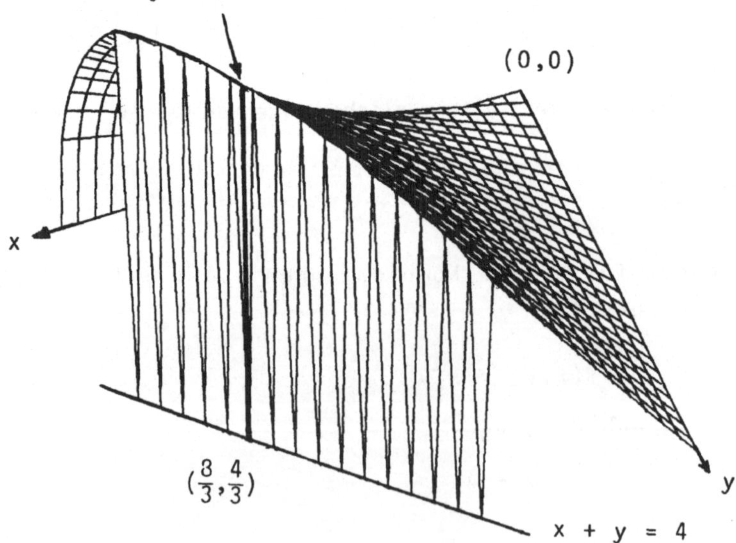

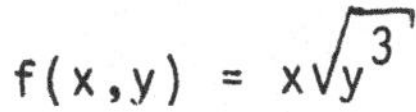
$f(x,y) = x\sqrt{y^3}$

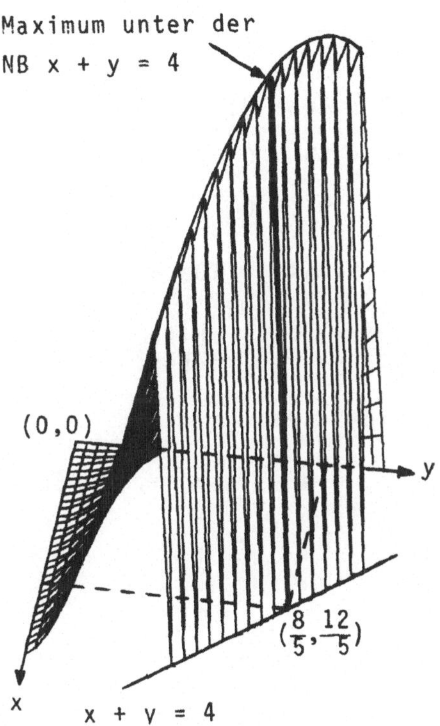
Maximum unter der
NB x + y = 4
(0,0)
y
$(\frac{8}{5}, \frac{12}{5})$
x
x + y = 4

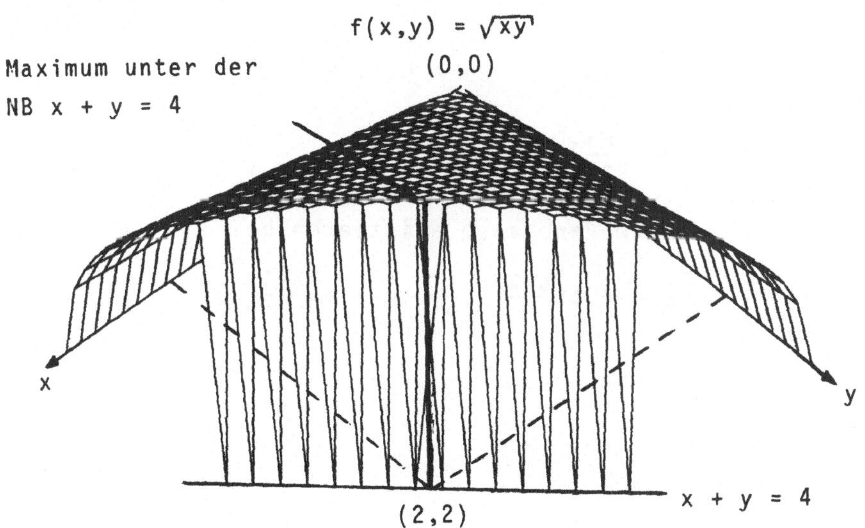
$f(x,y) = \sqrt{xy}$
Maximum unter der
NB x + y = 4
(0,0)
x
y
x + y = 4
(2,2)

7. $G = G(x_1,x_2) = -x_1^2 - 2x_1x_2 - x_2^2 + 10x_1 + 20x_2$ Gewinnfunktion

$ax_1 + bx_2 = c$ Nebenbedingung

$$L(x_1,x_2,\lambda) = -x_1^2 - 2x_1x_2 - x_2^2 + 10x_1 + 20x_2 + \lambda(ax_1 + bx_2 - c)$$

$$\left.\begin{aligned} L_{x_1} &= -2x_1 - 2x_2 + 10 + \lambda a = 0 \\ L_{x_2} &= -2x_1 - 2x_2 + 20 + \lambda b = 0 \end{aligned}\right\} \Rightarrow \frac{2x_1+2x_2-10}{a} = \frac{2x_1+2x_2-20}{b}$$

$$L_\lambda = ax_1 + bx_2 - c = 0$$

$$\Rightarrow bx_1 + bx_2 - 5b = ax_1 + ax_2 - 10a \Rightarrow x_1(b-a) = x_2(a-b) + 5(b-2a)$$

$$\Rightarrow x_1 = x_2\frac{a-b}{b-a} + 5\frac{(b-2a)}{b-a} = -x_2 + 5\frac{b-2a}{b-a}.$$

Eingesetzt in L_λ ergibt dies:

$$a(-x_2 + 5\frac{b-2a}{b-a}) + bx_2 = c \Rightarrow x_2(b-a) = c - 5a\frac{b-2a}{b-a} \Rightarrow$$

$$x_2 = \frac{1}{b-a}(c - 5a\frac{b-2a}{b-a}),$$

$$x_1 = -\frac{1}{b-a}(c - 5a\frac{b-2a}{b-a}) + 5\frac{b-2a}{b-a} =$$

$$= \frac{1}{b-a}(5a\frac{b-2a}{b-a} - c + 5(b-2a)) =$$

$$= \frac{1}{b-a}[(b-2a)(\frac{5a}{b-a} + 5) - c] =$$

$$= \frac{1}{a-b}[c - \frac{(b-2a)}{b-a}(5a + 5b - 5a)] =$$

$$= \frac{1}{a-b}[c - 5b\frac{b-2a}{b-a}] .$$

Ein Gewinnmaximum kann also existieren bei

$$(x_1,x_2) = (\frac{1}{a-b}[c - 5b\frac{b-2a}{b-a}], \frac{1}{b-a}[c - 5a\frac{b-2a}{b-a}]).$$